普通高等教育汽车类专业系列教材

浙江省普通高校新形态教材项目

汽车文化

曹红兵 编 著

机械工业出版社

本书为浙江省普通高校新形态教材，内容包括汽车史话、车界英豪、汽车品牌、汽车造型与色彩、汽车时尚、汽车社会六个单元，涵盖汽车发展史、汽车名人、著名汽车品牌的发展历程和经典车型、汽车造型与色彩、汽车运动、汽车展览会、汽车俱乐部等，从不同视角介绍了丰富多彩的汽车文化，并从经济、能源、环境、交通的角度阐述了汽车与人类社会的关系，内容丰富、图文并茂。特别是详细介绍了德、法、英、美、日等汽车工业发达国家30多个汽车品牌的发展历程和50多种经典车型，汽车品牌全、时间跨度大、史料翔实、图片精美。

本书立足当前"互联网+教育"的时代背景，以嵌有二维码的纸质教材为载体，嵌入数字化拓展资源，对纸质教材进行补充和延伸。通过移动互联网技术创新教材形态，线上与线下相结合，进一步提高教学效果。

本书适用于普通高等学校汽车工程、汽车服务工程、交通运输等专业学生学习使用，也可供高职高专汽车检测与维修技术、汽车技术服务与营销等汽车类专业学生使用，还可供汽车行业的技术与管理人员以及汽车爱好者阅读。

图书在版编目（CIP）数据

汽车文化／曹红兵编著. —北京：机械工业出版社，2019.7（2025.5 重印）

普通高等教育汽车类专业系列教材

ISBN 978－7－111－62763－0

Ⅰ.①汽… Ⅱ.①曹… Ⅲ.①汽车—文化—高等学校—教材 Ⅳ.①U46－05

中国版本图书馆 CIP 数据核字（2019）第 095130 号

机械工业出版社（北京市百万庄大街22号 邮政编码100037）
策划编辑：赵海青　　　　　　　责任编辑：赵海青
责任校对：刘雅娜　佟瑞鑫　　　封面设计：张　静
责任印制：单爱军
保定市中画美凯印刷有限公司印刷

2025 年 5 月第 1 版第 4 次印刷
184mm×260mm · 19.5 印张 · 476 千字
标准书号：ISBN 978－7－111－62763－0
定价：59.00 元

电话服务　　　　　　　　　　　网络服务
客服电话：010－88361066　　　机 工 官 网：www.cmpbook.com
　　　　　010－88379833　　　机 工 官 博：weibo.com/cmp1952
　　　　　010－68326294　　　金 书 网：www.golden-book.com
封底无防伪标均为盗版　　　机工教育服务网：www.cmpedu.com

前　言

　　汽车是人类最重要的发明之一，是"改变世界的机器"。汽车凝结着人类的智慧，蕴含着文化的意念，汇聚着先进的科技，闪耀着艺术的光芒。

　　今天，伴随着汽车的日益普及，历经百年的汽车在满足人们代步需求的同时，已经渗透到消费、娱乐、艺术等人类社会的各个层面。人类在发明、设计、生产和使用汽车过程中所形成的一套价值观念、风俗习惯、情感需求以及所折射的审美取向等形成了丰富的文化内涵，从汽车外表到内饰，从风格到品质，都深深打下了文化的烙印，形成了独特的汽车文化。汽车文化以汽车产品和汽车产业为载体并与之结合，以其丰富的内容和独有的魅力正悄然地改变着人们的思想意识、行为方式和生活形态，成为社会文明的重要组成部分。

　　近20年来，我国汽车产业得到高速发展，尤其是近几年，汽车逐步进入普通百姓的家庭中，已经成为一种大众生活消费品，少数城市已进入汽车社会，多数城市和地区正在进入汽车社会。汽车数量的迅猛增长进一步强化了汽车与文化的结合，就像酒文化、餐饮文化、服饰文化等各种文化一样，汽车文化自然而然地走进了人们的生活。在这样一个社会大背景下，传播健康向上的汽车文化，营造良好的汽车文化环境，化解汽车社会的各种复杂矛盾，构建汽车现代文明，汽车文化建设将显示出超强的力量，必将有力地推动我国和谐社会的建设，这也正是当前许多高等院校汽车专业乃至非汽车专业开设《汽车文化》课程的原因。鉴于此，编者编写了《汽车文化》一书。

　　本书内容包括汽车史话、车界英豪、汽车品牌、汽车造型与色彩、汽车时尚、汽车社会六个单元，涵盖汽车发展史、汽车名人、著名汽车品牌的发展历程和经典车型、汽车造型与色彩、汽车运动、汽车展览会、汽车俱乐部等，从不同视角介绍了丰富多彩的汽车文化，并从经济、能源、环境、交通的角度阐述了汽车与人类社会的关系，内容丰富、图文并茂。

本书为浙江省普通高校新形态教材，立足当前"互联网+教育"的时代背景，以嵌有二维码的纸质教材为载体，嵌入数字化拓展资源，对纸质教材进行补充和延伸。通过移动互联网技术创新教材形态，线上与线下相结合，进一步提高教学效果。本书附赠课件供授课教师参考，可登录 www.cmpedu.com 注册后免费下载，或发邮件至编辑信箱 cmpzhq@163.com 索取。

本书由曹红兵编著。在编写过程中，编者参考了大量的国内外书籍、论文和网上资料，因篇幅有限，除所列出的主要参考文献之外，恕不一一列举。在此，向原作者、相关组织和企业表示由衷的感谢。

本书适用于普通高等学校汽车工程、汽车服务工程、交通运输等专业学生学习使用，也可供高职高专汽车检测与维修技术、汽车技术服务与营销等汽车类专业学生使用，还可供汽车行业的技术与管理人员以及汽车爱好者阅读。

由于汽车文化涉及领域较广，时间跨度较大，涉及的汽车企业和车型众多，有些年代久远，很多资料难以找到，更由于编者水平有限，书中难免有不妥或错误之处，敬请读者及有关专家批评指正。

编　者

目 录

**单元三
汽车品牌**

单元四
汽车造型与色彩

单元一　汽车史话

　　现代汽车的诞生、发展和完善经历了一个漫长的过程，这个过程充满着无数挫折和失败，留下了许多坎坷的故事，至今仍值得我们去思索、回味。汽车诞生在德国，但是，以大规模生产为标志的汽车工业形成在美国，以后又扩展到欧洲、日本直至世界各国。汽车的发明、汽车工业和汽车技术得以发展，凝聚着无数人的心血和智慧，是世界人民共同努力的结果。

1.1　车轮和车的产生与发展

　　汽车最早的发展首先要追溯车轮和车的发展。车轮改变了人类在陆地上的运动方式，使人类步入两轮和四轮马车时代。

1.1.1　车轮的发明

　　人类社会的发展，经历了漫长的改造自然和征服自然的过程。在车轮发明之前，人们无论是狩猎、耕种，还是搬运东西，或者是靠手拉、肩扛，或者是利用牛、马、骆驼、大象等动物的力量。

　　约在公元前 4000 年，人们开始学着把东西放在木制的架子上，用马、牛或驴等畜力进行拖拉，这时北欧国家发明了最初的运输工具——橇，如狗拉雪橇、牛拉托橇、马拉托橇等。因此，人们用滑动实现了运输方式的第一次飞跃。

　　人类逐渐发现，圆木的滚动特性可以使放在上面的物体移动起来更省力，便试着在拖拉重物时把圆木、滚石等放在重物的下面，果然发觉拖运重物变得轻松多了。在公元前 3500 年左右，中亚地区美索不达米亚（今叙利亚东部和伊拉克境内）的人们发明了车轮，没有人知道制造早期车轮的工匠姓名。最早的车轮只是一些圆形的板，是从粗圆木上锯下的圆木头，和轴牢牢地钉在一起。后来随着轮子的直径越来越大，人们又对实心木轮不断改进，在圆木的中心加上一个木轴，滚动起来特别方便，由此逐步演变为用辐条支撑轮辋的车轮，如图 1-1 所示。到公元前 3000 年时，已将轴装到手推车上，轮子不直接和

图 1-1　车轮的演变

车身相连。这种原始的手推车虽然很笨拙，但比从前一直使用的肩扛和牲畜驮要好得多。轮子的发明带给人类一种新的运动方式，是从滑动到滚动的第二次飞跃。

车轮的发明不是偶然的，是人类长期生产劳动的结果。车轮的发明，不仅节省了人们的体力、节约了能源，也大大地提高了交通工具的速度。车轮是人类重大的发明之一，是人类交通发展史上的第一次飞跃，开创了人类使用交通工具的新纪元。

1.1.2　马车的发明

车轮发明以后，人们自然地在轮轴上加上架子，"车"的雏形也就产生了，甲骨文中的"车"（图1-2）也就是这样演变来的。随着"车"的雏形的产生，随之出现了独轮车，它需要人的推动，即人力车，我国古代叫作"辇"（图1-3）。在使用过程中，人们发现同一个车轴两端有两个车轮的车比独轮车稳定性好，同时能装载更多的物品。于是，两轮车得到更广泛的应用（在我国，"车辆"这个词与"两轮车"有关）。

图1-2　甲骨文中的"车"　　　　　图1-3　人力车（"辇"）

罗马帝国时代，西欧的塞尔特人制造出了第一辆前轴可以旋转的车。但是，最初的车都是人力车，后来随着动物的驯化，人们在牛颈上加上牛轭，让牛拉车，便出现了牛车。到公元9世纪，法兰克人发明了一种硬性颈圈，套在马的肩胛骨上，让马拉车。后来人们给四轮马车又加上制动、椭圆弹簧，真正的实用马车诞生了。从此，马车成为世界各国主要的运输工具，不仅拉货运物，同时也可载人远行，如图1-4、图1-5所示。四轮的马车承担着客货运输任务，精致的私人马车成为王族身份的象征。

图1-4　双轮双座马车　　　　　图1-5　康科德公共马车

由于一直没有找到合适的动力来替代马，马车时代延续了三四千年。在这漫长的岁月中，马车本身在技术上也日益成熟，从两轮发展到四轮，还具备了制动系统、悬架系统和相当讲究的车厢，车速可以达到30km/h以上。除了动力装置和传动系统以外，它已具备了早期汽车的基本结构：车厢、车轮、悬架和制动系统。可以说，马车孕育了汽车的诞生。

1.1.3　其他车型的探索

马车盛行之后，人们希望发明一种比马更有耐力、更有动力、更快的车。于是人们开始寻找其他的驱动力。

1420 年，英国人发明了滑轮车（图 1 - 6）。人坐在车上，用人力拉动绳子转动滑轮向前行走。由于人力有限，这辆车的速度比步行还要慢。

意大利文艺复兴时期的 1500 年，意大利大画家和发明家达·芬奇根据钟表的原理设想了这样一种车，即利用发条机构使带齿的圆盘水平旋转，旋转力通过带有齿轮的车轴和车轮连接起来向前行驶。但他仅仅提出了设想，绘制了设计草图，并没有进行实用研究。

1600 年，荷兰人西蒙·斯蒂芬根据帆船的原理发明了双桅风帆车（图 1 - 7）。他把车轮装在帆船上，凭借着风力向前行驶，行驶速度曾经达到 24km/h。可是，这种车在逆风、强风和弱风时都无法行驶，也没有使用价值。

1649 年，德国钟表匠汉斯·赫丘根据达·芬奇的设计图制造了一台弹簧发条车（图 1 - 8），但是这台发条车的速度不到 1.6km/h，而且每前进 230m，就必须把钢制发条卷紧一次，这个工作的强度太大了，没有使用价值，所以发条车也没有能够得到发展。

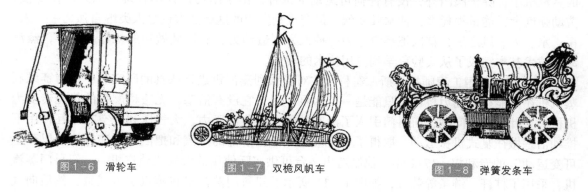

图 1 - 6　滑轮车　　　　图 1 - 7　双桅风帆车　　　　图 1 - 8　弹簧发条车

1.2　蒸汽汽车的产生与发展

马车是人类历史上使用时间最长和最有影响力的陆地交通运输工具。人类永远不会满足现状，坐在马车上的人们期望着出现比马更具耐力、比马跑得更快的移动工具，而近代蒸汽机和内燃机的使用为汽车的发明开辟了道路。

1.2.1　蒸汽机的发明

蒸汽机是将蒸汽的能量转换为机械功的往复式动力机械。

早在 2000 年前，古罗马数学家希罗就发明出了利用蒸汽驱动小球旋转的装置——汽转球，它是一个装有两个弯管喷嘴的空心铜球，喷管与铜球的轴成直角，各弯向相反的方向，如图 1 - 9 所示。蒸汽通过金属导管从汽化皿传到铜球中，再由喷嘴喷出时，球体便绕轴转动。

图 1 - 9　汽转球

这是已知最早以蒸汽为动力的机器，虽然只能算个新奇的蒸汽玩具，并未予以任何实际应用，但却是蒸汽机的雏形。

近代蒸汽动力技术的产生，主要源于当时的社会生产的直接推动和当时的实验科学的长期孕育。在 16 世纪末和 17 世纪初，意大利物理学家包尔塔进行了蒸汽压力实验，流体力学奠基人意大利物理学家托里拆利和帕斯卡等进行了大气压力实验，格里凯进行了真空作用实验。这三大实验基础的相继形成，使人们得以从实验上开始认识蒸汽、大气和真空的相互作用。而这些重大的实验成果也就为早期蒸汽动力技术的产生奠定了牢固的实验科学基础。

1. 纽科门蒸汽机的诞生

1698 年，英国工程师托马斯·赛维利根据巴本的模型，发明制造出一台应用于矿井的蒸汽机，取名为"矿工之友"，并取得专利。他将一个蛋形容器先充满蒸汽，然后关闭进气阀，在容器外喷淋冷水使容器内蒸汽冷凝而形成真空，如图 1-10 所示。打开进水阀，矿井底的水受大气压力作用经进水管吸入容器中；关闭进水阀，重开进气阀，靠蒸汽压力将容器中的水经排水阀压出。待容器中的水被排空而充满蒸汽时，关闭进气阀和排水阀，重新喷水使蒸汽冷凝。如此反复循环，用两个蛋形容器交替工作，可连续排水。在赛维利的这台用于抽水的蒸汽机中，除了阀门外，没有任何可运动的部件，由于结构设计不合理，工人操作不便，劳动强度大，能量损耗多，抽水效率低。但赛维利发明的这台蒸汽机是人类继自然力——人、畜、水、火、风之后，首次把蒸汽作为一种人为制造动力，靠机械做功的机器。这样，蒸汽动力技术基本完成了从实验科学到应用技术的转变。

1705 年，英国工程师托马斯·纽科门在对赛维利蒸汽机进行认真的研究后，认为赛维利蒸汽机还不能称为动力机械，只能是一个水泵，因为它没有活塞，无法将燃料的热能转变为机械能。针对这一问题，纽科门引入了活塞装置，使蒸汽压力、大气压和真空在相互作用下推动活塞做往复式机械运动，取得了"冷凝进入活塞下部的蒸汽和把活塞与连杆连接以产生可变运动"的专利权。1712 年，他制造出一台可供实际使用的大气式蒸汽机——纽科门蒸汽机，采用了杠杆、链条等装置，如图 1-11 所示。纽科门蒸汽机将蒸汽引入气缸，然后向气缸中喷水冷却，冷却后的气缸内压下降，气缸里的活塞在大气压力的推动下向上运动，带动抽水泵抽水。这台蒸汽机活塞直径 30.48cm，每分钟往复运动 12 次，功率 5.5 马力（1 马力 =735.5W），热效率低，燃煤消耗量大，但已经极大地提高了矿井抽水的效率。纽科门蒸汽

图 1-10　赛维利蒸汽机

图 1-11　纽科门蒸汽机

机是第一个实用的蒸汽机，在欧洲被广泛使用了半个多世纪，在瓦特完善了蒸汽机后很长时间仍被继续使用，"火车之父"斯蒂芬森就曾经是纽科门蒸汽机的操作者。纽科门蒸汽机的诞生为后来蒸汽机的发展和完善奠定了基础，拉开了"划时代"的序幕。

2. 瓦特对蒸汽机的改进

1757 年，英国人詹姆斯·瓦特被英国格拉斯戈大学聘为实验室技师，专门从事修理教学仪器工作。瓦特小时候因为身体较弱，去学校的时间不多，主要的教育都由母亲在家里进行。由于父亲的职业关系，少年瓦特对机械非常感兴趣，表现出了精巧的动手能力以及数学上的天分。

1763 年，格拉斯戈大学一台纽科门蒸汽机的教学模型运转不灵，瓦特接了修理这台机器的差事，对纽科门蒸汽机产生了兴趣。瓦特虽然只受过一年的机械制造训练，但却具有非凡的发明天赋。他在修理纽科门蒸汽机模型时，发现纽科门蒸汽机的冷凝装置很不合理，其冷凝水蒸气是在气缸里进行的，冷凝蒸汽的同时也冷却了气缸，白白浪费了大量的能量，这正是纽科门蒸汽机热效率低、燃料消耗大的原因。瓦特在经过一段时间的思考后认为，要解决这一问题，应将蒸汽冷却过程移出气缸，增加一个与气缸分离的冷凝器，在冷凝器中将蒸汽冷却，这样只冷却蒸汽，而不冷却气缸。

1765 年，瓦特下决心对纽科门蒸汽机进行改进，他的这一想法得到了格拉斯戈大学著名的布莱克教授的支持，约翰·罗巴克、马修·博尔顿等一些企业家也提供了一些设备和资金上的资助。1768 年，在翻砂工罗伯克的帮助下，瓦特研制出了一台试验样机。由于这台机器采用了冷凝器与气缸相分离的设计，使得蒸汽机的效率大为提高，1769 年取得了专利。1776 年，在经过多次试验改进后，瓦特将一台蒸汽机安装在煤矿中用于抽水，将另一台安装在一家炼铁厂用于高炉鼓风。1782 年，瓦特进一步改进了气缸的结构，制成了双冲程的蒸汽机。这种双冲程的蒸汽机在工作时，蒸汽可以从气缸的两头分别进入气缸，由蒸汽来推动活塞做往复运动，变单动为双动，彻底改变了纽科门蒸汽机利用大气压力摆动活塞的情况。连同一些较小的革新一起，这些发明使蒸汽机的效率至少提高了四倍。1784 年，为了便于速度变换，瓦特把纽科门蒸汽机的杠杆转动改变为曲轴和齿轮转动，使活塞的直线运动变为圆周运动，从而制成了能够连续转动的、双动通用蒸汽机，如图 1-12 所示。这种蒸汽机经济、有效，获得了广泛应用。随后，瓦特又陆续发明了自动调节蒸汽机运转速度的离心式调速器、测量蒸汽压力的压力计、节流阀以及许多其他仪器。至此，瓦特在总结前人经验教训的基础上，经过二十多年的不懈努力，完成了现代蒸汽机的研制。

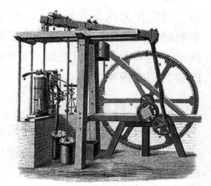

图 1-12 瓦特和他发明的蒸汽机

瓦特的创造性工作，使蒸汽机的热效率成倍提高，推进和扩大了蒸汽机的应用范围，在采矿、冶炼、纺织、机器制造等行业中都迅速推广，开创了动力革命的新时代，为之后一个多世纪人类利用动力机械提供了强有力的保证，为世界工业的迅猛发展做出了历史性的巨大贡献。

1.2.2 蒸汽机汽车的发明

蒸汽机发明后，人们就设想把蒸汽机装在车上，让车自己行走。

1. 第一辆蒸汽汽车

1769 年，法国陆军工程师、炮兵大尉尼古拉斯·居纽经过研究，将一台简陋的蒸汽机装在了一辆木制三轮车上，这是世界上第一辆蒸汽驱动的三轮汽车，也是第一辆完全凭借自身的动力实现行走的蒸汽汽车（汽车由此而得名）。如图 1-13 所示，这辆被命名为"卡布奥雷"号的蒸汽汽车，车架上放置着一个 50L 像梨一样的大锅炉，车长 7.32m，车高 2.2m，前轮直径为 1.28m，后轮直径为 1.5m，前进时靠前轮控制方向，每前进 12~15min 需停车加热 15min，运行速度为 3.5~3.9km/h。前轮在驱动的同时还是转向轮，因为上面压着很重的锅炉，所以操纵转向杆非常费力。令人沮丧的是，在这辆蒸汽汽车的试车途中，由于操纵困难，结果下坡时撞到了石头墙上，值得纪念的世界上第一辆蒸汽汽车就这样被撞得七零八落，成了一堆废铜烂铁，这也是世界上第一起机动车交通事故。

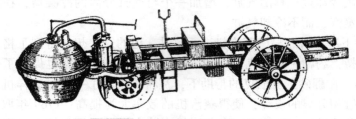

图 1-13 第一辆蒸汽汽车"卡布奥雷"号

尼古拉斯·居纽的"卡布奥雷"号是世界上第一辆蒸汽汽车，虽然落得如此悲惨的结局，但它作为汽车发展史上一座重要里程碑的地位是无可非议的，标志着人类以机械力驱动车辆时代的开始，具有划时代意义。后来居纽又花了 18 个月的时间，造出了一辆更大的蒸汽汽车，能牵引 5t 重的大炮，每小时可行驶 9 km，可乘坐 4 个人。现在，这辆车仍珍藏在法国巴黎的国家博物馆内。

2. 蒸汽汽车的全盛时期

尼古拉斯·居纽的尝试给后人以极大的启发和激励。18 世纪末，欧美各国出现了一个研究和制造蒸汽汽车的热潮，各种用途的蒸汽汽车相继问世，汽车的车身和其他机构也在迅速改进。到了 19 世纪初，出现了一个蒸汽汽车的全盛时期，英法等国已开始利用蒸汽汽车进行客运和货运。

1801 年，英国工程师里查德·特雷维西克将他改进设计的高压蒸汽机装在一辆大型三轮车上，经过反复的试验和研制，成功制造出能够乘坐 8 人、车速为 9.6 km/h 的世界上第一辆载客蒸汽汽车（图1-14）。

1825 年，英国公爵哥尔斯瓦底·嘉内制成了一辆 18 个座位、车速为 19km/h 的蒸汽公共汽车（图1-15）。这辆车的蒸汽机安装在车的后部，采用后轮驱动，前轮转向。它采用了巧妙的专用转向轴设计，最前面 2 个小轮并不承重，可由驾驶人用方向舵柄轻便地转动，然后通过一个车辕引导前轴转动，使转向轻松自如。1831 年，嘉内利用这辆车开始了世界上最早的公共汽车运营业务，这是世界上第一辆营业性质的公共汽车。

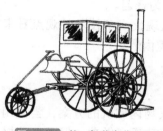

图1-14 第一辆载客蒸汽汽车　　图1-15 第一辆营业性质的蒸汽公共汽车

1828年，英国人瓦尔塔·汉考克制造出了一辆性能更好的蒸汽汽车，具有转向盘、差速器和前轮独立悬架，可以乘坐22名乘客，最高车速可达32km/h。由于蒸汽汽车的生意很好，1834年，世界上第一家公共汽车运输公司"苏格兰蒸汽汽车运输公司"成立，他们以伦敦为中心，规定了票价和行驶路线，使蒸汽汽车的营运进入企业化。到1836年，英国已有20多辆蒸汽汽车行驶在公路上，大部分是公共汽车。

19世纪，随着蒸汽汽车运输的兴旺，出现了汽车与马车之争。蒸汽汽车的出现引起马车商的不满，欧洲各国的马车公司势力很大，对政府政策的制定起着举足轻重的作用。由于蒸汽机是一种外燃机，热效率很低，蒸汽汽车体积大、速度慢，行驶起来浓烟滚滚、噪声隆隆，吓得鸡飞狗跳，简直就是怪物，美国人称其为"魔鬼之车"。因此，政府官员也不支持蒸汽汽车。1865年，英国议会颁布了一部《机动车法案》，即所谓"红旗法案"。"红旗法案"规定了在市区、郊区行驶的蒸汽汽车的车速不得超过6.4km/h，行车时在蒸汽汽车前方的55m处要有一个车务员挥动红旗，以警示路上的行人和马车，并严禁驾驶人鸣笛，以免惊吓马匹。当汽车与马车狭路相逢时，汽车要为马车让路。1896年1月20日，一名叫沃尔塔·阿诺尔德的英国人因违反限速规定而被处以罚款（当时他的车速只有13 km/h），成为世界上第一个因超速而被罚的汽车驾驶人。

受当时技术的限制以及来自保守势力的严重阻碍，到19世纪中叶以后，蒸汽汽车就开始衰落了，始终未能发展起来。到了20世纪，随着内燃机汽车的大量涌现和性能的不断提高，蒸汽汽车开始渐渐退出历史舞台。

1.3 内燃机的产生与发展

鉴于蒸汽机体积大、过于笨重、热效率低和起动时间长等问题，17世纪70年代就已经有人提出制造内燃机的想法。

内燃机是相对于蒸汽机来说的。蒸汽机是利用煤等燃料的燃烧来加热锅炉内的水，使水变成蒸汽，且蒸汽具有较高的压力，将这种蒸汽引入气缸，从而推动活塞使曲柄连杆机构工作。因为燃料是在气缸外面燃烧的，所以可以说蒸汽机是一种"外燃机"。由此可以推想，如果用某种适当的燃料，让它在气缸内燃烧，以推动活塞使曲柄连杆机构工作，则可称为"内燃机"了。内燃机是将燃料在气缸内部燃烧产生的热能直接转化为机械能的动力装置，其工作原理是：吸入空气和燃料到气缸，压缩并点燃混合气，燃料燃烧推动活塞和曲柄连杆机构做功，最后排出燃烧后生成的废气，按照这样固定的行程顺序连续运行。通常所说的内燃机是指活塞式内燃机，活塞式内燃机以往复活塞式最为普遍。

要说清楚谁发明了内燃机是一件困难的事，但是从现代汽车技术的观点看来，最重大的进步是德国工程师尼古拉斯·奥托1876年发明的四冲程内燃机。

1.3.1 内燃机的早期阶段

1673年，荷兰物理学家惠更斯提出了真空活塞式火药内燃机的方案，尝试用火药爆炸燃烧的高温燃气在缸内冷却后形成的真空，使大气压力推动活塞做功，但因火药爆炸燃烧难以控制而未获成功。

1794年，英国人斯特里特首次提出了将燃料与空气混合形成可燃混合气以供燃烧，以此从燃料的燃烧中获取动力的设想。

1801年，法国人勒本提出了煤气机的原理。

1824年，法国热力工程师萨迪·卡诺在《关于火力动力及其发生的内燃机考察》一书中，提出了"卡诺循环"的学说，以分析热机的工作过程，为提高热机效率指明了方向。

1833年，英国人赖特提出了直接利用燃烧压力推动活塞做功的设想。

1838年，英国人巴尼特研制了原始的二冲程煤气机，巴尼特曾提倡将可燃混合气在点火之前进行压缩。

1860年，比利时机械师勒诺瓦模仿蒸汽机的结构，由水平放置的一个气缸和双侧做功的活塞组成，用煤气和空气混合气取代往复式蒸汽机的蒸汽，设计制造出一种无压缩、电点火的二冲程煤气内燃机（图1-16），通过电池和感应线圈产生电火花点火燃烧，并申请了专利。这是第一台实用的煤气内燃机，在法国和英国都进行了小批量生产。由于没有压缩行程，热效率很低，为4%左右。

图1-16 勒诺瓦二冲程内燃机

1861年，法国铁路工程师德·罗夏在发表的论文中提出了进气、压缩、膨胀做功、排气等容燃烧的四冲程内燃机工作循环方式，并指出压缩混合气是提高热效率的重要措施，这一理论后来成为内燃机发展的基础。他于1862年1月16日被法国当局授予了专利，但因罗夏拖欠专利费，使其专利申请失败。

1.3.2 奥托循环内燃机

1866年，德国工程师尼古拉斯·奥托偶然在报纸上看到一篇关于勒诺瓦内燃机的报道，下决心对其内燃机进行改进，并研究了罗夏的四冲程内燃机的论文，成功地试制出动力史上有划时代意义的立式单缸四冲程煤气内燃机（图1-17）。这台内燃机的特点是气缸为立式，气缸很长、活塞较重，转速为80~100r/min，热效率高出勒诺瓦煤气机30%左右。1869年，奥托建立了道依茨煤气发动机公司，这种发动机5年内销售了10000台，在商业上是非常成功的。

1876年，奥托又试制出了第一台实用的卧式单缸四冲程内燃机（图1-18）。这台单缸、往复活塞式四冲程内燃机仍以煤气为燃料，采用火焰点火，功率2.9kW，转速250r/min，压缩比2.5，热效率达到14%，运转平稳。在当时，无论是功率还是热效率，它都是最高的。1877年8月4日，奥托取得了往复活塞式四冲程内燃机的专利，在1878年的巴黎万国博览会上受到了工程技术界极高的评价，被认为是"自瓦特以来在动力方面取得的最大成就"，后来人们一直将四冲程循环称为"奥托循环"。尼古拉斯·奥托为内燃机的突破性进展做出了重大的贡献，作为内燃机奠基人被载入史册。

图1-17 立式单缸四冲程煤气内燃机　　图1-18 卧式单缸四冲程内燃机

不过，奥托的内燃机仍以煤气为燃料，需要庞大的煤气发生炉和管道系统，而且由于煤气的热值低，故煤气机体积较大（重量约有1t），转速慢，比功率小，还不能用在汽车上。

1.3.3 汽油发动机

19世纪下半叶，随着石油的开发和石油工业的兴起，比煤气易于运输携带的汽油和柴油引起了人们的注意，首先获得试用的是易于挥发的汽油。

1872年，德国工程师戈特利布·戴姆勒就职于奥托和朗琴开办的道依茨煤气机工厂，担任技术总监。戴姆勒对汽油机更感兴趣，并认为奥托煤气内燃机虽质量大、转速低，但只要稍加改进即可安装在汽车上使用。奥托看到煤气机销路好，并认为内燃机在汽车上应用没有前途，不同意戴姆勒对他的内燃机进行改进。1881年，戴姆勒辞去道依茨公司的一切职务，与他的同事威廉·迈巴赫在坎施塔特建起一个试验车间，开始进行"轻便快速"发动机的研制。

1883年8月15日，戈特利布·戴姆勒和他的同伴威廉·迈巴赫在奥托四冲程煤气发动机的基础上，通过改进开发出了第一台用汽油代替煤气作为燃料的卧式汽油发动机（图1-19），并在1884年创造了发动机转速600 r/min的纪录。1885年，他们再接再厉，尽可能缩小发动机体积，终于制成了一台风冷型、垂直单缸、化油器式、电点火的小型汽油机，转速达到了当时创纪录的750r/min。这是世界上第一台立式汽油发动机，轻便小巧，由于外形的缘故，取名为"立钟"（图1-20），在1885年4月3日取得德国专利。同年，戴姆勒将这台发动机装在一辆木制自行车上，1885年8月29日，又取得了"骑式双轮车"的德国专利，这就是世界上第一辆摩托车（图1-21）。这辆摩托车采用橡木车架、真皮坐垫、木制车轮、带传动，利用压带轮控制带传动，一级齿轮变速，前轮34in（1in＝0.0254m）、后轮26in，最高车速可达12.2km/h。遗憾的是，这件世上第一辆摩托车珍品在第二次世界大战期间毁于战火。

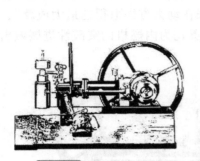
图 1-19　第一台汽油发动机

图 1-20　"立钟"发动机

图 1-21　第一辆摩托车

1.3.4　狄塞尔柴油机

奥托发明的是煤气机，戴姆勒发明的是汽油机。当时的人们在尝试用汽油作为燃料的同时，也尝试用其他燃油作为燃料。1897 年，德国人鲁道夫·狄塞尔成功地试制出了第一台柴油机。

在慕尼黑高等技术学校读书期间，狄塞尔就萌发了研制新型经济型发动机的念头。毕业后，狄塞尔利用业余时间在一些作坊式的小工厂里以自己的设备开始实验。他不仅富于想象，而且坚毅苦干，不怕冷嘲热讽。在一次利用制冷剂氨气作为燃料进行实验时，发生爆炸，险些丧命。

1890 年，狄塞尔受面粉厂粉尘爆炸的启发，在题为《转动式热机的原理和结构》的论文中，他设想将吸入气缸的空气高度压缩，使其温度超过燃料的自燃温度，再用高压空气将燃料吹入气缸，使之燃烧，这是压燃式内燃机（柴油机）的基本理论，并在 1892 年 2 月 27 日申请了专利，1893 年制造出试验样机。这台试验样机热效率达到了 26%，大大高于那时的其他热力机。1894 年 2 月 7 日，第二台试验样机试验运转了 1min，证明这种原动机有强大的发展潜力。之后，狄塞尔不断完善发动机的各方面性能。1897 年，他首创的压燃式柴油机（图 1-22）终于研制成功，并于1898 年投入商业生产。因为那时没有高压液体燃油泵，狄塞尔借助高压空气将燃油（柴油）喷入气缸。空气喷射需

图 1-22　第一台柴油机

要高成本的高压空气泵和大容积储气罐，使得柴油机只能用于固定发电装置和轮船。直到1920 年，小型高速压燃式柴油机才开始用作汽车动力。

柴油机从设想变为现实经历了 20 年的时间。狄塞尔虽然未能活到柴油机用于汽车的那一天，晚年生活依然穷困潦倒、债务重重，但他亲眼看到自己的发明用于造船业，以绝对优势取代了蒸汽机。柴油机的出现不仅为柴油找到了用武之地，而且它比汽油机省油、动力大、污染小。鲁道夫·狄塞尔的发明改变了整个世界，人们为了纪念他，就把柴油机称作狄塞尔柴油机。

活塞式内燃机自 19 世纪 60 年代问世以来，经过不断的改进，已经比较完善。它热效率高，功率和速度范围宽，为汽车技术的进步奠定了坚实的基础，搭载内燃机（汽油机或柴油机）作为动力的现代汽车的诞生已经是"呼之欲出""指日可待"了。从此，人类进入了一个全新的时代。

1.4　内燃机汽车的产生与发展

19 世纪末，世界上许多人自称是汽车发明家，长期难以定论。由于在 19 世纪末已经兴起了专利制度，而德国工程师卡尔·本茨发明的汽车拥有专利证书，由此，世界上第一辆汽车出自德国的戴姆勒 – 奔驰汽车公司，发明人是卡尔·本茨。在协商 1986 年举行汽车诞生 100 周年庆典时，国际汽车工业界一致推举由德国戴姆勒 – 奔驰汽车公司主办，各国汽车界著名人士参加了这次庆典。然而，汽车的发明不是偶然的，更不是一人之功，汽车发明和发展是集体智慧和劳动的结晶。

1.4.1　第一辆三轮汽车

1879 年 12 月 31 日，德国工程师卡尔·本茨成功研制了一种单缸二冲程煤气内燃机（转速为 200r/min，功率约为 0.95 马力），并取名为"本茨"发动机，并在 1883 年创建了奔驰公司和莱茵煤气机厂，生产世界上最早的固定式煤气机。这种煤气机体积大、功率小，用在车辆上还是笨重了些。

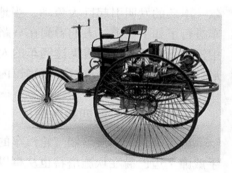

图 1 – 23　卡尔·本茨的第一辆汽车

1885 年 10 月，卡尔·本茨在德国曼海姆将自制的一台单缸四冲程汽油机装在一辆带传动的三轮马车上，这就是世界上公认的第一辆三轮汽车——"奔驰一号"（图 1 – 23）。"奔驰一号"车身采用金属管架，3 个辐条式实心橡胶车轮，前面一个小轮，首次采用齿轮齿条转向器，靠操纵杆控制方向。后面两个大轮，装有世界上最早的差动齿轮装置（差速器），还装有变速器和制动器，在车架和车轴之间还装有弹簧悬架。车辆自身质量为 254kg，发动机排量 0.954L、功率 0.86 马力、转速 400r/min，车速为 13 ~ 18km/h。这辆汽车实际是一辆简易马车，但具备了现代汽车的基本特征：电火花点火、水冷循环、钢管车架、钢板弹簧、前轮转向、后轮驱动、手把制动等。

1886 年 1 月 29 日，本茨向德国专利局申请汽车发明的专利，同年的 11 月 2 日专利局正式批准发布，证件号为 37435（图 1 – 24）。因此，1886 年 1 月 29 日被公认为是世界汽车的诞生日，卡尔·本茨被誉为"汽车之父"。

仔细观察这辆汽车的结构，会发现它的外形与当时的马车差不多，车速和装载质量也不比马车优越。但是，它的巨大贡献不在于其本身所达到的性能，而在于观念的变化，就是采用内燃机驱动。本茨不仅敢向当时占有垄断地位的马车制造商挑战，而且敢于放弃在技术上已经相当成熟的蒸汽机而选用新生的内燃机作为动力，足以证明其充分的自信和观念的转变。

因为这种车能自己行走，所以人们用希腊语中"Auto"（自己）和拉丁语中的"Mobile"（会动的）构成复合词来解释这种类型的车，这就是"Automobile"一词的由来。

本茨的发明最初被人们所怀疑，因为该车的性能并不十分完善，发动机工作时噪声很大，行驶速度、装载能力、爬坡性能也不十分如意，而且在行驶中经常出故障。当时曼海姆的报纸把他的车贬为"无用可笑之物"。

1888年8月，为了回击一些人的讥讽，卡尔·本茨的夫人贝瑞塔·林格做出了一个勇敢的决定，她带上两个儿子驾驶着本茨获得专利的那辆三轮汽车，从曼海姆出发，途经维斯洛赫添油加水，一路颠簸来到了144km外的普福尔茨海姆探望孩子的祖母。因此，贝瑞塔·林格是历史上第一位女驾驶人，而维斯洛赫成为历史上第一个汽车加油站。随后，林格马上给本茨发电报，称"汽车经受住了考验，请速申请参加慕尼黑博览会"。本茨接到电报时两手发抖，几乎不敢相信这是真的。

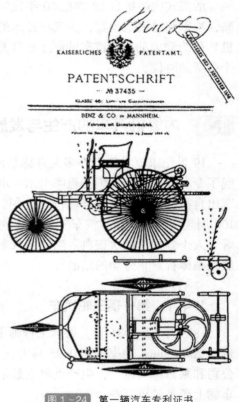

图1-24　第一辆汽车专利证书

1888年9月12日，在慕尼黑博览会期间，卡尔·本茨的发明引起巨大轰动，当地报纸对第一辆汽车进行了如下报道：人们看到在马路上行驶着一辆三轮无马马车，车上坐着一个男人，他手中没拿赶车的马鞭，看见这辆车的人们都惊奇万分……这辆三轮汽车是世界上最早的汽车雏形，被收藏在德国奔驰汽车博物馆内。

1.4.2 第一辆四轮汽车

就在卡尔·本茨研制三轮汽车的同时，另一位德国工程师戈特利布·戴姆勒则和他的助手威廉·迈巴赫在坎施塔特也从事以汽油机为动力的车辆的研究，于1885年制造出世界上第一辆摩托车。

对于戴姆勒和迈巴赫来说，制造和驾驶摩托车并不是目的，最重要的是试验内燃机性能并加以改进运用在汽车上。经过潜心研究，戴姆勒和迈巴赫研制成了一台高速四冲程汽油机，排量0.462L，功率1.5马力，转速665r/min。1886年8月，戴姆勒以妻子43岁生日礼物的名义，花费795马克订购了一辆四轮马车，他把这台发动机装在这辆马车上，增加了转向、带轮传动装置，发动机后置，后轮驱动，车速可达18km/h，这就是世界上第一辆由汽油发动机驱动的四轮汽车（图1-25）。

图1-25　第一辆四轮汽车

虽然戈特利布·戴姆勒和卡尔·本茨同在一个国度相距60mile（1mile = 1609m）的两个地方从事汽车研制，但从来没有见过面，所以他们的研究成果均得到承认，人们将戈特利布·戴姆勒和卡尔·本茨都誉为"汽车之父"。

其实，在卡尔·本茨和戈特利布·戴姆勒研制汽车之前，还有一些人也在研制汽车发动机和汽车。早在1863年，法国报刊就报道过里诺发明的汽车。定居在巴黎的里诺发明了一种用液体燃料且有原始化油器的二冲程发动机，并将其安装在一辆简陋的马车上。尽管车速不到8km/h，但是它还是从巴黎到乔维里波达来回跑了18km。1884年，法国人戴波梯维尔运用内燃机作为动力源，制造了一辆装有单缸汽油机的三轮汽车和一辆装有双缸汽油机的四轮汽车，但是没有试车的记录。可惜的是，里诺和戴波梯维尔没有继续在汽车方面进行研究，放弃了进一步的试验。另外，早在第一辆汽车发明之前，如铅酸蓄电池、内燃机点火装置、硬橡胶实心轮胎、弹簧悬架等与它相关的许多发明也已经出现了。如此看来，汽车不是哪个人发明的，它是科技进步到一定阶段的必然结果，是许多发明或技术的综合运用。总结先人的经验，研制新一代汽车，使汽车包含更加丰富的内容，这才是最值得关注的事情。

人类经过漫长岁月的努力，终于创造了汽车，汽车的诞生是人类智慧的结晶。卡尔·本茨和戈特利布·戴姆勒以自己的创新成果，当之无愧地成为现代汽车的发明人。1886年被认为是汽车的诞生之年，同年的1月29日被认为是汽车的诞生日。随后，世界各国都争相发展汽车。法国制造出第一辆汽车的时间是1890年，美国是1893年，英国是1896年，日本是1907年，俄罗斯是1910年。由此，汽车工业开始步入辉煌发展的时代。

1.5 世界汽车工业发展史

德国是汽车工业的诞生地，卡尔·本茨发明了世界上第一辆内燃机驱动的三轮汽车，戈特利布·戴姆勒发明了世界上第一辆四轮汽车。他们俩的伟大之处在于，没有将发明的汽车停留在实验室阶段，而是将发明的汽车生产出来替代当时流行的马车。1899年，卡尔·本茨的奔驰汽车公司汽车年产量达到500多辆，是当时世界上最大的汽车制造商。1901年，戈特利布·戴姆勒的戴姆勒汽车公司的第一辆梅赛德斯轿车诞生，年产量接近100辆。卡尔·本茨和戈特利布·戴姆勒不仅是伟大的发明家，也是非常成功的企业家。

尽管1886年德国发明了汽车，但那时德国刚成为独立、统一的国家不久，经济实力不如法国。法国政府为了军事需要修建了公路网，为汽车工业创造了良好的条件。1890年，标致汽车公司生产出了法国第一辆汽油发动机汽车。1896年，标致推出了装配自主研发的水平对置式双缸发动机的标致汽车，并首次使用米其林的试验型充气橡胶轮胎。由此，使汽车轮胎由"铁圈"时代进入舒适、快速的"橡胶"时代。1919年，安德烈·雪铁龙创建了雪铁龙汽车公司，这是法国第一家采用流水线生产汽车的厂家。1898年，雷诺汽车公司成立。同年，雷诺汽车公司在其生产的微型车上应用了两项重要革新技术：万向轴和直档变速器。1899年，首次采用传动轴驱动后轴上的锥齿轮进行传动，而当时的汽车一般采用链条或带驱动。1902年，雷诺汽车公司取得涡轮增压发动机的发明专利。由此可见，汽车诞生于德国，成长于法国，法国人以科技促进了汽车技术的进步和完善。

汽车诞生在欧洲，但是，以大规模生产为标志的汽车工业形成在美国，以后又扩展到欧洲、日本直至世界各国。汽车工业和汽车技术得以发展，离不开各国人民发挥各自的智慧和才能，是世界人民共同努力的结果。

1.5.1　美国汽车工业后来居上

虽然世界上最早的汽车诞生在德国，但最早形成的汽车工业却在美国。20 世纪初的欧洲，汽车设计的指导思想主要是为了人们的娱乐需求，汽车只是王公贵族、官员富商的奢侈品，是金钱、权力和地位的象征。由于售价昂贵，一般人经济条件难以承受。因此，汽车销售市场受到限制，产量不能大幅度提高，只局限于单件小批量生产。1906 年，法国的汽车厂家宣称欧洲的汽车产量占世界年产量的 58%，但是他们的产量只有 5 万辆左右。

汽车文明从欧洲传到美国后，这个年轻而富有创造性的国家对它表现出了极大的兴趣。19 世纪末，美国经济已达到较高水平，工业生产处于世界前列，钢铁、石化等工业均有较大发展，为汽车工业的率先形成和发展创造了条件。1902 年，亨利·利兰得创立了凯迪拉克汽车公司；1903 年，亨利·福特创立了福特汽车公司，同年，大卫·别克创立了别克汽车公司；1908 年，威廉·杜兰特创建了通用汽车公司。1895 年，美国辽阔的领土上只有 4 辆汽车在行驶，而法国有 450 辆。五年后，美国汽车年产量达到 4000 辆，已赶上当时产量最多的法国，德国该年汽车产量将近 1000 辆。而到 1914 年第一次世界大战前，全世界汽车保有量大约 200 万辆，美国占了大部分，有 130 万辆。1927 年，经过残酷的市场竞争，美国汽车生产企业由最多时的 181 家仅存留了 44 家，其中福特、通用、克莱斯勒三大汽车巨头的销售量占美国汽车总销售量的 90% 以上。

对于美国汽车工业的形成，"汽车大王"亨利·福特做出了突出的贡献。1903 年，福特创办了福特汽车公司。公司创办之初，福特就提出了将汽车由奢侈品变为生活必需品的主张，他要求汽车性能可靠、耐用、售价低廉、操作简便、使用和维护费用低，即生产大众化、普及型汽车。1908 年，福特推出的 T 型车，其性能优良、物美价廉、经济实用、结构简单、便于维修，使汽车从贵族及有钱人的奢侈品一变而成为大众化商品，将家庭轿车的神话变为现实。这是汽车工业发展史上的第一次变革，是世界工业史上的重大创举。

1913 年，福特发明了世界上第一条汽车装配流水线，开始大批量生产汽车。装配流水线不仅有助于在装配过程中通过生产设备使零部件连续流动，而且便于对制造技能进行分工，把复杂技术简化、程序化。流水线生产方式的采用，使得福特 T 型车缔造了一个 60 年之后才被打破的世界纪录，创造了世界汽车生产史上的奇迹。流水线生产方式的成功，不仅大幅度地降低了汽车成本、扩大了汽车生产规模，更是创造了一个庞大的汽车工业，而且使当时世界上的大部分汽车生产从欧洲转移到了美国。1929 年，美国生产汽车 54.5 万辆，出口占10%，占领了美国之外的世界市场的 35%。从 20 世纪初开始到 20 世纪 50 年代初，美国汽车工业一直遥遥领先，产量居世界之首，称雄世界 50 年之久，一跃成为世界汽车工业中心。

福特利用汽车装配流水线生产 T 型车的经验不仅为美国，甚至为世界汽车工业的发展奠定了基础，为全球汽车工业开辟了一条具有决定性意义的生产经营之路，福特汽车公司因此被誉为"汽车现代化的先驱"。从那时开始，汽车工业才有条件发展为世界性的成熟产业，现代流水线的生产方式也成为其他汽车厂商争先效仿的生产方式。

20 世纪 70 年代以后，欧洲汽车工业的奋起直追和欧美汽车工业的激烈竞争，使得欧洲和美国的汽车技术都得到了进一步的发展。在这一时期，汽车工业保持了大规模生产的特点，汽车品种进一步增多，汽车技术的科技含量增加，世界汽车保有量激增。汽车工业界对于汽车造成的安全问题、污染问题，在政府的督促和支持下制定了许多对策，并使汽车在结构、性能等方面都得到了大幅度提高。

1.5.2 欧洲汽车工业奋起直追

由于欧洲是两次世界大战的发源地，战争重挫了欧洲的汽车工业，使欧洲的汽车生产远远落后于美国。1945 年第二次世界大战后，欧洲经济迅速得到了恢复和发展，家庭收入成倍增长，被战火压抑的消费需求迅速迸发出来。20 世纪 50 年代初即出现了普及汽车的高潮，从而迎来了汽车工业的大发展。尽管此时美国汽车业界已形成通用、福特、克莱斯勒三大公司鼎立局面，并且以压倒的优势雄居世界汽车市场，但是，欧洲本是汽车的发源地，欧洲人擅长发明创造，具有卓越的产品设计能力，各厂家开发出了各种经济节油的微型车和小型车、精工细作的豪华车、各种新款的跑车，以适宜各国的市场情况。如意大利，国民收入低，燃料税高，人们集中在街道狭窄、停车条件受限制的古老城市，这些条件结合起来导致消费者需求集中在小型汽车上。在瑞典，燃料税低，国民收入高，城市人口密度小，冬天的驾驶条件恶劣，消费者要求大而耐寒的车辆，耗费更多的燃料也在所不惜。当时的许多欧洲制造商也在寻求对不同设计要求的多样化技术方案。有的偏爱功率大的发动机，有的在设计别出心裁的气缸，有的使用后置式发动机，也有的集中研究前悬置式发动机和后轮驱动。竞争的领域不仅表现在组合车身的设计上，连柴油发动机和汽油发动机也包括在内。

20 世纪 50 年代和 60 年代，全世界的关税戏剧性地大幅度下降，又有更多的国家对外开放，进行相对自由的贸易，于是欧洲汽车工业的多样化却一下子转变成最大的优势。此间，美国生产的汽车车型单一、体积大，油耗高，不适合世界上其他市场的消费者。针对美国汽车的弱点，欧洲人利用自身的技术优势开发多品种和轻便普及型汽车，在品种、车型风格及道路适应性等方面具有特色，完成了汽车产品由单一到多元化的变革。至 20 世纪 70 年代，欧洲汽车厂商逐步跟上了美国的流水线生产方式，也开始实行量产化。欧洲人利用这个机会，借此把触角伸向了世界各地。1950 年，欧洲汽车产量只有 200 万辆，只占世界汽车生产量的13.8%，而北美（美国和加拿大）却占 85.1%。到 1966 年，欧洲汽车产量突破 1000 万辆，比 1955 年产量增长 5 倍，年均增长率达 10.6%。20 世纪 70 年代，整个欧洲市场与北美市场具有同等规模，他们以多样化的汽车产品占据世界市场。许多欧洲汽车厂家，如德国大众、奔驰、宝马，法国雷诺、标致、雪铁龙，意大利菲亚特，瑞典沃尔沃等，均已闻名遐迩。到1973 年，欧洲汽车产量进一步提高到 1500 万辆，超过了美国。同时，欧洲的大型汽车制造公司还纷纷到美国去投资建厂，明显地改变了第二次世界大战前美国福特汽车公司和通用汽车公司到欧洲投资建厂的格局。至此，世界汽车工业发展重心又由美国转回欧洲，成为世界第二个汽车工业发展中心。

欧洲汽车工业的发展主要集中在德国、法国、英国、意大利等几个国家。以德国为代表的欧洲汽车工业既有美国式汽车工业大规模生产的特征，又有欧洲式汽车工业多品种、高技术的优势，尽量适应不同的道路条件、国民爱好等要求，因而形成了汽车产品由单一到多样化的变革。

1.5.3　日本汽车工业崛起腾飞

日本汽车工业的起源，可以追溯到明治末期。那时的机械工业以初具汽车生产技术能力（以西欧制造厂商的技术能力为基础）的造船公司为主，包括纺织机械制造厂商、铸造厂商开始模仿生产，这为日本汽车的出现提供了可能。1907年，吉田真太郎创办的东京汽车制造所制造出第一辆日本国产汽油汽车——"太古里一号"。到了大正时代，日本汽车工业先是以增加汽车进口、随后需求量增大的形式逐渐发展起来。它已从昔日皇族、贵族、部分大商店的自备汽车，发展成为用于军事方面和一般市民的交通工具，诸如旧陆军军用汽车、出租小汽车、公共汽车等。

1914年，介入第一次世界大战的日本对德宣战，军用载货汽车投入军需物资的运输。这样，日本的汽车工业受到部分制造厂商开始生产汽车和陆军研制军用载货汽车的刺激，便向批量生产方向发展。1924年，美国福特汽车公司率先在横滨设立日本福特公司，在美国风靡一时的福特T型汽车开始在日本装配生产。1926年，美国通用汽车公司也在大阪成立了日本通用汽车公司，着手进行雪佛兰等品牌汽车成套部件的生产。因而可以说，早在20世纪20年代，美国的汽车资本就已渗入了日本市场。为此，日本政府不得不实施行政政策以保护国产汽车制造厂商的利益，这些行政保护政策为扶持当时幼稚的日本汽车工业提供了必要条件。在此历史背景下，丰田喜一郎在其父丰田佐吉创办的丰田自动织机制造所的基础上，于1937年创建了日后举世闻名的企业——丰田汽车工业株式会社，即丰田汽车公司。

在第二次世界大战期间，日本的汽车工业为战争服务，到1941年年产量达到5万辆，绝大多数是载货汽车。第二次世界大战结束后，日本载货汽车生产只限于使用配给的原材料，汽车工业困难重重，汽车工厂濒临破产。1948年，美军向日本汽车制造公司的大量订货，给日本汽车工业带来高额利润，同时也逐渐提升了日本国产汽车年产量。1950年，日本汽车年产量才恢复到3万辆，而到了1955年，日本汽车产量已达7万辆。

1955年，日本通产省公布了发展国民车的大胆构想，提出鼓励企业发展供日本老百姓实用的微型汽车的计划，在日本国内引起很大的反响。日本汽车工业在复苏初期采取了巧妙的对策，他们不同欧美汽车强敌正面竞争，不生产欧美占优势的车型，而瞄准国内的消费需求，开发二轮、三轮和小四轮大众化车型（排量在350~500mL），形成了经济、实用的日本汽车风格。这样，日本在轻型车和小型车方面取得了飞速的进展，为汽车工业的崛起腾飞积累了资金和经验，打好了基础。

进入20世纪60年代以后，日本经济高速发展，内需强劲增长。日本各汽车公司引进欧美先进的汽车技术，及时推出物美价廉的汽车，出现了普及汽车的高潮，日本开始进入汽车工业的大发展时期。1960年，日本汽车年产量为48万辆，远远低于当时美国及西欧各主要汽车生产国的水平。但到1967年，日本汽车产量即达到314.6万辆，超过欧洲各主要汽车生产国的产量，居世界第二位。1968年，汽车产量突破400万辆大关，并以物美价廉的优势大量出口，打进了美国市场。1970年，日本汽车年产量达528.9万辆。1980年，日本汽车年产量首次突破1000万辆大关，达到1104万辆，一举超过美国（801万辆）成为世界第一。1987年，日本汽车的年产量占世界汽车年产量的26.6%，而美国和西欧四国（英国、法国、德国、意大利）只分别占23.7%和24.8%。在汽车高速发展的同时，日本的各大汽车制造公司纷纷到美国投资建厂，日本汽车的年产量连续14年（1980年到1993年）超过美国，位居世界第一，1990 年日本汽车产量达 1350 万辆，创历史纪录。这标志着世界汽车工业的重心已移向日本。

日本以贸易立国，将扩大汽车出口置于重要战略地位。为提高汽车出口竞争能力，进行了不懈的努力。20 世纪 60 年代初期，日本汽车刚打入美国市场时，售价相当低（甚至到了保不住成本的地步），但是后来，日本汽车制造商独自创造出了欧美汽车厂商所没有的生产系统，孕育出了举世闻名的"全面质量管理"和"及时生产系统"生产管理体系，它是继美国福特创造的汽车装配流水线大批量生产方式后，生产管理上的又一场革命，其追求的目标是不断降低成本、无废品、零库存和产品多样化，即以最少投入获得最大经济效益。管理体系的完善、精益生产方式的形成，保证了日本汽车工业在极短的时间里生产出了质量好、性能高、价格低廉、品种多样的小型汽车，在竞争压力颇大的美国市场脱颖而出，成为全世界的畅销品。

随着汽车出口竞争能力的增强，日本汽车出口量高速增长。两次石油危机期间，欧美汽车纷纷减产，而日本却以其油耗低的小型汽车博得消费者的青睐，进一步占领和扩大国际市场。1960 年，日本汽车出口量不足 4 万辆。到 1970 年，汽车出口量突破 100 万辆，年均增长率 39%。1973 年汽车出口量达到 200 万辆，1977 年汽车出口量达到 400 万辆。1980 年汽车出口量达到 600 万辆，占全世界汽车出口总量的 51%，其中出口美国 240 万辆，占美国汽车进口量的 67%，美国国内的汽车市场被日本占领了 21%。1985 年达到巅峰，汽车出口量达673 万辆。日本汽车在出口量大增的同时，汽车进口量始终保持很低水平。1966 年到 1980 年，汽车年进口量仅 1 万～6 万辆。

日本凭借着汽车国内销售量和出口量的双高速增长，迎来了日本汽车工业的发展，创造了世界汽车工业发展的奇迹。世界汽车工业的发展又发生了由欧洲到日本的第三次转移，日本成为继美国、欧洲之后的第三个汽车工业发展中心。

1.5.4 中国汽车工业从无到有、从小到大、从弱到强

中华人民共和国成立以前中国没有汽车制造厂，中国汽车都是从国外购买的。在那时候的中国，除了载货汽车、军车等运输车辆外，乘坐轿车的都是外国人和中国的达官贵人。

我国的汽车工业，与共和国共命运，经过不懈的努力，发生了天翻地覆的变化。回顾中国汽车工业 70 多年来走过的路程，处处印证着各个历史时期的时代特色，经历了创建成长、全面发展和创新引领四个历史阶段，从无到有、从小到大、从弱到强。

1. 创建阶段（1953 年至 1965 年）

1953 年 7 月 15 日，第一汽车制造厂（简称"一汽"）在长春奠基，从而拉开了我国汽车工业筹建工作的帷幕。第一辆解放牌汽车的诞生，凝聚着全体建设者的辛勤汗水，也是党中央直接领导和高度重视的结果，第一汽车制造厂的厂名就是毛泽东主席亲自题写的，图 1-26 所示为第一汽车制造厂奠基石碑。经过三年的建设，我国第一辆汽车——解放牌 CA10 型载货汽车于 1956 年 7 月 13 日驶下总装生产线，这也是我国第一个汽车品牌。解放 CA10 型载

图 1-26 第一汽车制造厂奠基石碑

货汽车的诞生，结束了中国不能制造汽车的历史，圆了中国人自己生产国产汽车之梦，一汽因此被誉为中国汽车工业的摇篮。

一汽是我国第一个汽车工业生产基地。由于当时中华人民共和国刚刚成立，百废待兴，基本建设使我国对载货汽车的需求更加迫切。因此，这就决定了中国汽车业自诞生之日起就重点选择以中型载货汽车、军用车以及其他改装车（如民用救护车、消防车等）为主的发展战略，同时，也使得中国汽车工业的产业结构从开始就形成了"缺重少轻"的特点。

1957年5月，一汽开始仿照国外样车自行设计轿车。1958年5月，试制成功CA71型东风牌小轿车。1958年7月，试制成功CA72型红旗牌高级轿车，红旗牌高级轿车是国产高级轿车的先驱。1963年8月，一汽建立轿车分厂，逐步形成具有批量生产能力的红旗轿车生产基地。经过进一步改进产品性能和质量，一汽又试制出红旗CA770型三排座高级轿车。1966年4月，首批20辆红旗CA770型轿车送到北京，作为国家礼宾用车，并用作国家领导人乘坐的庆典检阅车。1958年9月，国产凤凰牌轿车在上海诞生，参加了1959年国庆十周年的献礼活动。

1957年，由于国家实行企业下放，各省市纷纷利用汽车配件厂和修理厂仿制和拼装汽车，形成了中国汽车工业发展史上的第一次热潮，形成了一批汽车制造厂、汽车制配厂和改装车厂，汽车制造厂由1953年的1家发展为1960年的16家，维修改装车厂由16家发展为28家。其中，南京、上海、北京和济南共4个较有基础的汽车制配厂，经过技术改造成为继一汽之后第一批地方汽车制造厂，相应建立了专业化生产模式的总成和零部件配套厂，汽车品种也有所增加。

各地方发挥自己的力量，在修理厂和配件厂的基础上进行扩建和改建所形成的这些地方汽车制造企业，一方面丰富了中国汽车产品的构成，使中国汽车不但有了中型车，而且有了轻型车和重型车，还有各种改装车，满足了国民经济的需要，为今后发展大批量、多品种生产协作配套体系打下了初步基础。另一方面，这些地方汽车制造企业从自身利益出发，片面追求自成体系，从而造成整个行业投资严重分散和浪费，布局混乱，重复生产的"小而全"畸形发展格局，为以后的汽车工业发展留下了隐患。

进入20世纪60年代，国民经济实行"调整、巩固、充实、提高"方针，在国家和省市支持下，力求探索汽车工业管理的改革，国家决定试办汽车工业托拉斯，实施了促进汽车工业发展的多项举措，60年代中期工业托拉斯停办。与此同时，汽车改装业起步，重点发展了一批军用改装车。民用消防车、救护车、自卸车和牵引车相继问世，并为社会经济发展提供了城市、长途和团体这三大类客车。

1966年以前，汽车工业共投资11亿元，主要格局是形成"一大四小"5个汽车制造厂及一批小型制造厂，年生产能力近6万辆、9个车型品种。1965年底，全国民用汽车保有量近29万辆，其中国产汽车17万辆（其中一汽累计生产15万辆），汽车工业总产值14.8亿元，初步奠定了中国汽车工业独立发展的基础。

2. 成长阶段（1966年至1980年）

在这个阶段，以中、重型载货汽车和越野汽车发展为主，同时发展矿用自卸车。由于备战的原因，国家确定在"三线"的山区建设第二汽车制造厂、四川汽车制造厂和陕西汽车制造厂。

1969 年 9 月 28 日，中国最大规模的第二汽车制造厂（简称"二汽"）在湖北十堰正式破土动工。二汽是我国汽车工业第二个生产基地。与一汽不同，二汽是依靠我国自己的力量创建起来的工厂（由国内自行设计、自己提供装备），采取了"包建"（专业对口老厂包建新厂、小厂包建大厂）和"聚宝"（国内的先进成果移植到二汽）的方法，同时在湖北省内外安排新建、扩建 26 个重点协作配套厂。一个崭新的大型汽车制造厂在湖北省十堰市兴建和投产，当时主要生产中型载货汽车和越野汽车。1975 年 7 月 1 日，东风 EQ240 型 2.5t 越野汽车生产基地建成并投产。1978 年 7 月 15 日，东风 EQ140 型 5t 载货汽车生产基地建成并开始投入批量生产。二汽拥有约 2 万台设备，100 多条自动生产线，只有 1% 的关键设备是引进的。二汽的建成，开创了中国汽车工业以自己的力量设计产品、确定工艺、制造设备、兴建工厂的纪录，检验了整个中国汽车工业和相关工业的水平，标志着中国汽车工业上了一个新台阶。

1966 年 3 月，四川汽车制造厂在重庆市大足县举行开工典礼。四川汽车制造厂主要负责生产 10t 以上的重型越野汽车。1966 年 6 月，红岩牌 CQ260 型越野汽车在綦江齿轮厂试制成功，后改型为红岩 CQ261。1971 年 7 月，四川汽车制造厂开始批量生产红岩牌 CQ261 型越野汽车。

1968 年陕西汽车制造厂在宝鸡市岐山县（现已迁西安）奠基兴建。1974 年 12 月，延安牌 SX250 型越野汽车鉴定定型。1978 年 3 月，正式投产。延安牌 SX250 型越野汽车的成功研制，彻底结束了我军"有炮无车"的历史。1978 年，延安牌 SX250 型越野汽车获得了当时最高荣誉——全国科学大会奖，并成为中国第一批出口的军车。SX250 型重型军用越野车先后参加了 35 周年、50 周年和 60 周年国庆阅兵仪式，受到国务院和中央军委的多次嘉奖。截至停产，共有 13000 多辆 SX250 走入部队。建厂至今，陕西汽车制造厂共生产各类汽车 60 余万辆，为我国国防建设、国民经济和社会发展做出了重大贡献。

在这个阶段，由于汽车供不应求，再加上国家再次将企业下放给地方，全国各地积极发展汽车工业，出现了遍地开花的现象，出现了中国汽车工业发展的第二次热潮。1976 年，全国汽车生产厂家增加到 53 家，专用改装厂增加到 166 家，但每个厂平均产量不足千辆，大多数在低水平上重复。至 1980 年，全国约有汽车制造厂近 70 家，改装车厂近 200 家，汽车零部件厂 2000 多家。

经过这一阶段的摸索成长，我国汽车工业体系基本形成，生产规模也有了很大的提高。1980 年，全国生产汽车 22.2 万辆，是 1965 年产量的 5.48 倍。1966~1980 年，各类汽车累计生产 163.9 万辆。1980 年生产大中轻型客车 1.34 万辆，其中长途客车 6000 多辆。1980 年全国民用汽车保有量 169 万辆，其中载货汽车 148 万辆。

3. 全面发展阶段（1981 年至 2011 年）

在这个阶段，在改革开放方针指引下，国家采用了正确的方针政策，汽车工业进行了产品结构调整，改变了"缺重少轻"的生产格局。实行了对外开放，引进国外先进技术和资本建设轿车工业。进行了行业管理体制和企业经营机制改革，形成了完整的汽车工业体系，汽车工业进入全面快速发展阶段。在这 20 年中，中国汽车工业发生了大变革，成为中国汽车工业一个旧时代的结束和一个新时代开始的分水岭。

1982 年 5 月，在北京成立了中国汽车工业公司。在中汽公司的统一领导和管理下，汽车行业以各个大型骨干厂为主，联合一批相关的中、小企业组建了解放、东风、南京、重型、上海、京津冀六个汽车工业联营公司和一个汽车零部件工业联营公司，促进了企业之间的合作和专业化分工生产，有利于技术引进和技术改造。"六五"规划期间，我国汽车工业加快了主导产品更新换代和新产品开发的步伐，注重提高产品质量和增加品种，调整产品结构，大力发展轿车，使汽车产量翻了一番，1985 年产量超过 44 万辆。

1985 年，在"七五"规划中，把汽车工业列为国家支柱产业。1987 年，我国政府确定了重点发展轿车工业的战略决策，确立了我国汽车工业在国民经济中的重要地位以及汽车工业发展的重点。汽车工业坚持走联合、高起点、专业化、大批量的道路，进入了大发展时期。"七五"计划期间，一汽具有年产 8 万辆新一代装载 5t 的 CA141 载货汽车的生产能力，二汽具有年产 10 万辆载货汽车的生产能力。各汽车企业定型投产的基本车型有 30 多种，改装车、专用汽车新产品 200 多种。至 1993 年底，我国汽车年产量达 129.7 万辆，跃居世界第 12 位。

1994 年，国务院颁布《汽车工业产业政策》，提出"增强企业开发能力，提高产品质量和技术装备水平，促进产业组织的合理化，实现规模经济，到 2010 年成为国民经济的支柱产业"的奋斗目标。国家对汽车产业的发展方向进行了重新定位，其中最重要的是把汽车和家庭联系起来，拥有一辆自己的轿车不再是遥远梦想，由此激发出了富裕起来的中国人对家庭轿车的渴望，孕育多年的市场潜能被释放，中国轿车工业的春天开始到来。至此，我国汽车工业有了长足发展，企业生产规模、汽车产销量、产品品种、技术水平、市场集中度均有显著进步。

在这个阶段，我国各主要汽车集团公司都与国外大汽车公司合资经营，利用外资，引进技术。1983 年 5 月 5 日，中国汽车行业第一家合资企业——北京吉普汽车有限公司（BJC）签约。1984 年 9 月，由上汽集团和大众汽车集团合资经营的中德合资企业——上汽大众汽车有限公司签约奠基，这是国内历史最悠久的汽车合资企业之一，也是国内大规模的现代化轿车生产基地之一。一汽 - 大众汽车有限公司（简称一汽 - 大众）于 1991 年 2 月 6 日成立，是由中国第一汽车集团公司和德国大众汽车股份公司、奥迪汽车股份公司及大众汽车（中国）投资有限公司合资经营的大型乘用车生产企业，是我国第一个按经济规模起步建设的现代化乘用车工业基地。

20 世纪 80 ~ 90 年代的引进合资，"用市场换技术"达到了首期目标。在此期间，先后与大众汽车公司、奥地利斯太尔公司、美国汽车公司（AMC）、日本铃木自动车工业株式会社、捷克莫托阿柯夫对外贸易公司、日本五十铃汽车公司、法国标致汽车公司、巴黎银行国际金融公司、意大利菲亚特集团依维柯公司、日本大发公司、德国尼奥普兰公司、日本三菱公司、英国特雷克斯设备有限公司、德国戴姆勒 - 奔驰汽车公司、日本本田公司、美国通用汽车公司、伊藤忠商事株式会社、美国小松德莱赛公司、日本日商岩井株式会社、瑞典沃尔沃公司等合资、合作建设汽车厂和生产汽车产品，先后引进先进技术 100 多项，其中整车项目 10 多项，使我国汽车产品得以更新换代，发生了脱胎换骨的变化，汽车品种齐全，质量和生产能力出现了前所未有的进步，取得了显著成效。

在合资经营的同时，国内汽车企业进一步改组兼并，对汽车产业组织结构进行优化调整，初步形成了"3 + 6"格局，即一汽、东风（原二汽）、上汽三大汽车集团，加上广汽本田、重庆长安、安徽奇瑞、沈阳华晨、南京菲亚特、浙江吉利六个独立骨干轿车企业。其中一汽、东风和上汽三大汽车集团的汽车产量就占全国产量的 52%。此时，商用车产品系列逐步完整，发展迅速，生产能力逐步提高，具有一定的自主开发能力，重型汽车、轻型汽车的不足得到改变，轿车生产开始向规模化方向发展。至 1999 年底，我国汽车年产量达 183 万辆，跃居世界第九位。

进入 21 世纪后，中国汽车工业进入快速发展的阶段。1999 年，我国汽车产量不到 200 万辆。而仅过了一年，我国已经跃居世界第八。不过，这时我国的汽车产量，仅相当于发达国家一个中等汽车公司的水平。2002 年，我国汽车工业迎来了第一次"大井喷"，全年汽车产量增幅接近 41%，跃居世界第五。在 2008 年金融危机冲击下，2009 年我国汽车产量达 1379.10 万辆，奇迹般同比增长 48%，位居世界第一。更令人惊讶的是，在高速增长后的 2010 年，我国汽车产量仍以 32% 的增幅继续保持世界第一。2011 年，虽然受国家宏观调控力度加大，汽车相关鼓励政策退出等诸多不利因素影响，我国汽车产量增幅较 2010 年回落 31.6%，但我国汽车产量继续居全球第一位，达 1841.8 万辆。从 200 万到 1800 万辆，中国汽车产业仅用不到 12 年的时间，实现了跨越式发展，完成了其他国家要用 50 年甚至上百年才能完成的壮举。

4. 创新引领阶段（2012 年至今）

自 2012 年党的十八大以来，我国汽车产业加快技术创新步伐，取得了历史性新跨越。我国汽车产销量从 2012 年的 1927.2 万辆和 1930.6 万辆增至 2022 年的 2702.1 万辆和 2686.4 万辆，产销量连续 14 年稳居全球第一。十年来，我国汽车出口取得了令人瞩目的良好成绩。2021 年中国汽车出口数量首次突破 200 万辆，总量达到 201.5 万辆，仅次于日本（382 万辆）和德国（230 万辆），已经成为全球第三大汽车出口国。2022 年，我国汽车出口突破 300 万辆，达到 311.1 万辆，同比增长 54.4%，出口量首次超越德国，成为世界第二大汽车出口国。其中，新能源汽车出口 67.9 万辆，同比增长 1.2 倍。在欧洲，每 10 辆新能源汽车中，就有 1 辆来自中国。随着工业技术水平的提高和汽车产业集群效应的显现，我国正逐渐成为世界汽车制造中心，汽车产量占世界汽车产量比重保持在 25% ~ 33% 之间。不断强大起来的中国现代汽车产业，在国民经济中的地位越来越重要，在国际上的影响力也越来越大。

十八大以来，我国深入推进实施新能源汽车国家战略，强化顶层设计和创新驱动，产业发展从小到大、从弱到强，以电动化、智能化为主要技术特征的新能源汽车更是站到了引领世界汽车发展方向的位置上，成为引领全球汽车产业转型升级的重要力量。我国新能源汽车产销量从 2012 年的 12552 辆和 12791 辆跃升到 2022 年的 705.8 万辆和 688.7 万辆，新能源汽车产销量连续 8 年位居世界第一，市场占有率为 25.6%。从技术水平角度看，我国掌握了基于正向开发的底层控制技术，动力电池单体能量密度相比 2012 年提高了 1.3 倍，价格下降了 80%。从企业品牌情况看，2021 年全球十大新能源汽车畅销车型中，中国品牌占据六款。动力电池出货量前十的企业中，我国企业占有六席。从配套环境看，截至 2022 年底，我国累计建成充电桩 261.7 万个，换电站 1298 座，形成了全球最大的充换电网络。新能源汽车引发的全球汽车革命，客观上是由中国主导，为我国由汽车大国走向汽车强国奠定了重要的基础。

2022 年 10 月 16 日，中国共产党第二十次全国代表大会在北京人民大会堂隆重开幕。二十大报告指出，"从现在起，中国共产党的中心任务就是团结带领全国各族人民全面建成社会主义现代化强国、实现第二个百年奋斗目标，以中国式现代化全面推进中华民族伟大复兴"。正值全球汽车产业全面深刻变革之际，党的二十大报告为中国汽车产业的发展进一步指明了方向。中国式现代化的本质要求之一就是实现高质量发展，这也是全面建设社会主义现代化国家的首要任务。而建设社会主义现代化国家，离不开汽车工业的现代化，中国式现代化需要强大的汽车产业。在二十大报告精神的指引下，中国汽车产业将继续高质量快速发展，使我国从一个汽车大国成为汽车强国，为实现中华民族伟大复兴做出贡献。

复习题

一、简答题

1. 如何评价詹姆斯·瓦特的历史贡献？
2. 如何评价尼古拉斯·居纽的"卡布奥雷"号蒸汽汽车的历史地位？
3. 如何评价卡尔·本茨和戈特利布·戴姆勒的历史贡献？
4. 世界汽车工业发展重心经历了哪三次转移？
5. 中国汽车工业经历了哪四个发展阶段？各个发展阶段有什么特点？
6. 党的二十大报告为中国汽车产业的发展进一步指明了方向，认真学习领会党的二十大精神，谈谈你的感想和体会。

二、测试题

请扫码进行测试练习。

测试 1

Unit Two

单元二　车界英豪

对于汽车工业来说，无论是早期的发明创造，还是后来的发展壮大；无论是一项技术革新的不断完善，还是生产组织方式的重大变化，都是众多参与者具体实施的结果。在汽车发展一百多年的漫长岁月里，有多少有识之士为之奔波呼号，有多少能工巧匠为之呕心沥血，有多少管理精英为之终生操劳。正是他们的辛勤耕耘，才有了汽车工业今天的辉煌。

2.1　欧洲的汽车奇才

2.1.1　卡尔·本茨

卡尔·本茨（Karl Benz，1844—1929，图2-1），世界第一辆内燃机驱动三轮汽车的发明人，德国著名的戴姆勒-奔驰汽车公司的创始人之一，现代汽车工业的先驱者之一，被誉为"汽车之父"。

1844年11月25日，卡尔·本茨出生于德国巴登-符腾堡州的卡尔斯鲁厄，父亲约翰·乔治·本茨原是一位火车司机，在1846年卡尔·本茨两岁时父亲因一次火车事故丧生。从中学时代开始，卡尔·本茨就对自然科学产生了浓厚的兴趣。但是，由于家境贫寒，中学时的他还要靠修理手表来挣零用钱，不过很快就在当地修出了名气。如果他继续好好修手表，一定会成为最好的修表匠。但就在这人生十字路口，一直含辛茹苦养育他的母亲改变了他。

1860年，在母亲的意愿下，本茨进入卡尔斯鲁厄综合科技学校。

图2-1　卡尔·本茨

在这所德国乃至欧洲著名的发明家摇篮里，少年本茨系统地学习了机械原理、机械制造、经济核算等课程，成绩优异，名列前茅，在所有老师的眼里他似乎就是为机械而生的。但对于卡尔·本茨来说，他在这里最大的收获，却是遇到了两位深信"资本发明"学说的老师，他们谆谆灌输给他一个信念：资本发明！唯独发明，充满独立创造精神的发明，才能在未来的竞争里，成为胜利最大的本钱！这个信念影响了本茨的一生。从这个学校毕业后，卡尔·本茨进入机械制造业，先从学徒工做起，当过制图员、设计师和工厂主管，不管哪一行，他都认真、细致，一个细小的事情都会用最精准的方式做好，特别是在制秤厂做设计师，他的设计图纸不单创意奇特，而且绘制得十分漂亮，被工友赞为"绘画者和设计者"。凭借这种精神，他脱颖而出，从一个底层工人，升级成工长，在那时的德国，这绝对是让人赞叹的奋斗小奇迹！

1872 年，卡尔·本茨创建了奔驰铁器铸造和机械工厂，专门生产建筑材料。但由于受到经济不景气的影响，工厂成立之后便面临倒闭的危险。无力偿还朋友借款的本茨在困境中想起了老师的"资本发明"理论，决定以制造可以获取高额利润的发动机作为人生的转机。在这场冒险开始后，他投入到了制造发动机的学习之中，学习了奥托煤气发动机的结构与原理，并领到了制造四冲程发动机和二冲程发动机的营业执照。经过一年多的设计与试制，1879 年 12 月 31 日，卡尔·本茨成功研制了一种单缸二冲程煤气内燃机（转速为 200r/min，功率约为 0.95 马力），并取名为"奔驰"发动机。当他获得成功的时候，正如他所描绘的："晚饭后我的妻子说我们必须再去工厂一次，享受我们的快乐。试机吸引着我，周围没有安静的地方，我们站在发动机面前，它发出哒、哒、哒的声音，节拍优美动听……在这贫穷的小工厂里，今天晚上看到一台崭新的发动机的诞生，感到这是幸福……不远处发出洪亮的钟声，大年夜的钟声响起了。钟声不仅是新年的到来，而且还预示一个新时代的开始，迎来了奔驰发动机时代的来临……"随后，卡尔·本茨又获得若干项相关专利，如发动机调速系统、电池点火系统等。不过，这台发动机并没有使本茨摆脱经济困境，他依然面临着破产的危险，生活十分艰苦。但是，清贫的生活并没有改变本茨投身发动机研究的决心。

1883 年，卡尔·本茨与另外两位合作者创立了奔驰公司和莱茵煤气机厂，开始生产工业用二冲程煤气内燃机，同时向其他企业出售燃气发动机生产许可证。随后，1885 年 10 月，他又将煤气内燃机改进为四冲程汽油发动机安装在三轮马车上，1886 年 1 月 29 日，本茨开发的四冲程发动机三轮汽车获得发明专利。因此，1886 年 1 月 29 日被公认为是世界汽车的诞生日，卡尔·本茨被誉为"汽车之父"。但由于技术的问题，本茨的汽车性能并不十分完善，发动机工作时噪声很大，行驶中总是抛锚，被别人冷嘲热讽为"散发着臭气的怪物"，曼海姆的报纸也把它贬为"无用可笑之物"，怕出洋相的本茨甚至不敢在公共场合驾驶它。

1888 年 8 月，卡尔·本茨的夫人贝瑞塔·林格带上两个儿子，驾驶着本茨获得专利的那辆三轮汽车，从曼海姆出发，一路颠簸来到了 144km 外的普福尔茨海姆探望孩子的祖母。随后，贝瑞塔·林格马上给本茨发电报，称"汽车经受住了考验，请速申请参加慕尼黑博览会"。本茨接到电报时两手发抖，几乎不敢相信这是真的。

1888 年 9 月 12 日，在慕尼黑博览会期间，卡尔·本茨的发明引起巨大轰动，大批客户开始向本茨订购汽车。此后，他的事业开始蓬勃发展。1890 年，奔驰公司为德国第二大发动机制造商。1893 年，奔驰汽车以枢轴转向代替了拉杆转向，非常先进的"维克托得亚"牌汽车为奔驰带来了极高的荣誉，这也预示了奔驰今后要走的高端产品路线。1896 年，卡尔·本茨发明了对置式发动机，这是今天水平对置活塞式发动机的前身。1899 年，奔驰公司改组为奔驰莱茵汽车股份有限公司，成为当时世界上最大的汽车生产厂家。

1903 年，卡尔·本茨逐渐从繁忙的公司事务淡出，以监督委员会管理总监的身份管理公司。1912 年本茨辞去管理总监职务，并将独立经营权交给他的儿子。1926 年，奔驰公司与戴姆勒公司合并后，本茨担任新成立的戴姆勒–奔驰汽车公司董事，亲眼见证了这个将在日后叱咤风云的德国汽车巨头的成立，而此时，他已 82 岁高龄。1929 年 4 月 4 日，为汽车梦想奋斗一生的卡尔·本茨在莱登堡的家中辞世，享年 85 岁。卡尔·本茨离开了人间，他却把汽车永远留给了世界。

卡尔·本茨用一生对汽车技术的执着实现了制造汽车的梦想。在发明汽车的过程中，卡尔·本茨的勇气令人十分钦佩。首先，他甘心清苦，埋头于自己的发明工作。其次，他果断地摒弃了在技术上已十分成熟的蒸汽机而选用了并不被人看好的内燃机作为动力，反映了他在观念上的巨大转变。再次，他既能开发生产反映汽车技术最高水平的高档车，又能及时调整产品结构，组织生产适销对路的普通车，为公司赢得可观的利润，说明他既有工程师的基本素质，又有企业家的经营技巧，能在技术角度之外，用市场的思维来做出决断。如今，三叉星徽已经闪耀在全球各地，当人们回忆起百年汽车历史的时候，必定会想起那个最闪亮的名字——卡尔·本茨。

2.1.2　戈特利布·戴姆勒

戈特利布·戴姆勒（Gottlieb Daimler，1834—1900，图2-2），世界第一辆内燃机驱动四轮汽车的发明人，德国著名的戴姆勒–奔驰汽车公司的创始人之一，现代汽车工业的先驱者之一，也被称为"汽车之父"。

图2-2　戈特利布·戴姆勒

1834年3月17日，戴姆勒出生于德国绍恩多夫的一个面包师家庭。1848年，开始在军械厂做学徒，而后又到法国和英格兰学习和工作。1857年至1859年，就读于德国斯图加特技术学校。1863年和1869年，分别受雇于两家机械厂做技术主管，1865年在那里认识另一位汽车史上的伟大人物，"设计之王"威廉·迈巴赫，从此两人在发明汽车的道路上永远地站在一起。

1872年，戈特利布·戴姆勒就职于奥托和朗琴开办的道依茨煤气机工厂，担任技术总监。期间，奥托发明了四冲程煤气内燃机，戴姆勒预感到发动机的巨大潜力。他认为奥托的发动机过于笨重，常常与好友迈巴赫一起钻研轻便发动机方案。1881年，因与公司管理层意见不合，戴姆勒离开了道依茨厂，用75000马克在坎施塔特购买了一幢别墅，并在别墅花园建起一个试验车间用来研制新汽油机。他和迈巴赫在1883年改进了奥托的四冲程发动机，开发了第一台用汽油代替煤气作为燃料的卧式发动机。他们再接再厉，把发动机的体积尽可能缩小，终于制成了世界上第一台轻便小巧的化油器式、电点火的小型汽油机，转速达到了当时创纪录的750r/min。这是世界上第一台立式发动机，取名为"立钟"，在1885年4月3日取得德国专利。戴姆勒立即把这台发动机装在一辆自行车上，1885年8月29日，戴姆勒取得了"骑式双轮车"的德国专利，这实际上是世界上第一辆摩托车。同年10月，他还发明了摩托滑板和摩托艇。这样，到了19世纪80年代，经过了近100年的努力，小型内燃机终于在技术上取得了突破，可以应用在汽车上。

1886年8月，戈特利布·戴姆勒和威廉·迈巴赫又制成了一台高速四冲程汽油机，排量0.462L，转速665r/min。戴姆勒为了庆祝妻子埃玛·库兹的43岁生日，把发动机装在一辆四轮马车上，成为世界上第一辆四轮汽车。之后，这辆车曾以18km/h的速度从斯图加特开到坎施塔特。

1890年11月28日，戈特利布·戴姆勒与他人合股建立了戴姆勒汽车公司，戴姆勒出任公司总经理，威廉·迈巴赫任首席工程师，主要生产发动机，并在英国和奥地利开设了分公司。早期法国、英国等欧洲国家的汽车发动机，不少都是戴姆勒公司提供的。

1891年2月11日，威廉·迈巴赫黯然离开戴姆勒汽车公司。离开戴姆勒汽车公司的威廉·迈巴赫在自己家中继续研究发动机技术，资金由戴姆勒支持。在威廉·迈巴赫离开公司之后，戴姆勒发现自己的身体情况正在逐年变差，并不能像以前那样在研发设计方面投入大量精力，他开始逐渐退居幕后，并开始培养自己的儿子保罗·戴姆勒。1900 年 3 月 6 日，戈特利布·戴姆勒在斯图加特的巴特坎施塔特因心脏病去世，终年 66 岁。

　　1926 年 6 月 28 日，戴姆勒公司和奔驰公司合并，成立了在汽车史上举足轻重的戴姆勒–奔驰汽车公司，从此他们生产的所有汽车都命名为梅赛德斯–奔驰，这颗德国汽车王国桂冠上最璀璨的明珠，有"世界第一名牌"的美誉。

2.1.3　威廉·迈巴赫

　　威廉·迈巴赫（Wilhelm Maybach，1846—1929，图 2 – 3），豪华超级汽车品牌迈巴赫的创立者，是戴姆勒–奔驰公司的三位主要创始人之一，也是世界首辆梅赛德斯–奔驰汽车的设计者之一，被称为汽车"设计之王"。

　　1846 年 2 月 9 日，威廉·迈巴赫出生于德国的海尔布隆，后来搬到了斯图加特。在他 10 岁的时候，父母相继去世，小小的他成为一个孤儿。幸运的是，在迈巴赫面临生活困难的时候，一家慈善机构在报上看到领养启事后，答应照顾他。迈巴赫在罗依特林根上学时，学校的负责人发现了迈巴赫的技术才能并很好地培养了他，这为迈巴赫日后的发展打下了深厚的基础。

图 2 – 3　威廉·迈巴赫

　　1865 年，威廉·迈巴赫在罗依特林根与戈特利布·戴姆勒初次见面，年仅 19 岁的迈巴赫凭借自己在绘图方面非凡的天分，很快引起了戴姆勒的注意。相同的兴趣和爱好架起了迈巴赫和戴姆勒友谊的桥梁，从此两人成为亲密无间的挚友，保持着友好亲密的关系，一直到戴姆勒去世。

　　1869 年，威廉·迈巴赫跟随戴姆勒在奥托领导的道依茨公司工作，担任技术制图员，着手四冲程发动机的研发。1873 年，年仅 27 岁的迈巴赫被任命为设计室主管。1882 年，因为戴姆勒与奥托本人在设计理念上的冲突，迈巴赫跟随戴姆勒一起离开了道依茨公司，在坎施塔特两人着手研究和开发轻型高速内燃机。戴姆勒取名为"立钟"的第一台立式发动机、第一辆摩托车都有迈巴赫的功劳，这些都是戴姆勒与迈巴赫合作研发的。

　　1890 年，当戈特利布·戴姆勒与合伙人在建立戴姆勒汽车公司时，戈特利布·戴姆勒出任公司总经理，威廉·迈巴赫任首席工程师。1891 年 2 月 11 日，迈巴赫黯然离开戴姆勒汽车公司。这是因为就公司的生产方向问题，戴姆勒与他的几个合作伙伴产生了巨大的分歧，公司大多数股东拒绝迈巴赫成为董事会成员，并完全剥夺了他在公司的管理权。戴姆勒本人也由于与合伙人在产品方向上意见相左，只好在产品开发上另起炉灶。在随后一年半的时间里，迈巴赫在戴姆勒的资助下继续他的发动机研发设计工作，完成了诸多重要设计成果。

　　1893 年，戴姆勒公司经营状况恶化，由于公司合伙人的排挤，戴姆勒同样被迫离开了自己辛苦经营多年的戴姆勒汽车公司。由于迈巴赫设计的发动机名声远扬，戴姆勒公司极力邀请迈巴赫回公司任职，但迈巴赫坚决拒绝了在没有戴姆勒的情况下返回公司的邀请。

　　1895 年，一位英国实业家以 35 万马克为条件，要求公司请回了戴姆勒和迈巴赫，戴姆勒是董事会成员，迈巴赫是首席工程师，另外迈巴赫还获得了相当于 3 万马克的公司股权。

迈巴赫回到原来的职位后，在随后的几年中，迈巴赫和他的团队陆续研发出了多款高效、强劲的发动机及整车产品，其中 1901 年下线后来被命名为梅赛德斯 35HP 的轿车、1904 年研发成功的 71 马力直列六缸发动机和 1906 年推出的 122 马力比赛用高性能发动机可以算作是这一时期威廉·迈巴赫在戴姆勒汽车公司的代表作。

1907 年，由于戴姆勒公司领导层无休止的争斗，迈巴赫再一次离开了戴姆勒公司。1909 年 3 月 23 日，威廉·迈巴赫与他的大儿子卡尔·迈巴赫加入齐柏林飞艇制造公司。1912 年，威廉·迈巴赫拿下了整个公司的决策权，并将公司的名称更改为迈巴赫发动机制造公司。从此，威廉·迈巴赫拥有了以自己名字命名的公司。1918 年，迈巴赫发动机制造公司更名为迈巴赫发动机股份有限公司，1919 年，公司重返汽车行业，进行汽车和发动机设计，难舍汽车梦想的威廉·迈巴赫与其子卡尔·迈巴赫共同缔造了迈巴赫这一传奇品牌。

1929 年，威廉·迈巴赫的身体已经每况愈下，但他心中仍然有着一个执着的梦想——创造出一个功率强劲的顶级豪华轿车。然而，1929 年 12 月 29 日，刚度过圣诞节的威廉·迈巴赫在斯图加特与世长辞，享年 83 岁。

威廉·迈巴赫一生最大的传奇在于创造了两个举世闻名的豪华超级品牌：梅赛德斯 – 奔驰与迈巴赫，分别在豪华车的不同领域演绎着各自的辉煌。他是戴姆勒 – 奔驰公司的三位主要创始人之一，也是世界首辆梅赛德斯 – 奔驰汽车的设计者之一。

2.1.4 费迪南德·波尔舍

费迪南德·波尔舍（Ferdinand Porsche，1875—1951，图 2 - 4），德国大众汽车公司、保时捷汽车公司的创始人，闻名世界的汽车设计大师，"跑车之父"和"电动汽车之父"，大众甲壳虫汽车的主要设计者。

图 2 - 4　费迪南德·波尔舍

1875 年 9 月 3 日，费迪南德·波尔舍出生于中欧波西米亚（现属捷克）的一个铁匠之家。在这个工匠世家，波尔舍本应该做的就是好好学习工匠的手艺，将来继承家业，而他却从小就对机械表现出了极高的兴趣，并且热衷于新兴的电学，非常喜欢动手做实验。为了能够进一步了解和学习电学及机械方面的知识，波尔舍白天在父亲的店铺里帮忙和学习手艺，晚上则跑到当地的技术学校里听课学习知识。

1893 年，费迪南德·波尔舍来到维也纳，进入贝拉爱格电子公司工作，在这里，他和之前学习铁匠手艺一样，以学徒的身份打杂，而他的天赋和之前积累下来的技术基础让他渐渐得到了越来越多展示自我的机会。在那个时候，他一有时间就会跑到当地的大学里去旁听与机械和电子相关的课程。短短几年的时间，他就从一个普通工人成长为检验室的负责人。

1896 年，费迪南德·波尔舍发明的轮毂电机得到了英国专利，这时候的他已经在贝拉爱格电子公司工作了三个年头。之后不久，他结识了当时与贝拉爱格电子公司有合作关系的路德维希·洛纳。路德维希·洛纳是当时维也纳洛纳车身工厂的经营者，这家公司为挪威、瑞典、罗马尼亚及奥地利的皇室贵族们生产马车车厢，并着手汽车的开发和制造。1898 年，当洛纳与 23 岁的波尔舍再次相遇时，他不失时机地将波尔舍挖到了自己的公司。随后，一个又一个奇迹从波尔舍手中诞生。1900 年，他首创的洛纳 – 保时捷电动汽车出现在巴黎世界工业产品博览会上，这辆"没有发动机、没有齿轮箱、没有传动轴、没有传动带、没有链条、没有离合器"的"电动马车"吸引了全世界的目光。紧接着，波尔舍又研发出了四个车轮都装备有轮毂电机的洛纳－保时捷电动车，这是世界上第一辆四轮驱动的汽车，也是世界上第一辆拥有四轮制动系统的汽车。在这之后，波尔舍又尝试给电动车装上一台发电机以取代过于笨重的电池，而用普通的汽油发动机来驱动发电机，这就是最早的串联混合动力汽车。从此，他以"电动汽车之父"闻名于世。洛纳－保时捷产品家族不仅有两座和四座的混合动力汽车、纯电动汽车，还有混合动力或电动的消防车、后驱的货车以及公交车，洛纳－保时捷系列产品在世界范围内都有着巨大的影响力。截止到 1906 年，洛纳－保时捷共销售了近 300 辆汽车，销量最好的并不是波尔舍辛苦打造的混合动力汽车，反而是结构更加简单的电动汽车。

对于费迪南德·波尔舍而言，洛纳－保时捷是其汽车生涯的开端，"轮毂电机＋洛纳"是开启波尔舍汽车生涯的钥匙，他一直为路德维希·洛纳工作到 1905 年末。在洛纳这里，波尔舍的角色更多的时候是一个工程师、技术专家。在这个阶段，波尔舍充分展现了自己在机械方面的天赋和实践能力，他对汽车竞赛的热情也造就了他之后在赛车史上留下的经典。

1903 年，费迪南德·波尔舍与阿洛伊西亚·约翰娜·克斯结婚，建立了自己的家庭，这个家庭在未来将会迎来不止一个对汽车界有深远影响的人物，他的长子菲力·波尔舍、长孙费迪南德·亚历山大·波尔舍、外孙费迪南德·卡尔·皮耶希。

1906 年，在业界已颇有名气的费迪南德·波尔舍加入了戴姆勒公司位于奥地利的分公司，并被任命为技术部经理。波尔舍很快便在新的岗位上做出了让人瞩目的成绩，在 1910 年的"海英里希亲王杯"长途测试赛上（德国大奖赛前身），波尔舍驾驶着自己设计的 27/80 车型摘得冠军，这辆 85 马力的赛车拥有 135km/h 的极速。

1914 年，第一次世界大战爆发，戴姆勒在奥地利的分公司成了军用车辆的供应商，设计了诸多实用军车的波尔舍在 1916 年晋升为总设计师，而后在 1917 年，没有接受过正规高等教育的费迪南德·波尔舍先生获得了维也纳科技大学的"荣誉博士"学位。

1926 年，卡尔·本茨和戈特利布·戴姆勒携手，将戴姆勒汽车公司和奔驰公司合并成立了戴姆勒－奔驰汽车公司，生产梅赛德斯－奔驰牌轿车，而费迪南德·波尔舍顺理成章成为新公司的一员。1928 年，身兼戴姆勒－奔驰汽车公司技术指导、董事会成员等职的波尔舍设计了梅赛德斯－奔驰 S、SS 以及 SSK 等一系列产品，波尔舍开发的大排量增压发动机使得这一系列产品都成为强劲和运动的代言者。不过，后来由于波尔舍一直主张开发小型轿车，而被戴姆勒－奔驰公司董事会所排斥，观念不合之下，他只能从戴姆勒－奔驰退出，随后进入了斯太尔公司担任技术总监。没想到，当时正遭遇经济萧条，斯太尔的经营也每况愈下，很快地被戴姆勒－奔驰所收购，这时候费迪南德·波尔舍不想再次回到老东家，于是他选择了离开。

再次从戴姆勒－奔驰公司离开后，费迪南德·波尔舍觉得为了追求自己的未来只能自己单干。于是，1931 年 3 月 6 日，费迪南德·波尔舍在斯图加特创建了自己的公司——保时捷汽车设计工作室，提供发动机和汽车的开发设计和咨询服务，这就是现今保时捷汽车公司的前身。而这家工作室，在经济大萧条的背景下刚成立之时，只是由费迪南德·波尔舍 12 位最信赖的亲人和朋友组成的，其中包括 22 岁的大儿子菲力·波尔舍、女婿兼法律顾问同时又是投资人的安东·皮耶希、有着近 20 年工作经验的设计主任卡尔·拉伯，还有身为股东并兼做销售的犹太赛车手阿道夫·罗森博格。

从 20 世纪 30 年代到第二次世界大战期间，这家小型工程企业在汽车界享有很高的声誉，受委托解决了很多棘手的技术问题，并常对各类技术问题提出全新的解决方案。

1937 年 3 月，在费迪南德·波尔舍的指导下，大众汽车公司成立，1939 年 8 月生产出第一批"国民轿车"，也就是后来的大众甲壳虫。甲壳虫汽车不但成就了千万人大众化汽车的梦想，也对当时德国汽车工业的发展乃至整个德国经济的繁荣产生了深远的影响。更为难得的是，它的生产一直延续到 2003 年 7 月，并成为世界上累计产量最大的车型。1998 年大众新甲壳虫汽车的推出，更是波尔舍富于远见卓识的原创精神的最好证明。

由于在第二次世界大战中为纳粹德国生产飞机、坦克等军事装备（特别是威震欧洲战场的虎式坦克），第二次世界大战结束时，费迪南德·波尔舍和女婿安东·皮耶希、大儿子菲力·波尔舍被盟军以战争罪行而锒铛入狱。菲力·波尔舍不久获释，但费迪南德·波尔舍及安东·皮耶希则在监狱里未经审判被关了 20 个月。其实，费迪南德·波尔舍一直活在自己技术的世界里，对政治、对国家、对战争似乎都没有太过清晰的概念，他只是在完成自己的工作。

1947 年 8 月，疾病缠身、72 岁高龄的费迪南德·波尔舍获释，此时的他已没有精力再来参与跑车的设计工作了。尽管如此，他所组建的保时捷汽车设计工作室在菲力·波尔舍的带领下精心设计制作了保时捷 356 型跑车。在一次重大比赛中保时捷 356 出人意料地战胜了许多欧美名车，波尔舍一夜之间成为妇孺皆知的英雄，保时捷汽车的地位由此得以确定。

1950 年，保时捷汽车设计工作室迁回斯图加特（1946 年曾经迁往奥地利），菲力·波尔舍建立起了新的生产车间。从此，保时捷成为一家独立的汽车生产厂商，开始了保时捷汽车历史的新篇章，费迪南德·波尔舍也终于实现了制造自己的跑车的梦想。1950 年 9 月，波尔舍在斯图加特度过了自己 75 岁的生日，人们送给他一辆黑色保时捷 356 作为礼物，高龄的波尔舍并没有停下脚步安心养老，习惯了看车展的他在这一年 10 月来到了巴黎，看到了保时捷作为汽车品牌在展位上亮相。

1950 年底，费迪南德·波尔舍在从沃尔夫斯堡返回斯图加特的途中中风住院，于 1951 年 1 月 30 日与世长辞，享年 76 岁。

费迪南德·波尔舍不仅是大众汽车公司、保时捷汽车公司的创始人，更是闻名世界的汽车设计大师和"跑车之父"，他对汽车的杰出贡献主要体现在其高超的产品设计水平和使汽车大众化的设计概念两个方面，他所创立的设计方案和风格，直到今日仍为人们所仿效。费迪南德·波尔舍的确是一个传奇式人物，自幼没有受过正规教育，是一个半路出家的技术发明家，通过自己天才的思维和创新的设计，使一系列汽车品牌、车款和汽车技术打上了波尔舍的烙印。费迪南德·波尔舍以及他的儿子菲力·波尔舍、孙子费迪南德·亚历山大·波尔舍，他们三代人推出的保时捷跑车风靡全世界。

2.1.5 阿尔芒·标致

阿尔芒·标致（Armand Peageot，1849—1915，图 2 - 5），法国标致汽车公司的创始人，法国汽车工业的先驱者。

1849 年 3 月 26 日，阿尔芒·标致出生于法国东南部、距离瑞士不远的蒙贝利尔地区。此时，由 19 世纪初让·皮埃尔兄弟开办

图 2-5 阿尔芒·标致

的生产钢锯、弹簧等制式工具的小作坊发展而来的标致家族企业已经逐渐稳定并发展起来。学生时代，阿尔芒·标致在巴黎中央高等工艺制造学校学习工程技术后又到英国深造，在那里他接触了还处于萌芽状态的汽车工业。成年之后的阿尔芒·标致接过了公司的管理权，但从小就对机械充满浓厚兴趣的他并不满足公司只限于生产传统生产工具这类的小玩意，他始终希望公司可以转型生产更加复杂的机械化设备。1886年，使用链条传动的标致自行车开始批量生产。

1886年，德国的卡尔·本茨发明了世界上第一辆汽车，阿尔芒·标致顿时觉得自行车并不是自己前行的终点，汽车制造业才是自己未来的方向。于是，经由著名的蒸汽动力学家莱昂·塞伯莱的引荐，他拜访了汽车发明家戈特利布·戴姆勒先生。而后仅仅只有3年的时间，1889年，在庆祝法国大革命100周年的巴黎万国博览会上，阿尔芒·标致就带来了一台与莱昂·塞伯莱合作制造的三轮蒸汽汽车，以"塞波莱－标致"命名，引起了不小的轰动。

在塞波莱－标致三轮蒸汽汽车问世之后，阿尔芒·标致很快就意识到蒸汽驱动的汽车并不能满足时代的发展，他认为这种笨重的机械装备并没有太大的发展空间，因此这位精明的法国实业家很快又将目光转向了轻巧且动力强劲的汽油发动机。1890年，第一辆使用戴姆勒汽油发动机的标致2型汽车问世。1892年，阿尔芒·标致首先在四轮汽车上采用硬橡胶轮胎。1894年，阿尔芒·标致的产品走向多样化，双座、折叠、封闭式客货两用车等都是在这段时间里诞生的。正当阿尔芒·标致准备进一步扩大经营的时候，问题产生了，戈特利布·戴姆勒坚持阿尔萨斯是普法战争法国割让给德国的领土，因此禁止标致公司将自己的汽车销往那里。当时深具民族情怀的阿尔芒·标致愤怒了，他毅然和戴姆勒公司解除了合同，决心不再依靠德国人的发动机。随后，他和法国的一些企业家合伙在奥丁库特开设了工厂。1896年，阿尔芒·标致推出了自己的发动机，从此不再依靠戴姆勒公司提供。同年，阿尔芒·标致正式创建了标致汽车公司，成为法国主要的汽车厂家之一。

虽然标致汽车是依托于整个标致家族的，但最终引领标致汽车走向正确轨道的人则是高瞻远瞩的阿尔芒·标致，他不仅促成了标致第一辆汽车的问世，而且预见到了汽车的飞速发展，并在蒸汽机后果断选择以汽油机为动力。由于法国人敏锐的判断力，特别是法国开明的法律制度（当时，德国、英国均有歧视机动车的法律），法国成了最早普及汽车的国家，标致公司也成为世界上第一家真正的汽车制造商。

在标致汽车逐步走向辉煌的时候，创始人阿尔芒·标致在1915年8月与世长辞，终年66岁。

2.1.6 安德烈·雪铁龙

安德烈·雪铁龙（Andre CitrOen，1878—1935，图2-6），法国雪铁龙汽车公司的创始人，发动机前置前轮驱动汽车技术的发明者。

1878年2月5日，安德烈·雪铁龙出生于法国巴黎，父亲是个从事珠宝生意的商人，母亲是波兰人，家境富裕，家里有5个孩子，雪铁龙是最小的一个。他从小酷爱科学，沉溺于凡尔纳的科幻小说。但这一切在雪铁龙6岁的时候结束了，父亲在外面做生意时上当受骗，不仅所有的投资都血本无归，家里原有的积蓄

图2-6　安德烈·雪铁龙

也化为乌有。父亲无法接受这样的结局，自杀了。母亲不堪忍受这种打击，本来就多病的身子更加虚弱，不久去世。之后，家破人亡的安德烈·雪铁龙依靠亲戚的救济，艰难地生活了下来，还考进了著名学府——巴黎高等综合工科学院，他之所以选择工科，是想掌握一门可靠的技术，作为自己以后求职时的资本，潜意识里，他对商科充满了怀疑和不信，因为父亲就是因为经商失败而死去的。那时，安德烈·雪铁龙对科技充满了崇拜和信任，他认定科技进步一定会给人类带来幸福，而他的理想就是将来当一名工程师。

1900 年，大学毕业的安德烈·雪铁龙去波兰外婆家探亲度假，在旅途中偶然发现了一种"人"字形齿轮切割方法，并立即购买了这项专利。1905 年，安德烈·雪铁龙建立了雪铁龙齿轮厂，专门生产自己的专利产品，当时的雪铁龙齿轮工厂规模并不是很大，只雇佣了 1 名绘图员和 10 名工人，雪铁龙本人任厂长，同时身兼行政管理主任、技术员和推销员。因为"人"字形齿轮运转平稳和效率高，产品很快开始销往整个欧洲，但雪铁龙对此并不满足，他总觉得只生产齿轮是不够的，还应该继续向前进。

1912 年，安德烈·雪铁龙来到了美国，参观了亨利·福特的汽车厂，这次参观给了他极大的震动，明白了自己今后应该做什么，那就是生产汽车。正当他在经历了几次失败仍想将汽车生产试验继续干下去的时候，第一次世界大战爆发了，他的试验不得不停止下来。

第一次世界大战期间，36 岁的安德烈·雪铁龙应征入伍，他被任命为炮兵少尉。在别人看来，战争从来不意味着好事，但在雪铁龙看来，其中也意味着巨大的市场和商机。当时，在前线，法军出现了炮弹短缺的局面。雪铁龙提出要建造一座日产 2 万发炮弹的工厂，这个建议很快获得了批准。做事果断的雪铁龙只用了 40 多天时间就在巴黎著名的塞纳河畔建起了一座军火厂厂房。在这里，他的组织管理才能得到了极大的锻炼和发挥。因为战时缺人，他不顾别人的反对，开始雇佣妇女干活，事实证明，女子并不输于男子，从开始试生产到正式生产的短短几个月中，炮弹日产量就由 1 万发上升到了 5.5 万发。等到战争结束时，由于军火生意的成功，安德烈·雪铁龙已经小有资本了，这使得他可以在之后的时间里专心生产汽车。他向众人夸下海口："以后要每天生产 100 辆汽车！"要做法国的"福特"，但几乎没有一个人相信他，大家认为这个人简直是疯了。

但安德烈·雪铁龙是认真的，1919 年，他建造了以自己名字命名的汽车工厂——雪铁龙汽车公司。他知道自己的经验不足，就高薪聘请了一位汽车高级工程师，同时因为战后人们的购买力还很低下，专门走低价路线。1919 年 5 月，在欧洲率先批量生产 A 型车以后，产量迅速提高，到 1924 年，日产量达 300 辆，雪铁龙公司成了欧洲成功的汽车厂家之一。

1923 年，安德烈·雪铁龙在美国会见了亨利·福特，不仅把美国的流水线带入了法国，他还在自己的公司内推行美国式的营销方法和售后服务措施。雪铁龙坚持认为，汽车厂卖的不只是汽车，还有无微不至的服务。他逐步完善了汽车买卖方式，创立了一年保证期制度，建立分销网，罗列出零件目录及维修费用一览表，使所有销售点、维修点的费用得以统一。1922 年，他大力推广分期付款售车方式，成立了全国第一个专司分期付款的机构，并在国外创办了不少汽车出租公司，在全国各地形成了一个游览车服务网。他还是最早懂得利用广告的商人之一，为了扩大品牌的知名度，他把营业额的百分之二拿来做广告。在这方面，他甚至比美国的同行做得更好。

安德烈·雪铁龙对公司和产品的宣传可谓煞费苦心，在那个时代，他可算得上是个创意天才了。第一次世界大战结束后，法国所有公路上的交通标志都已损坏。雪铁龙决定以公司的名义向法国政府提供各式路标并设立在全法国的公路上，不仅帮助政府解决了交通管理上的难题，这些路标还成了雪铁龙汽车公司的宣传广告。1922 年，在第七届法国巴黎汽车展开幕式上，一架飞机在展览会上空拖出一条长达 5km 的烟雾字幕——"CITROEN"。当时距离美国莱特兄弟发明飞机成功刚刚 9 年，飞机还是个稀奇事物，雪铁龙就想出了这样空前壮观的营销宣传活动，实在令人惊叹。1923 年，雪铁龙发起了穿越撒哈拉大沙漠的大型车赛。1924 年又组织了贯穿全非洲的"黑色之旅"赛车活动。更为绝妙的是，1925 年，雪铁龙公司在巴黎著名的埃菲尔铁塔上挂起了高达 30m 的巨型灯箱广告，在夜晚的巴黎，"CITROEN"字样显得格外明亮醒目，在巴黎四周 30km 范围以内都可看到。人们只要看到高大的埃菲尔铁塔，便记住了雪铁龙汽车公司的名字，此举后来被视为世界广告宣传史上的成功典范。1927 年，美国人林白驾机穿越北大西洋成功，雪铁龙竭力说服这位英雄去自己的工厂接受工人们的祝贺，结果第二天的报纸就登了这样的文章"林白访问雪铁龙"。自 1928 年起，雪铁龙汽车公司每月月末在法国 100 家大报刊登大幅广告。1931 年，雪铁龙汽车公司在法国巴黎开办了当时全球最大（长 400m）的汽车商场，除了经销汽车外，也在场内放映电影和开办音乐会。当年 4 月，继贯穿非洲的"黑色之旅"之后，雪铁龙又发起了沿着丝绸之路远行东方的"黄色之旅"（现大多称为"东方之旅"），雪铁龙车队从黎巴嫩贝鲁特出发，跨越喜马拉雅山，行驶 1.6 万 km，于次年 2 月到达北京。

安德烈·雪铁龙把汽车当作了自己的全部，富有的他在生活上并不追求豪奢，只是不断地投资于工厂和开发新车型，追求技术上的不断进步，他甚至声称"只要主意好，代价不重要"。1925 年，雪铁龙毅然决定停止木材车身的生产，改用先进的全钢车身，生产出法国第一辆全钢质汽车。1934 年 4 月 18 日，雪铁龙汽车公司向新闻界展示了集前轮驱动、底盘车身一体化、液力制动三项尖端技术于一身的全新车型，全世界都感到惊奇。第二天的法国报纸这样报道："它是这么新，这么大胆，这么有创意，这么与众不同，称其为轰动性再恰当不过了。"虽然这种后来被人们称之为"强盗车"的前轮驱动车给雪铁龙汽车公司带来了极大的荣誉和利润，但在当时却是一场灾难，因为安德烈·雪铁龙为此所需要付出的代价是非常巨大的。首先，研发所需经费庞大，雪铁龙只好向部分经销商及米其林公司请求赞助。其次，研发周期过长，产品不能如期推出，再加上匆匆投产后又存在着许多设计、制造方面的缺陷，销路受阻，雪铁龙汽车公司面临着巨大的债务危机。可是在此之前，雪铁龙已经向银行借贷过多次，为了自己的新试验，银行这次不愿意再冒险了。没有银行的贷款，又得不到政府的支持，病了几个月的雪铁龙再也没有办法说服别人相信自己描绘的美好前景。1934 年 12 月 21 日，雪铁龙汽车公司不得不宣布破产。1935 年 1 月，雪铁龙的股份被转让给米其林公司，雪铁龙彻底离开了自己一手创建的企业。半年后，也就是 1935 年 7 月 3 日，奋斗一生的安德烈·雪铁龙因暴病离开人世，结束了其传奇的一生，终年 57 岁。

在安德烈·雪铁龙病逝后的两天里，数不清的经销商、工人甚至普通顾客，纷纷涌进雪铁龙公司向他行礼致哀，法国政府也给他颁发了一枚二级荣誉勋章。虽然他离去了，但他的前轮驱动设计方案至今也没过时，或许这是对他最大的褒赏与怀念。或许对安德烈·雪铁龙而言，他不是最好的企业家，但却是最好的创新家、改革家，他用自己的一生做了汽车事业前进的铺垫。

2.1.7 路易·雷诺

路易·雷诺（Louis Renault，1877—1944，图2-7），法国雷诺汽车创始人，法国汽车工业先驱之一。

图2-7 路易·雷诺

1877年，路易·雷诺出生在巴黎一个富商家庭。家境殷实的他可以说有些不学无术，唯一感兴趣的是摆弄机械。1898年，年仅21岁的雷诺退伍后回到了巴黎，与两个哥哥马塞尔·雷诺和费尔南德·雷诺联手，在布洛涅-比扬古创建了雷诺汽车公司。1898年12月24日，他将自己的一辆拖斗摩托车改装成了当时还很少见的汽车，并开着它去参加一个朋友的圣诞夜聚会。从此，雷诺作为汽车发明家名满巴黎社交界，雷诺公司的汽车制造业务也因此变得越来越重要，由此开始转变成以汽车制造为主业的汽车公司，而雷诺在公司的地位也上升到与两位哥哥齐平。当然，雷诺负责车辆的制造和设计，而他的两位哥哥负责公司经营。

在欧洲人开始狂热地迷恋赛车后，速度成了汽车的首要指标。1902年，精通机械的路易·雷诺又贡献了一项伟大的专利——涡轮增压器。路易·雷诺让他的哥哥马塞尔·雷诺作为车手，参加各种赛事，甚至路易·雷诺本人也常常披挂上阵。兄弟俩赢得了一场又一场的比赛，也促进了公司的发展。但是，在1903年巴黎-马德里的一次比赛中，一场严重的事故夺去了马塞尔·雷诺31岁的生命。这场悲剧对路易·雷诺是一个沉重的打击，不仅失去了自己至亲的兄弟，也失去了最忠诚的支持者，雷诺三兄弟的铁三角就此不复存在。路易·雷诺开始对赛车产生恐惧，在他哥哥遇难之后，他再也没有亲自参加过任何汽车赛事。1906年，费尔南德·雷诺因为健康状况不佳而提前退休，路易·雷诺不得不完全接掌公司营运。

1919年6月4日，安德烈·雪铁龙推出雪铁龙A型车，比同类产品便宜一半。从此，雷诺汽车公司失去了统治地位。紧跟而来的进口车冲击，以及20世纪二三十年代世界性的经济动荡，使路易·雷诺受到沉重打击，他患上了失语症，几乎丧失了说话的能力。

1939年，第二次世界大战爆发。在工厂被德军占领期间，路易·雷诺为保持企业的正常运作，履行了德军的订单，为德军大量生产军车、坦克和飞机。而正因为这一时的妥协，雷诺公司成了1942年英军轰炸的第一个目标，大半厂房和设备在数年之久的轰炸中化为灰烬。第二次世界大战结束之后，1944年9月23日，路易·雷诺被关进了监狱，一个月之后的10月24日，等候审判的路易·雷诺因尿毒症去世，终年67岁。

2.1.8 柯林·查普曼

柯林·查普曼（Colin Chapman，1928—1982，图2-8），英国杰出的汽车工程师、赛车手，全球三大跑车品牌莲花（Lotus）的创始人，莲花品牌的灵魂人物。

1928年，柯林·查普曼出生于英格兰萨里郡里奇蒙市的一个中产阶级家庭，两年之后，因他的父亲要去接管在霍恩塞的铁路旅馆而

图2-8 柯林·查普曼

举家北迁来到伦敦。因为在他们旅馆前面的道路上，每天都会有"疾速苏格兰"的流线形蒸汽动力车呼啸着飞过，因而年幼的查普曼就拥有敏锐的驾驶感觉，他尤其喜欢研究火车突然减速拐弯的动作。

1945 年，17 岁的柯林·查普曼进入伦敦大学攻读结构工程，他总是骑着一辆黑豹摩托车往来于家和学校之间。自认为骑车技术无人能及的他却在圣诞节期间的一次上学途中，因肆意飙车，躲避不及，被迎面疾驰而来的汽车撞伤了双腿。然而，塞翁失马，焉知非福。这次小小的交通事故，让查普曼因祸得福——不仅与前来探视的海尔·威廉姆斯小姐一见钟情，而且获得了父亲为他购置的代步工具，一辆 1937 年出厂的莫利斯牌 8 型跑车。正是父亲的这次慷慨解囊，彻底地改变了查普曼的人生，不仅驾车技术有了大幅提高，他还迷上了汽车改装，这为他日后创造的那些奇迹打下了坚实的基础。

1947 年，已经是大学二年级学生的柯林·查普曼偶尔购得了一辆 1930 年出厂的老旧奥斯汀牌 7 型跑车，面对这辆丑陋的跑车，查普曼知难而进，靠着一把电钻和最初级的钣金技能，在女友海尔家的后院空地开始鼓捣起来，最终将它改装成了魅力四射的激情跑车。改装成功后，查普曼便开始琢磨给这辆激情跑车起个什么名字才最能吸引人呢？一天，查普曼从苦思冥想中抬起头来，久久注视着海尔那清丽的面庞和婀娜的身姿，忽然，灵感顿生——激情跑车同女友一样让人怜爱，好似一朵出水芙蓉，"Lotus"（莲花），不就是激情跑车最好的名字吗？就这样，Lotus 1 激情跑车在海尔家的后院里诞生了。

1949 年，柯林·查普曼大学毕业后进入英国皇家空军服役，此外他还加入了 750 赛车俱乐部。在英国皇家空军，查普曼接受了基本且严格的飞行训练，并且拥有 35h 独立飞行的记录。在 750 赛车俱乐部，查普曼遇到了很多与他志同道合的朋友，他们常常在一起讨论汽车中的问题。在英国皇家空军期间，查普曼仍旧恋恋不舍对汽车改装的业余爱好。在服役的假期里，查普曼制造了 Lotus 2。1950 年，在银石赛道比赛中，查普曼用 Lotus 2 击败了布加迪 37 型赛车，并夺得冠军。比赛的胜利带来了意想不到的广告效应，转眼之间，柯林·查普曼和 Lotus 这个名称在赛车圈内变得家喻户晓，因此也开始有客户向他订购 Lotus 的汽车套件，如发动机、车身、车门、座椅、变速器、车轮等，再根据详细的组装说明书自行组装。查普曼之所以采用这种"自助式"的方式进行销售，主要是为了逃避当时英国的购物税。在随后的一段时间里，查普曼以这种方式卖出了 20 多辆 Lotus 1 和 Lotus 2，查普曼也由此获得了创业的第一桶金。

在从英国皇家空军退役后，柯林·查普曼先是进入位于伦敦的一家钢结构公司担任工程师，后步入英国铝业公司设计发展部门就职。在英国铝业公司，他的主要工作是研究在用铝替代传统金属制造器物时怎么样才会更轻更好，这段时间被认为是查普曼在汽车设计中不断追求轻量化的开始。他在空军服役时所积累的航空技术知识，以及在工作中所学到的铝合金知识，成为后来莲花"轻量化里出性能"这一创新的根基。在工作之余，查普曼依旧十分执着于改装跑车。1950 年，柯林·查普曼在一项跑车大奖赛中结识了志同道合的亚伦兄弟，便将设在女友家后院的改装车间搬进了亚伦兄弟设在伦敦北部的绿林改装厂。1951 年，查普曼设计出了第一辆场地赛车 Lotus 3，轻量化铝合金车身加上创新的工程理念，让这辆车 0 ~ 50mile/h 的加速时间达到了 6.6s，最高车速达到 90mile/h，这是莲花品牌真正意义上的诞生。当年，查普曼的女朋友海尔亲自驾驶 Lotus 3，在英国银石赛车场上勇夺 AMOC 大赛女子组冠军，首次获得世界跑车大赛桂冠。这次大赛的胜利，更增加了查普曼的信心，促使查普曼踏上了制造赛车的漫漫征程。

在女朋友海尔的鼓励下，柯林·查普曼与亚伦兄弟联手，于1952年1月1日合资创办了莲花机械工程公司，但查普曼还在英国铝业公司任职，只是在业余时间为公司工作。为了把有限的资金用在刀刃上，查普曼不得不先将工厂设在父亲接管的铁路旅馆后院的旧马厩中。很多成功的人都有着异乎寻常的执着，他们不需要任何压力和逼迫就不断为理想贡献着自己的力量。查普曼在每天到英国铝业公司上班之前总是先来他的"马厩"厂房，从铝业公司下班后，查普曼又会飞奔回来继续生产赛车。经过无数次的图纸设计和工厂实验，查普曼终于摆脱了改装跑车的低档次，设计制造出了被车迷赞誉为"马厩里飞出的莲花精灵"的Lotus 4。这一次改装还催生出查普曼无尽的创意，随后不仅设计出了Lotus 5，而且将普遍用于飞机制造的蜂窝结构管状车架用于汽车，制造出了车重仅400kg的双座敞篷Lotus 6。随后，查普曼将Lotus 6升级为Lotus 7、Lotus Super 7，而Lotus 8、Lotus 9、Lotus 10赛车更是在法国勒芒24h耐力赛中出尽了风头。

1953年2月，在海尔的鼎力支助下，柯林·查普曼将莲花机械工程公司更名为莲花机械工程股份有限公司，并在原来的莲花标识上方加上了海尔·威廉姆斯全名每个单词的第一个字母"C""A""B""C"。曾经有过这样一个伟大名言：每一个成功男人身后都会有一位出色的女人，海尔·威廉姆斯正是查普曼的出色女人。1954年10月，柯林·查普曼与海尔·威廉姆斯走进了神圣的婚姻殿堂，一对有情人终成眷属，从此相携相扶，是车坛中少见的幸福夫妻档。

1955年，柯林·查普曼辞去了在英国铝业公司担任的职务，与好友佛兰克·考斯廷并肩作战，全身心地致力于莲花激情跑车的研发、制造和销售，不仅获得了英国汽车制造及销售协会的认证，而且其产品在世界级的伦敦汽车大展中首次亮相。

1956年对于柯林·查普曼来说是很重要的一年，由于天生才智过人，加上后天成功的专业教育，年仅28岁的查普曼很快成为赛车界响当当的人物，当时英国最具实力的两个F1车队不约而同地邀请他协助设计赛车最重要的悬架系统及底盘，这在当时是绝无仅有的。查普曼在两家车队的经历对他在设计赛车上有很大的帮助。从此，查普曼迎来了人生和事业的春天，一款又一款不同凡响的经典莲花跑车从他的手中走向世界车坛，在为他赚取利润的同时，也为他赢得了巨大的荣誉。

1982年，莲花品牌遭遇巨额亏损，陷入了严重的经济危机。1982年12月16日，圣诞节前夕，柯林·查普曼突发心脏病去世，年仅54岁。

柯林·查普曼是一个令人迷惑、性格复杂的人，关于他的评论各式各样，有的甚至互相矛盾。他是一个严厉的人，也许又富有些同情心，有时他又是一个脾气暴躁并且喜欢我行我素的人。在车队里大家称呼他"老头子"或"老大"，一些不太尊重他的媒体戏谑地称他为"查佬"。摒弃这一切不说，有一点大家都一致认同，那就是：柯林·查普曼是一个真正伟大的赛车和公路汽车设计师。在查普曼富有传奇色彩、不断求索拼搏的一生中，他创造出了一款又一款不同凡响、让世界车坛刮目相看、为车迷所熟知和热爱的经典莲花激情跑车。柯林·查普曼的"增加功率不如减轻车重"的轻量化理念是经过世界大赛洗礼过的独家绝技，使得莲花赛车在世界大赛上无往不胜。在柯林·查普曼的汽车词典中，汽车的属性就只有"速度与驾驶"。由查普曼一手创立的莲花车队记载了一个传奇，自1958年进军国际汽车大奖赛到1994年退出，莲花车队先后参加了491场比赛，并赢得其中的79场，斩获了7次F1

厂商年度总冠军和 6 次车手年度总冠军。图
2-9 为莲花车队所获得的荣誉及查普曼的名言。

柯林·查普曼始终不是一个普通意义上的
老板，更像是一位伟大的工程师。无论是批量
生产的跑车还是赛车，莲花品牌的所有车型都
是由查普曼亲自负责设计制造的，一直到他去
世都是如此。对于查普曼而言，构思、设计、
制造赛车，不仅是一份职业，更是他存在的全
部意义。在 F1 赛车中应用的数控实时驾驶悬挂
技术、一体化车身单座底盘、空气动力学的地
面效应都是出自他的手笔，他发明的发动机前
置前轮驱动、发动机前置后轮驱动、发动机中
置后轮驱动三种经典跑车技术的独创业绩为他
赢得了与法拉利、波尔舍一起被尊为"20 世纪
世界车坛三大奇人"的美誉。查普曼始终亲自

世界一级方程式　世界一级方程式　世界一级方程式
锦标赛厂商年度　锦标赛车手年度　锦标赛分站赛
总冠军　　　　　总冠军　　　　　冠军

勒芒大奖赛分组　印地 500 大奖赛　世界拉力锦标赛
冠军　　　　　　冠军　　　　　　冠军

"如果你还没有获胜，说明你努力得还不够。"

——柯林·查普曼

图 2-9　莲花车队所获得的荣誉及查普曼的名言

参与各项设计与赛事，甚至亲自驾驶新车去测试。他不仅在设计方面出类拔萃，而且是一名
出色的赛车手。他那横溢的才华在比赛中绽放，激荡出不惜一切代价取得胜利的斗志。像这
样由单独一人创造出一个汽车品牌整个系列，在世界上极其罕见。不仅如此，莲花激情跑车
早已升华为柯林·查普曼与海尔·威廉姆斯浪漫爱情与赛车骄子合二为一的最佳聚合体，他
们共同拼搏的创业历程和夫妻同心的幸福婚姻更成为世界各国跑车迷竞相传扬的车坛佳话。

2.1.9　恩佐·法拉利

恩佐·法拉利（Enzo Ferrari，1898—1988，图 2-10），意大利著名的赛车手，法拉利汽
车公司的创始人。

1898 年 2 月 18 日，恩佐·法拉利出生在意大利摩德纳城一个小
钣金工厂主的家中。由于他出生时天降大雪，直到两天以后才得以落
上户口。他的父亲阿勒法多·法拉利，不仅是一个技艺超群的铸铁好
手，而且是一个如醉如痴的赛车迷。1908 年，父亲带着 10 岁的法拉
利到波伦亚观看了一场汽车比赛，赛车场那集惊险、刺激于一体的惊
心动魄场面深深地吸引了他，他盼望着自己也能成为一名优秀赛车
手。13 岁那年，法拉利千方百计地说服了父亲，允许他单独驾驶汽
车，从此，他与汽车结下了不解之缘。

图 2-10　恩佐·法拉利

1914 年，第一次世界大战爆发，恩佐·法拉利在意大利山地第
三炮兵师服役。1916 年，一场肆虐了大半个意大利的流行性感冒夺
走了他父亲和哥哥的生命，父亲曾经苦心经营的家庭作坊式钣金厂随
之关门停产，正在部队服役的法拉利也由于疾病和受伤的身体被意大利军方裁去，被迫返乡。
1919 年，21 岁的法拉利想在菲亚特汽车公司谋求一份工作，身体还未完全恢复的他遭到了无
情的拒绝，成为汽车制造厂员工的愿望化为泡影。面对这尴尬的人生遭遇，法拉利并未心灰

意冷，凭借对赛车的狂热，怀着"钟爱跑车胜过家人和挚友，跑车是生命不可分割的一部分"的痴恋，在朋友的介绍下，他自费加入米兰一家名为森姆尼赛（C. M. N）的车队，由于表现出色，被晋升为正式赛手，赛车生涯由此开始。

1920 年，在好友的极力推荐下，恩佐·法拉利加盟阿尔法·罗密欧车队，从此开启了与阿尔法·罗密欧长达 20 余年的合作之门。1923 年 5 月 25 日，法拉利在靠近拉韦纳的萨维奥赛场取得胜利，赢得了人生中的第一个冠军，并结识了战斗英雄弗兰西斯柯·巴拉卡的母亲波利娜·巴拉卡公爵夫人，由此，法拉利汽车著名的"跃马"徽标诞生了。在阿尔法·罗密欧车队，年轻有为、血气方刚的恩佐·法拉利凭借自己的才智和努力，取得了一系列的胜利，受到了部门主管乔吉奥·里米尼的高度赞赏，被提升为阿尔法·罗密欧的主要车手。至此，他已经成为能够驾驶世界顶尖赛车去参加国际比赛的职业车手。

1925 年，在法国格兰披治大赛的蒙特梅里赛道上，恩佐·法拉利的多年好友安东尼奥·阿斯卡里在比赛中被撞身亡。法国大奖赛是当时世界上最富声望的顶级大奖赛，也是法拉利要参加的最高级别的一场比赛，但阿斯卡里的离去却使法拉利胆怯了，他无法缓和沉痛与迷茫的心情，更无法踏上赛道。此后，法拉利将自己的重心移向了车队的管理与发展，仅仅参加一些地区性的赛车比赛。

1929 年，恩佐·法拉利正式成立了法拉利车队。由于阿尔法·罗密欧短暂离开过赛车运动，法拉利车队在这段时间里的主要任务就是为阿尔法·罗密欧的那些腰缠万贯的赛车客户们提供尽可能的帮助——赛车运输、机械维修、技术调校等。同时，法拉利以出售股份的方式换取了阿尔法·罗密欧、倍耐力、博世以及壳牌对自己车队的技术支持和协助。法拉利凭借自己在赛车界多年打拼所积攒的人脉及个人魅力，在短短的一年时间内，将这个由个人组建的车队发展成为一支拥有 50 名全职或兼职赛车手的大型车队，在 22 场比赛中取得 8 次胜利。

1939 年 9 月，恩佐·法拉利离开了阿尔法·罗密欧公司，并同意遵守四年内不以自己名义参加比赛或者设计赛车的不竞争条款。至此，法拉利结束了与阿尔法·罗密欧车队长达 20 年的合作。

1947 年，49 岁的恩佐·法拉利在意大利摩德纳建立了自己的汽车制造工厂，并且开始以自己的名字命名生产汽车，法拉利 125S 是法拉利历史上的第一款车型。也正是它的出现，法拉利真正开始了自己的超跑之路，从此他的事业就更无法同那惊心动魄的汽车大赛分离了。由于赛车的性能需要在赛车场上才能得到检验，因此，法拉利积极参加各种汽车大赛，借以检验、宣传自己的赛车。在初期的世界汽车大赛中，法拉利设计的 F1 赛车曾发生过惨不忍睹的事故，并且殃及了很多观众。当时梵蒂冈的报纸激烈地指责他是"现代恶魔"。然而，每当法拉利赛车取得胜利的时候，车迷们似乎忘掉了过去的一切，狂热地称呼法拉利为"魔术师"。1951 年，法拉利 375 在迈勒·米格拉尔汽车大赛上夺得了冠军，此后法拉利多次出现在世界各地的赛车比赛上并屡获殊荣。1956 年，经过法拉利改装的方程式赛车获得了 F1 一级方程式赛车年度总冠军，这一切的成绩奠定了法拉利赛车的地位，从此法拉利名声大噪。1962 年，法拉利又推出了 GTO 车型，帮助法拉利赢得了 60 年代多数大型赛事的冠军。

恩佐·法拉利一生中最沉重的打击发生在 1956 年，他 26 岁的儿子，当时已成为汽车发动机设计师的迪诺·法拉利因病不幸早逝。法拉利对儿子倾注着一腔父爱，外出时，始终是打着黑色领带、戴着墨镜来悼念自己的儿子。迪诺这个名字也经常被他用来命名一些法拉利公司生产的发动机或赛车。

　　除了制造赛车并参加大赛以外，恩佐·法拉利还积极策划制造法拉利跑车，以求以车养车——用出售跑车所获得的利润来支持自己的赛车计划。可惜小规模的跑车生产获利有限，难以支持赛车队庞大的开销，公司常常陷入困境，法拉利在面对公司的运营和赛车场上的辉煌时却感到了无比的压力。不过，由于法拉利声誉极高，多次为国家争得过荣誉，几乎成为意大利汽车业的形象代表，因此，财大气粗的菲亚特公司在财政方面经常给予无私帮助。美国福特公司一度有意收购法拉利公司，但却被法拉利本人坚决拒绝。他担心自己的公司归于福特公司以后，一来对方会借法拉利车的成绩宣传自己的形象（这不利于意大利的汽车工业），二来自己的赛车计划会受到一定程度的干扰。1969 年，法拉利答应让本国的菲亚特集团收购，条件就是对方在今后的岁月里不得干扰其赛车活动。经过协商，最终在 1969 年菲亚特集团收购法拉利公司 50% 的股份，随后持股逐渐递增，直至 1988 年菲亚特集团持股增加至 90%。

　　1988 年 8 月 14 日，恩佐·法拉利在家里去世，享年 90 岁。这一生中，他和他的车队赢得了 14 次勒芒 24h 拉力赛冠军和 9 次 F1 总冠军。他设计的 F1 赛车，在世界性大赛上共获得 100 多次胜利，至今尚没有哪一种赛车能够打破这项记录。在法拉利去世前的一年，他仍未停止自己的工作，他仍然像钢针那样尖锐，一年 365 天去上班，他在维护着他的法拉利跑车王国。对他来说，这已不是工作，而是他的生命。对于恩佐·法拉利的逝世，意大利总理深情地说："我们失去的是一位能够象征意大利年轻蓬勃、富于冒险、不屈不挠以及在技术领域锐意进取的楷模型人物"。

2.1.10　费鲁吉欧·兰博基尼

　　费鲁吉欧·兰博基尼（Ferrucio Lamborghini，1916—1993，图2 - 11），意大利兰博基尼汽车公司的创始人，在汽车制造业享有盛誉。

　　1916 年 4 月 28 日，费鲁吉欧·兰博基尼出生在意大利的一处小农庄。在耳濡目染下，小时候的他就对农业机械车辆有着浓厚的兴趣，往后更进入工业大学求学。毕业后，兰博基尼被征召入伍，成为意大利皇家空军的一名机械师。第二次世界大战结束后，1946 年被释放返回意大利。1948 年，由于意大利在战后对于农业车辆的需求极为迫切，32 岁的兰博基尼创建了兰博基尼拖拉机有限公司并组装了第一台拖拉机，而所用的材料就是一些第二次世界大战期间大量被遗弃的军用物资。在 20 世纪 50 年代中期，兰博基尼拖拉机有限公司已成为意大利最大的农用机械制造商之一，同时他还是一个成功的空调和燃气热水器生产商。

图 2 - 11　费鲁吉欧·兰博基尼

　　事业蒸蒸日上的费鲁吉欧·兰博基尼是狂热的跑车迷，拥有包括阿尔法·罗密欧、蓝旗亚、玛莎拉蒂、梅赛德斯 - 奔驰等多款名车。1958 年，兰博基尼购买了第一辆法拉利 250GT，之后又买了 3 辆。兰博基尼很喜欢法拉利汽车，但是他认为，对于普通的道路来说，法拉利汽车显得十分嘈杂和粗犷，很显然法拉利更适合赛道。在一次赛车比赛中，兰博基尼驾驶的法拉利 250GT 由于离合器出现问题导致比赛车辆失控而误伤了观赛的民众，事后他向恩佐·法拉利投诉。然而，法拉利非但不理睬，还告诉他没能力驾驶法拉利 250GT，只适合驾驶拖拉机。对此，兰博基尼非常生气，于是在自己公司仓库里，找到一个合适的备用配件安装，解决了法拉利 250GT 的问题。作为车迷的他写信给法拉利，告诉他解决方案，可当时傲慢的法拉利却对他说："我不需要一个制造拖拉机的人来教我如何制造跑车"。

生性孤傲倔强的费鲁吉欧·兰博基尼不能忍受被自己所敬重的人如此嘲弄，对跑车极度热衷的他开始考虑生产可以满足自己需求的跑车，比法拉利更好的跑车。兰博基尼变卖了自己视若珍宝的四辆法拉利跑车并倾其所有，于是，兰博基尼汽车有限公司在距离法拉利之都摩德纳仅 15km 的圣亚加塔·波隆尼成立了，从此开始了狂牛的复仇计划。接下来，兰博基尼就不择手段了，从法拉利和玛莎拉蒂挖了大批优秀的人才，包括在汽车界著名的贝萨里尼，他是法拉利 250GTO 的设计师，在 20 世纪意大利车坛的影响力甚至高于法拉利和佛瑞肯，他设计的 3.5L360 马力的 V 12 发动机成为兰博基尼挑战法拉利的旗帜。而贝萨里尼叛离法拉利的原因是法拉利拒绝让他使用独立后悬架，多年后法拉利对放走贝萨里尼追悔莫及，但是此时为时已晚。

1963 年 10 月 26 日，意大利都灵车展，兰博基尼推出他的第一部作品 350GTV，极速 280km/h，仅生产一辆。兰博基尼 350GTV 的面世标志着一段令人称奇的成功之路的开始，自此也开启了兰博基尼与法拉利的百年恩怨。1964 年的日内瓦车展上，350GTV 的量产车型 350GT 正式发布。为了与法拉利竞争，350GT 的定价比同级别的法拉利车型略低。这款车随后生产了两年，总产量为 120 辆。1966 年的日内瓦车展上，兰博基尼正式发布了 400GT，受到了消费者的认可。随后，兰博基尼推出了多种版本的 400GT 车型。1968 年，兰博基尼推出的 Miura P400 引起了广泛关注，这是兰博基尼首款采用中置发动机布局的跑车，开创了兰博基尼中置发动机设计的先河。

1972 年，费鲁吉欧·兰博基尼在无计可施的情况下，将陷入财务危机的兰博基尼拖拉机有限公司出售给了意大利农业设备制造商 SAME，并专心经营兰博基尼汽车公司，但是兰博基尼汽车公司也开始逐渐失去资金支持，车型开发速度也逐渐放缓。同年，兰博基尼退出公司领导层，但是并没有解决兰博基尼公司的资金问题。1980 年，兰博基尼公司宣布破产，来自瑞士的 Mimran 兄弟公司收购了兰博基尼。1987 年 4 月，Mimran 兄弟将兰博基尼转卖给了美国的克莱斯勒公司。1993 年 2 月 20 日，费鲁吉欧·兰博基尼去世，享年 77 岁。

费鲁吉欧·兰博基尼是个性格孤僻的人，这也是兰博基尼创始人与其他著名汽车品牌创始人最大的不同。由于费鲁吉欧·兰博基尼很少接受媒体的采访，就算接受采访时也表现得沉默寡言，因此很少有人知道他真实的内心世界。但就是因为这种性格，才让他一手缔造了汽车界独一无二的神话——蛮牛兰博基尼。他拥有斗牛般不甘示弱的个性，冲锋之时，义无反顾，他就是费鲁吉欧·兰博基尼，一个为打败法拉利的"超跑之王"！

2.2 美国的汽车精英

2.2.1 亨利·福特

亨利·福特（Henry Ford，1863—1947，图2-12），美国著名企业家，美国和世界汽车工业主要奠基者之一，被誉为"汽车大王"和"为世界装上轮子的人"。

1863年7月30日，亨利·福特出生于密歇根州一个农场主家庭。父亲威廉·福特是英国人，1847年大饥荒时随父母来到美国，定居在密歇根州迪尔伯恩。刚到美国时，他们一文不名。到亨利·福特出生时，勤奋的威廉·福特已经拥有一个约36400m²的农场。

亨利·福特自小就对从事农事颇有怨言，反而对捣鼓机械充满了浓厚的兴趣，想把天下所有的手表都打开看看。这个"疯狂的破坏者"，引起家里人的百般警惕，只要一看见他回家，便立刻慌忙地把所有的手表都藏起来，否则那些装饰华丽昂贵的怀表顷刻便会被"五马分尸"。1879年，16岁的福特从学校退学独自来到底特律一家机械厂当学徒。刚到底特律时，福特白天在工厂上班，晚上在一家名表店修表。后来，福特在底特律的一家船舶修理厂工作。期

图2-12 亨利·福特

间，他对内燃机又产生了极大的兴趣，业余时间就研究汽油发动机。1891年，他加入了爱迪生照明公司，这使他有幸结识伟大的发明家爱迪生。在他的汽车研制之路上，爱迪生始终给他以激励。后来，这两个都出生于密歇根的奇人成了至交。

1893年圣诞节，亨利·福特的汽油机试验成功，这给了他极大的鼓舞，决心再接再厉，研制出自己的汽车。当时，汽车制造还是手工作坊式的，汽车是"不用马拉的马车"，只是有钱人的消遣品，福特的梦想是要生产每个人都买得起的汽车。1896年6月4日，他的第一辆汽车试制成功，它的样式很简单，几块铁板松散地安在四个自行车轮上，前面装上一个门铃。组装好的车出不了门，他就把墙砸开，并在倾盆大雨中把车开上大街。这个"怪物"惊呆了路人，它车速达到20km/h，比别的车都快，连愤怒的房东都没有责怪他，反而为房子造了个活动门以方便汽车出入。

1899年8月5日，亨利·福特与其朋友集资1.5万美元，成立了底特律汽车公司，这也是在底特律设立的第一家汽车制造公司。1900年1月12日，底特律汽车公司完成了原型车的制造。但到了该年11月，共生产了12辆汽车的公司便倒闭了。

1903年6月16日，亨利·福特第三次与别人合作成立了福特汽车公司，公司名称取自创始人亨利·福特的姓氏，当时的公司资产只有2.8万美元。公司创办之初，福特就提出了将汽车由奢侈品变为生活必需品的主张，他要求汽车性能可靠、耐用、售价低廉、操作简便、使用和维护费用低，即生产大众化、普及型汽车。不久，福特公司制造出了性能稳定的A型汽车。1906年7月，亨利·福特控股58.5%，成为公司最大的股东，继任公司总裁、总经理，完全控制了公司。

1908年9月27日，亨利·福特公司生产出世界上第一辆属于普通百姓的汽车——T型车，这也标志着世界汽车工业革命的开始。T型车没有一点为舒适和美观附加的装置，被当时的媒体评论为像个"农民"，只有骨头和肌肉，没有一点赘肉。福特则不以为然，他坚持

汽车就是服务大众的，开豪华车是一种罪过。T 型车最初售价为一辆 850 美元，而当时其他的汽车要卖到 2000～3000 美元。T 型车在市场大获全胜，但福特并未裹足不前。1913 年 10 月 7 日，福特将屠宰场中的牛羊肉分块肢解的流水线反其道而行之，开发出了世界上第一条生产流水线，生产一辆 T 型车所需要的时间大大缩短。到 1913 年的年底，T 型车已占领美国汽车市场半壁江山。

1914 年，亨利·福特宣布向工人支付 5 美元的最低日工资，每天工作 8h。而当时，工人一般工作 9h，工资只有 2.34 美元。《华尔街日报》指责他"经济犯罪"，对"福特主义"的批判也比比皆是。但福特坚持提高工人福利，后来甚至把日工资涨到 10 美元，这使得美国工人的生活发生了很大的变化。

亨利·福特晚年特别保守、专横。1919 年 1 月 1 日，亨利·福特唯一的儿子埃德塞尔·福特接任公司总裁。可实际上，主张改革的埃德塞尔·福特很清楚真正的话语权始终被父亲掌控着。1922 年 2 月 4 日，在儿子的劝说下，亨利·福特以 800 万美元的价格买下了亨利·利兰创办的林肯公司，埃德塞尔·福特被委任为首任董事长。仅仅 4 个月后，由于和亨利·利兰在自主权和股东责任等问题上有较大分歧，专横的亨利·福特赶走了亨利·利兰。

1927 年，顽固的亨利·福特不得不让自己心爱的黑色 T 型车停产，再转产新的 A 型车，以适应消费者需要的变化。由于转产组织匆忙、耗资巨大，加之接踵而来的经济大萧条的影响，福特公司元气大伤，整个 20 世纪 30 年代都未能恢复，分别被通用公司和克莱斯勒公司超过。后来经过福特公司员工的拼力追赶，才算在全国第二的位置上站稳脚跟，但那种产量独占全国一半以上的日子一去不复返了。

1943 年 5 月 26 日，年仅 49 岁的埃德塞尔·福特因癌症去世。埃德塞尔·福特的去世对福特家族无疑是一场巨大的灾难，围绕公司继承权的问题，公司和福特家族发生了一场激烈的斗争。尽管在汽车制造方面与埃德塞尔·福特有诸多分歧，可丧子之痛还是让亨利·福特一度消沉，很长一段时间里他都不愿意接受这个现实。1943 年 6 月 1 日，亨利·福特重新担任福特汽车公司总裁，再次回到福特公司最高掌门人的位置。可年近 80 岁的他无论是身体还是精力都不能进行高负荷的工作了，他急需寻找福特公司的下一代接班人。

1945 年 9 月 21 日，亨利·福特辞去了公司总裁的职务，把福特汽车公司交给了长孙亨利·福特二世。这位不到 30 岁的年轻总裁胆识过人，对福特而言开启了一个全新的时代。

1947 年 4 月 7 日，亨利·福特因脑出血在底特律去世，终年 83 岁。

福特家族曾是美国最显赫的家族，第一代创业者亨利·福特，第二代埃德塞尔·福特，第三代亨利·福特二世，第四代比尔·福特，四代掌门人，代代有枭雄。福特家族只持有福特公司 8% 的股份，却有着 49% 的表决权。

生产出世界上第一辆属于普通百姓的汽车——T 型车，开发出了世界上第一条流水线，亨利·福特为此被尊为"为世界装上轮子"的人。在 1999 年，《财富》杂志将他评为"21 世纪商业巨人"，以表彰他和福特汽车公司对人类工业发展所做出的杰出贡献。除此之外，亨利·福特对美国社会的影响也从汽车工业扩展到了商业、服务业和基础设施建设。他建立了汽车经销商体系。在他的努力下，加油站也如雨后春笋般冒出来。他还大力游说政府修路，使美国有了全球第一的州际高速公路。

2.2.2 亨利·利兰

亨利·利兰（Henry Leland，1843—1932，图 2 – 13），美国豪华汽车品牌凯迪拉克、林肯的创始人，有"底特律教父"之称。

1843 年 2 月 16 日，亨利·利兰出生在美国佛蒙特州贝尔登，父亲是一个农民，利兰是他的第八个孩子。1861 年，美国南北战争爆发，年仅 18 岁的利兰参加了亚伯拉罕·林肯的联邦军队，被派往马萨诸塞州斯普林菲尔德的一个兵工厂任军械员，第一次接触到精密机械，这为他今后的事业发展奠定了基础。战争结束后，一次偶然机会让他得以在马萨诸塞州一家军械厂从师学艺。在工作期间，利兰曾多次到底特律出差，"汽车之城"优美的环境和技能超群的工人给他留下深刻印象。于是，积累了一定经验和财富的利兰很快就来到了底特律，创办了利兰 – 弗克耐尔公司，主要生产各种机械设备、齿轮切削机床及工具。

图 2 – 13　亨利·利兰

1901 年，美国奥兹莫比尔汽车公司因为扩大生产线，急需 2000 台发动机，于是找到亨利·利兰。在经过不断试验和改进后，利兰 – 弗克耐尔公司生产的发动机不仅运转平稳、安静，功率比当时同样供给奥兹莫比尔公司的道奇发动机提高了近三分之一。可就在这个时候，奥兹莫比尔汽车公司因各种原因单方面拒绝订货，这对利兰的公司无疑是灾难性的打击。因为这种发动机除了卖给奥兹莫比尔公司，就没有别的办法了。就在大家都绝望时，转机出现了。1902 年 8 月，因经营不善而倒闭的底特律汽车公司的两位投资人请来利兰对厂房和设备进行评估，并准备清算公司资产。利兰在考察后却劝阻他们不要关闭公司，因为他认为这家工厂在当时算是相当先进的，并提出让他们使用自己公司的发动机继续生产汽车。两位投资人接受了利兰的建议。1902 年 8 月 22 日，这家公司正式更名为凯迪拉克公司，一个百年品牌由此诞生。利兰不仅向凯迪拉克公司提供发动机，还提供传动及转向机械。

1904 年，凯迪拉克工厂发生了火灾，此后，亨利·利兰出任该厂经理，很快，利兰 – 弗克耐尔公司与凯迪拉克公司合并，生产规模开始逐渐扩大。此时，亨利·利兰已是美国汽车界德高望重的人物。后来克莱斯勒公司的总工程师弗雷德·杰德回忆道：我们都称他为"底特律教父"。1904 年，美国汽车制造者协会获准成立，亨利·利兰为其发起人之一。到 1906 年，凯迪拉克在底特律的工厂已成为当时世界上最大、最完善和装备最好的汽车生产厂。在利兰的经营下，凯迪拉克的发展很快引起了业界的关注，公司的名望和利润令人垂涎三尺，其中就包括财大气粗的通用汽车公司。经过近两年的拉锯战式谈判，凯迪拉克最终在 1909 年 7 月 19 日加盟通用汽车公司。在成为通用汽车的一份后，66 岁的亨利·利兰成为公司的总管，与其儿子继续管理工厂，尽最大可能保持其独立性。

第一次世界大战对亨利·利兰和凯迪拉克都是一个重要转折点。当时美国宣布正式参战，通用汽车总裁威廉·杜兰特和亨利·利兰就是否顺应战争调整生产而产生极大的分歧。一气之下，利兰离开了他一手创办的凯迪拉克。1917 年 8 月 29 日，离开凯迪拉克的利兰成立了专注于飞机发动机生产的公司，希望为卷入第一次世界大战的国家贡献力量。由于利兰对亚伯拉罕·林肯非常敬仰，因此，他以"林肯"作为公司名称，以向这位伟人致敬。在战争期间，林肯公司总共生产了 6500 台飞机发动机。以"精准大师"闻名底特律的亨利·利兰，他所设计的林肯发动机，不论在动力、可靠性还是革新性上，都是出色的工程学典范。

在战争结束后，亨利·利兰回到了他熟悉的汽车行业。1920 年，林肯 L 型轿车正式诞生，这是林肯品牌的第一款车型。利兰认为，豪华等于绝对的可靠性，这一理念让他坚持创造最完美的汽车。但是，杰出的产品没有给林肯公司带来销量上的成功。1921 年 11 月，利兰迫于财务压力不得不宣布林肯公司破产，并进行拍卖。1922 年 2 月 4 日，亨利·福特以 800 万美元的价格买下了林肯公司。

在福特收购林肯后，亨利·福特的独生子埃德塞尔·福特被委任为首任董事长。由于亨利·利兰在自主权和股东责任等问题上和亨利·福特有较大分歧，专制的福特在友好结缘仅仅只有 4 个月后便下达了"驱逐令"，炒了利兰父子的鱿鱼。当 79 岁的利兰黯然离开时，所有将他看作"底特律教父"的人都感到十分心酸。利兰的离开同样让埃德塞尔·福特伤心不已，可面对父亲的决定又显得有心无力。之后，亨利·利兰毕其余生在报纸和法庭上和亨利·福特争吵不休，直至他于 1932 年 3 月 26 日在底特律去世，享年 89 岁。

亨利·利兰生前非常重视加工精度、制造质量和零件的互换性，并且认为这是迅速增加产量、扩大汽车发展规模的关键。无论是林肯还是凯迪拉克，汽车零部件的制造质量及精度误差为 0.05mm，这在 20 世纪初简直是不可思议的奇迹。当时公司的口号是"技术是我们的信念，精度是我们的法律"。1908 年 1 月，在英国进行了一场有关凯迪拉克汽车零部件通用性的测试，技师先将最新生产的三辆凯迪拉克 K 型车全部拆散，并把三辆车的零部件混在一起。然后再将三辆车重新组装起来，过程中除少量极高精度的部件换用新件外，其余都用拆车件。虽然组装期间下过暴雨，导致部分零件生锈，但重新组装起来的三辆车在之后大于 800km 的试驾测试中并没有出现任何问题，证明了车辆的可靠性。1908 年，由于成功实现标准化生产，凯迪拉克成为第一个赢得英国皇家汽车俱乐部颁发的杜瓦奖（Dewar Trophy）的美国汽车制造商。1912 年，因研发出电子起动机、Delco 点火系统，凯迪拉克第二次获得杜瓦奖，并因此被永久性授予"世界标准"荣誉称号。杜瓦奖是英国下议院议员杜瓦爵士在 20 世纪初设立的，每年评选一次，用于奖励那些在英国完成了最传奇的性能表现、最举足轻重的试验测试或最促进汽车行业进步的发明创造的汽车及品牌。

虽然亨利·利兰早早离开了他所热爱的汽车工业，但由他创建的凯迪拉克、林肯两大品牌却依然传承着百年来的豪华精粹，以领先时代的科技精髓勇拓未来，成为美国汽车工业史上最璀璨的明珠，无论身处何地，都当仁不让地成为人们关注的焦点。

2.2.3 威廉·杜兰特

威廉·杜兰特（William Darant，1861—1947，图 2-14），美国通用汽车公司的缔造者。

1861 年 12 月 8 日，威廉·杜兰特出生于美国马萨诸塞州波士顿市，其外祖父在美国内战末期和战后初期担任马萨诸塞州州长。但是，杜兰特从小就和母亲一起被嗜酒成性的父亲抛弃，10 岁起与母亲一起住在家境颇为富裕的外婆家，在那里，小杜兰特受到了外婆的精心教导。

尽管有着优越的家庭条件，但是威廉·杜兰特并不安分。

图 2-14 威廉·杜兰特

1878 年，17 岁的他便在祖父的木柴厂当起了办事员。离开了枯燥的学校生活，在木柴厂杜兰特却如鱼得水，不仅出色完成了各项工作，而且很快成长为一个企业管理者和成功的推销员。积累了一定经验后，杜兰特并不满足将自己的业务只停留在木柴生意上，不久他便将自己的业务拓展到了专利药品、雪茄和房地产等更能赚钱的行业。随后短短的几年间，他的事业便取得了蓬勃发展。24 岁时，年轻的杜兰特便已经成为弗林特保险公司的合伙人。

1886 年，威廉·杜兰特对一位朋友乘坐的马车产生了极大兴趣。于是，他投资 1500 美元在弗林特市与朋友共同建立了一家马车制造公司。从事当时有很高盈利的马车制造，让杜兰特真正得以施展自己的拳脚。他凭借自己出色的销售经验和才华，让马车公司的业务取得了突飞猛进，效益节节攀升。同时，杜兰特也不断收购其他马车生产商，他收购的企业最南到亚特兰大，最北到多伦多。经过 15 年在全美范围内推销各种款式和颜色的马车，他将最初的 2000 美元变成了 200 万美元，并且他的马车业务也走向了世界，成为当时美国最大的马车制造商。无论从原来的木柴生意，还是到后来的专利药品、雪茄，以及马车生意，杜兰特一再表现出他出众的销售以及经营才华。对此，他的朋友是这样评价的："杜兰特可以把沙子卖给阿拉伯人，然后还能把筛沙子的筛子卖给他们。"

20 世纪初，汽车还是一个新鲜事物，汽车行业的发展也相当艰难。威廉·杜兰特也曾一度不看好汽车的发展，甚至阻止自己的女儿去驾驶汽车。1904 年 8 月，当杜兰特听说负债累累的别克公司正在期待别人购买时，或许是从生意角度考虑，杜兰特打算去探个究竟。经过在郊外坑洼的道路上对别克汽车的测试，杜兰特彻底改变了自己原来的想法和态度，下定决心接管别克。最终，杜兰特用 50 万美元买进了陷于困境中的别克汽车公司。

对于威廉·杜兰特步入汽车行业，许多人都表示非常惊讶，他们都认为杜兰特在马车制造方面取得了辉煌的成就，而从事汽车行业与马车制造业完全不相关，在市场方面，甚至还存在着一定的冲突，纳闷为什么他还要进入一个毫无前途的汽车行业？杜兰特对这些惊讶以及反对意见却不以为然，他执着地认为汽车将成为未来的交通工具，替代马车只是一个时间问题。后来的事实证明，他的选择非常明智，这一选择为他开启了成功之路。

在接管别克不久，威廉·杜兰特于 1904 年 11 月 1 日成为别克公司董事长，持有别克公司 65% 的股份。由于杜兰特的加入，当时别克的股本从 7.5 万美元增加到 50 万美元。不仅如此，杜兰特再次充分施展了他在销售方面的特长。1905 年 1 月，他将别克汽车带到了纽约汽车展览会上，而后带回来了 1108 辆轿车的订单。经过四年的苦心经营，1908 年的时候，杜兰特领导之下的别克以 8820 辆的销量成为美国最大的汽车制造商，超过了当时最主要的两个竞争对手福特和凯迪拉克的销量之和。此时的别克已经成为美国顶尖的汽车制造商，别克产品也成为当时市场上最畅销的一个品种，而杜兰特也在当时人们的心目中从"马车国王"变成了"汽车天才"。

1908 年 9 月 16 日，为了结束美国数百家汽车企业并存的局面，夺取汽车市场的霸主地位，威廉·杜兰特以别克汽车公司为基础创建了通用汽车公司。随着别克汽车业务的蒸蒸日上，杜兰特便开始为自己勾画一个更宏伟的蓝图，一个更庞大的收购计划，他设想收购美国最大的几个汽车企业，并将他们和业务突飞猛进的通用合并，从而控制整个产业。通过一年左右的努力，通用将奥兹莫比尔、奥克兰（庞蒂亚克的前身）、凯迪拉克等公司并入旗下。在收购福特汽车的时候出现了麻烦，亨利·福特同意以 800 万美元的价格出售，但必须支付现金，最终这笔交易没有达成，因为当时包括 J. P. 摩根在内的银行家并不认为汽车业有很好的未来，否则今天的世界汽车产业格局不知如何。虽然收购福特失败了，但杜兰特还是成功将 13 家汽车公司和 10 个部件与零部件生产商合并。

在组建了通用汽车公司后，威廉·杜兰特根据多年的马车制造及销售经营经验，认为汽车产品需要像马车一样，能提供各种款式和各种品牌，来满足不同收入阶层的不同喜好。正如他认为的那样，在短短的两年时间内，通用生产凯迪拉克、别克、奥克兰等十多种不同款式的汽车，给消费者提供了更多的选择。

尽管通用汽车的多品牌战略在一开始获得了成功，但是到了 1910 年 10 月，由于扩张太快，下属各企业是各自独立的经营单位，威廉·杜兰特既没有建立必要的公司管理机构，也没有建立必要的现金储备，再加上亨利·福特生产的 T 型车，价格低廉、更为畅销，通用公司出现了严重的资金危机。为了渡过难关，杜兰特在走投无路的情况下，只好向财团求救，借款 1500 万美元。财团接受了通用汽车的举债请求，但他们认为亏损的出现是由于杜兰特仓促的冒险行为引起的，便开出了极为苛刻的条件，既要杜兰特辞职，也要通过信托方式控制通用汽车。杜兰特不得不接受人家的城下之盟，无奈地离开了他一手打造出来的通用汽车，他的人生陷入了第一个低谷。

尽管如此，威廉·杜兰特却并不是能轻易被打倒的。1911 年 11 月 3 日，退出通用公司的杜兰特和曾经是别克车队冠军的赛车手路易斯·雪佛兰组建了雪佛兰汽车公司，雪佛兰经济车型迅速占领了市场，取得了辉煌的经营成就。为了重新夺回通用公司的控制权，1916 年 10 月 13 日，杜兰特又在特拉华州成立了新通用汽车股份有限公司，并以这个公司股票调换原通用汽车公司的股票。1917 年 8 月 1 日，新通用公司取得了原通用公司的全部股权，原通用汽车公司宣布解散。杜兰特在担任新通用公司总经理的四年中，公司的规模扩大了 8 倍。但是，由于杜兰特无意接受董事会的领导，完全凭个人的力量经营公司；他不去研究公司的内部管理，只是热衷于公司规模的扩大；他不去协调各经营部门相互之间的关系，导致分公司各自为政；他不去关心公司的整个产品战略规划，以致分公司之间的产品相互重复，无法形成"一致对外"的市场竞争格局……杜兰特的一系列失误，导致了通用公司 1920 年至 1921 年间产品质量下降，汽车销量急剧减少，亏损日益严重，濒临倒闭。在公司上下的一片反对声中，董事会收购了杜兰特在通用的全部股份，杜兰特被迫于 1920 年 11 月辞职，永久地离开了通用公司。

再次离开通用之后，威廉·杜兰特长期隐居在弗林特，从此一蹶不振。到 20 世纪 40 年代，他在那里经营了一个滚木球游戏场，还在一家餐馆送外卖，晚年生活凄凉。1947 年 3 月 18 日，威廉·杜兰特黯淡地离开人世，享年 86 岁。

虽然斯人已逝，但是威廉·杜兰特开创了通用汽车时代。他对世界汽车工业的贡献不仅是创办了通用汽车公司，他的许多远见卓识和创举都成为日后汽车工业的座右铭。杜兰特是第一个提出轿车舒适化理念的人。他认为，汽车要想发挥它的潜力，就必须使它一年四季都让人感到舒适。正是这个理念，促成了汽车在美国的大范围普及，出现了大批驾车出游整个州、整个美国的游客，汽车成了美国人舒适的移动住宅，对整个美国文化都有巨大影响。杜兰特还创建了通用汽车公司承兑公司，这是工业领域建立的第一个为汽车买主和经销商提供贷款的公司。这家公司是汽车分期付款销售方式的前身，它的建立开创了汽车销售的新天地，挖掘出多于原有数字数倍的顾客，反过来以强大动力推进了汽车制造的迅猛发展。杜兰特的这一创举至今对开拓汽车需求、扩大汽车销售仍具有重大现实意义。实践证明，要开创一项事业，没有杜兰特这种狂热、执着、专注乃至痴迷，以及敢冒风险、大胆创新的精神，显然是不行的。

通用汽车公司在创建初期曾两度陷入困境，濒临破产边缘，这是因为威廉·杜兰特顽固地坚持只求扩张不求管理的指导方针造成的，所以，人称杜兰特是"聚财能手、经营白痴"。作为一个失败者，杜兰特也在时时警示我们：扩张一定要从本企业的实际出发，要同企业的市场、资源、生产技术和管理水平等诸多客观制约因素相适应。如果置客观条件不顾，一味追求发展速度，不择手段地扩大生产规模，必然造成企业的畸形发展，从而使企业走向失败。

威廉·杜兰特，一个超级推销员，一个不知疲倦的经营者，世界汽车发展史上的一位传奇人物。

2.2.4 沃尔特·克莱斯勒

沃尔特·克莱斯勒（Walter Chrysler，1875—1940，图2-15），美国克莱斯勒汽车公司的创始人。

1875年4月2日，沃尔特·克莱斯勒出生于美国艾奥瓦州一个铁路技师的家庭。17岁时，克莱斯勒就立志当一名机械师，18岁制造了一辆微型蒸汽汽车，20岁时被一家工厂聘为机械师，拿到一份令人羡慕的薪金。但是，克莱斯勒对任何事情都十分好奇，不愿意始终待在一个岗位上，总想寻找其他发展的机会。直到33岁那年，他才相对稳定地受聘担任了芝加哥西部铁路的动力总负责人。

图2-15 沃尔特·克莱斯勒

1910年，沃尔特·克莱斯勒辞掉了年薪12000美元的美国火车头公司的职务，受聘担任了通用汽车公司别克分部中一家工厂的技术经理。由于他精通机械、技术超群，在通用公司的作用越来越重要。尽管通用公司一心一意想留下克莱斯勒为公司效力，但他却产生了离开通用公司独自去干一番事业的想法。正在此时，威廉·杜兰特重返通用公司，对克莱斯勒竭力挽留，不仅委任他担任了别克部的主要负责人和公司第一副总经理，而且还将其年薪提高到50万美元。然而，由于克莱斯勒与杜兰特难以合作，他还是于1920年3月25日离开了通用公司。这之后，克莱斯勒受聘担任了经营困难的威利斯－奥夫兰多汽车公司和马克斯韦尔公司的顾问，同时参与经营这两家公司。1921年，当马克斯韦尔行将倒闭时，克莱斯勒正式接管了公司的经营大权，名正言顺地对其进行了整改。1924年，由克莱斯勒主持开发的第一个车型终于问世了，这种采用高压缩比发动机的汽车在市场销售中很受欢迎，问世当年就销出了3.2万辆，公司商誉得以提高。利用这一难得的良机，克莱斯勒接收、改组了马克斯韦尔公司，并于1925年6月6日正式宣布成立克莱斯勒汽车公司，自己就任总经理。

克莱斯勒汽车公司成立以后，发展极其迅速，相继推出的克莱斯勒4号和亨利5号两种新车为公司发展做出了贡献。1925年，公司在国内的排名只为27位，1926年末升至第5位，1927年又上升至第4位。1928年，克莱斯勒公司通过股票交易的方式买下了道奇公司和普利茅斯汽车公司。道奇公司当时在美国排名第3，有良好的商誉和可靠的销售网，买下它之后，克莱斯勒公司在1929年即跃升为美国三大汽车公司之一，后来还曾有过超过福特公司位居第二位的辉煌。

1935年7月22日，沃尔特·克莱斯勒在过完60周岁生日后，辞去了公司总经理职务改任董事长，直至 1940 年 7 月 22 日去世，终年 65 岁。

2.3 日本的汽车名人

2.3.1 丰田喜一郎

丰田喜一郎（Kiichiro Toyoda，1894—1952，图 2-16），丰田汽车公司的创始人，日本汽车工业发展的功臣，被日本人称为"日本汽车之父"。

图 2-16　丰田喜一郎

1894 年 11 月 6 日，丰田喜一郎出生于静冈县敷知郡吉津村，父亲丰田佐吉既是日本有名的纺织大王，也是日本大名鼎鼎的"发明狂"。丰田佐吉 1896 年发明的丰田式汽动织机不仅是日本有史以来第一台不依靠人力的自动织机，而且与以往织机不同的是这种织机可以由一名工人同时照看三四台机器，极大地提高了生产力。丰田喜一郎从一开始就表现出和父亲一样的技术怪才的气质，他不善言语，戴着一副圆框眼镜。丰田佐吉为了发展自己的工厂，将长子丰田喜一郎送到东京帝国大学工学系机械专业读书。大学毕业后，丰田喜一郎来到父亲创办的丰田自动织机制造所当了一名机师，他坚持"三现主义"（现场、现实、现物），丝毫没有富二代的纨绔子弟作风，是一位脚踏实地，实实在在的技术家，很快就成长为分管技术的常务经理。然而，目光远大的他并不满足于眼前的成就。当他发现汽车能给人们带来极大方便时，预感到这一新兴行业具有广阔的发展前景，决定将其作为自己的事业，他的这一想法得到了父亲的大力支持。

1929 年底，为了将纺织机专利卖给当时势力强大的普拉特公司，丰田佐吉派丰田喜一郎前往英国全权代表自己签订契约。在国外，他除了完成父亲嘱托的任务以外，还体验了英国的汽车交通，走访了英、美，尤其是美国的汽车生产企业，彻底弄清了欧美国家的汽车生产状况，一直到 1930 年 3 月中旬才回国。这次花费了四个月时间的国外之旅给他留下了极为深刻的印象，坚定了他发展自己汽车事业的决心。不久，丰田佐吉去世，临终前，他将儿子叫到跟前，留下了作为父亲的最后一句话："我搞织布机，你搞汽车，你要和我一样，通过发明创造为国效力"。他还亲手将转让专利所获得的 100 万日元专利费交给儿子，作为汽车研究启动经费。

丰田佐吉去世以后，公司总裁的职位由丰田喜一郎的妹夫丰田利三郎担任。尽管利三郎是一个见识广博的企业家，但却自命清高，脾气暴躁，与丰田喜一郎在许多问题上意见不同。1933 年，在丰田喜一郎的一再要求下，丰田利三郎勉强同意公司设立汽车部，并将一间仓库的一角划作汽车研制的地点。丰田喜一郎以此为基地，于当年 4 月购回一台美国雪佛兰汽车发动机进行反复拆装、研究、分析、测绘，产生了指导日后公司发展战略的观点："贫穷的日本需要更为廉价的汽车。生产廉价汽车是我的责任。"1934 年，他托人从国外购回一辆德国 DKW 公司生产的前轮驱动汽车，经过连续两年的研究，于 1935 年 8 月造出了丰田 A1 型汽车和 G1 型货车。在此之前，丰田喜一郎擅自做主购买了约 180hm² 土地，积极准备创建汽车厂。丰田喜一郎的这一系列举动使丰田利三郎十分不满，作为上门女婿，他认为能够守住岳父留下的家业就是自己最大的成就，再加上当时许多人认为从事汽车生产具有很大的风险，所以他不支持丰田喜一郎搞汽车。而丰田喜一郎则不同，他认为厂子是自家的，自己想作什么就作什么，加之父亲要他搞汽车的遗言不时地回响在耳边，所以他非要从事大规模的汽车生产不可。两人在意见如此对立的情况下，只好分手单干。

1937年8月28日，丰田喜一郎另立门户，在爱知县举田町成立丰田汽车工业株式会社。丰田喜一郎的目标是追赶福特和通用，争取造出的汽车与这两家公司在日本组装的有同等水平。他把重点放在"丰田的汽车一定要符合日本的具体情况"上。言必行，行必果。丰田喜一郎的确这么做了。从制定规划、募集人才、筹措资金、购地建厂到设计、制造、试验、总结、改进，直到组装成整车，他无不亲自参与，和设计师、工程师、技术工人"一起拼命"。丰田喜一郎带领"丰田人"在制造日本国产汽车的道路上一往无前、奋勇前进。

1936年，在推出第一辆丰田汽车一周年时，丰田喜一郎在公司机关刊物《丰田新闻》上发表文章指出："汽车做到了今天这个地步，不是一个技师的个人兴趣所能做成的。它是许许多多人苦心研究、集中各方面的知识并且经过多年努力和许多次失败才诞生的。"1937年，即丰田汽车公司在举母镇建设大工厂的时候，丰田喜一郎写了一本题为《丰田汽车工业株式会社的创立及其组织》的小册子，这样描述到，"一辆汽车要用几千个零件，缺了其中的一个，就造不出完整的车。把这一切凝聚到一起，不是件容易的事情。如果不能实行完全的统制，那么，即使零件堆成山一样高，也造不出一辆车来。"他在这段话中说的"完全的统制"的一个重要内容，就是把设计制造一辆汽车所需的专家、技术人员以至工人都聚拢到一起，为共同的目标而齐心协力地奋斗。在丰田喜一郎的感召下，日后被称为"销售之神"的神谷正太郎、丰田生产方式创始人大野耐一、"经营奇才"赤井久义以及他的堂弟丰田英二都集聚在了丰田的旗下。正如中国谚语中所说到的，"众人拾柴火焰高"，丰田喜一郎正是集合了专家、技术人员以及工人的全体力量，才建立了汽车工厂，制造出真正的国产汽车。

第二次世界大战之后的日本，经济萧条、社会混乱，百姓生活十分艰难。在这种背景下，丰田的经营也遇到了空前的困难。1949年年底，公司急需约2亿日元的周转资金，经营的艰难程度已经到了如果得不到银行融资便会倒闭的境地。1950年4月7日，工会开始罢工。在这期间，丰田汽车的产量直线下跌，公司每天都积累巨大数额的亏损，银行也断言今后将拒绝提供融资。6月5日，丰田喜一郎毅然决定辞去公司总经理职务，希望能够借此帮助丰田起死回生。6月10日，历时两个月的罢工终于结束，丰田又恢复了正常的生产。7月，丰田自动织机制作所总经理石田退三接替丰田喜一郎出任丰田汽车公司总经理，他在股东大会上宣布："等到公司业绩好转了，我会把总经理的职务还给丰田喜一郎。"丰田喜一郎敢于创建丰田汽车公司，也敢于毅然辞去总经理职务，这正是因为他对汽车制造的热爱，也是为了坚持他"造国产车"的理想。

辞职后的丰田喜一郎，继续埋头从事他所热爱的研究工作，而当时的他已经患有严重的高血压症。尽管医生一再嘱咐他要安心养病，但是他仍然坚持抱病研究，他的这种奋斗精神深深地感动了他身边的每一个人。除了研究日常课题外，他还去东京拜访亲友以及相关政府部门，同时撰写回忆父亲丰田佐吉的业绩以及自己开发汽车历程的回忆录。因不久即将重返总经理这一重要岗位而产生的兴奋、东奔西走的疲劳加上撰写回忆文章的伏案工作，丰田喜一郎的高血压症不知不觉加重了。1952年3月27日，丰田喜一郎因脑出血去世，终年58岁。两年后，丰田的全体员工赠送了一座丰田喜一郎胸像，把它建在丰田汽车总公司大楼前，永远纪念这位日本"国产车之父"。

　　丰田喜一郎对汽车工业的重大贡献不仅是为世界生产出了高品质的丰田汽车，更为重要的是对生产过程的科学管理。丰田喜一郎率领下的团队经历了 20 多年的探索和完善，逐渐形成和发展成为包括经营理念、生产组织、物流控制、质量管理、成本控制、库存管理、现场管理和现场改善等在内的较为完整的生产管理技术与方法体系，即后来风靡全球的"丰田生产方式"。丰田的生产和管理系统长期以来一直是丰田公司的核心竞争力和高效率的源泉，同时也成为国际上企业经营管理效仿的榜样。如今，丰田生产管理模式已超越国别、行业成为世界许多国家争相学习的先进经验。

2.3.2　本田宗一郎

　　本田宗一郎（Soichiro Honda，1906—1991，图 2 - 17），日本本田汽车创始人、日本本田技研工业株式会社创始人、HONDA 品牌创始人。本田宗一郎是继亨利·福特后，世界上第二个荣获美国机械工程师学会颁发的荷利奖章的汽车工程师。

图 2 - 17　本田宗一郎

　　1906 年 11 月 17 日，本田宗一郎出生于日本静冈县磐田郡光明村，为家中长子。本田宗一郎出身穷苦家庭，世代务农的本田家族直到本田宗一郎的父亲本田仪平开始才从事手工业。本田宗一郎从小就喜好动手，喜欢动脑琢磨新鲜事物，对于学校那些需要每天不停背、记、写的国文、作文，他感到实在无聊至极，留给老师们的印象除了成绩差就是调皮。1915 年的一天，放学后的本田宗一郎在村中见到了一辆来自滨松有钱人打猎开来的汽车，他日后回忆到"那是一辆披着乌黑装甲的怪物——福特 T 型车，我跟在车后拼命奔跑，它发出的轰鸣声、左右晃动的车身都让我激动得无以言表，当汽车停下时，一些机油洒在了地上，我便把它抹在身上，幻想着这辆汽车的制造者就是自己……"。

　　高小毕业后，16 岁的他不顾父亲坚决反对，毅然来到东京一家汽车修理厂当学徒。期间，本田宗一郎不仅工作卖力，而且还利用工休时间如饥似渴地学习汽车理论知识。渐渐地，每次修理好车辆后本田宗一郎还告知客人车辆哪里出现问题，如何避免问题。就这样，6 年时光，本田宗一郎在这里不仅学成了一门手艺，也逐渐从一个没见过世面的乡下孩子成长为拥有丰富经验的修理工。1928 年，在汽车修理厂老板的支持下，本田宗一郎回到家乡，成立了滨松亚特技术商会。随着业务的不断扩展，本田宗一郎渐渐发现当时车辆中不少部件品质不过关或者设计值得优化，而市面上的部件往往不能满足需要。于是他瞅准时机，准备离开修理业，进入制造业。然而，日本当局对于原材料的管制令制造业并没有看上去那么美好。这种情况迫使本田宗一郎对造什么进行了长时间的思考，最终他选择了使用原材料不多，但是地位重要的活塞环。

　　1934 年，确定研发方向的本田宗一郎创建了东海精机株式会社并出任社长。当然，活塞环的研发工作并不顺利，由于他缺乏冶金方面的知识，一次次的实验均以失败告终。后来，合伙人宫本才吉将他介绍给了滨松高等工业学校的藤井义信教授，并在引荐之下得到了田代峻教授的指导，终于揭开了活塞环制造失败的原因。为了以后的发展，本田宗一郎毅然决然地以 31 岁的"高龄"重返校园，成为浜松高等工业学校（现在的静冈大学工学部）的旁听生。1937 年，丰田汽车工业株式会社向东海精机订购 3 万个活塞环，这次为丰田提供产品的经验不仅让东海精机跻身日本国内优秀供应商的行列，也再次让宗一郎认识到产品质量的重要性。

然而，刚刚迎来希望曙光的本田宗一郎还没有来得及高兴便深陷战争旋涡。为了在第二次世界大战的战场上获得主动进而赢得胜利，日本开始实行国家总动员，初出茅庐的东海精机也在要求优先发展军工的企业范围之中。在政府的指令下，东海精机在这时被迫生产了大量的飞机发动机零部件以及船舶用活塞环，这与本田宗一郎的构想完全不同，这个时期的他整天萎靡不振。倔强的本田宗一郎此时心中抱有战争总会过去，再咬咬牙坚持下的想法，不再进行更多的发明创造。他对自己，也对员工说着"请再坚持一下，终归有一天，我们会制造自己喜欢的东西！"不过，随着战争的不断深入，日本本土最终也沦为战场。美军轰炸了日本大部分城市，本田宗一郎的家乡滨松也未能幸免。无奈之下，本田宗一郎只得将公司迁往磐田郡的山村中。然而，祸不单行，1945 年 1 月，日本东海发生地震，东海精机厂房全部倒塌，设备一并毁于其中。同年 6 月至 8 月，美军对滨松地区实行了空袭与军舰炮袭，工厂受到毁灭性打击。最终，心灰意冷的本田宗一郎将自己持有的东海精机股权转让给了丰田，彻底离开了几年来苦心经营的公司，开始了一年时间的休养。

1946 年 10 月，40 岁的本田宗一郎再度出山，在家乡滨松设立了本田技术研究所，这是他人生旅途中的一个重大转折点。当时，战争刚刚结束，各种物品十分匮乏，许多家庭不得不到黑市甚至农村购买高价粮食。由于交通不够发达，频繁流动的人口使汽车、火车等各种交通工具均超员运行，而日本崎岖不平的山路又使骑自行车收粮十分费力。本田宗一郎看到这一情况后，马上想到了陆军在战争期间留下的许多无线电通信机。于是，他以低价收购到一批通信机，拆下上面的小型汽油机，并用水壶做油箱，改制成一架小汽油机后安装到自行车上，做成一种新型的"机器脚踏车"。由于产品适销对路，立即就成了抢手货。

本田宗一郎作为一名技术员出身的实业家，不仅有着极其旺盛的创造热情和能力，而且还有一种与众不同的超凡预见能力及冒险精神。1947 年，本田宗一郎与河岛喜好（后来本田的第二任社长）成功研制出了二冲程 50mL 排量的 A 型自行车用辅助发动机，这是第一款带有"HONDA"标识的发动机，是最早的本田摩托车发动机，也是本田 A 型摩托车批量生产的开始。1948 年 9 月，本田宗一郎在滨松成立了本田技研工业株式会社，第二年就生产出了第一辆摩托车，本田宗一郎把这辆摩托车命名为"Dream D"型，充分体现了本田公司永无止境的宏伟梦想。1951 年又主持研制了性能更好的 Dream E 型摩托车。这两种摩托车的销售都获得了成功，为公司赢得了丰厚的利润。1952 年，本田宗一郎从美国、德国、瑞士等地引入价值 4.5 亿日元的设备。由于加工设备先进，加之其他多方面因素的综合作用，本田产品在激烈的市场竞争中站稳了脚跟，一直畅销不衰，始终保持着赢家的本色。

1961 年，本田宗一郎凭借在英国举行的比赛中击败长期居于垄断地位的英国摩托车以及在以后的比赛中经常获胜而确定了在国际摩托车市场的地位。本田宗一郎知道必须走多元化产品战略路线，才能在激烈的市场竞争中永远立于不败之地。在经营摩托车获得成功以后，本田公司于 1962 年开始涉足汽车生产。他们利用在摩托车开发、经营中获得的丰富经验及大量资金，不顾一切地投入汽车开发，结果获得极大成功。本田汽车也因其高技术、低公害发动机的开发成功，独具特色地立于世界汽车之林。

1971 年，65 岁的本田宗一郎辞去董事长职务，把亲手创建的跨国大企业的经营权交给了与自己毫无血缘关系的河岛喜好，成为日本企业经营史上破天荒的壮举，在世界经营史上也被传为佳话。辞职后的本田宗一郎除了继续关注本田技研的发展之外，还于 1974 年 1 月 28 日开始了与员工的握手之旅。此时，本田技研已经在全日本拥有数量庞大的分支机构，无论是地处九州的小工厂还是鹿儿岛的中古销售店，无论风霜雨雪他都一一前往。因为频繁握手的缘故，手掌肿胀也不听秘书的建议，坚持不佩戴手套。"无论是满手机油的维修工还是签订合同的销售人员，我都想亲自握住他们的手，让他们相信只要发挥自己的长处，就一定能干出成绩"。

1991 年 8 月 5 日，本田宗一郎因肝功能不全，在东京顺天堂医院去世，享年 85 岁。

本田宗一郎创立了本田品牌，拥有 470 项发明和 150 多项专利，被现代工业界誉为"亨利·福特以来唯一的最杰出最成功的机械工程企业家"，与松下公司松下幸之助、索尼公司盛田昭夫、京瓷公司稻盛和夫并称为日本"经营四圣"。在本田宗一郎的人生中，他不断思考与总结，为后人留下了许多商业经营方面的启示。

复习题

一、简答题

1. 如何评价费迪南德·波尔舍的历史贡献？
2. 如何评价亨利·福特的历史贡献？
3. 如何评价威廉·杜兰特的历史贡献？他的经历对人们有怎样的启示？
4. 如何评价丰田喜一郎的历史贡献？

二、测试题

请扫码进行测试练习。

测试 2

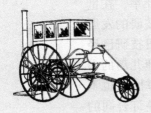

单元三　汽车品牌

　　汽车问世之后，强大的社会需求使得汽车的开发和生产很快向世界各国蔓延，汽车公司如雨后春笋般兴起。目前，世界著名的汽车公司有一百多家，汽车公司的创建、发展和变迁，记录了世界汽车工业的成长历程。汽车发展的历史可以说是品牌发展史，世界上再也没有其他商品能够像汽车这样充分展示品牌的力量了。严谨规范、舒适安全的梅赛德斯－奔驰，品质卓越、优雅风格的宝马，物美价廉的甲壳虫，轻盈典雅的雪铁龙，雍容华贵的劳斯莱斯，卓尔不凡的凯迪拉克，高贵典雅的林肯，神奇的法拉利，风靡全球的MINI……无不让人神思飞扬。

　　车标，顾名思义就是汽车公司或汽车品牌的标志，是艺术性和象征性的高度统一，也是汽车公司生存和发展的缩影，或蕴藏着深厚的历史文化，或体现着创业者的理想与追求，或彰显了产品优秀的品质，或包含传奇而动人的故事……

　　世界著名汽车公司对汽车品牌和标志极具匠心的设计，赋予汽车以品质和内涵，体现了企业的文化和精神。每一个成功品牌的后面都隐含着汽车企业文化和精神的力量，许多经典名车都有传奇感人的故事，似乎隐含着深厚的文化底蕴。因此，汽车品牌及标志构成了汽车文化的重要内容。

3.1　德国著名汽车品牌

　　德国是汽车的诞生之地，德国汽车企业历史悠久，无论是梅赛德斯－奔驰、宝马、奥迪，还是甲壳虫、高尔夫，德国汽车无不体现出德国式的奢华——理性、严谨、注重技术和细节，以技术先进、质量可靠、品质超凡而令人称道，占欧洲主导位置的德国汽车几乎可以代表整个欧洲的汽车工业和汽车制造理念。

3.1.1　戴姆勒股份公司

　　戴姆勒股份公司（Daimler AG）是全球最大的商用车制造商，全球第一大豪华车生产商、第二大货车生产商。戴姆勒股份公司原名戴姆勒－奔驰（Daimler-Benz）汽车公司，2007年7月3日，戴姆勒－奔驰结束了与克莱斯勒之间长达9年的"联姻"，戴姆勒－克莱斯勒公司更名为戴姆勒股份公司。目前，戴姆勒股份公司旗下包括梅赛德斯－奔驰汽车、梅赛德斯－奔驰轻型商用车、戴姆勒载货车和戴姆勒金融服务四大业务单元，在国内有6个子公司，国外有 23 个子公司，在全世界范围内都设有联络处、销售点以及装配厂，总部位于德国斯图加特。2018 年 7 月 19 日，《财富》世界 500 强排行榜发布，戴姆勒股份公司位列第 16 位。

戴姆勒股份公司的前身戴姆勒 – 奔驰汽车公司由 1883 年成立的奔驰公司和 1890 年成立的戴姆勒汽车公司于 1926 年 6 月 28 日合并而成，创始人是被誉为"汽车之父"的卡尔·本茨和戈特利布·戴姆勒。另外，被誉为"设计之王"的威廉·迈巴赫也是主要创始人之一。随着两家历史最悠久的汽车制造业巨头合二为一，戴姆勒的梅赛德斯"三叉星"与奔驰的月桂交织出梅赛德斯 – 奔驰的卓越神话。图 3 – 1 为合并之前两家公司各自的车标，图 3 – 2 为合并之后首次采用的和现在采用的梅赛德斯 – 奔驰标志。

图 3 – 1　合并之前两家公司各自的车标

首次采用　　　Mercedes-Benz 现在采用

图 3 – 2　合并之后的梅赛德斯 – 奔驰车标

目前，戴姆勒股份公司拥有三大汽车品牌，即梅赛德斯 – 奔驰（Mercedes-Benz）、迈巴赫（Maybach）、精灵（Smart），年产汽车 60 万辆，如图 3 – 3 所示。

梅赛德斯 – 奔驰是德国汽车王国桂冠上最璀璨的一颗明珠，有"世界第一名牌"的美誉，在它诞生以来的 100 多年里，每一次亮相都伴随着人们艳羡的目光。"精美、可靠、耐用"是梅赛德斯 – 奔驰汽车的宗旨，在绝大多数人的眼里，梅赛德斯 – 奔驰汽车是高级或豪华汽车的同义词。确实也是这样，因为梅赛德斯 – 奔驰汽车的乘坐舒适性是世界公认第一流的。梅赛德斯 – 奔驰是一些国家政府级礼宾车的常用车种

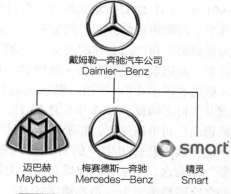

戴姆勒—奔驰汽车公司
Daimler—Benz

迈巴赫　　梅赛德斯—奔驰　　精灵
Maybach　Mercedes—Benz　Smart

图 3 – 3　戴姆勒 – 奔驰汽车公司产品结构

之一，许多国家和地区的富翁也都喜欢用梅赛德斯 – 奔驰做"座驾"。人们对梅赛德斯 – 奔驰的钟爱，不仅是因其外形设计代表了不同时代的潮流，更重要的是从 1926 年至今，梅赛德斯 – 奔驰不追求产量的扩大（每年只限量生产 55 万辆），而只追求生产出高质量、高性能的高级别汽车产品，经营风格始终如一。梅赛德斯 – 奔驰的最低级别汽车售价也在 1.5 万美元以上，而豪华汽车则在 10 万美元以上，中间车型也在 4 万美元左右。在世界十大汽车公司中，戴姆勒 – 奔驰公司轿车产量虽然不高，但它的利润和销售额却名列前五名。

作为世界上最成功的豪华汽车品牌之一，梅赛德斯 – 奔驰从诞生伊始，让"三叉星"闪耀全球就成为其永不放弃的梦想与追求。

1. 发展历程

（1）戴姆勒 – 奔驰汽车公司　1886 年 1 月 29 日，德国专利局向卡尔·本茨颁发了汽车发明专利证书。因此，1886 年 1 月 29 日被公认为是世界汽车的诞生日，卡尔·本茨被誉为"汽车之父"。其实，在这之前的 1883 年，本茨就有了自己的奔驰公司，主要生产工业机械，

后期也开始生产发动机。在 1886 年发明第一辆汽车之后，特别是 1888 年慕尼黑博览会之后，奔驰公司成为德国第二大发动机制造商。1899 年，奔驰公司汽车年产量达到 500 多辆，是当时世界上最大的汽车制造商。

　　1890 年 11 月 28 日，另一位"汽车之父"戈特利布·戴姆勒与事业伙伴共同成立了戴姆勒汽车公司（DMG），戴姆勒出任公司总经理，"设计之王"威廉·迈巴赫任首席工程师。1891 年 2 月 11 日，迈巴赫黯然离开戴姆勒汽车公司。这是因为就公司的生产方向问题，戴姆勒与他的几个合作伙伴产生了巨大的分歧，公司大多数股东拒绝迈巴赫成为董事会成员，并完全剥夺了他在公司的管理权。1893 年，戴姆勒同样被迫离开了自己辛苦经营多年的戴姆勒汽车公司。1895 年，一位英国实业家以 35 万马克购买了公司大部分股权，稳定住了公司混乱的财政局面，同时公司宣布继续聘用戴姆勒作为公司实际管理者，迈巴赫也回到公司担任首席工程师。而迈巴赫 1907 年的再一次离开，则是一次彻底的离开。

　　1901 年，戴姆勒汽车公司推出了一款在当时看来非常前卫、大胆的汽车，这辆全新设计的汽车搭载了一台 6.0L 直列四缸发动机，最大功率 35 马力，最高车速可达 75km/h。在当时看来，无论造型还是动力相较此前生产的汽车都有了质的飞跃。对此，戴姆勒汽车公司在奥地利最大的经销商、赛车手埃米尔·耶利内克大加赞赏，并表示将出巨资买下 36 辆，但前提是戴姆勒汽车公司需要为他设计出一款动力更强、操控更好的比赛用汽车。不到一年时间，1901 年 12 月 22 日，戴姆勒汽车公司便满足了这位奥地利经销商的要求，提供的赛车在许多赛事上均取得佳绩，欣喜的耶利内克建议他们用自己 10 岁女儿的名字——"梅赛德斯"作为戴姆勒公司产品名称的前缀，"梅赛德斯"在西班牙语中有"幸运"的含义，公司总经理

保罗·戴姆勒（戈特利布·戴姆勒的儿子，戈特利布·戴姆勒已于 1900 年因心脏病去世）等人则欣然同意并签订了协议。1902 年 6 月 23 日，"梅赛德斯"被戴姆勒公司申请注册，并于同年 9 月 26 日获得批准。由此，戴姆勒公司生产的每一辆汽车都以"梅赛德斯"来命名。后来，之前耶利内克大加赞赏的那款车的名字则被确定为"梅赛德斯35 HP"（图 3-4）。

图 3-4　梅赛德斯 35 HP

　　1909 年 6 月 24 日，戴姆勒汽车公司将"三叉星"徽标注册为公司商标，象征着公司向海陆空三个方向发展。至此，人类历史上最著名的汽车商标开始受到法律的保护。

　　第一次世界大战之后，美国福特汽车充斥欧洲汽车市场。为了提高竞争能力应对险恶的外部环境，避免互相排挤，1926 年 6 月 28 日，戴姆勒汽车公司和奔驰公司正式合并为戴姆勒-奔驰汽车公司（Daimler-Benz AG），从而实现设计、生产、采购和销售的合并。根据戴姆勒公司对其旗下汽车产品的命名方式，新公司生产的汽车产品就顺理成章地被统一命名为"梅赛德斯-奔驰"（Mercedes-Benz）。使用这样的命名是因为"梅赛德斯"与"奔驰"分别来自两家不同的公司，可体现两家公司的平衡与相互的尊重。此时，戈特利布·戴姆勒早已去世，而卡尔·本茨也已经是 82 岁高龄了。他们的继承人不负众望，不仅使两位伟人所开创的事业得以发扬光大，还弥补了他们两人仅相距 80km 却从未见过一次面的遗憾。

　　1934 年，戴姆勒-奔驰公司制造了世界上第一辆防弹汽车梅赛德斯-奔驰 770K（图 3-5）。该车是为当时的德国元首阿道夫·希特勒特制的高级轿车，车身用 4mm 厚的钢板制

成，风窗玻璃有 50mm 厚，钢丝网状防弹车胎，后排坐垫靠背装有防弹钢板，地板也被加厚到 4.5mm，整车重量超过 5t，它配有一台排量为 7.6L 的 V8 发动机，可产生 136 马力的功率。梅赛德斯 – 奔驰 770K 共生产了 17 辆，大部分都毁于第二次世界大战，现在仅存 3 辆成为稀世珍品，估价均超过 200 万美元。

1936 年，戴姆勒 – 奔驰公司在柏林汽车展上推出了世界上第一款使用柴油发动机的梅赛德斯 – 奔驰 206D（图 3 – 6）。同年，还推出了第二次世界大战前外形尺寸最大的梅赛德斯 – 奔驰 170V（图 3 – 7）以及拥有惊人的 160 马力发动机和 3290mm 轴距的梅赛德斯 – 奔驰 500K 豪华跑车。

图 3 – 5 梅赛德斯 – 奔驰 770K

图 3 – 6 梅赛德斯 – 奔驰 206D

图 3 – 7 梅赛德斯 – 奔驰 170V

1947 年，戴姆勒 – 奔驰公司延续生产了战后第一款汽车，即 11 年前的梅赛德斯 – 奔驰 170V。1949 年，戴姆勒 – 奔驰公司在汉诺威技术出口交易会上推出了战后第一款新车梅赛德斯 – 奔驰 170S。紧接着，又一鼓作气推出了延续车型梅赛德斯 – 奔驰 170D。

1951 年，戴姆勒 – 奔驰公司在第一届法兰克福国际汽车展上推出了基于 170V 的梅赛德斯 – 奔驰 220 和当时时速最高的量产车梅赛德斯 – 奔驰 300（图 3 – 8），为旗下豪华车系 S 级轿车奠定了坚实的技术基础，而 220 也代表着 S 级轿车辉煌时代的开始。同年 6 月 15 日，奔驰公司董事会决定重返赛车领域，推出了富有传奇色彩的梅赛德斯 – 奔驰 300SL（图 3 – 9），这是 SL 级双门跑车系列中的第一款车型，"SL" 是 "Sportlich Leicht" 缩写，意思是轻量级跑车。1953 年 8 月，第一款三厢轿车梅赛德斯 – 奔驰 220a（代号 180）正式发布。定位于中型尺寸豪华轿车（现今 E 级车）的 220a，采用了当时创新的"浮筒式"外形设计。

1958 年 4 月 24 日，戴姆勒 – 奔驰公司仅以 4100 万德国马克的价格收购了汽车联盟（奥迪的前身）88% 的股份。一年以后，新汽车联盟剩下的股份也出售给了戴姆勒 – 奔驰公司。本次收购使戴姆勒 – 奔驰公司再次成为当时德国最大的汽车制造商。

1961 年，戴姆勒 – 奔驰公司推出了第一款带有空气悬架的梅赛德斯 – 奔驰 300SE（图 3 – 10）。这一年，奔驰 E 系列的豪华车型 190C、200、230、190DC、200D 相继推出。此时，梅赛德斯 – 奔驰已经确立了在德国国内甚至整个欧洲高端商务轿车的统治性地位。

图 3 – 8 梅赛德斯 – 奔驰 300

图 3 – 9 梅赛德斯 – 奔驰 300SL

图 3 – 10 梅赛德斯 – 奔驰 300SE

1964 年，戴姆勒 – 奔驰公司终于因为其子公司（新汽车联盟）无法与母公司愉快合作、子公司的财政问题难以解决等原因，将新汽车联盟的所有权以 2.97 亿德国马克的价格分几个阶段出售给了大众汽车股份公司。

1972 年，戴姆勒－奔驰公司开发了一款全新的豪华车梅赛德斯－奔驰 280SE。随后，这款车被命名为 "S-Class"，也就是最早的 S 系列轿车，这个系列最初包括 280S、280SE 和 350SE 三种车型。1979 年，公司凭借着全新开发的 "G-Class" 进军越野车市场。自从那时起，梅赛德斯－奔驰 G 级就是越野车界内的 "常青树"，由于其出色的越野性能和稳定的表现，G 系也一直受到德国军方的青睐。

1982 年 12 月，戴姆勒－奔驰发布了梅赛德斯－奔驰 C190，它是一款定位在 E 级、S 级、SL 级之下的全新紧凑型轿车，这就是第一代梅赛德斯－奔驰 C 级的雏形。两年之后，戴姆勒－奔驰正式将其 190 小型车系列定名为 C 级。

20 世纪 80 年代后期，瑞士生产时尚腕表 Swatch（斯沃琪）的 SMH 公司首席执行官哈耶克从自己企业的手表产品中获得了灵感，他认为当前的汽车工业忽略了一种经济、时尚又能代步的车型，因此他决心开发出一种轻便经济的代步小车，就像 Swatch 手表一样小巧而时尚。1994 年 3 月 4 日，由戴姆勒－奔驰公司与 SMH 公司共同注资的奔驰微型汽车公司（MCC）成立，合作开发 Smart 车型。英文 "smart" 的中文含义是 "聪明的、敏捷的"，也可翻译为 "精灵"。组成这个单词的 "s" 代表斯沃琪，"m" 代表梅赛德斯，而 "art" 是艺术的意思，合起来则代表了斯沃琪和梅赛德斯合作的艺术（图3-11），这也契合了公司的设计理念。1999 年 1 月，奔驰微型汽车公司更名为 Smart 汽车公司。2000 年，Smart 汽车公司彻底与 SMH 公司脱离，成为戴姆勒－奔驰旗下的全资子公司，由梅赛德斯－奔驰负责管理与经营，总部设在德国的波布林根。定位于都市微型车的 Smart，古怪精灵、小巧玲珑，从 1998 年第一代车型（图 3-12）正式问世到 2014 年推出第三代，凭借时尚的造型、小巧的身材赢得了无数年轻人的喜爱。

图 3-11　Smart 标志　　　　图 3-12　第一代 Smart

1998 年 5 月，面临国际化竞争的加剧，戴姆勒－奔驰公司以 360 亿美元的价格并购了美国的克莱斯勒汽车公司，公司更名为戴姆勒－克莱斯勒集团，强强联手让戴姆勒－克莱斯勒集团公司一跃成为当时世界上第二大汽车生产商。然而，合并之后，形势并没有朝预期的方向发展，克莱斯勒连年亏损，这让戴姆勒－奔驰不堪重负。2007 年 7 月 3 日，为了集中精力发展旗下利润相对可观的梅赛德斯－奔驰品牌和重型货车业务，戴姆勒－克莱斯勒公司以 74 亿美元的价格将旗下克莱斯勒公司 80.1% 的股份出售给美国瑟伯勒斯资本管理公司。戴姆勒－克莱斯勒公司 2007 年 10 月 4 日发表公报称，通过股东大会投票表决，该公司已更名为戴姆勒股份公司，并继续拥有克莱斯勒公司余下 19.9% 的股份。

1986 年，梅赛德斯－奔驰（中国）有限公司在中国香港成立。由此，梅赛德斯－奔驰进入中国。伴随业务的蒸蒸日上，2006 年，梅赛德斯 – 奔驰（中国）的总部迁至北京，同时公司也更名为梅赛德斯 – 奔驰（中国）汽车销售有限公司。目前，梅赛德斯 – 奔驰在中国销售的产品包括：轿车类——S 级、E 级、C 级；跑车类——SLK 双门跑车、CLK 跑车、CLS 轿跑车、CL 大型豪华轿跑车、SL 豪华跑车；SUV 系列——R 级大型豪华运动旅行车、ML 多功能越野车、GLK 中型豪华越野车、GL 豪华越野车、G 级越野车；B 级豪华运动旅行车；Mercedes-AMG、Smart 和迈巴赫品牌近 40 款车型，在中国市场构筑了最为丰富的产品线。

　　2005 年 8 月 8 日，由北京汽车股份有限公司与戴姆勒股份公司、戴姆勒大中华区投资有限公司组建的合资企业——北京奔驰汽车有限公司正式成立，由此拉开了梅赛德斯 – 奔驰本土化生产的序幕。

图 3 – 13　迈巴赫车标

　　（2）迈巴赫汽车公司　具有传奇色彩的迈巴赫（Maybach）品牌首创于 20 世纪 20 年代，以有"设计之王"之称、戴姆勒 – 奔驰公司的三位主要创始人之一的威廉·迈巴赫命名。迈巴赫品牌标志由两个交叉的"M"围绕在一个球面三角形里组成。品牌创建伊始的两个"M"代表的是 maybach motorenbau（迈巴赫发动机制造厂）的缩写，而现在两个"M"代表的是 maybach manufacturer（迈巴赫汽车制造厂）的缩写，如图 3 – 13 所示。

　　1890 年，戈特利布·戴姆勒与几个合作伙伴成立了戴姆勒汽车公司，戴姆勒出任公司总经理，而威廉·迈巴赫被任命为首席工程师。其实，在这之前，戴姆勒的立式发动机、第一辆摩托车都有迈巴赫的功劳，这些都是戴姆勒与迈巴赫合作研发的。在戴姆勒汽车公司的几年中，迈巴赫和他的团队陆续研发出了多款高效、强劲的发动机及整车产品，其中 1901 年下线后来被命名为梅赛德斯 35 HP 的轿车、1904 年研发成功的 71 马力直列六缸发动机和 1906 年推出的 122 马力比赛用高性能发动机可以算作是这一时期迈巴赫在戴姆勒汽车公司的代表作。

　　1908 年 8 月 5 日，齐柏林飞艇制造公司的一架飞艇在飞行中遭遇风暴后坠毁。事故发生以后，齐柏林飞艇公司决心彻底改造自己的发动机产品，而他们最佳的人选，便是刚刚离开戴姆勒汽车公司的威廉·迈巴赫与他的大儿子卡尔·迈巴赫。不过由于当时仍处在和戴姆勒汽车公司的诉讼纠纷中，直到 1909 年 3 月，他们才得以加入齐柏林飞艇制造公司。

　　在与齐柏林飞艇公司合作时，威廉·迈巴赫在齐柏林飞艇制造公司旗下注册了一家专门进行发动机研发生产的子公司，这就是迈巴赫汽车公司的前身。而当时担任公司技术总监的是威廉·迈巴赫的大儿子卡尔·迈巴赫，他自己则是担任技术顾问的职位。不过，威廉·迈巴赫拥有 20% 的股份，除了母公司齐柏林飞艇外，算是公司里最大的股东。1912 年，威廉·迈巴赫拿下了整个公司的决策权，并将公司的名称更改为迈巴赫发动机制造公司。从此，威廉·迈巴赫拥有了以自己名字命名的公司。

　　1918 年第一次世界大战结束后，由于《凡尔赛条约》明确禁止在德国生产飞艇这样的交通工具，迈巴赫公司将研发重心转向高效柴油发动机，包括家用汽车所使用的汽油发动机。1919 年，迈巴赫公司第一次尝试整车研发。已经接掌了迈巴赫公司领导权的卡尔·迈巴赫在戴姆勒汽车底盘的基础上开发出了一辆名为 W1 的概念车（图 3 - 14），虽然最终并未投入量产，却开启了迈巴赫品牌生产汽车的历史。有了 W1 作为基础，经过多次的尝试之后，迈巴赫公司终于在 1921 年的柏林车展上推出了全新研发的 W3 车型（图 3 – 15），最高车速可达

105km/h，高端、豪华的产品定位使 W3 深受高端消费者的欢迎，到 1928 年总计生产销售 300 余辆，成为那个时代最畅销的迈巴赫汽车。而卡尔·迈巴赫在柏林车展上也公开表示："我要造最昂贵的轿车"，这也就正式确立了迈巴赫汽车的市场定位和未来发展方向。

图 3-14　迈巴赫 W1

图 3-15　迈巴赫 W3

　　1926 年，迈巴赫在 W3 基础上又继续推出了 W5 车型（图3-16），搭载的是一台排量为 7.0L 的直列六缸发动机，最大输出功率大幅提升至 122 马力，最高车速为 115km/h，为了满足当时市场需求，它的轴距达到了惊人的 3660mm。令人惊奇的还有迈巴赫在 W5 充足的内部空间内进行了许多巧妙设计，后排的折叠小桌板、杯架以及分工不同的储物槽都让 W5 在实用性与舒适性上有了质的飞跃。除此之外，迈巴赫 W5 车尾部分还有专供人站立的平台，重要人物出行时都会有保镖在车尾站立，方便观察周边情况，防止伤害事件发生。迈巴赫的独到设计引起了社会名流的极大兴趣。当时，迈巴赫轿车的顾客群体包括著名政治家、商人、大众明星。此外，一些名声显赫的贵族也曾是迈巴赫轿车的顾客，例如希腊国王保罗、荷兰王室后嗣朱莉安娜公主、伯纳德王子和艾斯特哈立王子、印度王公斋浦尔、玻提拉和科哈珀，以及埃塞俄比亚国王海尔·塞拉西等，都是迈巴赫当时的忠实用户。

　　1929 年，为了将奢华发挥到极致，迈巴赫推出了代表最高生产标准、极端奢华的迈巴赫 12（图3-17），外观造型可以根据用户要求定制。但是，由于当时德国战后萧条的经济，搭载 7L V12 发动机的迈巴赫 12 可不是每个人都能买得起的，所以这款车仅卖出了几十辆便草草收场。1930 年，迈巴赫公司在迈巴赫 12 的基础上又研发了齐柏林 DS7，这是著名的齐柏林系列中第一款车型，依然搭载 7L V12 发动机。

图 3-16　迈巴赫 W5

图 3-17　迈巴赫 12

　　从发动机制造商到豪华汽车品牌，迈巴赫在第一次世界大战后的 20 年间成功完成了转型及品牌形象的升华，成为豪华汽车品牌不可忽视的中坚力量（至 1941 年，迈巴赫已经生产了 1800 辆左右高级豪华轿车）。正当迈巴赫在豪华汽车市场风生水起之际，1939 年，第二次世界大战爆发，迈巴赫公司开始为纳粹德国生产轻型、中型和重型坦克以及装甲车。从此，迈巴赫汽车品牌进入一个长达 60 年的沉睡期，逐渐被人们淡忘，直到 2002 年。

1960 年，戴姆勒－奔驰汽车公司出手收购了尚处在停产阶段的迈巴赫汽车公司。戴姆勒－奔驰汽车公司之所以收购迈巴赫，更多的是希望可以拥有它的发动机技术，可是在以后很长的一段时间里，迈巴赫汽车工厂的最主要任务是凭借之前生产齐柏林系列旗舰车型的技术来为奔驰生产特殊版本轿车，而这些车悬挂的仍是梅赛德斯－奔驰品牌的标识。

1998 年 4 月，宝马汽车公司收购了超豪华品牌劳斯莱斯、宾利。而作为宝马汽车公司的竞争对手，当时的戴姆勒－克莱斯勒集团可以说倍感压力，急需在超豪华汽车市场上有所作为，以提升品牌形象，而沉睡近 60 年的迈巴赫品牌则再一次成为戴姆勒－克莱斯勒眼中的理想对象。于是戴姆勒－克莱斯勒非常迅速地决定重启迈巴赫品牌，竞争对手直指宾利雅致与劳斯莱斯幻影。从决定复活迈巴赫品牌的那一刻起，戴姆勒－克莱斯勒集团便决心将它打造成一款极端奢华的超豪华轿车，首批推出的是迈巴赫 57 与 62 这两款车型。而迈巴赫旗下的所有车型均由奔驰 S 级演变而来，并采用以分米为单位的车身长度数字为车型命名。

虽然迈巴赫前期推出的迈巴赫 57 与迈巴赫 62 都表现了自己极尽奢华的配置和功能，但是复出之后的迈巴赫在豪华轿车的市场表现却非常不尽如人意。从 2002 年复产至 2013 年停产，迈巴赫在全球范围内总共只生产销售了 2000 多辆，其中 50% 以上的销量来自美国市场。2003 年与 2004 年，迈巴赫在美国市场销量仅有可怜的 166 辆与 244 辆。2009 年以后，迈巴赫全年销量连续多年不足百辆，与劳斯莱斯、宾利不可同日而语。2010 年，迈巴赫原计划销售 1500 辆，结果全年销量只有 157 辆，与它处于同等价位的劳斯莱斯却在同样的时间内销售出了 2711 辆。究其原因，首先，半个多世纪的时间已使迈巴赫淡忘于人们的脑海中，品牌认知度已不再与此前同日而语。其次，迈巴赫 57 入门版车型售价 366934 美元，可以买下 3 辆奔驰 S600，而迈巴赫 62 售价更是高达 431055 美元。

2011 年 11 月 25 日，戴姆勒－奔驰公司表示，由于市场业绩不佳，将于 2013 年正式停产旗下的超级豪华品牌迈巴赫系列轿车所有车型，届时奔驰公司将在顶级豪华系列引进最新一代的梅赛德斯－奔驰 S 系列轿车 S600 Pullman。至此，这个曾活跃在 20 世纪初叶的超豪华品牌，在复生了短短 9 年之后，将再次尘封于历史的画册当中。

2. 经典车型

（1）梅赛德斯－奔驰 S 级　在梅赛德斯－奔驰系列车型中，最为耀眼、最能引以为傲的，非 S 级轿车莫属。作为梅赛德斯－奔驰的旗舰车型，S 级轿车具有出众的舒适性和卓越的安全性，是豪华的完美表述和工程技术的精品，开创性的高新技术的完美应用，无一不让人们眼前一亮，成为全球豪华轿车设计方向的引导者。

第一代梅赛德斯－奔驰 S 级轿车始于 1951 年。1951 年 4 月，戴姆勒－奔驰公司在第一届法兰克福国际汽车展上隆重推出了搭载 2.2L 全新 6 缸发动机的梅赛德斯－奔驰 220，标志着 S 级轿车辉煌时代的开始。

1972 年对于 S 级车型来说，绝对算得上是里程碑的一年。梅赛德斯－奔驰史上最重要的车型——第五代 S 级轿车 280 S、280 SE 和 350 SE 轿车正式上市，并首次被官方正式命名为"梅赛德斯－奔驰 S 级"轿车。自此，S 级开启了豪华轿车的新篇章。

1979 年 9 月，梅赛德斯－奔驰在法兰克福国际车展上向世人展示了第六代 S 级轿车，这是梅赛德斯－奔驰历史上最成功的豪华轿车之一。20 世纪 80 年代末期，第六代梅赛德斯－

奔驰 S 级轿车进入中国。一时间，这款体型庞大、造型威武、车头耸立着三叉星徽的高档轿车迅速被国人所熟知。

1991 年 3 月，第七代奔驰 S 级轿车亮相日内瓦车展。第七代梅赛德斯－奔驰 S 级系列是首款正式进入中国市场的 S 级轿车，当时全国各地的大街小巷中都能找到它的身影，"开宝马、坐奔驰"的理念也在坊间流传开来，由此可见梅赛德斯－奔驰 S 级轿车在国民心目中有着极高的身份和地位的象征。

1998 年 9 月的巴黎车展上，梅赛德斯－奔驰发布了第八代 S 级轿车，亮相之初，全新 S 级轿车即向公众展示了 30 多项创新技术成果。经过几代车型的演变，梅赛德斯－奔驰 S 级轿车已经成为全球豪华轿车设计的"引路人"，第八代 S 级轿车因其高贵的造型设计、无与伦比的驾乘感受成为全球各领域首选的豪华轿车，占有全世界豪华车市场 36% 的份额，在中国市场则占据了半壁江山，最为常见的两款经典型号就是 S280 和 S350。

第一代至第九代梅赛德斯－奔驰 S 级轿车部分车型如图 3－18 所示。

梅赛德斯-奔驰220

梅赛德斯-奔驰220a

梅赛德斯-奔驰220Sb

梅赛德斯-奔驰250S

梅赛德斯-奔驰350SEL

梅赛德斯-奔驰560SEL

梅赛德斯-奔驰S600

梅赛德斯-奔驰C215

梅赛德斯-奔驰S500

图 3－18　第一代至第九代梅赛德斯－奔驰 S 级轿车部分车型

2006 年，在梅赛德斯－奔驰 S 级系列中不可缺少的防弹车型也正式登场。为了达到卓越的安全保护性能，S600 防弹车（图 3－19）的车厢包裹了高科技材料制成的装甲，S600 防弹车（B6/B7 级）车重则达到了 3800kg，但凭借动力强大的 V12 双涡轮增压发动机，其最高车速仍能达到 210km/h。2008 年，梅赛德斯－奔驰推出了 S600 Pullman（图 3－20），这是一款专门为全球各国政要、权贵、商界领袖以及教皇等所设计的顶级车型。S600 Pullman 车身长度 6356mm、轴距 4315mm，面对 4500kg 的庞大身躯，5.5L 双涡轮增压 V12 发动机仍然能够从容胜任推动这辆坚固的"移动城堡"。

2013 年 5 月，第十代梅赛德斯 – 奔驰 S 级系列在德国汉堡首发，共推出了 S500（图 3 – 21，北美市场为 S550）、S400 HYBRID 及 S350 BlueTec 等几款车型，将安全配置再次提升到一个新的高度，后排乘客也可享受到更为尊贵的乘坐感受。2017 年 9 月，第十代 S 级轿车迎来了中期改款，外观和内饰的细节部分进行了调整，带来更前卫动感的造型，并且科技配置方面也有所提升。

图 3 – 19　梅赛德斯 – 奔驰 S600 防弹车　　图 3 – 20　梅赛德斯 – 奔驰 S600 Pullman　　图 3 – 21　梅赛德斯 – 奔驰 S500

从 1951 年到 2013 年，梅赛德斯 – 奔驰 S 级轿车共推出了十代车型。在这十代车型中，创新的舒适性配置、"浮筒式"车身设计、溃缩式安全车体、制动防抱死系统（ABS）、安全气囊、安全带收紧装置等，都引领和影响了汽车工业的发展。梅赛德斯 – 奔驰 S 级轿车不单单只代表着梅赛德斯 – 奔驰的顶级造车工艺，还代表着全球汽车工业最高水准。

（2）梅赛德斯 – 奔驰 600　20 世纪 50 年代至 60 年代初，世界级豪华轿车主要被凯迪拉克和劳斯莱斯所占据，各国元首礼宾车也多以美国车为主。在梅赛德斯 – 奔驰 600 诞生之前，梅赛德斯 – 奔驰并未绝对树立其作为世界级豪华轿车的王者地位。

1955 年，奔驰公司启动了一个新型豪华车项目，该项目不设预算限制，力求打造一款创造汽车美学和工程学典范的豪华车型。这就是被誉为"世界上最美汽车"的梅赛德斯 – 奔驰 600。

1963 年 9 月的法兰克福车展上，代号 W100 的梅赛德斯 – 奔驰 600（图 3 – 22）正式亮相，分为标准轴距四门版和加长轴距四门及六门版车型，其中标准轴距车型车身长度 5450mm、轴距 3200mm，车身重量 2600kg。梅赛德斯 – 奔驰 600 以复杂的液压空气悬架系统而著称，利用高压泵支持整个车身并进行高度调节，另外如车窗和座椅调节、前后排隔板升降甚至油箱盖开启等全部利用这套液压系统进行控制。由于这

图 3 – 22　梅赛德斯 – 奔驰 600

套液压控制系统非常复杂，以至于奔驰公司配备了专业维修队伍常年奔波于世界各地维修梅赛德斯 – 奔驰 600，如今判断一辆梅赛德斯 – 奔驰 600 的车况如何，首先要看这套液压系统是否损坏或老化。

梅赛德斯 – 奔驰 600 是奔驰历史上最后一款大量手工打造的高级轿车，其中很大一部分被 100 多个国家买走作为政府高官用车或礼宾用车，车主非富即贵。梅赛德斯 – 奔驰 600 更是为世界各国政要和名人所青睐，如英国女王伊丽莎白二世、侯赛因国王、菲德尔·卡斯特罗、金日成等也都以梅赛德斯 – 奔驰 600 作为专车使用。1965 年，奔驰曾为梵蒂冈教皇保罗六世打造过一款梅赛德斯 – 奔驰 600 Pullman Landaulet，该车为教皇检阅时所使用，后排座椅

为一个单人大沙发，那便是教皇的专座，车门上嵌有梵蒂冈徽章。除了这些知名政要外，香水女王香奈儿、影星伊丽莎白·泰勒、披头士乐队主唱约翰·列侬、猫王普雷斯利和希腊船王奥纳西斯等我们耳熟能详的一些名人都是梅赛德斯－奔驰 600 的车主。

从 1963 年诞生至 1981 年停产，18 年的生产周期内，梅赛德斯－奔驰 600 共生产了 2677 辆。图 3－23 所示为梅赛德斯－奔驰 600 Pullman 四门版和六门版。

梅赛德斯－奔驰 600 也曾被引入中国，国内的奔驰 600 数量不超过 5 辆，主要供钓鱼台国宾馆使用。陈毅、邓小平、邓颖超和当年常住北京的西哈努克亲王都曾在不同时期配备过梅赛德斯－奔驰 600。

梅赛德斯－奔驰 600 见证了几代奔驰 S 级的发展，凭借其独特的设计理念、近乎完美的制造工艺和在政治、文化等领域的影响，为梅赛德斯－奔驰 S 级登上全球豪华轿车霸主的地位奠定了坚实的基础。

图 3－23 梅赛德斯－奔驰 600 Pullman

（3）迈巴赫齐柏林（Zeppelin）DS 系列 迈巴赫是汽车历史上一个充满传奇色彩的品牌，巧夺天工的设计和无与伦比的制造技术使它在 20 世纪 20～30 年代成为代表德国汽车工业最高水平的杰作。作为迈巴赫的旗舰车型，齐柏林 DS 系列轿车代表了豪华轿车的巅峰，是当时声望最高的德国轿车，以无与伦比的典雅风范和动力性能征服了世界。

1930 年，卡尔·迈巴赫为了实现父亲临终前的凤愿，迈巴赫公司在迈巴赫 12 的基础上研发出了齐柏林 DS7（图 3－24），这是著名的齐柏林系列中的第一款车型，依然搭载 7L V12 发动机，最大功率 152 马力，最高车速可达 150km/h。巨大的车身尺寸为它平添了作为超豪华轿车应有的气势，3734mm 的轴距甚至已经超越了此前的迈巴赫 12，约 3t 的超标体重迫使德国政府为此推出了一项新规定，驾驶这辆车的驾驶人还需要考虑额外的货车驾照。

1931 年，在齐柏林 DS7 上市的第二年，迈巴赫公司又推出了其升级版——齐柏林 DS8（图 3－25）。齐柏林 DS8 长 5500mm、轴距 3735mm，内部空间异常宽敞。尽管有着 3t 的沉重车身，它的最高车速依然达到了创纪录的 171km/h。

图 3－24 迈巴赫齐柏林 DS7

图 3－25 迈巴赫齐柏林 DS8

齐柏林 DS8 无与伦比的典雅风范和超群性能代表了当时豪华轿车的最高水平，卡尔·迈巴赫也将此车作为对过世的父亲的献礼。当然与拥有顶级的标准和材料对等的是售价，齐柏林 DS8 当时的售价是 36000 德国马克，在当时的柏林可以买 3 栋独立的别墅。即使是在 80 多年后的 2012 年，一款 1938 年产齐柏林 DS8 在拍卖会上仍拍出 130 万欧元的天价。

3.1.2　宝马汽车公司

宝马（BMW）是享誉世界的豪华汽车品牌，宝马汽车公司是全世界成功的汽车制造商之一，总部设在德国巴伐利亚州的慕尼黑。作为一家全球性汽车公司，宝马汽车公司在 14 个国家拥有 31 家生产和组装厂，销售网络遍及 140 多个国家和地区。2018 年 7 月 19 日，《财富》世界 500 强排行榜发布，宝马汽车公司位列第 51 位。

经过近一百年的发展，宝马汽车公司逐渐成为以生产享誉全球的高级轿车为主导，同时兼营飞机发动机、越野车和摩托车的企业集团，旗下拥有宝马（BMW）、迷你（MINI）、劳斯莱斯（Rolls－Royce）以及全新品牌宝马 i（BMWi）四大品牌。这些品牌占据了从小型车到顶级豪华轿车各个细分市场的高端，使 BMW 集团成为世界上唯一一家专注于豪华汽车和摩托车的制造商。和戴姆勒－奔驰汽车公司一样，宝马汽车公司以汽车的高质量、高性能和高技术为追求目标，汽车产量不高，但在世界汽车界和用户中享有和奔驰汽车几乎同等的声誉。一贯以高端品牌为本，正是企业成功的基础。

图 3－26　宝马车标

宝马汽车公司的标志是一个蓝白两色相间的圆形图案（图 3－26），分别代表蓝天、白云和飞速转动的螺旋桨，上方的 "BMW" 是 Bayerische Motoren werke AG（巴伐利亚机械制造厂股份公司）的首位字母缩写。这正是宝马公司早期历史的写照，喻示宝马公司渊源悠久的历史，象征公司过去在航空发动机技术方面的领先地位，又标志着公司的一贯宗旨和目标——在广阔的时空中，以先进精湛的技术和最新的观念满足顾客的最大愿望，这反映了公司蓬勃向上的气势和日新月异的面貌（另外一种说法认为，蓝白相间的图案是公司所在地巴伐利亚州的州徽，用来提醒宝马来自巴伐利亚州的纯正血统）。

在 1992 年以前，中国人对这个在国外已经声名远扬的汽车品牌还十分陌生，"BMW" 并不叫 "宝马"，而被译为 "巴依尔"，这是一个没有任何代表意义的音译名称。后来，"巴依尔" 改成了 "宝马"，"宝马" 这个名字的中文发音与 "BMW" 相差不大，重要的是它突出了 BMW 车系高贵豪华的气质，又与中国传统称谓浑然一体，可谓相得益彰。在中文结合汉语拼音的情况下，"BMW" 为 "别摸我" 的简写，象征此车尊贵无比，最好别摸。

1. 发展历程

宝马汽车公司（BMW）的全称是巴伐利亚机械制造厂股份公司，最早可以追溯到 20 世纪初的两家公司，即 1916 年 3 月 7 日成立的巴伐利亚飞机制造公司（BFW，来源于 1913 年由四冲程内燃机发明者尼古拉斯·奥托之子古斯塔夫·奥托创建的古斯塔夫·奥托飞机制造公司）和 1917 年成立的巴伐利亚发动机制造有限公司（BMW GmbH，来源于 1913 年由卡尔·拉普创建的拉普发动机制造公司）。1922 年 5 月 20 日，两家公司合并为一家新的公司。因此，宝马官方将 BFW 成立的 1916 年 3 月 7 日认定为宝马公司的正式诞生日。

由于第一次世界大战之后《凡尔赛条约》的限制，为了生存，合并前的巴伐利亚飞机制造公司（BFW）曾经转行做过家具。制造家具是因为当时的飞机大多都是木质的，战争结束时 BFW 的工厂中还剩余了足够生产 200 架飞机的木料，于是 BFW 变身木器厂，利用自己的设备将这批木料加工成家具和橱柜到市场上售卖。除了家具，BFW 从 1921 年开始还生产助力自行车和摩托车。而巴伐利亚发动机制造有限公司在第一次世界大战后也同样"饥不择食",曾经利用生产航空发动机时的制铝设备和剩余材料生产铝材,并且设计了多款发动机提供给摩托车、汽车和船艇。合并之后的宝马公司最初的经营状况并不理想,它的发动机销量非常糟糕。另外它的产品还包括原来 BFW 公司设计的摩托车,以及一些航空发动机的零配件,但这些产品同样没有获得市场认可。

1923 年,宝马的发展终于迎来了春天,首先是航空发动机的生产得到恢复,另外,宝马还在这一年推出了首款自己设计的摩托车 R32。凭借优异的性能、实惠的价格、可靠的质量,宝马 R32 摩托车很快赢得了市场。接下来宝马又推出了 R37、R39、R42、R57 等多种型号的摩托车,在市场中不断攻城略地的同时,它们也在赛场上取得了不俗的成绩。作为 BFW 曾经的"副业",摩托车生产到 20 年代已经成为宝马重要的利润来源。可以这么说,R32 让世界认识到,宝马不光精于制造航空发动机,在摩托车制造方面同样在行。

摩托车的成功让宝马更进一步将目光投向了汽车领域。此时汽车已经诞生了近 40 年,对于这家刚刚才摆脱困境的发动机公司,要想设计一款汽车谈何容易。于是,宝马在 1928 年收购了艾森纳赫汽车公司,从而得到了它的唯一产品——名为 Dixi 3/15 PS DA-1 的小型家用汽车,这是艾森纳赫公司 1927 年从英国奥斯汀汽车公司那里获得了奥斯汀 7 汽车的生产许可而生产的。宝马收购艾森纳赫后就继承了后者的奥斯汀 7 生产权,而后它只是简单地将 Dixi 3/15 PS DA-1 的车标换成了自己的"蓝天白云"商标,宝马品牌的首辆量产车就这么诞生了。起初宝马还保留了"Dixi"的名称,将自己的首款车型命名为 BMW Dixi 3/15 PS DA-1 (图 3-27),而 1929 年推出的小改款车型则取消了"Dixi"名称,直接命名为 BMW 3/15 PS DA-2。1930 年宝马推出了 3/15 PS DA-3 Wartburg,1931 年上市的 BMW 3/15 PS DA-4 (图 3-28) 因为换装了独立前悬架而成了宝马首辆配备独立悬架的车型,短短的三年时间就卖出了 18976 辆之多。

图 3-27 BMW Dixi 3/15 PS DA-1

图 3-28 BMW 3/15 PS DA-4

1932 年,宝马 3/20 PS AM-1 (图 3-29) 正式上市,它替代了因授权到期而停产的基于奥斯汀 7 的 3/15 系列。对于宝马而言,这辆才是第一辆真正意义上的 BMW 汽车。随后的两年中,宝马又陆续推出了 AM-2、AM-3、AM-4 车型。在生产 3/20 系列的同时,宝马还在 3/20 的直列四缸发动机基础上开发出了首款直列六缸发动机 M78,而搭载 M78 的宝马303 (图 3-30) 成了宝马品牌首个直列六缸车型。另外,303 上首次采用的"双肾"形进气格栅也成了宝马品牌传承至今的经典元素。

图 3 - 29　宝马 3/20 PS AM - 1

图 3 - 30　宝马 303

在 1936 年 2 月的柏林车展上，宝马 326（图 3 - 31）正式亮相，这是一款定位于豪华市场的中型轿车，到 1941 年停产，宝马一共生产了近 1.6 万辆 326 车型。1937 年面世的中型 GT 跑车宝马 327（图 3 - 32）同样基于 326 的短轴距底盘打造，该车外形设计流畅，是 30 年代典型的前卫设计。1939 年，宝马还在 326 的基础上推出了长轴距版的豪华轿车 335，这是宝马在第二次世界大战前制造的最高端的车型，但随着战争的爆发，该车也结束了自己短暂的生命。

图 3 - 31　宝马 326

图 3 - 32　宝马 327

1939 年 9 月，德军入侵波兰，第二次世界大战爆发。作为德国最重要的航空发动机制造商之一，宝马被绑上了纳粹的战车，从当年民航的功臣变成了战争的帮凶。到 1945 年时，宝马的大部分厂房被炸成一片瓦砾，最重要的慕尼黑工厂则几乎被完全摧毁。

第二次世界大战结束后，宝马被定性为纳粹军工企业，并遭到了盟军的接管，设备被没收、生产被禁止、知识产权被剥夺。从 1945 年 10 月开始，美国占领军命令拆除宝马慕尼黑工厂的机械设备，很大一部分机械和工具都被当作战争赔偿运送到了世界各地。为了生存，宝马使用盟军没有拆走的以及从轰炸废墟中抢救出来的机器设备生产锅和水壶，曾经"高、精、尖"的航空发动机制造商沦落成了"巴伐利亚炊具厂"。在业务得到一定进展后，宝马开始扩大经营，生产其他厨房用具和自行车。

1947 年，宝马终于得到了美国占领军的允许，继续生产自己的摩托车产品。为了尽快恢复汽车生产，宝马开始向福特等外国汽车公司寻求生产授权。与此同时，宝马的技术团队也投入到了豪华车型的开发之中。在 1951 年的法兰克福车展上，宝马 501 车型（图 3 - 33）正式亮相，人们惊叹于它圆润流畅的车身线条，因此有了"巴洛克天使"的昵称。

图 3 - 33　宝马 501

　　1954 年的日内瓦车展上，宝马的全新旗舰、全尺寸豪华轿车宝马 502（图 3 - 34）正式亮相，这是第二次世界大战之后德国的首款 V8 车型，可以达到 160km/h 的极速，是当时德国最快的量产轿车。1955 年，宝马相继推出了敞篷跑车 507（图 3 - 35）和四座 GT 跑车 503。即便在今天看来，宝马 507 也算是一部非常漂亮的敞篷跑车，宝马家族式的双肾进气格栅通过重新设计巧妙融入进了扁平的车头之中，前翼子板上的鲨鱼鳃式通风口更是整车的点睛之笔。

图 3 - 34　宝马 502

图 3 - 35　宝马 507

　　20 世纪 50 年代末期，宝马面对激烈的市场竞争，豪华车型和经济车型双线溃败，不得不面对巨额亏损。关键时刻，由赫伯特·匡特及其兄弟哈拉尔德领导的匡特家族为宝马注入了大量的资金，并掌握了公司的控股权。因为他们相信多年来在品质和性能方面的口碑都值得让这个品牌继续存在下去。得益于匡特家族的投资，宝马在 60 年代初得到了研发新车型的资金。通过市场调研，宝马决定将新车型定位于奔驰和大众之间的中型轿车。1960 年，"New Class"（新的级别）项目正式开展，首款车型宝马 1500 在 1961 年的法兰克福车展上亮相。"New Class"的推出不仅让宝马渡过了难关，同时也奠定了它豪华运动的品牌基调。到了 70 年代初，宝马利用"New Class"及其相关车型完成了自己在各个细分市场的基本布局。

　　1972 年，宝马汽车公司开始在慕尼黑建造自己的总部大楼（图3 - 36）。这座大楼由四座紧挨着的圆柱体构成，象征了汽车的四个气缸，而四缸的 M10 正好是当时宝马的主力发动机系列，主楼旁边的银色碗状建筑是宝马博物馆。被称为"四缸大厦"的宝马总部大楼样式新潮，自从 1973 年建成之日起便成为慕尼黑的一座地标性建筑。

图 3 - 36　宝马公司总部大楼

　　1975 年，宝马公司首创的高档运动轿车系列——第一代 3 系列车型被推出。1976 年，宝马公司推出了第一代 5 系列车型。1977 年，宝马公司推出它的旗舰车型——第一代 7 系列车型，7 系列车型让宝马夺得了豪华轿车科技和创新的领袖地位。

　　借着当时新材料和新技术突飞猛进的发展，宝马在 1985 年成立了宝马技术公司，公司中一部分最好的设计师、工程师以及技术人员被组合在一起，他们在此工作的目的只有一个，那就是设计出属于未来的宝马汽车。1990 年 4 月，宝马研究与创新中心（德语简称"FIZ"）在慕尼黑正式挂牌成立，数千名科研人员、工程师、设计师、管理人员和技术人员云集于此，构成了此后数十年宝马在工程与技术方面的"最强大脑"，宝马的业绩也因此蒸蒸日上。

1994 年年初，宝马花费 8 亿英镑分别买下了英国宇航公司和日本本田公司手中罗孚集团的全部股票，成为这家英国老牌汽车企业的新主人。在这次交易中宝马得到了包括罗孚、路虎、MG 和 Mini 在内的多个英国品牌，这其中还包括已经停产的奥斯汀。有趣的是，60 多年前宝马正是通过授权生产奥斯汀 7 才开始进入汽车制造领域的。宝马在得到罗孚集团之后便雄心勃勃地开始了重整计划，它认为英国的品牌加上德国的技术、管理和品质控制会产生销售奇迹。然而事情并非想象中那么简单，罗孚无底洞般的投入让宝马陷入了艰难的境地。2000 年，连年的亏损终于耗光了宝马的信心，宝马将 MG 和罗孚打包成 MG 罗孚集团以象征性的 10 英镑卖给了英国凤凰投资公司。同时被出售的还有路虎品牌，虽然它的状况远比罗孚要好，但此时宝马已经有了自己的 X5 SUV，因此将路虎卖给了美国福特汽车公司。最后只有 Mini 品牌被宝马保留了下来，但它的名字被从"Mini"改成了"MINI"，这也意味着一个新的开始。宝马利用老 Mini 身上的英伦血统和时尚特质大做文章，顺利将 MINI 打造成为一个年轻、时尚、充满活力与创意的品牌。

1998 年 6 月，宝马公司在争购劳斯莱斯汽车公司的投标中败给了大众公司。同年 7 月 28 日，宝马公司花 4000 万英镑购买了劳斯莱斯的商标和标志，并与大众签署了一项协议，约定宝马从 2003 年起开始生产劳斯莱斯轿车，这样，劳斯莱斯轿车被收归在宝马旗下。

宝马进入中国市场的时间可以追溯到 20 世纪 80 年代，当时就有少量宝马通过外商和合资企业的进口车指标来到了中国，那时的 BMW 还不叫"宝马"，而是被称为"巴依尔"。1994 年 4 月，宝马集团在华设立代表处——宝马汽车公司北京代表处，标志着宝马集团正式进入大中华区市场。从那以后，越来越多的中国人认识了这个和奔驰一样来自德国的豪华汽车品牌，再后来宝马的操控性能也逐渐为人所知，这才有了"坐奔驰，开宝马"的说法。2005 年 10 月，宝马（中国）汽车贸易有限公司成立，负责 BMW 进口车以及 MINI 的销售业务，这是宝马集团对中国市场长期承诺的又一里程碑。

随着中国汽车市场的不断壮大，2003 年 5 月，由宝马集团与华晨汽车集团控股有限公司共同设立的合资企业——华晨宝马汽车有限公司成立。2003 年下半年，第一辆国产宝马轿车在沈阳下线。2014 年 7 月，宝马集团宣布与华晨中国汽车控股有限公司的合资协议延长至 2028 年，同时宣布拓展国产车型产品线，从 3 个系列增加到 6 个系列。2015 年 1 月 8 日，华晨宝马生产的第 100 万辆 BMW 车型下线。

2. 经典车型

"这辆车模糊了速度机器与豪华轿车之间的界限"，这是 20 世纪七八十年代宝马几乎所有广告的"中心思想"，它要告诉消费者的是：宝马 = 豪华 + 运动；宝马要让人们一提到宝马就想到驾驶乐趣，反之亦然。宝马在设计美学、动感和动力性能、技术含量和整体品质等方面具有丰富的产品内涵。

（1）"New Class"家族　　在宝马众多的产品系列中，20 世纪 60 年代生产的宝马"New Class"家族系列车型是宝马发展历程中最重要的车型，宝马由此逐渐奠定了自己"运动豪华品牌"的地位。

1960 年，得益于匡特家族的投资，宝马汇集了众多顶尖汽车人才的"New Class"项目正式开展。"New Class"项目的首款车型 BMW 1500 （图 3 - 37）在 1961 年的法兰克福车展上亮相，正式量产则是一年后的 1962 年 12 月。1963 年，宝马又推出了"New Class"家族的第二位成员——BMW 1800（图 3 - 38），两年多的生产周期里它总共为宝马获得了超过 15 万张订单。

图 3 - 37　BMW 1500

图 3 - 38　BMW 1800

BMW 1500 和 BMW 1800 分别在 1964 年和 1966 年完成改款，它们的继任车型是 BMW 1600 和 2000。在 1966 年的日内瓦车展上推出了 BMW 1600 - 2（图 3 - 39），这是 BMW1600 的双门版本，尺寸和配置的缩减带来了更灵活的操控和更亲民的价格，也就为宝马赢得了更多年轻消费者和家庭用户。随后，大名鼎鼎的 BMW 2002 应运而生。它们帮助宝马赢得了包括 1970 年纽博格林 24h 耐力赛在内的多场比赛的胜利。毫无疑问，BMW 2002 是宝马品牌在 20 世纪最著名的车型之一，它强大的操控性为宝马赢得了"驾驶者之车"的美誉。

图 3 - 39　BMW 1600 - 2

"New Class"及其衍生车型的热销终于让宝马扭亏为盈，其实宝马从它身上得到的还不仅是物质回报，因为正是从这个系列开始，宝马逐渐奠定了自己"运动豪华品牌"的地位。可以说，"New Class"使得 60 年代成为宝马历史上第一个最为辉煌的十年。

（2）宝马 5 系　在宝马众多的产品系列中，历经七次更新换代的宝马 5 系无疑是汽车史上最为出色的系列之一。宝马 5 系的风格定位在动感时尚的 3 系和高贵典雅的 7 系之间，将动感与典雅和高级商务轿车的功能性完美融合，将宝马的伟大传统和指引未来的进取精神以及经得起岁月考验的美学标准统一在了一起。

1972 年，第一代宝马 5 系代号 E12 的 5-Series 正式亮相。BMW 5-Series 的诞生开启了宝马的标志性经典设计，"双肾"形进气格栅以及车头对称式四圆灯成为宝马未来外观设计的重要特征。

2003 年，代号 E60 的第五代宝马 5 系正式发布。从第五代开始，宝马 5 系被引进国内，首次实现了国产。2010 年日内瓦车展上，宝马发布了第六代 5 系混合动力概念车，3.0L 直列六缸涡轮增压发动机和电机最大综合功率为 340 马力。2012 年，宝马 5 系混合动力车型正式上市。

第一代至第六代宝马 5 系如图 3 - 40 所示。

第一代

第二代

第三代

第四代

第五代

第六代

图3-40　第一代至第六代宝马5系

2016年巴黎车展上，代号G30的第七代宝马5系（图3-41）正式亮相。新一代宝马5系整车大量使用高强度钢和铝制轻量化材料，配备自适应巡航（ACC）等配置。另外，还配备与7系相同的带液晶显示屏的智能钥匙，可显示新车的续航里程，并通过钥匙遥控车辆行驶。2017年6月，在新一代宝马5系发布不到一年，华晨宝马就及时地引进国产了新一代5系，并且理所当然是长轴距版本。

图3-41　第七代宝马5系

3.1.3　大众汽车集团

大众汽车集团是一个在全世界许多国家都有生产厂的跨国汽车集团，在全球建有68家全资和参股企业（在德国国内有21个子公司，在国外有47个子公司），在世界各地建有50多家生产厂、总装厂和各类销售、金融服务公司，产品销售遍布世界150多个国家和地区，目前有雇员35万人。2018年7月19日，《财富》世界500强排行榜发布，大众汽车集团位列第7位。

大众汽车集团的核心是大众汽车公司（Volkswagen），世界十大汽车公司之一，总部设在德国沃尔夫斯堡。大众汽车公司的德文是"Volkswagenwerk"。在德文中，"Volks"意为"国民"，而"wagen"则意为"汽车"，合在一起意为"大众使用的汽车"。大众汽车商标中的"V"和"W"取自德文全称中的第一个字母，形似三个"V"字，像是三个用中指和食指做出的"V"形，意为英文"Victory"（胜利），表示大众公司及其产品"必胜—必胜—必胜"。

目前，大众汽车公司的业务分为大众、奥迪和保时捷三大品牌，其中，大众品牌群包括大众汽车、斯柯达、宾利和布加迪4个品牌，奥迪品牌群包括奥迪、西亚特和兰博基尼3个品牌（图3-42）。8个独立品牌均有其自己的标识，在国际市场上代表各自的品牌形象，品牌独立管理，自主经营，各自负责在全球的业务。大众汽车集团产品系列宽、跨度大，从超经济的紧凑车型到豪华型轿车应有尽有。

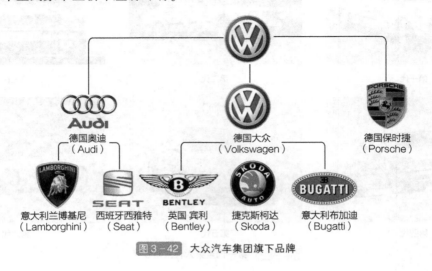

图3-42　大众汽车集团旗下品牌

1. 发展历程

（1）大众汽车公司　1933年，阿道夫·希特勒主政下的德国政府开始实行"国民轿车"计划，为普通人生产一款能坐下2个成人和3个儿童、车速能达到100km/h、只卖990马克的经济型汽车，而这样的售价在当时的德国仅能买得起一辆普通的摩托车。当年5月，德国汽车联合公司董事长约请费迪南德·波尔舍一同去拜会阿道夫·希特勒，期间两人就以费迪南德·波尔舍的32型轿车设计方案为基础设计"国民轿车"达成一致。

耐人寻味的是，纳粹德国政府并未将"国民轿车"计划交给当时德国任何一家汽车公司，包括当时已经声名远扬的戴姆勒-奔驰公司以及汽车联盟（即后来的奥迪汽车公司）、迈巴赫公司、宝马公司，而是选择另外建立一家新的汽车工厂。1937年3月28日，在费迪南德·波尔舍的指导下，大众汽车公司（Volks wagenwerk GmbH）宣告成立，1938年5月26日，在今天的沃尔夫斯堡举行奠基典礼，1938年9月16改为现名。

1939年8月，大众汽车公司生产出了第一批"大众"汽车，也就是后来的甲壳虫轿车。但是，由于受第二次世界大战影响，希特勒生产平民车的梦想很快破灭了。战前累计生产的210辆甲壳虫全部纳入了德国军队，而刚投入生产的大众公司又改为生产军用车辆及武器等。

1945年4月1日，美军攻占了沃尔夫斯堡，控制了大众公司总部，随后公司被移交给了英军。英军最初打算把大众公司作为军用车辆的生产、保养基地，拆分后船运到英国本土。但当时接管大众公司的赫斯特将军在清理被轰炸受损严重的大众公司的时候发现甲壳虫的生产线还可以运行，于是将之保留了下来。1945年9月1日，英军总部下令大众公司生产20000辆甲壳虫，这笔订单成了大众公司的救命稻草。到了1946年，大众公司的生产力恢复到了1000台/月。虽然大众的产量在逐年恢复，但没有订单来源，大众的未来仍愁云惨淡。1948年3月1日，英国政府曾试图无偿将大众公司送给美国福特公司，但是福特公司却拒绝了这一馈赠。最终，英军的官方报告认定"在沃尔夫斯堡建造商业化汽车公司是一个非常不经济的决定"。就这样，英军把大众公司交还给了当时的德国政府。1949 年，被政府彻底收回经营权的大众公司在诺德霍夫的带领下全力进军商用车领域。

1953 年 3 月 23 日，大众公司在巴西圣保罗成立大众汽车巴西公司，这也是大众公司第一家海外生产企业。1955 年，大众公司终于生产出了符合美国标准的甲壳虫，极为成功的广告营销使甲壳虫迅速俘虏了美国年轻人的心，在美国市场狂卖了 100 万辆。

1964 年，刚刚恢复活力的大众公司做出了一件震惊整个德国的决定，那就是从戴姆勒－奔驰手中以 2.97 亿德国马克的价格分阶段收购面临破产的新汽车联盟（奥迪汽车公司的前身）。截至 1966 年，大众公司拥有了新汽车联盟的全部股份。那时正值大众甲壳虫热销期间，于是刚加入大众公司的新汽车联盟开始了它的代工厂工作。从 1965 年 5 月到 1969 年 7 月，在新汽车联盟英戈尔斯塔特工厂大约组装了 34.8 万辆大众甲壳虫系列汽车。

1972 年 2 月 17 日，大众汽车公司的甲壳虫以 15007034 辆的产量打破了汽车生产世界纪录。然而，从 1973 年起，甲壳虫在欧洲和北美的销量也直线下滑。这让公司意识到，依赖甲壳虫的日子终将远去，必须找到全新的车型来替代它。

1973 年 5 月，新一代大众汽车的首款车型帕萨特（图 3－43）投入生产，并购奥迪所带来的新技术在此刻发挥了作用，作为奥迪 80 的衍生版本，帕萨特在外形和技术上与奥迪 80 大体相同。1974 年 1 月，首辆高尔夫在沃尔夫斯堡亮相，一经推出便快速风靡，进而成为甲壳虫神话的继承者。于是从 1974 年到 1983 年期间，大众公司以高尔夫为共享平台一口气推出了七款车型，其中包括捷达（图 3－44）。正是高尔夫和捷达这两款车型的推出，大众又挽回了其在北美的市场。1985 年和 1986 年，大众在美国总销量突破 20 万辆，1990 年，大众成为全球销量冠军。

图 3－43　1973 年款帕萨特

图 3－44　1979 年款捷达

1991 年，历史悠久的捷克斯柯达（Skoda）正式加入大众公司。而在这之前的 1990 年，西班牙汽车品牌西雅特（Seat）也被大众收购。

1993 年，费迪南德·波尔舍的外孙费迪南德·卡尔·皮耶希出任大众集团董事长。为了在大众品牌上复制奥迪的成功，开发出能与宝马 7 系、奔驰 S 级相抗衡的大众品牌顶级豪华轿车，1997 年皮耶希整合集团内部资源，正式启动了辉腾（phaeton）豪华轿车开发计划。在集团战略上，皮耶希也毫不掩饰其建立世界汽车帝国的梦想，为了能扩大奥迪开拓来的高端汽车市场，大众公司在接下来的一段时间里，开始大手笔地购入三大豪华车品牌。1998 年，大众公司买下英国豪华车制造公司宾利、意大利超级跑车制造商布加迪以及兰博基尼。2012 年 8 月 1 日，保时捷作为最后一个子品牌正式并入大众，成为大众旗下一员。

1999 年 9 月 21 日，大众汽车集团成为欧洲第一个累计产量达到 1 亿辆的汽车制造商。这

1 亿辆车中包括大众汽车集团所有品牌，其中约 8100 万辆是大众汽车公司生产的大众品牌汽车。德国汽车的普及，主要是大众汽车公司的功劳。

1984 年 10 月 10 日，由中德双方各出资 50% 组建上海大众汽车有限公司的合资协议在人民大会堂签署。由此，大众汽车成为第一个中国合资汽车品牌。1991 年 2 月 6 日，一汽大众汽车有限公司正式成立。经过 30 多年的发展，如今大众汽车已成为中国汽车市场销量第一品牌，也是影响中国人最深的汽车品牌之一。

图 3-45　奥迪车标

（2）奥迪汽车公司　奥迪（Audi）汽车公司是德国历史最悠久的汽车制造商之一，公司总部设在德国的英戈尔施塔特，由奥古斯特·霍希于 1909 年 7 月 16 日创建。作为高技术水平、质量标准、创新能力以及经典车型款式的代表，奥迪是世界上最成功的豪华汽车品牌之一。奥迪的四环徽标如图 3-45 所示。

奥古斯特·霍希是德国汽车工业的重要先驱者之一，1899 年 11 月，31 岁的霍希辞去了在奔驰汽车公司担任的生产负责人之职，在莱茵河畔的科隆成立了自己的公司——霍希（Horch）公司，迈出了实现梦想的第一步。1901 年，第一辆霍希轿车 Phaeton（图 3-46）诞生。此后，霍希不断尝试着如何制造豪华汽车，并确定了公司的发展目标："在任何情况下，只生产动力强劲、高品质的豪华汽车"。

图 3-46　霍希 Phaeton 轿车

1906 年 6 月 16 日，因与公司董事会和监事会意见相左，霍希带着 2 万马克象征性的补偿愤然离开了以他的名字命名的公司。1909 年 7 月 16 日，霍希在原来的霍希公司马路对面成立了另一家汽车公司。由于"Horch"的名字已被原来的公司使用，且已被注册为商标，因此奥古斯特·霍希将他的名字翻译成拉丁文"Audi"（德文中的"Horch"与拉丁文中的"Audi"同为"听"的意思），这个名字使新生的奥迪公司与霍希公司既有区别又有联系。

1910 年 4 月 25 日，奥迪公司生产的第一辆奥迪牌汽车（图 3-47）出现在市场上。1914 年，第一次世界大战爆发，奥迪公司不得不暂停汽车制造工作。直到 1918 年第一次世界大战结束，才又重新展开生产。

1923 年，奥迪公司的第一辆六缸奥迪汽车问世（图 3-48）。该车有一个空气过滤器，这在当时是开先河之举。同时，奥迪在德国汽车制造厂家中率先应用了独家设计制造的液压制动系统。1927 年，奥迪推出第一辆号称德国最豪华的八缸 R 型轿车。

图 3-47　奥迪第一辆汽车

图 3-48　第一辆六缸奥迪汽车

1932 年 6 月 29 日，在萨克森国家银行的主导下，奥迪与小奇迹（DKW，创办于 1916 年）、漫游者（Wanderer，创办于 1896 年）和霍希三家公司合并，成立了汽车联盟股份公司。四合为一的新公司开始采用著名的四个圆环徽标（图 3 - 49），其中，每一个圆环都是其中一个公司的象征，4 个圆环同样大小，并列相扣，代表四家公司地位平等，团结紧密，整个联盟牢不可破。在汽车联盟内部，四个品牌有各自的目标市场：霍希继续专注于 3L8 缸以上的顶级豪华轿车（由奥古斯特·霍希创办的霍希公司此

图 3 - 49 汽车联盟成员标志

时已经成为德国唯一一家只生产 8 缸以上豪华车的制造商，牢牢占据德国豪华车市场的霸主地位）；奥迪主打 2.0 ~ 3.3L 直列 6 缸豪华轿车；漫游者侧重 1.6 ~ 2.6L 的中型汽车；小奇迹包揽了 1.0L 排量以下的小型"国民车"和摩托车，并在第二次世界大战前成为世界上最大的摩托车制造商。由此，汽车联盟股份公司涵盖了德国汽车工业能够提供的所有乘用车领域，从摩托车到豪华轿车。

图 3 - 50 Horch 830

1933 年，在德国汽车展上，汽车联盟第一次以公司的形象出现。霍希推出了 Horch 830 轿车（图 3 - 50），受到了欧洲富豪的追捧，随后霍希公司又推出了多款 830 衍生车型，而其中最著名的就是 Horch 830BL，因为法国总统戴高乐在解放巴黎后使用的检阅用车就是 Horch 830BL 敞篷车。Horch 830 系列车型深受人们喜爱，4 款车型累计生产了 9522 辆，其中最后推出的 830BL 豪华车生产了 6100 多辆。作为顶级豪华车，这样的销售数字在当时欧洲大陆的豪华轿车市场是非常罕见的。

1934 年，霍希推出了全新的 Horch 850 系列，成为霍希历史上最成功的车型。Horch 850 系列包括 4 款车型，分别是基本款 Horch 850、特制款 Horch 851、运动型敞篷车 Horch 853（图 3 - 51）以及特制跑车 Horch 855（图 3 - 52）。其中，Horch 851 的最高车速可达 125km/h，用户可以根据自己的需求定制不同高度的车身（1580 ~ 1770mm）。作为运动版车型，Horch 853 搭载了排量为 5L 的 8 缸发动机，动力强劲，配置豪华，以动感流畅的车身、高雅华贵的装饰成为一代经典，特别受到欧洲大陆上流社会的喜爱。而 Horch 855 是 Horch 853 的特制版，在当时仅生产了 7 辆，为当时社会最尊贵人士的私人座驾。

图 3 - 51 Horch 853

图 3 - 52 Horch 855

　　无论是轿车还是敞篷车，霍希都气派非凡，具备经典豪华的一切要素，代表了当时德国汽车工业和技术的顶尖水平，同时也是优雅、豪华和至尊的代名词。直到现在，无论是在沃尔夫斯堡，还是在英戈尔斯塔特，或者任一个德国的汽车博物馆，一辆 Horch 853 从来都是镇馆之宝。

　　从 1933 年到 1939 年，汽车联盟迅速发展，汽车年产量从 17000 辆增长至 67000 辆，摩托车的年产量从 12000 辆增长至 59000 辆，员工从 8000 人增长至 23000 多人，成为德国第二大汽车生产商。期间，汽车联盟的汽车专家在德国和其他国家获得了 3000 个以上的专利权，由此可以看出其汽车专家的创新才能。正是凭借其无数的技术开发成果、研究成果和创新观念，汽车联盟为现代汽车的创新起到了领导作用。

　　第二次世界大战结束以后，汽车联盟的生产设施被苏联占领军没收并拆除。1949 年 9 月 3 日，在英戈尔斯塔特一家新的汽车联盟股份有限公司成立了，它就是今天的奥迪汽车集团的前身，旨在复兴老汽车联盟建立的传统基业和品牌，仍然采用四环标志生产汽车。

　　1958 年 4 月 24 日，戴姆勒 - 奔驰公司仅以 4100 万马克的价格收购了新汽车联盟 88% 的股份。一年以后，1959 年，新汽车联盟剩下的股份也出售给了戴姆勒 - 奔驰公司。1964 年，戴姆勒 - 奔驰公司因不堪新汽车联盟的财政难题，将其所有权以 2.97 亿德国马克的价格分几个阶段出售给了大众汽车公司。截至 1966 年，大众汽车公司拥有了新汽车联盟的全部股份。

　　1969 年 3 月 10 日，总部位于英戈尔斯塔特的汽车联盟股份有限公司与总部位于内卡苏姆的 NSU 汽车公司合并。合并后新成立的公司采用"奥迪 NSU 汽车联盟股份公司"的名称，总部设在内卡苏姆。

　　1977 年 3 月，最后一辆 NSU 汽车下线，此后公司仅生产奥迪轿车。当时，公司的决策者们正在考虑简化"奥迪 NSU 汽车联盟股份公司"这一冗长的公司名称，同时为了让公司和产品名称保持一致，1985 年 1 月 1 日，奥迪 NSU 汽车联盟股份公司更名为奥迪股份公司。同年，公司总部由内卡苏姆迁回英戈尔斯塔特。此后，一系列市场反响热烈的技术创新成果带来了奥迪品牌的日益崛起，是奥迪成为高端汽车制造商的奠基石。

　　1988 年 5 月 17 日，一汽与奥迪在长春签署"关于一汽生产奥迪的技术转让许可证合同"。这是中国汽车工业史上第一个标准的高档车技术转让合同，一汽开始生产奥迪 100。1995 年，一汽和德国大众及奥迪三方在北京共同草签了有关奥迪轿车纳入一汽 - 大众生产的合同。1999 年，第一辆国产奥迪 A6 在一汽 - 大众下线。

　　（3）保时捷汽车公司　保时捷（Porsche，又称波尔舍，前者是普通话的译音，后者是粤语的译音）汽车公司是由费迪南德·波尔舍创立的，总部设在德国斯图加特，是世界上最著名的研究、设计和生产运动汽车的公司。

　　保时捷车标的图形标志（图 3 - 53）采用公司所在地斯图加特市的盾形市徽，创始人费迪南德·波尔舍的姓氏的英文字样"PORSCHE"在商标的最上方，表明该商标为保时捷设计公司所拥有。商标中间是一匹骏马，代表斯图加特市盛产的一种名贵种马，骏马上方的英文字样"STUTTGART"说明公司总部设在斯图加特市。商标的左上方和右下方是鹿角的图案，表示斯图加特曾是狩猎的好地方，右上方和左下方的黄色条纹代表成熟的麦子，喻示五谷丰登，黑色代表肥沃的土地，红色象征人们的智慧和对大自然的钟爱。标志的内涵绘制了一幅精湛

图 3 - 53　保时捷车标

意深、秀气美丽的田园风景画，象征保时捷辉煌的过去和美好的未来。

1906 年，31 岁的费迪南德·波尔舍加入戴姆勒公司位于奥地利的分公司，并被任命为技术部经理。1926 年，卡尔·本茨和戈特利布·戴姆勒携手，将戴姆勒汽车公司和奔驰公司合并成立了戴姆勒－奔驰汽车公司。1928 年，身兼戴姆勒－奔驰汽车公司技术指导、董事会成员等职的波尔舍设计了梅赛德斯 S、SS 以及 SSK 等一系列产品。不过后来由于波尔舍一直主张开发小型轿车，而被戴姆勒－奔驰公司董事会所排斥，观念不合之下，他只能从戴姆勒－奔驰退出，随后进入了斯太尔公司担任技术总监。没想到，斯太尔很快被戴姆勒－奔驰所收购，这时候波尔舍不想再次回到老东家，于是他选择了离开。

再次从戴姆勒－奔驰公司离开后，费迪南德·波尔舍觉得为了追求自己的未来只能自己单干。于是，1931 年 3 月 6 日，波尔舍创建了自己的公司——保时捷汽车设计工作室，提供发动机和汽车的开发设计和咨询服务，这就是现今保时捷汽车公司的前身。

1932 年 6 月 29 日，奥迪、霍希、小奇迹、漫游者合并成立汽车联盟时，保时捷汽车工作室也加入了进来。只是因为实力不足，在联盟中没有什么地位。

1936 年 10 月，纳粹德国政府为"国民轿车"计划在沃尔夫斯堡建设新厂房。而为了汽车厂的建设，费迪南德·波尔舍将跑车的设计工作交给了他的大儿子菲力·波尔舍，自己则将心思都花在了车厂的整体规划上。1937 年 3 月，在费迪南德·波尔舍的指导下，大众汽车公司成立，1939 年 8 月生产出第一批"国民轿车"。因为费迪南德·波尔舍小型轿车的想法与当时的德国总理阿道夫·希特勒的"国民轿车"计划非常相近，于是随后"国民轿车"沿用了费迪南德·波尔舍 32 型的设计理念，只是体积更小、售价更低而已。而其实，这里所说的"国民轿车"也就是后来的大众甲壳虫。

由于在第二次世界大战中为纳粹德国生产飞机、坦克等军事装备，战争结束时，费迪南德·波尔舍和女婿安东·皮耶希、大儿子菲力·波尔舍被盟军以战争罪行而锒铛入狱。菲力·波尔舍不久获释，但费迪南德·波尔舍及安东·皮耶希则在监狱里未经审判被关了 20 个月直到 1947 年 8 月获释。

图 3 - 54　保时捷 356

1948 年，菲力·波尔舍用第一款挂着自己品牌的量产跑车保时捷 356（图 3 - 54）赢得了同级别的勒芒 24h 赛事冠军，并从此开始了它的世界赛车生涯。保时捷 356 脱胎于甲壳虫技术，着重优化了车身轻量化、空气动力学与操控性，拥有轻巧的车身、低风阻系数、灵活的操纵性能及风冷式发动机，并且采用保时捷经典的发动机后置后驱布置方式，这一切奠定了未来保时捷 911 的设计特点，并传承久远，独树一帜。不过，它的发动机、悬架系统等零件几乎都是从大众借来的，40% 以上的零件都与甲壳虫通用。其实从技术角度讲，依托于甲壳虫技术更多是出于无奈之举，因为战后的保时捷只剩下一些大众甲壳虫的图纸，想要快速实现生产，那么势必要采用一些现成的东西。

1950 年，保时捷汽车设计工作室迁回斯图加特（1946 年曾经迁往奥地利），菲力·波尔舍建立起了新的生产车间。随着保时捷汽车制造厂的成立，保时捷 356 也逐渐改为自己独立生产。历经了 356、356A、356B、356C 以及 356 Speedster 等数代的演变，保时捷 356 成为当时西方最畅销的保时捷品牌之一。1956 年，在保时捷公司成立 25 周年之际，第 10000 辆保时捷 356 也正式下线。截至 1958 年，在保时捷 356 问世十年之后，已有超过 25000 辆车驶下生产线。直到 1965 年停产，生产数量已达到 77361 辆。

　　1961 年，费迪南德·波尔舍的孙子，也就是菲力·波尔舍的长子费迪南德·亚历山大·波尔舍接手保时捷汽车公司全新研发的 6 缸发动机的车身设计，由此，波尔舍家族的第三代开始担任设计重担。1962 年，费迪南德·亚历山大·波尔舍接管保时捷。

　　在 356 车型生产了 15 年之后，保时捷急需一款新车继承 356 车型的使命。1963 年，在法兰克福国际汽车展上，保时捷推出了风靡全球的保时捷 911。作为 356 车型的接班者，保时捷 911 第一次在后部装置六缸水平对置发动机取代了以前的 4 缸发动机，这一点一直到今天都没有改变。虽然和今天的车型相比，那时候的 911 只有 130 马力的功率，但仍然可以在 9.1s 内从 0 加速到 100km/h，最高速度达到 210km/h。

短尾版保时捷917
长尾版保时捷917

　　同样是在 1963 年，保时捷汽车历史上另一个重要的人物出现了，那就是费迪南德·波尔舍的外孙（露易丝·波尔舍与安东·皮耶希的儿子）费迪南德·卡尔·皮耶希。在其供职于保时捷的 1963 年至 1971 年这几年中，参与了保时捷 906 及以下的型号和最成功的保时捷 917（图 3-55）的设计工作。1970 年，由皮耶希参与设计的保时捷 917 首次在日内瓦亮相，并在之后的赛事中获得多项世界赛事冠军。

图 3-55　保时捷 917

　　1971 年至 1972 年，在保时捷向股份制企业过渡期间，菲力·波尔舍又再次接管了保时捷公司，而费迪南德·亚历山大·波尔舍和费迪南德·卡尔·皮耶希以及其他家族成员则一起退居二线。随后，二位相继离开了保时捷汽车公司。

　　1977 年，采用前置 4.5L V8 发动机和水冷系统的保时捷 928（图 3-56）成为第一辆赢得"年度最佳车型"的跑车。到 1995 年停产，保时捷 928 共生产了 18 年，总产量高达 61056 辆。1982 年，为了参加全新规则的勒芒 24h 耐力赛，保时捷推出了全新的保时捷 956（图 3-57），共生产了 27 辆。保时捷 956 车重仅 840kg，极速可达 355km/h，连续获得了 1982 年、1983 年、1984 年、1985 年勒芒 24h 耐力赛冠军。可以说，保时捷 956 展示了保时捷 20 世纪 80 年代汽车生产技术的最高水平。

图 3-56　保时捷 928

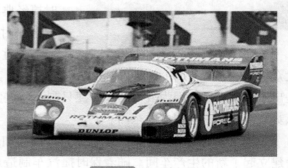

图 3-57　保时捷 956

1998 年，菲力·波尔舍病危，临终前将保时捷汽车交予幼子沃尔夫冈·波尔舍。在沃尔夫冈·波尔舍接管保时捷汽车之后，称霸德国汽车业的野心越发强盛，而称霸的第一步就是必须吞下大众汽车。不过，正当沃尔夫冈·波尔舍在严密设计怎样一步步吞并大众汽车的时候，2008 年全球金融危机已蔓延到了汽车行业，保时捷汽车的销售额大幅下滑了 12.8%，顿时保时捷公司陷入了财务危机的泥潭。在沃尔夫冈·波尔舍感到绝望和失落的时候，当时已从大众汽车首席执行官位置上退下来但还兼任大众汽车公司监理会主席和顾问的费迪南德·卡尔·皮耶希伸出了援手。2009 年 12 月，大众汽车出资 39 亿欧元获得了保时捷 49.9% 的股权。2012 年 8 月 1 日，大众汽车收购保时捷余下的 50.1% 的股份，保时捷作为最后一个子品牌正式并入大众，成为大众旗下一员。

2. 经典车型

大众汽车公司竞争力的一个突出表现是不断地推出新车型，继甲壳虫之后，大众又成功地推出了帕萨特（Passat）、高尔夫（Golf）、捷达（Jetta）、桑塔纳（Santana）、辉腾（Phaeton）等，它们都是各自细分市场的领先产品。保时捷不仅是世界知名汽车品牌，更以生产高级跑车闻名于世界车坛，代表了世界超级跑车的文化。费迪南德·波尔舍以及他的儿子菲力·波尔舍、孙子费迪南德·亚历山大·波尔舍，他们三代人推出的跑车产品风靡全世界。为了追求完美的性能，保时捷始终如一地坚持着自己独特的设计理念，也正是这种精髓使保时捷公司不断发展并引导保时捷坚持自己的风格至今。而作为高技术水平、质量标准、创新能力以及经典车型款式的代表，奥迪则是世界较为成功的汽车品牌之一。

（1）大众甲壳虫　当人们谈到大众汽车公司时，都会很自然地想到甲壳虫轿车，它如同甲壳虫乐队的歌曲一样已成为永恒的经典和时尚。生产超过 65 年，与 2150 万用户走遍全球各个角落，至今仍然活跃于世界各地，20 世纪最伟大的汽车工程师——费迪南德·波尔舍成就了 20 世纪最伟大的汽车产品。

图 3-58　保时捷 32 型

1931 年 3 月 6 日，从戴姆勒 - 奔驰退出的费迪南德·波尔舍创建了保时捷汽车设计工作室，靠接单一些厂家的设计工作维持运营。随着业务量的增加，波尔舍盘算着继续完成他在戴姆勒 - 奔驰公司未能实现的经济型轿车计划。在他看来，设计一款所有人都能拥有的小型轿车才是最应该做的。1933 年，一家摩托车生产商委托保时捷汽车设计工作室设计一款经济型轿车。1934 年 7 月，三辆代号为保时捷 32 型（图 3-58）的样车完成路试工作。但根据估算，量产工作大约需耗费 1000 万马克，因此委托方决定结束该项目。项目的夭折使得保时捷 32 型停留在了设计图纸上。

几乎在费迪南德·波尔舍开发保时捷 32 型轿车的同时，1933 年，阿道夫·希特勒主政下的德国政府开始实行"国民轿车"计划，这与波尔舍的想法不谋而合，波尔舍终于等到了期盼已久的契机。"国民轿车"计划要求为普通的德国民众生产一款能坐下 2 个成人和 3 个儿童、车速能达到 100km/h、只卖 990 马克的经济型汽车，而这样的售价在当时的德国仅能买得起一辆普通的摩托车。

　　1934 年 1 月 17 日，费迪南德·波尔舍提交了以保时捷 32 型轿车设计方案为基础设计"国民轿车"的项目计划书。同年 6 月 22 日，波尔舍与代表德国政府的汽车工业协会签署了制造"国民轿车"原型车的合同。

　　当时，为了大众汽车公司的建设，费迪南德·波尔舍将"国民轿车"三款车型的设计工作交给了他的儿子菲力·波尔舍。1936 年 10 月 12 日，三辆原型车如期交付。波尔舍与德国汽车工业协会用最苛刻的条件对样车进行了重点测试并给出了三款样车的详细报告："在 5 万 km 的测试中，新车坚固可靠，结构良好，出现的故障都不是设计上的问题，很容易修改；汽油与机油消耗量都达到标准；驾驶操纵性能良好。"总之，样车值得进一步发展。这份报告极大地鼓舞了波尔舍父子和同事们的士气。最后，1938 年生产的

图 3-59　大众 VW38

VW38 车型（图3-59）确定了"国民轿车"的最终样式。保时捷公司的工程师继续完善了甲壳虫状的车身，还设计了 VW 商标。同时，"国民轿车"也有了正式的名称——"KDF wagen"。"KDF"取自"Kraft Durch Freund"（快乐就是力量），这是当时德国劳工阵线下属的度假组织的名称。

　　1939 年 8 月，大众汽车公司生产出了第一批"国民轿车"KDF wagen。最初这款车的售价为 990 马克，但不接受现金支付。有意向的购买者，需要先去购买面值为 5 马克的票券，并粘贴于"KdF-Wagen 存折"上，而这本存折就相当于订购凭证。从 1939 年开始，由于第二次世界大战爆发，大众汽车工厂转而生产军需品，有超过 33 万张 KDF-Wagen 的订单无法兑现。这一问题直到战后才得以解决，1961 年大众汽车提出和解方案，已支付全部预付款的客户购买新车可以享受 600 德国马克的优惠，只相当于新车价格的 1/6。如果想要现金补偿，则只有 100 马克。

　　1945 年 4 月 1 日，美军攻占了沃尔夫斯堡，控制了大众公司总部，随后公司被移交给了英军，"KDF-Wagen"这个残留着纳粹色彩的名字当然也就随着纳粹政权的倒台遗留史册。这时候人们都直接叫它"大众汽车"，因为当时大众汽车公司只有这么一款产品。9 月 1 日，英军总部下令大众公司生产 20000 辆甲壳虫，这笔订单成了大众公司的救命稻草。1950 年，第 10 万辆甲壳虫下线，从恢复生产到达到这一产量只用了四年多的时间。

　　1955 年 8 月 5 日，沃尔夫斯堡工厂全体员工迎来了第 100 万辆甲壳虫。在大众汽车制定的长期发展战略中指出，作为大众汽车最重要的产品，甲壳虫今后将不断改进，但只在内部结构和产品质量方面下功夫，而它的外形，如无必要则不进行调整。为此，大众汽车不断地对甲壳虫进行技术改进，更先进的技术使它更舒适、稳定、可靠，但一直刻意保留波尔舍赋予它的原始外形，使它看起来仍然是波尔舍设计的那辆甲壳虫。此后，价格便宜、质量过硬的甲壳虫风行全世界。也正是在这一时期，人们出于对它的喜爱，开始叫它"Beetle"（甲壳虫）或者"Bug"（昆虫）。而大众汽车公司则觉得这个名字实在是很难听，难以接受。直到 60 年代后期，一部《疯狂金龟车》让甲壳虫大放异彩，大众集团才第一次把甲壳虫这个名字用在正式宣传中。1968 年，大众汽车第一次在广告中称它最成功的轿车为"Beetle（甲壳虫）"。从此"甲壳虫"由绰号变成了车型名称。

整个 20 世纪 60 年代是甲壳虫最辉煌的时代，大批甲壳虫从海路、陆路销往全球，为德国战后经济重建做出巨大贡献。20 世纪 60 至 70 年代，除了沃尔夫斯堡的大众总部，德国埃姆登工厂、汉诺威工厂、英戈尔施塔特的汽车联盟工厂等也都生产过甲壳虫。1964 年起，大众在墨西哥建厂生产甲壳虫。另外在澳大利亚、比利时、巴西、哥斯达黎加、印度尼西亚、南斯拉夫、爱尔兰、马来西亚、墨西哥、新西兰、尼日利亚、秘鲁、菲律宾、葡萄牙、新加坡、南非、泰国、乌拉圭、委内瑞拉，都以不同方式组装生产甲壳虫。1965 年，也就是第 100 万辆车下线十年之后，大众汽车将甲壳虫的总产量又扩大了 10 倍，第 1000 万辆甲壳虫诞生。

图 3-60 第 2000 万辆甲壳虫

1972 年 2 月 17 日是大众汽车和甲壳虫历史上最重要的时刻。一辆编号为 15007034 的浅蓝色甲壳虫成为大众汽车人的骄傲。甲壳虫取代福特 T 型车，成为全球总产量最大的单一车型。1981 年 5 月 15 日，也就是甲壳虫在欧洲停产 3 年后，墨西哥大众工厂为第 2000 万辆甲壳虫举行了下线仪式（图 3-60），甲壳虫的生命仍在延续。

1994 年，大众汽车在底特律车展上发布了 Concept 1 概念车，外形设计与初代甲壳虫极为相似，这昭示全新一代甲壳虫即将到来。四年之后的 1998 年，Concept 1 以 "New Beetle" 的名字在墨西哥投产（图 3-61），"复古未来派" 的设计风潮使得新一代甲壳虫从结构简单的 "国民轿车" 摇身变成了精致的时尚车型。2003 年，大众汽车又推出了新甲壳虫敞篷版（图 3-62）。

图 3-61 全新一代甲壳虫

图 3-62 新甲壳虫敞篷版

2003 年 7 月 30 日，最后一辆编号为 21529464 的甲壳虫在墨西哥柏布拉工厂完成最后一道生产工序，工人们停止了手头上的工作，为它举行了简单的下线仪式（图 3-63），随即这辆车便运往德国沃尔夫斯堡的汽车城作为永久收藏。这是全球最后一辆老甲壳虫，21529464 这个数字记录了甲壳虫 65 年的辉煌。

甲壳虫最初虽然只是廉价的代步工具，但是在全世界，还是有一群甲壳虫爱好者兼狂热的赛车爱好者将它改造成各式赛车，参加各种比赛。人见人爱的甲壳虫，作为历史上最成功的车型之一，也多次参演电影，

图 3-63 最后一辆老甲壳虫

其中最著名的要数《疯狂金龟车》系列。在片中甲壳虫变身为一辆印有 53 号字样的赛车——赫

比，是当仁不让的主角。1968年至今，疯狂金龟车系列总计拍过6部电影和5季电视剧。

当人们谈到甲壳虫的时候，会想到很多在当时无与伦比的优点，廉价、结实、实用、操控性好……但是能让甲壳虫成为经典的最重要原因，仍在于它那通行于世界各国文化之间、可爱的外形设计。在20世纪60年代，曾经有人提出过，甲壳虫为什么不变化一下外形，而大众汽车的回应则是广告中一个画着甲壳虫车尾图案的蛋，并且说："有的外形不可能再改进了"。1978年，当时甲壳虫已经在德国停产，而由高尔夫接替，大众汽车再次用一种顽固不化的口气在仍是蛋主题的广告中写道："我们将保持这一外形，直至最后"。

（2）大众高尔夫（Golf）　谈到大众旗下的经典车型，除了耳熟能详的甲壳虫之外，恐怕没有人不知道高尔夫的名号。甲壳虫为大众品牌打下了坚实的基础，高尔夫则成为大众集团精神和物质上的双重支柱。自1974年诞生以来，历经44年发展，如今的高尔夫即将迎来第八代车型。很多人误认为"Golf"的名字源自高尔夫球，其实高尔夫的命名方式遵循了大众车系的一贯作风，那就是以风之名来命名旗下众多车型，我们熟知的 Jetta、Santana 和 Passat 等都是如此，Golf 则源自墨西哥湾的一股暖流。

虽然甲壳虫为大众带来了巨大的荣誉和利益，可自1938年正式诞生以来，甲壳虫始终没有很大的改变。20世纪60年代末，甲壳虫销量大幅下滑，大众公司深知尽显疲态的甲壳虫后置发动机布局限制了车身空间的利用，也很难进行更多的技术突破，此外甲壳虫流线形车身侧风下不稳定的问题也逐步呈现，开发"国民轿车"的继任者正式被提上日程。高尔夫的诞生，大众公司的目的就是设计一款既能弥补甲壳虫的不足，又能深得民心的平民轿车。可以说高尔夫续写了甲壳虫的成功，是大众公司的第二件值得骄傲的作品。

1974年5月，第一代高尔夫正式进入人们视线。意大利汽车设计师乔治亚罗赋予了它力量与灵魂，带有鲜明棱角的两厢轿车轮廓颠覆了甲壳虫的一贯风格，而高尔夫丰富的动力系统同样给人耳目一新的感觉，相比甲壳虫，无论在操控性还是实用性上都有了很大的提高。从1974年诞生到1983年停产，第一代高尔夫及其各种衍生车型全球销量共计6780050辆，如此傲人的销量为其今后的发展打下了坚实的基础，新"国民轿车"就此站稳了脚跟。至1997年亮相法兰克福车展的第四代，高尔夫已成为大众旗下的主力车型。第一代至第六代高尔夫如图3-64所示。

第一代

第二代

第三代

第四代

第五代

第六代

图3-64　第一代至第六代高尔夫

图 3-65　第七代高尔夫

第七代高尔夫如图 3-65 所示，全球售出了 3500 万辆。作为曾经被誉为国民车的甲壳虫继任者，高尔夫的成功有目共睹。虽然如今民众对"国民轿车"的概念早已不同于甲壳虫时代，但高尔夫所开创的游戏规则注定了它将拥有如今不可撼动的地位。

2018 年 1 月，在沃尔夫斯堡举行的第八代高尔夫供应商峰会上，大众官方表示，第八代高尔夫将于 2019 年 6 月开始投产，预计在 2019 年的法兰克福车展正式亮相，投入的研发费用约 22 亿美元。

（3）大众辉腾（Phaeton）　　大众汽车一直以生产适合大众消费的车型而著称，甲壳虫、高尔夫乃至帕萨特等车型，都已成为大众品牌不朽的经典名作。然而，大众的领导者们显然不甘寂寞，决心涉足豪华轿车领域，欲与奔驰、宝马等传统的豪华轿车品牌一争高下。于是，在大众汽车的德累斯顿玻璃工厂内，首款大众旗下顶级豪华轿车诞生了，那就是辉腾，一款以古希腊神话中太阳神赫利奥斯之子的名字命名的豪华轿车。

1993 年，费迪南德·波尔舍的外孙、被称为"血管里流淌着汽油和机油"的技术狂人费迪南德·卡尔·皮耶希出任大众集团董事长。面对奔驰和宝马将扩张范围延伸到中低级别车型的主动进攻，独有的家族荣誉感和在奥迪的成功经验，使得皮耶希决定进行反击。于是，他制定了雄心勃勃的豪华轿车开发计划，决定整合集团内部资源开发出能与宝马 7 系、奔驰 S 级、奥迪 A8 抗衡的大众品牌顶级豪华轿车，在大众品牌上复制奥迪的成功。1997 年，豪华轿车的开发计划正式启动。

为了吸引消费者的关注，大众将宾利等顶级超豪华品牌所独有的手工制造极尽奢华概念移植到了辉腾上，并投资 1.8 亿欧元在易北河畔建造了举世无双的德累斯顿玻璃工厂（图 3-66），辉腾就是在那里进行生产和组装的。全世界的汽车爱好者都可以在德累斯顿透过透明玻璃观摩辉腾手工制造的全过程，亲眼见证辉腾被赋予生命。独特的顾客服务程序甚至可以使部分辉腾的订购者享受一次大众提供的旅行，并在玻璃工厂里亲自拿到自己的爱车。大众这样做是为了创建一个卓越的汽车文化中心，让辉腾在一个前所未有的简单、开放、整洁和可视的生产过程中诞生。

2002 年春，第一辆辉腾（图 3-67）在德累斯顿玻璃工厂下线，不久便在日内瓦车展隆重发布。工程师出身的皮耶希深知要对抗奔驰和宝马都需要具备哪些技术，从辉腾正式上市至今，大众公司为辉腾开发的一系列新技术已经申请了超过 100 项的技术专利。辉腾完美融合了经典手工工艺与现代尖端科技，有与众不同的品位与魅力，经典手工工艺与现代尖端科技的完美结合，无与伦比的安全性，令人赞叹的细节工艺，低调沉稳的外观设计不但是历年不变的精髓，也树立了豪华轿车新的标杆。

图 3-66　德累斯顿玻璃工厂

图 3-67　辉腾豪华轿车

无论从豪华程度或是技术层面，辉腾都可以与同级别奔驰 S 级、宝马 7 系和奥迪 A8 相媲美，同时辉腾还是同级别中唯一采用手工方式生产的汽车，可谓品质一流。但是，长久以来，大众品牌在豪华车领域认知度仍然不及奔驰、宝马等传统豪华汽车制造商。2004 年，辉腾在美国第一个完整的销售年度，仅售出不到 1500 辆，第二年更是跌至 800 辆，三年才卖了 3000辆。最终，大众公司不得不在 2006 年停止了辉腾在美国的销售。分析其原因，这是因为大众在美国销售了太久和太多的老款甲壳虫，美国人对"VW"是大学生勤工俭学泡泡车的观念早已根深蒂固，无论如何也无法把"VW"商标和顶级豪华车联系起来。自 2004 年 4 月进入中国，辉腾在中国的遭遇与美国大同小异。虽然相比美国市场，大众的品牌形象在中国异常健康和牢固，但是与帕萨特过于相似的"兄弟相"和过高的售价，使得人们很难接受这样一款与桑塔纳、捷达贴有同样标志的百万元级豪车。

截至 2009 年底，大众辉腾上市 8 年，全球销量合计仅为约 4 万辆，占大众全球销量的0.14%，尚不及宝马 7 系或奔驰 S 级目前一年的销量。2016 年 3 月 15 日，大众品牌旗舰轿车辉腾已正式停产。

（4）奥迪 A8　奥迪 A8 是与奔驰 S 级、宝马 7 系齐名的世界上大型豪华轿车中最出色的产品之一。自 1994 年 3 月在当年的日内瓦车展正式推出以来，这个年轻的 90 后凭借先进的技术和一丝不苟的严谨赢得了全球消费者的赞誉和认可，几年之后就抢占了奔驰 S 级和宝马 7 系牢牢占据的大型豪华轿车市场并不断扩大自己的份额。第一代至第三代奥迪 A8 如图 3-68 所示。

第一代　　　　　　　　　　第二代　　　　　　　　　　第三代

图 3-68　第一代至第三代奥迪 A8

2017 年 7 月 11 日，第四代奥迪 A8（图 3-69）正式在巴塞罗那完成了其全球首秀，2018 年 4 月正式上市。运动和精致是新一代奥迪 A8的关键元素之一，甚至给人一种双门轿跑的感觉。自动驾驶技术是新一代车型的亮点之一，达到 SAE 3 等级的自动驾驶性能，这意味着 A8 将有能力自行控制转向、加速与制动，而"一步跨入数字时代"则可能是很多人看到新一代奥迪 A8 内饰的第一感受。

图 3-69　第四代奥迪 A8

（5）保时捷 911　提到保时捷，人们总会第一时间想到保时捷 911。不可否认，保时捷 911 是保时捷的旗帜和灵魂，最能诠释品牌的内涵和精神，一直在保时捷的发展历程中占有别的车型无法替代的地位。从 1963 年诞生以来，经过了半个多世纪的风雨历程，锤炼出共七代车型，因其独特的风格与极佳的耐用性享誉世界，是整个保时捷乃至于整个德国甚至整个世界最传奇的车型之一。在这七代车型中，时尚动感的外观、流畅的线条堪称跑车中的经典，内饰的精细度以及人性化的设计让人倍感舒适，每款车都展现出自己专有的个性，但它们之间又有着千丝万缕的联系，这种共性使得这个车系的经典得以延续，其品牌价值早已远远超出产品本身，这就是保时捷 911。

在 1963 年的法兰克福国际汽车展上，第一代保时捷 911 首次亮相。值得一提的是，保时捷在车展时用的车名是保时捷 901，但当时法国标致汽车公司提出了抗议，因为标致汽车已经注册了所有中间带 "0" 的三位数字作为自己车型的代号（例如 "205" "307" 等）。作为当时一家只有 1000 人的小型企业，保时捷新车的名称只得由 901 改为 911。因此，名为保时捷 901 的车型仅生产了 82 辆。

第一代保时捷 911 的底盘和传动系统较多地沿用了保时捷 356 的技术，但各项指标全面超越 356。宽大、舒适却又不失精准又极具乐趣的操控性，造就了保时捷 911 的成功。从第一代保时捷 911 起，"蛙眼大灯"、后置的水平对置 6 缸发动机以及风冷系统奠定了保时捷 911 车系的几个重要元素。

第四代保时捷 911 出现于 1993 年，这一代 911 可以算得上是外观变化较大的一代，被称为 "最美风冷 911"。造型上的成功革新，配合全面提高的动力水准，让这一代 911 获得了 "艺术与机械的完美结合" 这样的评价。1997 年，在第四代 911 的后期，为了应对越来越严格的排放和噪声法规，同时希望进一步提高发动机的效率，保时捷推出了水冷发动机，而这一代也成为历史上最后一代搭载风冷发动机的保时捷 911，这也是第五代与第四代的分界线。这些因素汇总在一起，使得这一代保时捷 911 在收藏家眼中价值极高。

2005 年，保时捷正式将第六代 911 引入中国市场，售价为 131.7 万元起。第一代至第六代保时捷 911 如图 3-70 所示。

第一代

第二代

第三代

第四代

第五代

第六代

图 3-70　第一代至第六代保时捷 911

图 3-71　第七代保时捷 911

2011 年 9 月，保时捷发布了第七代保时捷 911（图 3-71）。与前代车型相比，全新 911 传承了经典的车顶轮廓线和拱形前翼子板的设计，但对前轮轮距、可自动展开的后扰流板等都进行了加宽，轴距加长 100mm，高度降低，空气动力学效率更高，车身线条更加流畅，整体更具运动感。

在保时捷 911 的发展历程中，从第一代车型开始就进行了市场细分，不同版本（Carrera 标准版、Targa 硬顶敞篷版、Turbo 涡轮增压版、GT 性能赛车版等）、不同款式（T－经济型跑车、S－更强动力车型、4－四轮驱动、RS－专为赛事设计、Speedster－2 门 2 座敞篷车、Cabriolet－软顶敞篷车等）、不同动力级别（3.0L、3.4L、3.8L 等不同发动机排量），再加上时常发布的特殊纪念版，令人眼花缭乱的车型极大地满足了人们多样化的需求，让 911 精确定位了不同客户群体。

纵观保时捷 911 的历史，成功的原因是它可以做到在技术创新与坚持传统之间取得很好的平衡。说它沿袭传统，911 车系的后置水平对置发动机的后驱系统从诞生之日起就没有变化，变化只是添加发动机悬置等改良措施。说它不断创新，从 3 档准手自一体变速器的 Sportomatic 到 Tiptronic，再到 PDK 7 速双离合变速器，对于新技术的追求和研发也从没停止过。或许，正是将二者的融合，才铸成了保时捷 911 的传奇。

复习题

一、简答题

1. 梅赛德斯－奔驰汽车有什么特点？在世界车坛中有怎样的地位？
2. 迈巴赫汽车有什么特点？如何评价它的历史地位？
3. 宝马汽车有什么特点？在世界车坛中有怎样的地位？
4. 保时捷汽车有什么特点？在世界车坛中有怎样的地位？

二、测试题

请扫码进行测试练习。

3.2 法国著名汽车品牌

法国人以浪漫著称世界，他们血统里的洒脱和无所顾忌筑就了成功的法国文化。一方面，我行我素、性格独特、具有艺术气质的法国人赋予汽车新颖的设计、流畅的外形，而另一方面，法国人以科技推动了汽车技术的进步与成熟（汽车虽然诞生在德国，可是它的最初发展却是在法国），做工精湛、性能卓越、突出人性化又使得法国汽车独领风骚。法国的汽车品牌并不多，但个个特色鲜明，声名显赫。

3.2.1 标致汽车公司

标致（PEUGEOT）汽车公司创立于 1896 年，创始人是阿尔芒·标致，是世界十大汽车公司之一，法国最大的汽车集团公司。1976 年，标致公司收购了历史悠久的雪铁龙汽车公司 89.95% 的股份而组成了标致－雪铁龙控股公司（PSA），汽车总产量超过雷诺汽车公司而居法国第一，是欧洲第三大汽车公司。公司总部设在法国巴黎，汽车制造厂多在弗南修·昆蒂省，雇员总数为 11 万人左右，年产汽车 220 万辆。2018 年 7 月 19 日，《财富》世界 500 强排行榜发布，PSA 位列第 108 位。

"标致"曾译名为"别儒"，雄狮形象是标致品牌的标识（图3－72），1847 年应用于标致的钢锯产品，后来逐渐演变为标致唯一的制造商标。因为狮子能够代表标致钢锯的三种品质：锯齿像狮子牙齿一样经久耐用，锯条像狮子的脊柱柔韧不易折断，切割的速度像腾跃的狮子一样迅捷。古往今来，狮子的雄悍、英武、威风凛凛被人们视为高贵和英雄。当 1890 年第一辆标致汽车问世时，为表明它的高品质，公司决定仍沿用"雄狮"商标，它那简洁、明快、刚劲的线条，象征着更为完美、更为成熟的标致汽车。这独特的造型，既突出了力量又强调了节奏，更富有时代气息。雄狮标识把企业与狮子所代表的灵活、力量和秀美等特质紧密地联系起来，演绎出跨越多个世纪的传奇。

图 3-72　标致车标

1. 发展历程

标致汽车公司的前身是 19 世纪初标致家族让·皮埃尔兄弟开办的一家生产钢锯、弹簧等制式工具的小作坊，位于法国的东南部、距离瑞士不远的蒙贝利尔地区。成年之后的阿尔芒·标致接过了公司的管理权，1886 年，使用链条传动的标致自行车开始批量生产。也就是 1886 年，德国的卡尔·本茨发明了世界上第一辆汽车，阿尔芒·标致顿时觉得自行车并不是自己前行的终点，汽车制造业才是自己未来的方向。1889 年，在庆祝法国大革命 100 周年的巴黎万国博览会上，阿尔芒·标致就带来了一辆与莱昂·塞波莱合作制造的三轮蒸汽汽车（图 3-73），以"塞波莱-标致"命名，引起了不小的轰动。

在塞波莱-标致三轮蒸汽汽车问世之后，阿尔芒·标致很快就意识到蒸汽驱动的汽车并不能满足时代的发展，他认为这种笨重的机械装备并没有太大的发展空间。1890 年，第一辆使用戴姆勒汽油发动机的标致 2 型（图 3-74）汽车问世。1891 年 10 月 2 日，阿尔芒·标致汽车迎来了第一位顾客，首次售出的是一辆标致 3 型汽车，这种车型总共生产了 64 辆。1892 年，阿尔芒·标致首先在四轮汽车上采用硬橡胶轮胎。1894 年，阿尔芒·标致的产品走向多样化，双座、折叠、封闭式客货两用车等都是在这段时间里诞生的。1896 年，阿尔芒·标致推出了自己的发动机，从此不再依靠戴姆勒公司提供。

图 3-73　塞波莱-标致三轮蒸汽汽车

图 3-74　标致 2（Type 2）

1896 年，阿尔芒·标致正式创立了标致汽车公司，专心致力于汽车的生产。1899 年，标致的汽车款式已有 15 种以上。到了 1900 年，标致已经生产了 1000 辆汽车。1901 年，第一辆使用直列单缸发动机的标致 36 汽车（图 3-75）面世，这是第一款发动机前置、用倾斜式转向盘取代方向舵柄的标致汽车，并且以螺杆螺母取代齿轮齿条作为转向传动机构。随后的一段时间里，标致公司的总部迁至乐瓦卢。

1913 年，标致汽车开始了索肖工厂的建设，随即，产量翻了三番。从 1911 年到 1913 年，标致共生产了 9338 辆汽车，占法国产量的 50%，国内市场占有率达 20%，这也就意味着，标致生产了法国一半的汽车。

第一次世界大战结束后，标致开始了全新的发展。1923 年到 1925 年，标致汽车的年产量从 1 万辆跃升为 2 万辆。直到 1925 年，标致第 10 万辆汽车下线。1928 年，标致的汽车生产向索肖－蒙贝利亚尔工厂集中，并实现了系列化生产。1929 年 10 月，标致 201 型汽车（图 3－76）亮相巴黎车展，是世界上第一批采用前轮独立悬架的量产汽车。以 201 型汽车为开端，标致开始用中间为 "0" 的三位数字命名车型，第一个数字代表系列，最后一个数字是此系列的年款排序。标致后来将此命名法注册为商标，沿用至今。

图 3－75　标致 36

图 3－76　标致 201

1929 年，世界经济危机爆发，与世界其他汽车制造商一样，标致产量逐年递减，1931 年标致公司仅生产了 2 万辆汽车。好在标致 201 低油耗的特性比较符合用户的需求，虽然很艰难但依然渡过了世界经济危机。到 1933 年，标致产量已经重新回升到 3.6 万辆。

1935 年，标致在巴黎车展上推出标致 402 车型（图 3－77），它的车身是根据空气动力学原理设计的，形成著名的 "索肖纺锤" 设计理念，在标致车史上具有里程碑的意义，随后标致的车型均应用空气动力学原理来设计。1936 年，标致推出全球第一辆可电动折叠的硬顶敞篷车标致 402 Eclipse（图 3－78），仅仅几秒钟，402 轿车就可以变成一辆敞篷汽车，而这也让其成为当时这一设计的巅峰之作。

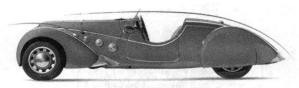
图 3－77　标致 402

图 3－78　标致 402 Eclipse

1939 年 9 月第二次世界大战爆发，标致靠近德国边境的索肖工厂被德军占领。1944 年，索肖城和标致的工厂被盟军解放。但是，由于车间在战乱时期遭受严重破坏，被洗劫一空的索肖工厂失去了往日的繁荣。

1946 年，随着标致 202 的下线，在第二次世界大战期间遭受严重破坏的标致公司开始恢复生产，当年共有 14000 辆标致 202 汽车驶下索肖的生产线。1948 年，标致公司推出了标致 203（图 3－79），标致 203 采用当时最先进的整体式车身结构设计，也是标致第一款产量超过 50 万辆的车型（从 1948 年到 1960 年，共生产了大约 70 万辆）。随后，标致又推出了多种型号，其中大量款式优美的车型都是由意大利宾利法瑞纳设计公司设计的。

标致公司的第二次大发展是在 20 世纪五六十年代。1955 年 4 月，标致推出第一款量产柴油版的标致 403（图 3-80），这也是标致首款产量突破百万的车型。标致 403 率先将弧形风窗玻璃安装在汽车上，令燃油经济性和美学观赏性首次完美合一，堪称业界的开山之作。1959 年，索肖工厂具有里程碑意义的第二百万辆标致汽车下线。

图 3-79　标致 203

图 3-80　标致 403

进入 20 世纪 60 年代，标致推出多款新车型，如标致 204（图 3-81）、304、404（图 3-82）、504 等。其中，1965 年 4 月面市的标致 204 极具轰动效应，这是标致第一辆前轮驱动汽车。在 1972 年 10 月的巴黎车展上，标致推出了世界最小的四门轿车标致 104，它的销售获得空前成功。到 1973 年，标致生产的汽车总数已突破 800 万辆。

图 3-81　标致 204　　　　　　图 3-82　标致 404

1976 年 5 月 12 日，标致以自己的实力收购了法国历史悠久但当时经营不善的雪铁龙汽车公司 89.95% 的股份而组成了标致-雪铁龙控股公司，两个品牌仍然独立存在，但是共享工程和技术资源。

2002 年 10 月 25 日，标致-雪铁龙控股公司与东风汽车公司在北京正式签署了加强第二阶段合作的协议，神龙汽车有限公司更名为东风标致-雪铁龙汽车公司（DPCA）。

2010 年 5 月 6 日，长安汽车集团和法国标致-雪铁龙控股公司联合发表声明，已经就在中国成立汽车合资企业签署了合作意向书，双方各持有新公司 50% 的股权。长安汽车成为继东风汽车之后，PSA 在国内设立的第二家合资公司。

2. 经典车型

标致是世界上历史悠久的汽车品牌之一。标致汽车线条流畅，设计新颖，与同一系列的其他车型和谐悦目，自成一统，同时又不乏各自的亮点。当翻开记载着标致 3 系的成长史后，不得不感叹，它们不仅仅是某位设计师精湛的艺术创作，更是百年来标致汽车在风雨中积淀出来的智慧结晶。

1932 年，标致 301（图 3-83）诞生，有灯罩的前照灯、安全扶手、刮水器、后风窗遮阳帘、备胎等，再加上趋于流线形的车身设计和世界上首创的可折叠硬顶，这些足以使标致 301

艳惊四座。而标志性的"曳地裙裾"尾翼更成为汽车设计界的样板之作,一经问世便风靡欧洲,而折叠硬顶这种超前的设计直到 1950 年后才被其他汽车制造商所采用。最终,标致 301 在四年中共计售出 7 万余辆,成为一代传奇车型。延续其设计思路,1937 年推出的标致 302(图3-84)更加深入和完善了空气动力学在汽车造型上的应用,因为在当时还不能生产弧形玻璃,所以标致 302 的车窗分成了两块。为了使得空气更好地流动,后车轮也被罩了起来。

图3-83　标致 301　　　　　　　　　图3-84　标致 302

20 世纪 90 年代标致迎来了 3 系轿车的飞速发展,标致 306 是标致历史上最畅销的车型之一,1993 年至 2002 年间 306 的全球销量近 300 万辆。

2001 年,标致 307(图3-85)的诞生使得 3 系列产品达到了巅峰,上市不久就荣膺"2002 年度欧洲最佳车型"。2004 年,标致在中国的开山之作——东风标致 307 上市,获得首届 C-NCAP 碰撞测试排名第一,至今累计销售 30 万辆,被誉为"车坛常青树"。2011 年,专为全球三厢车市场而设计的东风标致 308(图3-86)问世,为中级车进行了新的定义。

图3-85　标致 307　　　　　　　　　图3-86　标致 308

八十多年来,以 301、302、304、305、309、306、307、308 构成的标致品牌经典 3 系,成就了囊括现代汽车工业生产技术的创新,严酷赛道竞技中的卓越成绩,以及汽车安全技术的不懈突破。坚固、可靠和安全是标致 3 系赢得全球用户信赖的最重要原因,更是传承标致汽车全球品质最有力的支撑。

3.2.2　雪铁龙汽车公司

雪铁龙(Citroën)汽车公司是法国第三大汽车公司,由安德烈·雪铁龙于 1919 年创立,公司总部设在法国巴黎,雇员总数为 5 万人左右,主要产品是小客车和轻型载货车,可年产汽车 90 万辆。

2009 年 2 月初,雪铁龙在巴黎举行盛大仪式,正式发布其全新金属风格品牌标识(图3-87)。新的品牌标识仍以双人字标为基础,同时整体采用富有金属感的色泽,轮廓更立体圆润,极富时尚、现代气息。双人字造型是雪

图3-87　雪铁龙车标

铁龙标识永恒的主题，以此纪念发明了人字形齿轮传动系统的雪铁龙创始人安德烈·雪铁龙。

1. 发展历程

1900 年，22 岁的安德烈·雪铁龙从法国当时最负盛名的巴黎综合理工大学毕业后，在波兰旅行时偶然发现了一种"人"字形齿轮切割方法，并立即购买了这项专利。1905 年，这位年仅 27 岁的年轻人就创办了自己的第一家企业——雪铁龙齿轮厂，大规模生产"人"字形齿轮。从此，这种"人"字形齿轮便成为公司的主打产品和雪铁龙的象征，而"双人"字形也就是一直延续至今的雪铁龙汽车的标识。

1912 年，安德烈·雪铁龙获得了一次参观福特工厂的机会，深受震动的他有了自己的汽车梦想，那就是有一天能达到日产千辆汽车的水平，制造一般家庭都可以拥有的经济而舒适的小轿车。

1919 年，雪铁龙建造了以自己名字命名的汽车工厂——雪铁龙汽车公司，同年 5 月，雪铁龙公司的 A 型车（图 3-88）在法国魁德扎瓦投产，拉开了雪铁龙汽车的生产序幕。虽然当时年产量只有 2810 辆，但雪铁龙 A 型车仍然开创了法国的多个第一：第一条欧洲引入的大批量、低成本、全装备的生产线，第一辆左舵驾驶车，第一款面向大众消费群的汽车（仅售7950 法郎）。此外，雪铁龙是第一个开辟了试乘试驾先河的品牌。同年，在法国巴黎车展上，雪铁龙将 350 辆汽车排在车展门前，并开辟了试车场，用实力展现出独特的品牌魅力。1920 年，雪铁龙车在法国勒芒举行的一次车赛上获得"省油冠军"的称号，威名远扬，直接促进了雪铁龙的销量增长。截至当年年底，有 1.5 万辆雪铁龙奔驰于法国的大街小巷。

1922 年，雪铁龙成立会员购车体系，提供 12～18 个月付清全款的购车服务。之后又趁热打铁成立欧洲第一家会员公司 SOVAC，以期在全法普及家用小轿车。在这一年的第七届巴黎车展开幕式上，一架喷气式飞机冲上巴黎的天空，在万人瞩目之下留下长达 5km 的"CITROEN"巨型喷气字样。

1924 年 10 月，雪铁龙公司推出雪铁龙 B10（图 3-89），这是法国第一辆全钢车身的汽车，车身全部由冷压钢质部件焊接而成，比木质车身更坚固、更耐磨的全钢车身能为乘客和驾驶人提供更好的保护，由此掀起了汽车业的一场革命。整车质量达到 1080kg 的 B10 最高车速可达到 70km/h，其性能表现同样不凡。B10 的推出使雪铁龙的品牌知名度大幅度提高，同时雪铁龙也开始扩张其销售网络，创建了涵盖布鲁塞尔、阿姆斯特丹、科隆、米兰、日内瓦和哥本哈根等多个城市的国际性销售网络，1924 年雪铁龙总共出口了 17000 辆汽车。

图 3-88　雪铁龙 A 型车

图 3-89　雪铁龙 B10

1925 年，雪铁龙连锁店由 1919 年的 200 家发展到了 5000 家。同年 7 月，雪铁龙公司在巴黎世博会把由上千霓虹灯组成的"CIIROEN"字样展示在巴黎埃菲尔铁塔上，闪烁的霓虹灯把埃菲尔铁塔照得光彩夺目，方圆30km都能清晰看见。

1928年，雪铁龙的车型达14个之多，日产能力达到1000辆。5000个遍及全国的办事处、10家海外分公司和4个生产厂构成了雪铁龙一个良好的国际性销售市场。当年的海外销售业绩更达到了全法出口小轿车总数的45%。1929年，雪铁龙年产量突破10万大关，达10.2万辆。当年新款C6E在巴黎车展上也隆重登场，仅从4月到12月就生产了5090辆。

1931年，雪铁龙组织了一次沿着丝绸之路远行东方的"东方之旅"。当年4月，一个由40人、14辆半履带车和雪铁龙汽车组成的车队，从黎巴嫩贝鲁特出发，途经喜马拉雅山，跋涉16000km，克服重重困难于次年2月到达北京。"东方之旅"是一次远行探险活动，同时也是雪铁龙首次来到中国。这次活动不仅证明了雪铁龙汽车的卓越性能和优秀品质，同时也成就了举世闻名的三个第一：人类第一次借助汽车跨越欧亚大陆，人类第一次利用摄影机/录音机考察丝绸之路，人类第一次利用无线电及定位技术保障汽车旅途。

1939年，雪铁龙计划推出一款全新的微型车2CV，但是第二次世界大战的爆发使这款车的推出计划中止。2CV的设计理念非常简洁，与大众甲壳虫和MINI并称世界最著名的三款小型车。

1946年，雪铁龙年产量从战争结束前最低的2000多辆一下提升到了24443辆，而且一半为商用车。1947年，雪铁龙又在海外市场积极拓展，分别在阿根廷、瑞典建立了新的代理销售点。当时，70%的雪铁龙用于出口。到1975年，雪铁龙的年产量近70万辆，其中有55%销往海外。这时，公司创始人安德烈·雪铁龙的汽车大众化的理想早已变为现实。

1976年5月12日，标致集团购买了雪铁龙89.95%的股份，并组建了PSA控股公司将雪铁龙和标致合并，自此雪铁龙成为法国PSA标控股公司成员之一，但它仍然有很大的独立性，其经营活动仍然由自己把握。

1992年5月18日，东风汽车公司与PSA控股公司合资兴建的轿车生产经营企业——神龙汽车有限公司在湖北武汉成立。2002年10月25日，标致-雪铁龙控股公司与东风汽车公司在北京正式签署了加强第二阶段合作的协议，神龙汽车有限公司更名为东风标致-雪铁龙汽车公司。至此，神龙汽车公司已经生产了30万辆汽车。目前，东风雪铁龙主力车型有全新越享高级轿车C6、第三代C5、全新C4L、C4世嘉、全新爱丽舍、C3-XR等，全面覆盖和满足中国家庭、公商务轿车及SUV市场的需求。

2. 经典车型

雪铁龙一直以其超前技术扬名于世，通过制造出富有吸引力、多用途、舒适的轿车，使用户体验其带来的无限活力。

（1）雪铁龙2CV　1935年，雪铁龙公司决定生产一种"国民汽车"，经过4年的努力，1939年9月1日，雪铁龙2CV（图3-90）开始了试生产，首批生产了250辆。然而由于第二次世界大战的爆发，2CV的生产中断了。

1948年，第二次世界大战结束3年后，雪铁龙2CV在巴黎车展展出并恢复生产。"能够搭载4个人，50kg土豆或一个木桶，最高车速60km/h，普通人能

图3-90　雪铁龙2CV

够买得起"，2CV 以其夸张的造型、完美的设计、多种用途引起了极大的轰动。配置 0.62L 两缸发动机、加装了可卷式天篷、具有纤细有致车身的 2CV 不管是从价格、空间、性能还是可爱的外形都深得公众的喜爱，因此也风靡整个欧洲。从 1948 年到 1990 年的 42 年间 2CV 共制造了 511 万辆，这样的成绩对于一款小型车来说是极为优秀的。雪铁龙 2CV 与大众的甲壳虫同属一个时代（雪铁龙 2CV 只比大众的甲壳虫晚了一年，售价几乎是甲壳虫的一半）。

图 3 - 91 雪铁龙 DS19

（2）雪铁龙 DS "DS"来自法语中的"Deesse"一词，中文意思为"女神"。1955 年 10 月 5 日，经过 18 年的秘密开发以及对之前创意设计的前卫思想嫁接，雪铁龙终于在当时的巴黎车展上推出了 DS19（图 3 - 91）。这款设计前卫的车型是当时法系豪华车的巅峰之作，在展会开始后的 15min 就获得了 743 份订单，而第一天的订单总额达到了 12000 辆。

雪铁龙 DS19 是世界上第一辆完美应用空气动力学原理而设计的汽车，灵感来自于水滴。这种低风阻系数的车身设计，带来了更安静的环境和更少的油耗，让人耳目一新。法国文学家和结构主义大师罗兰·巴特在他的《神话学》中这样提到雪铁龙 DS：它犹如天降凡尘，就如哥特式教堂，是一个年代中至高无上的创造，载满人类对美的最终追求。

DS19 最吸引人的并不是它的外形，法国人在 DS19 上首次装备了液气联动悬架，拥有更好的行驶舒适性。此外，雪铁龙 DS 首次将前轮盘式制动作为标准配置，助力转向系统、助力制动系统和超时代的随动转向前照灯也是十分先进的装备。总而言之，除了特立独行的造型，DS19 在技术上也是领先于当时的汽车界的。

凭借优美的造型和极佳的乘坐舒适性，DS19 获得了很多消费者的认可。上市一年以后，它成为法国总统的专属用车，与它的销量、美感、科技性相比，它帮助戴高乐总统脱离袭击的事件更具传奇色彩。1962 年，戴高乐将军遇袭，在两个轮胎被子弹打爆后，DS（防弹版）依靠液气联动悬架继续保持车身的平衡，高速驶离现场抵达安全地点。从 1955 年首发到 1975 年停产，雪铁龙 DS 系列一共投产了近 150 万辆。

2010 年，雪铁龙 DS 品牌在跨越半个世纪之后再次回归到人们的视线中，先后推出了巴黎风尚座驾 DS 3、豪华 5 门轿跑车 DS 4、新世代豪华跨界车 DS 5。2012 年 5 月 15 日，法国新任总统奥朗德乘坐 DS5 Hybrid4 穿越巴黎香榭丽舍大街入主爱丽舍宫。

2014 年，雪铁龙将 DS 车系确立为前后带有 DS 标识（图 3 - 92）的完全独立高端品牌，如同丰田的雷克萨斯、日产的英菲尼迪和本田的讴歌，借着半个世纪前经典车型名号复兴的 DS 品牌也寄托着法国人的汽车高端梦。

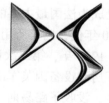

图 3 - 92 DS 车标

3.2.3 雷诺汽车公司

雷诺（Renault）汽车公司创建于 1898 年，是法国第二大汽车公司和世界十大汽车公司之一，总部设在巴黎市郊布洛涅 - 比扬古。雷诺汽车是出口德国最多的车种之一，它的质量及可靠性也被认为是第一流的。1999 年，雷诺和日产成立了雷诺 - 日产汽车联盟。就产量而言，雷诺 – 日产汽车联盟现排在通用、丰田以及福特之后，位居全球第四。2018 年 7 月 19 日，《财富》世界 500 强排行榜发布，雷诺汽车公司位列第 134 位，比 2017 年上升 23 位。

图 3 – 93　雷诺车标

当提及"钻石标"时，人们便立刻明白指的是历史悠久的雷诺。雷诺汽车公司的图形商标是四个菱形拼成的图案（图 3 – 93），象征雷诺三兄弟与汽车工业融为一体，表示雷诺能在无限的（四维）空间中竞争、生存、发展。

1. 发展历程

1898 年，路易斯·雷诺、马塞尔·雷诺和费尔南德·雷诺三兄弟联手，在布洛涅 – 比扬古创建了雷诺汽车公司。

1898 年 12 月 24 日，三兄弟中的老三、年仅 21 岁的路易斯·雷诺拆了家里的一辆三轮摩托车，取出发动机，焊到自制的底盘上，由此，第一辆雷诺汽车——雷诺 A 型车（图 3 – 94）诞生了。值得一提的是，雷诺 A 型车安装有在这之前还未出现的摩擦片式离合器。此外，还应用了传动轴（万向节）和直档变速器这两项革新技术。从 1900 年开始，雷诺推出了技术质量更可靠的 B 型、C 型，以至 L 型车，还争取到了军方订货。1902 年，精通机械的路易斯·雷诺又贡献了一项伟大的专利——涡轮增压发动机。雷诺公司的汽车制造业务因路易斯·雷诺的加盟而变得越来越重要，由此开始转变成以汽车制造

图 3 – 94　雷诺 A 型车

为主业的汽车公司。1913 年公司雇工达 5000 名，年产汽车超过 1 万辆。

第一次世界大战中，雷诺公司因为战争成为一个真正的兵工厂，法国军队购买了大量的雷诺牌汽车作为军车，使雷诺公司在规模、资金、技术等各方面都雄居法国汽车业的首位。不仅如此，雷诺更在此时成为世界领先的飞机发动机制造商之一。停战后的 1919 年，雷诺公司已成为法国最主要的私人公司，汽车产品系列齐全，柴油机技术处于世界领先地位。20 世纪 30 年代，巴黎所用的出租车大部分、公共汽车的绝大部分均系雷诺所生产。

1939 年，第二次世界大战爆发。因为为德军大量生产军车、坦克和飞机，雷诺公司的大半厂房和设备因英军的轰炸化为灰烬。战争结束之后，1945 年 11 月 6 日，戴高乐将军颁布法令，没收了路易斯·雷诺的所有资产，并将企业收归国有。战后的雷诺在政府资本的支持下兼并了许多小汽车公司，开发出多种汽车产品来占领市场，成为世界上最大的一家国营汽车公司。

1965 年，雷诺在日内瓦车展上推出 R16（图 3 – 95），这是全球第一款高档掀背式轿车，采用前轮驱动，带后挡板和可折叠的后排座椅。1968 年，雷诺 R16 推出高性能的 TS 款式。同年，雷诺全年汽车产量达到 83.5 万辆，其中有 24.8 万辆车出口到国外。

1972 年，雷诺 5（图 3 – 96）上市，经济而功能出众的它在 1973 年石油危机中一枝独秀，到 1984 年由雷诺超 5 替代时，已在除了法国以外世界各地的 25 个装配厂组装生产了 540 万辆以上，成为法国最畅销的轿车。1975 年，雷诺年产量增至 150 万辆。1955 年至 1975 年

间，雷诺出口量从占总产量的 25% 增至 55%。此时的雷诺不仅是欧洲和法国的第一大汽车制造商，也是法国主要出口商之一。

图 3-95　雷诺 R16

图 3-96　雷诺 5

　　继 1977 年在勒芒 24h 耐力赛取得胜利后，1979 年法国大奖赛上，雷诺夺得了首场 F1 胜利。1981 年，雷诺赢得了第 49 届蒙地卡罗拉力赛的冠军。同年，普罗斯特三次登上 F1 分站赛冠军领奖台。雷诺的成功归功于涡轮发动机，这一发明首先在 F1 赛场上得到验证，然后推广应用至量产车型。

　　虽然在 20 世纪 80 年代雷诺算是有建树的，但掩饰不了其财务上的危机。1984 年，雷诺的亏损达到了 125 亿法郎。1986 年，雷诺虽然停止了亏损，但解雇大量劳工的举动招致雷诺领导人乔治·贝斯被左派激进团体暗杀。1987 年，雷诺终于在某种程度上财务状况达到稳定。

　　1994，法国政府向公众出售了雷诺 48% 的股份，这是雷诺再度向私营化迈出的第一步。从 1996 年开始，官股开始大量释出股份，使民股占有雷诺股份多数，从而使雷诺再次成为真正的私营企业。

　　1999 年 3 月 27 日，雷诺与日产签署了协议，雷诺以 54 亿美元的投资取得日产公司 36.8% 和日产柴油车公司 22.5% 的股份，并得到 5 年后增持日产 44.4% 股份的保证。由于日产复兴计划的提前实现，2002 年 3 月，雷诺提前将在日产的持股比例提高到 44.4%，而日产也在 2002 年 5 月获得雷诺汽车 15% 的股权。

　　2013 年 12 月 16 日，东风与雷诺正式签订东风雷诺汽车有限公司合资经营合同，并于 2014 年 1 月 26 日获得国家商务部批准，这是"东风-雷诺-日产"的"金三角"战略合作的深入发展。

图 3-97　雷诺 4CV

2. 经典车型

　　（1）雷诺 4CV　雷诺 4CV（图 3-97）首次亮相于 1946 年巴黎车展，1947 年正式量产。雷诺 4CV 车身尺寸十分小巧，长度仅为 3 663mm，重量仅为 560kg，能耗极低，却可轻松容纳 4 位乘客。这款轻巧舒适、节能经济、适合所有人使用的小型车自发布以来便屡次打破销售纪录：1954 年 4 月第 50 万辆 4CV 组装出厂；6 年之后，这一数字攀升至创纪录的

1105547 辆，成为法国第一款销量过百万的车型。

除商业成功外，雷诺 4CV 在赛车方面的成绩亦为人所津津乐道。1951 年至 1954 年间，4CV 曾接二连三地将蒙特卡洛拉力赛、Tulips 拉力赛、阿尔卑斯杯，甚至勒芒 24h 耐力赛等赛事的冠军斩获囊中。雷诺经典运动跑车 Alpine 系列便是在 4CV 的基础上设计出来的。

（2）雷诺 4　在 20 世纪 50 年代，随着经济的恢复和发展，轿车开始进入法国普通家庭，虽然雷诺的 4CV 很受市场欢迎，但是市场表现不如雪铁龙 2CV。这刺激了雷诺公司，雷诺公司总结了雪铁龙 2CV 的优点和缺点，1961 年推出了雷诺 4 型轿车（图 3 - 98）。

图 3 - 98　雷诺 4

雷诺 4 型轿车是款小型轿车，其貌不扬，不过却很有特点，为了使车内有更大的空间，车身后部被加大，也就是今天两厢掀背轿车的原型。和传统的车架底盘不同，雷诺 4 左右侧的前后轴距是不一样的（左侧 2400mm，右侧 2438mm）。此外，雷诺 4 还是雷诺公司第一款前轮驱动的轿车。

雷诺 4 及其改进型号对当时流行的雪铁龙 2CV 和大众甲壳虫产生了巨大的冲击，从 1961 年推出到 1966 年，不到四年的时间里雷诺 4 就销售了 100 万辆，在商业上取得了很大的成功。而雷诺 4 型车不仅仅在法国生产，也在葡萄牙、西班牙、比利时、哥伦比亚和阿根廷等其他 12 个国家生产，生产周期也非常长，最后一辆雷诺 4 于 1994 年驶下生产线，产量超过 800 万辆。依靠着雷诺 4，雷诺成为欧洲主要家庭轿车制造商之一。

3.2.4　布加迪汽车公司

布加迪（Bugatti）是有着百余年历史的法国著名跑车品牌，专门生产运动跑车和高级豪华轿车，以生产世界上最好的及最快的跑车闻名于世。1909 年，意大利人埃多尔·布加迪在法国的莫尔塞姆创建了布加迪。由于其发展的重要阶段都位于法国，绝大多数人将它看作是法国品牌。1998 年，大众集团收购并复兴了布加迪，总部依然设在法国的莫尔塞姆。

布加迪商标中的英文字母"BUGATTI"即"布加迪"，上部"EB"即为"埃多尔·布加迪"英文字母的缩写，周围一圈 60 个小圆点象征球轴承，底色为红色，如图 3 - 99 所示。1914 年研制的布加迪 17 装用拱形散热器进气格栅，从此，这种形状的进气格栅成为布加迪固定的风格。

图 3 - 99　布加迪车标

1. 发展历程

布加迪的创始人是出生于意大利米兰的埃多尔·布加迪。1900 年，19 岁的布加迪凭借着良好的绘画基础进入汽车公司，与同事们共同设计了多款车型。1909 年，布加迪在法国的莫尔塞姆创建了布加迪公司。

1918 年第一次世界大战结束，埃多尔·布加迪将最新研制的 4 缸 16 气门发动机安装在布加迪 22 型和布加迪 23 型赛车上，在法国勒芒 24h 耐力赛和勃雷西亚汽车比赛中夺得了冠军，布加迪也因此得到了更多人的关注。此后，在赛车场上尝到了甜头的布加迪公司开始不断地尝试不同的赛车比赛，也因此诞生了很多世界著名的赛车。1925 年生产的布加迪 35（图 3－100）系列车型在其产品周期中总共赢得了超过 1000 场比赛的胜利，巅峰时期布加迪 35 系列车型平均每周都会赢得 14 场比赛的胜利。

在收获了无数奖杯与名誉的同时，埃多尔·布加迪并没有忽略民用车的市场，他依据在赛车上积累的经验开始研发豪华跑车。1926 年，布加迪筹划着把布加迪汽车带上一个全新的、前所未有的高度，于是布加迪 41（图 3－101）诞生了。按照布加迪的设想，布加迪 41 的目标客户是当年那些依旧风光的欧洲封建帝制国家的王室们，于是这也让布加迪 41 有了另一个名字——皇家（Royale）。布加迪 41 采用排量高达 12.7L 的直列 8 缸发动机，300 马力，内饰使用了当时最高档的材料，所有的一切都为打造一款梦幻之车。布加迪 41 由此成了当时最昂贵的汽车，总共生产了 6 辆，最终只卖出了 3 辆。不过，当后来布加迪汽车赢得了法国政府制造新型高速列车的合同后，布加迪将经过改造的布加迪 41 的发动机应用到了火车上，竟然创造了当时法国火车的最高时速纪录。

图 3－100　布加迪 35

图 3－101　布加迪 41

1934 年，埃多尔·布加迪的儿子，年仅 25 岁的让·布加迪担当设计了布加迪 57。让·布加迪是一位天才的艺术家及机械师，布加迪 57 在 1937 年和 1939 年两夺勒芒大赛冠军，也成了布加迪的标志。然而不幸的是，1939 年 8 月 11 日，让·布加迪驾驶布加迪 57C 在工厂附近试车时发生车祸意外身亡，年仅 30 岁。让·布加迪之死，使得布加迪公司痛失最佳继承人。在这之前，他基本接手了父亲的工作，成为布加迪公司的中心人物。

第二次世界大战期间，德军占领并摧毁了法国的布加迪工厂，生产几度停滞。1947 年 8 月 21 日，埃多尔·布加迪因病去世，他的二儿子罗兰·布加迪接管了布加迪汽车。然而，罗兰·布加迪并不像哥哥那样对于赛车有着崇高的热爱和追求，经营管理并不是很在行。1956 年布加迪宣布停产，停产时总计生产汽车 7000 余辆。1963 年，一位飞机制造商收购了布加迪公司，但收购未能振兴布加迪品牌，唯一的功劳就是将布加迪品牌保留了下来。

1987 年，身为金融家的汽车经销商罗曼诺·阿蒂奥利购买了布加迪商标所有权，在意大利坎波加利亚诺重建布加迪汽车公司，布加迪得以重回车坛。罗曼诺·阿蒂奥利之所以选择坎波加利亚诺，是因为这里被称为"超跑原乡"，法拉利、兰博基尼和玛莎拉蒂等都在此设厂。1991 年，罗曼诺·阿蒂奥利为纪念布加迪创始人埃多尔·布加迪诞生 110 周年，以 Ettore Bugatti 名字中两个单词的首字母为名，生产了举世闻名的 EB 110 系列超级跑车。

1995 年，布加迪由于遭遇一连串财务困难而破产，不得不关闭生产线。1998 年，布加迪被德国大众集团收购。1998 年的巴黎车展上，EB 118 概念车正式亮相，以此宣布布加迪品牌的再一次复活。

2. 经典车型

提起法国，大家会联想到各种奢侈品，而布加迪无疑是汽车奢侈品中的重要一员。布加迪注重车辆的细节与平衡，布加迪跑车就像是艺术品一般，发动机全是由手工制造和调校，所有可以轻量化的零件都不放过。埃多尔·布加迪形容自己的主要竞争对手宾利是"全球最快货车"，因为宾利只注重耐久和性能而忽略轻量化。在布加迪的造车哲学中，重量是最大的敌人。布加迪的产品做工精湛，性能卓越，它的每一辆轿车都可誉为世界名车。

（1）布加迪57 1934年，年仅25岁的让·布加迪担当设计了布加迪57，这款布加迪历史上最著名的车型拥有着非常修长的车身，搭载3.3L发动机，最大功率135马力，在1937年和1939年两夺勒芒大赛冠军。布加迪57的各种衍生版本车型的良好表现证明了布加迪57原有的高品质，在五年中总共生产了685辆，成就了布加迪的经典之作。其中，1936年推出的布加迪57 SC Atlantic双门跑车（图3-102）是一款弥足珍贵的跑车，它的最大亮点就是如露珠般圆滑的车身设计，堪称经典。全车造型轮廓来自"泪滴"，从车头到车尾连贯的弧线十分优雅，采用全铝打造的车身靠着铆钉一块块接合，而这项技术过了数十年后才被使用在量产车上。奢华的用料以及考究的做工使布加迪57 SC Atlantic注定是一款极为小众的车型，产量仅4辆，目前仅存世2辆。在2010年5月美国加利福尼亚州的一场老爷车拍卖会上，布加迪57 SC Atlantic拍出了3800万美元（约合人民币2.3亿元）的天价。

（2）布加迪EB110系列 1991年，布加迪汽车公司生产了举世闻名的EB110系列超级跑车（图3-103），布加迪打造这辆车的目的是让其成为世界上最快的量产车。"EB"代表布加迪创办人Ettore Bugatti，110则是为了纪念创始人110年诞辰。布加迪EB110是布加迪在意大利建厂之后唯一的量产车型，由兰博基尼的前设计师来主导设计。EB110采用60气门的四涡轮增压V12发动机，560马力，车身大量采用碳纤维和铝合金材质，百公里加速仅需3.4s，极速是342km/h。1992年底，更为强大的EB 110 SS推出，"SS"是"Super Sport"的缩写，发动机功率被提升至612马力，百公里加速缩短为3.3s，极速提升至351km/h。EB110系列非常昂贵，EB110售价30万美元，而SS版更多出5万美元。由于全球经济危机，1991年至1995年期间，布加迪EB110系列只生产了139辆，共销售出95辆EB110和31辆EB110 SS。

图3-102　布加迪57 SC Atlantic

图3-103　布加迪EB110

（3）布加迪Veyron EB16.4 1998年大众集团收购布加迪之后，为复兴布加迪品牌，将公司总部又迁回法国莫尔塞姆，并在初创时的厂址重建了工厂。大众立志于打造一款世界上气缸数最多、极速最快、最能体现人类造车科技水平的车型。1999年推出的布加迪Veyron EB16.4（图3-104）是自EB110之后，第一款真正挂上布加迪椭圆形红色厂徽的量产车，也是布加迪第二度复活后的开山之作。"威航"是"Veyron"的正式中文名，不过众多车迷更愿意称之为"威龙"。布加迪 Veyron EB16.4 名称中的 16 表示 16 个气缸（W16 发动机，由两个 V8 发动机组成），4 表示采用 4 个涡轮增加器增压，最大功率 1001 马力，曾经创造过非官方世界量产车最快纪录——407km/h，百公里加速仅 2.5s。

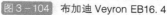

图 3－104　布加迪 Veyron EB16.4

　　谁能将驾驭一辆 1001 马力、车速 407 km/h、价值 100 万欧元的欧洲超跑车感觉清楚地告诉大家呢？"当你把加速踏板踩到底，它每分钟空气的吸入量等于一个人四天的呼吸量总和，目前最好的橡胶科技打造的轮胎只需 15min 就报废了，不过你不用担心，因为它 100L 的大油箱所承载的所有燃油会在 12min 以内全部耗尽。它有两把钥匙，在只插入普通钥匙的情况下会被电子限速在 375km/h。而一旦插入另一把钥匙，这部传奇座驾会自动降低车身高度，调节尾翼角度，解锁发动机的全部性能，蓄势待发，只等您踩下加速踏板那一刻，它为您呈现一场人类科技史上的传奇。"在布加迪 Veyron EB16.4 刚诞生的时候，费迪南德·卡尔·皮耶西试驾了一次，结果对他的评价是"完全没有操控性可言"。一个驾驶过并且可以征服奥迪 R8、宾利欧陆 GT、兰博基尼的人竟然无法控制这部机器。

　　2010 年 7 月 4 日，在德国技术检验局和吉尼斯世界纪录代表的共同见证下，配置 8.0L W16 四涡轮增压发动机、1200 马力的布加迪威航终极款——布加迪 Veyron Super sport（图 3－105）以平均车速 431km/h（取其两次正反双方向平均值，两次试跑分别为 428km/h 和 434km/h）再度拿下世界量产车最快纪录（吉尼斯纪录承认）。虽然这款顶级奢华跑车极速达 431km/h，不过布加迪表示出于安全考虑，上市发售的 Veyron Super sport 最高车速被限制在 415km/h。Veyron Super sport 全球限量 30 辆，起售价格为 165 万欧元。

图 3－105　布加迪 Veyron Super sport

　　布加迪的创始人埃多尔·布加迪必定深感欣慰。他坚持布加迪名车是真正的艺术，布加迪 Veyron EB16.4 正是其哲学及理念的现代演绎。毋庸置疑，布加迪 Veyron EB16.4，这一结合艺术、形态及完美技术等布加迪核心价值的超级跑车，是工程学的完美艺术品，是汽车史的里程碑！

3.3 英国著名汽车品牌

英国汽车工业的衰败一直是汽车界人士津津乐道的话题。作为全球工业化运动的先驱，英国的汽车制造业在全球一度独领风骚。1911 年，英国已有 24 家汽车生产企业，汽车产量在 1930 年超过法国，居世界第二位，这把交椅一直坐到 50 年代末。在世界汽车 120 多年的历史长河中，英国汽车始终坚守自己的传统风格，追求高贵、典雅的造型，讲究皇家乘坐的舒适，对出色的动力性能与操控感有执着的偏好，曾贡献给世界一大批优秀的品牌和车型，宾利、劳斯莱斯、阿斯顿·马丁、Mini、路虎、捷豹、莲花、罗孚等，对于任何一个国家的汽车产业来说，这简直就是梦幻之队。而如今，你甚至都无法找到一个能真正意义上代表英国汽车的品牌。英国汽车有着引领世界汽车工业发展的创新，但创新中永远渗透着偏执，它传统、坚持、绅士，也疯狂、破格、傲娇。英国汽车一直固守着传统的手工制作、造型设计以及挑剔的选材，极端的"手工 + 奢华"的保守路线，在汽车制造日益商业化、流水线化、电子化的今天，无论是生产成本、产量还是在技术的革新上，英国汽车终于再难以跟上主流市场的步伐，走向了必然的衰落。

3.3.1　劳斯莱斯汽车公司

劳斯莱斯（Rolls-Royce）是世界顶级的超豪华轿车生产商，由查理·劳斯和亨利·莱斯于 1906 年创立，公司总部所在地为英国德比。2003 年劳斯莱斯汽车公司归入宝马公司旗下。劳斯莱斯是汽车王国雍容高贵的标志，被人们称为"汽车中的贵族"，无论劳斯莱斯的款式如何老旧，造价多么高昂，至今仍然没有挑战者。

劳斯莱斯由英文"Rolls-Royce"翻译而来（又称为罗尔斯·罗伊斯，二者的不同在于生产汽车的叫劳斯莱斯，生产航空发动机的叫罗尔斯·罗伊斯，罗尔斯·罗伊斯是世界三大航空发动机生产商之一），劳斯莱斯轿车的品牌标志图案采用两个"R"重叠在一起，这是劳斯（Rolls）与莱斯（Royce）两人姓名的第一个字母，象征着你中有我、我中有你，体现了两人和谐融洽的关系。双"R"车标镶嵌在发动机散热器格栅上部，与著名的"欢庆女神"雕像相呼应（图 3 - 106）。

图 3 - 106　劳斯莱斯车标与欢庆女神

拓展阅读3

带翅膀的"欢庆女神"，每辆劳斯莱斯车头上的这个吉祥物，她的产生与制造的过程源于一个浪漫的爱情故事，更是劳斯莱斯追求卓越、追求完美的一个绝好例证。设计者赛克斯这样来描述他的设计理念："风姿绰约的女神以登上劳斯莱斯车首为愉悦之泉，沿途微风轻送，摇曳生姿"，这一理念与女神的造型正是劳斯莱斯精神的绝佳体现。1911 年，"欢庆女神"正式成为劳斯莱斯车的车标。

1. 发展历程

1903 年，亨利·莱斯开始打造自己的第一款汽车，发动机排量 1.8L，最大功率仅为 10 马力，但运行十分平稳流畅、噪声很小，而且不像当时的汽车那样经常出现故障。出身于贵族家庭的查理·劳斯，在一个偶然的机会看到亨利·莱斯的第一款汽车，受到极大震撼。1904 年的圣诞节，查理·劳斯和亨利·莱斯正式签署合作协议。1906 年，劳斯莱斯汽车公司在英国正式成立。查理·劳斯和亨利·莱斯两人的出身、爱好、性格完全不同，但对汽车事业的执着和向往，使他们成为一对出色的搭档。根据两人于 1904 年签订的协议，品牌名称是劳斯莱斯，亨利·莱斯负责生产，而查理·劳斯则负责销售。莱斯先生设计制造的发动机具有动力输出均匀以及杰出的耐久性这两大突出优势，最初的劳斯莱斯与其竞争对手相比具有制造工艺简单、行驶时噪声极低两大特点。

1907 年，首次露面于巴黎汽车博览会的劳斯莱斯银魂（Silver Ghost）受到了普遍关注。凭借银魂的出色表现，劳斯莱斯品牌成功跻身世界顶级汽车品牌行列。不仅如此，劳斯莱斯还认识到仅靠产品自身的优良品质还远远不够，必须向客户提供连续不断的售后服务才能进一步培养他们对品牌的忠实度。1908 年，劳斯莱斯决定由本公司的机械师定期上门为客户进行车况检查，同时还建立了一个培训专业司机的学校。这种经营模式在英国境外也取得了空前的成功，5 年之后巴黎、柏林和马德里都出现了提供专业服务的维修厂。

1914 年，第一次世界大战在即，当时英国空军还在装备法国发动机，而英国政府认为战争可能在法国土地上全面爆发，所以拥有自己的发动机成为当务之急。于是在英国政府的命令下，劳斯莱斯开始在英国德比的工厂里研制飞机发动机，并很快成为公司的主营业务，生产飞机发动机赚来的钱刚好可以救济常常亏损的汽车业务。此时，劳斯莱斯汽车也被征为军用，银魂装上了装甲，车顶也设计了炮塔，可以搭配维克斯 303 机枪。

1922 年的经济大萧条时期，劳斯莱斯曾生产经济型车型，但销量并不理想，七年之中只生产了不到 3000 辆。1925 年，银魂已经无法满足人们的审美观点，因为它总是让人感觉回到了 20 年前。于是，劳斯莱斯推出了有多项技术创新的幻影（Phantom）。

1931 年，劳斯莱斯收购了保存完整但是已经破产的宾利汽车公司。劳斯莱斯希望能够将同样具有悠久历史的宾利复兴，并使它成为劳斯莱斯的第二品牌。

1946 年，劳斯莱斯战后的第一款量产车诞生，它是宾利 Mark VI。1948 年，劳斯莱斯终于推出了自己品牌的汽车，它就是以宾利底盘为基础建造起来的银色黎明（Silver Dawn）。1950 年，第四代幻影成功推出，这是劳斯莱斯战后第一款用自己底盘制造的汽车。

1955 年，劳斯莱斯银云（Silver Cloud）和宾利 S 型轿车出现，它们的发动机罩和标志完全一样，以至于一些劳斯莱斯和宾利的买家常常将买来的新车送到英国手工工厂，进行个性化装饰或大规模改造。

1965 年，劳斯莱斯推出了银影（Silver Shadow）和宾利 T 型车，用以取代银云和宾利 S 型轿车。银影是第一辆采用承载式车身的劳斯莱斯，也是销量最大的劳斯莱斯，在 16 年中各种版本的银影共售出了 30057 辆，同时它还是最后一辆仍保持几分经典特色的劳斯莱斯，可以说是劳斯莱斯发展历程中最重要的车型。

1971 年，在英国政府的干预下，将濒临破产边缘的劳斯莱斯公司一分为二，分为汽车与航空发动机两个公司。罗尔斯·罗伊斯航空发动机公司恢复了生机，再次跻身于世界三大航空发动机厂家之列，而劳斯莱斯汽车公司却鲜有作为，期间一些新开发的车型依然沿用很多旧工艺、使用着前代车型的零部件，销量大幅下降。之后的很长一段时间，劳斯莱斯都没有足够的投资来开发新车型。其实，除了资金方面的原因，劳斯莱斯对任何技术创新都持怀疑观望态度，担心不成熟的新技术会影响其产品的可靠性。例如，直到 1919 年劳斯莱斯轿车才装上起动机，而其竞争对手早在 5 年前就已经采取了这项技术；此外，公司直到 1965 年才开始采用承载式车身。这一谨慎态度充分表明劳斯莱斯公司更信任汽车技术中的经典，至少在外形设计上是一直坚持这种做法。

1997 年，宝马和大众同时发起了对劳斯莱斯汽车的竞购。1998 年 6 月，最终的结果是出价更高的大众得到了宾利品牌以及劳斯莱斯的工厂和两种商标（"欢庆女神"立标、家族化直瀑式进气格栅），但宝马却从罗尔斯·罗伊斯公司获得了劳斯莱斯的"RR"车标，并且当时宾利和劳斯莱斯重要车型的发动机都是由宝马提供的。这就意味着如果宝马不和大众合作，那么对方花费了数亿英镑购买的劳斯莱斯就不能再悬挂"RR"车标，并且没有发动机可用了（大众如果独立研制需要再等数年时间）。最终双方达成了一项协议，宝马同意大众使用"RR"车标一直到 2003 年，好让大众在这段时间里可以把研发重点放到宾利上，而在 2003 年之后大众则需要把自己手中劳斯莱斯的两种商标交到宝马手上。

2003 年 1 月，取得了全部三种劳斯莱斯商标的宝马推出了全新的第七代幻影，它的定位高于宝马老对手奔驰的任何一款汽车，成为世界豪车领域的新标杆。此后，宝马又陆续带来了劳斯莱斯古斯特以及魅影等车型，为这个古老品牌注入了新的生命。

从 1906 年创立至今，劳斯莱斯的工厂经历了 6 次搬迁，其间几易其主，造就了一个个跌宕起伏的故事，却始终没有动摇它在世界汽车业界的顶尖地位。"汽车中的贵族"不是一句空洞的口号，它凝聚的是一代代劳斯莱斯人追求完美的信念、标准和坚持。

2. 经典车型

劳斯莱斯出产的轿车是顶级汽车的杰出代表，以其豪华而享誉全球。劳斯莱斯高贵的品质来自它高超的质量，劳斯莱斯的成功得益于它一直秉承了英国传统的造车艺术：精练、恒久、巨细无遗。创始人亨利·莱斯就曾说过："车的价格会被人忘记，而车的质量却长久存在。"劳斯莱斯超高的工艺水准和无与伦比的对于品质的追求使其在漫长的历史中不断塑造人类造车的经典，劳斯莱斯奉行的理念是"把最好做到更好，如果没有，我们来创造。"

劳斯莱斯最与众不同之处，就在于它大量使用了手工劳动，在人工费相当高昂的英国，这必然会导致生产成本的居高不下，这也是劳斯莱斯价格惊人的原因之一。劳斯莱斯汽车公司年产量只有几千辆，连世界大汽车公司产量的零头都不够。但从另一角度看，却物以稀为贵。劳斯莱斯轿车之所以成为显示地位和身份的象征，是因为该公司要审查轿车购买者的身份及背景条件。有钱不一定能成为劳斯莱斯的车主，这个制造汽车的企业奢华到了可以选择顾客的程度。知名的文艺界、科学技术界人士，知名企业家可以拥有白色，政府部长级以上高官、全球知名企业家及社会知名人士可以驾驶银色，而黑色的劳斯莱斯只为国王、女王、政府首脑、总理及内阁成员量身打造。

（1）劳斯莱斯银魂（Silver Ghost）　劳斯莱斯第一辆真正的传奇之作银魂（图 3 - 107）诞生于 1907 年，首次露面于巴黎汽车博览会。不过，银魂 40/50HP 车系中最著名的是一辆为劳斯莱斯汽车执行董事克劳德·约翰逊的专属定制车型，这是 40/50HP 车系的第 12 辆，底盘编号 60551，车牌号 AX201。因为它的车身以及所有配件都镀上银色（以强调其如鬼魅一般的安静），所以被称之为"银魂"，这个名字后来被用在所有 40/50HP 车系上，"银魂"由此得名。其金色钟顶形散热器非常引人注目，直到今天这一造型依然是劳斯莱斯不可替代的设计元素。该车的设计理念也与当时其他品牌迥然不同，例如，为让乘员以最优雅的姿势下车，车

图 3-107　劳斯莱斯银魂

门采用马车走入式设计，门是向后打开的。除了独特的外观，银魂还拥有领先于时代的技术，最高车速达 110km/h，这在当时绝对是一项世界纪录。银魂曾在 20 世纪初创下连续不间断驾驶 14371mile 的纪录，而后被《Autocar》杂志誉为"世界上最好的汽车"。

2018 年 2 月，劳斯莱斯宣布将推出 35 辆银魂定制珍藏版。

（2）劳斯莱斯幻影（Phantom）　1925 年，银魂退出历史舞台，取代其地位的幻影车系成为劳斯莱斯旗下最知名的产品之一。第一代幻影仍然沿用了银魂的底盘结构，发动机罩下横卧的是一台 7.7L 的六缸发动机，到停产时共生产了 3512 辆。

1950 年，劳斯莱斯推出第四代幻影。第四代幻影受到了英国王室以及一些国家元首的青睐，由于伊丽莎白公主的订购，一举让劳斯莱斯成为英国皇室的首选汽车供应商。不过第四代车型产量非常少，总共只生产了 18 辆，目前世界上仅存 16 辆。

第一代至第六代劳斯莱斯幻影如图 3-108 所示。

第一代（1925-1931）

第二代（1930-1935）

第三代（1936-1939）

第四代（1950-1956）

第五代（1959-1968）

第六代（1969-1991）

图 3-108　第一代到第六代幻影

2003 年，在第六代幻影停产 13 年之后，劳斯莱斯迎来了第七代幻影（图 3-109）。这是劳斯莱斯被宝马集团纳入囊中后推出的第一款新车，同时英国古德伍德工厂宣告启用。这一代车型维持了高度定制化特色，车身颜色、木材、皮革选择都有超乎想象的丰富程度，例如，一辆劳斯莱斯幻影的内部装潢要用掉 16 张兽皮，木制品采用的层板不少于 6 种。在精细手工工艺下，每一辆幻影依旧如皇冠上的明珠般闪耀。

在宝马诞生 100 周年的 2016 年 6 月 16 日，与宝马属于同一集团的劳斯莱斯也在当天发布了象征自己品牌未来 100 年的概念车——劳斯莱斯 Vision Next 100（图 3－110），官方车型代号为 103EX。这是劳斯莱斯品牌诞生以来第一款真正意义上的概念车，主打的概念是用户可以自主定制车辆外观、内饰、车身尺寸，代表了劳斯莱斯对未来顶级豪华设计的展望，是超豪华座驾的顶尖之作。通过采用创新技术，未来的劳斯莱斯也将像这部名为"奢华殿堂"的概念车一样奢华至极，彰显豪华移动出行的未来愿景。

图 3－109　第七代幻影（2003－2016）

图 3－110　Vision Next 100 概念车

一款百年之作，一款未来之作。103EX 不仅是劳斯莱斯对于过去 100 年的思考和总结，也是对接下来未来 100 年的展望和愿景。劳斯莱斯用 103EX 贯穿了劳斯莱斯自创始至百年后的时间线。曾经，劳斯莱斯几乎等同于大英帝国的权力、尊贵与繁华。经历了百年的沧桑变故，已渐失昔日光芒。然而，皇者的尊贵、典雅，内敛的霸气——一切都仍在延续。

3.3.2　宾利汽车公司

宾利（Bentley，又名本特利）是世界著名的英国超豪华汽车制造商，宾利汽车公司由沃尔特·欧文·宾利于 1919 年 1 月 18 日创办。第一次世界大战期间，宾利以生产航空发动机而闻名，战后，宾利开始设计制造汽车产品。1931 年，宾利正式加盟劳斯莱斯汽车公司，成立宾利汽车股份有限公司，其生产线也于 1946 年与劳斯莱斯一同迁往英国的克鲁郡，并将总部设在这里。1998 年 6 月，宾利被大众集团收购，更名为大众－劳斯莱斯公司。2002 年 9 月 16 日，位于克鲁郡的大众－劳斯莱斯公司正式更名为宾利汽车有限公司。

宾利车标设计以创始人 Bentley 名字的首字母"B"为主体，运用简洁圆滑的线条，晕染、勾勒形成一对飞翔的翅膀，整体恰似一只展翅翱翔的雄鹰（图 3－111），呈现给世人的永远是动力、尊贵、典雅、舒适与精工细作的最完美结合，令宾利汽车既具有帝王般的尊贵气质，又起到纪念设计者的意味，是宾利最强劲、永不妥协的标志。另外，在部分高端宾利车型（例如慕尚、雅骏、布鲁克兰等）的前发动机盖上装有一枚与主体标志构成相仿的立体标志（图 3－112），这一点与劳斯莱斯的欢庆女神立体标志有着异曲同工之妙。

图 3－111　宾利车标

图 3－112　宾利立体车标

1. 发展历程

沃尔特·欧文·宾利1888年出生于一个中产阶级家庭，从学校毕业以后，他成为一名铁路工程师，在伦敦等地的铁路公司工作。在第一次世界大战期间，宾利受聘于英国皇家海军航空兵技术委员会，负责设计飞机发动机。对速度和性能的热爱使得宾利于1919年创建了宾利汽车公司。他的目标十分明确，来自那个简单到让人难以置信的理念："To build a fast car, a good car, the best in its class"（要造一辆快的车，好的车，同级别中最出类拔萃的车），从此宾利公司走上了专业设计高档跑车、赛车的历程。在接下来的十年中，是宾利最辉煌的时期，几乎包揽了每一届著名的勒芒24h耐力赛的冠军，其中1929年更囊括比赛前四名，宾利从此名扬天下。但由于工程师、赛车手出身的宾利不善经营，公司的实际财务体制不健全，周转与流动资金不够充裕，加上宾利志向造出世上最快、最好的顶级跑车，相对的产品售价也十分高昂，只有富商巨贾消费得起。到了1931年，宾利公司的负债已超过10万英镑（在当时已属相当大的数目），在无法继续营运的情况下只得任由昔日的竞争对手劳斯莱斯以12.5万英镑买下，成立了宾利汽车股份有限公司。由此，宾利作为劳斯莱斯的一个下属公司，正式成为劳斯莱斯旗下子品牌。

1946年，宾利的生产线与劳斯莱斯一同迁往英国的克鲁郡。随着劳斯莱斯与宾利的融合，它们相互之间贴得更紧密了。实际上，从1939年开始，劳斯莱斯和宾利的研发就已经捆绑在了一起。

图3-113 宾利 Mark VI 轿车

极尽奢华的内饰和精良的手工制造工艺，确立了宾利与劳斯莱斯同样的超豪华皇家风范，赛车血统的宾利逐渐成为劳斯莱斯风格的豪华轿车。如果一定要找出宾利和劳斯莱斯的区别，那就是宾利更注重车的运动性。1946年，宾利推出了第一辆完全在英国克鲁郡工厂生产的Mark VI 轿车（图3-113），在市场上大获成功，仅在1952年就销售了5200辆，成为宾利历史上最畅销的车型。宾利 Mark VI 首次采用标准冲压钢车身，在当时还有很多汽车仍旧采用木制车身，宾利 Mark VI 的出现掀起了汽车制造史上翻天覆地的变化。

1952年，借助 Mark VI 的火热势头，宾利在 Mark VI 轿车的基础上推出了欧陆 R 型轿车。当时很少人会料到，正是这款首次被冠以"欧陆"之名的车型，使宾利在50多年后走上了非凡的品牌复兴之路。

20世纪90年代，劳斯莱斯决定加强宾利品牌，因为他们发现宾利更有市场（当时宾利已经占到了劳斯莱斯销售份额的52%）。于是，20世纪90年代也是宾利在劳斯莱斯旗下时推出新车最多的一个十年，如 S 系列、T 系列、Corniche、Camargue 等，但几乎都是劳斯莱斯的翻版，并没有多少自主创新。

1998年6月，大众公司在争购劳斯莱斯汽车公司的投标中战胜了宝马公司，约定宝马从2003年起开始迁往英国的另一处工厂生产劳斯莱斯牌轿车，而大众则从2003年起仍旧在英国克鲁郡生产宾利豪华轿车。由此，宾利正式收归于大众旗下，终于走出了劳斯莱斯的阴影。2002年9月16日，在宾利汽车公司的创始人沃尔特·欧文·宾利诞辰114周年纪念日之际，位于克鲁郡的大众–劳斯莱斯公司正式更名为宾利汽车有限公司。从此，宾利和劳斯莱斯这两个相处了 71 年的顶级豪华车品牌彻底分道扬镳。

接手宾利之后，大众公司为宾利品牌在克鲁郡的工厂投入了 5 亿英镑进行设备更新与改造。而此时的宾利要面临的任务，实际上是和原来的同胞姊妹劳斯莱斯竞争。在没有分开之前，它们是独步天下的超豪华车组合，分开之后，则是武功几乎完全相当的对手。由于德国大众的介入，带着英伦血统、世代相传的手工工艺完全被宾利品牌所继承。德国人并没有改变宾利，宾利的英国皇家血统仍然纯正。

虽然宾利汽车在 2002 年才开始正式进入中国市场，但发展速度很快，已在北京、上海、南京、武汉、杭州等 35 个城市开设了销售展厅。所经营的车型主要有慕尚系列、飞驰系列、欧陆系列及添越等，定价从 298 万元至 1580 万元不等，已成为中国地区最具影响力的豪华品牌之一。目前，宾利在中国的销量已经首次超越了英国，成为宾利在全球第二大汽车销售市场。

2. 经典车型

人们提起宾利，更多的还会谈到它一脉相承的传统，那就是精湛的手工艺和量身定制的服务。在近百年的历史中，宾利历经时间的洗礼，依然历久弥新，熠熠生辉，呈现给世人的永远是尊贵、典雅、动力、舒适与精工细作的最完美结合。

手工精制是宾利的传统，也是保证其贵族血统的重要原因。自从 1931 年以来，宾利汽车至今仍在英国克鲁郡由经验丰富的工匠以手工拼装，这些工匠的造车手艺亦是代代相传，经千锤百炼令品质完美无瑕。当你看到如此现代的汽车产品是由经验丰富的工匠们一点点焊接成，一颗颗螺钉扳起来，一毫米一毫米地手工校正完成，就会明白为什么宾利会有"人生所追求的终极汽车品牌"的美誉。宾利车内饰选料之豪华，加装之精细，堪称全球汽车之冠。

图 3 - 114　英国女王获赠的宾利轿车

每一个细节都力臻完美。在举世瞩目的 2002 年英国女王伊丽莎白登基 50 周年庆典上，英国皇室选定了宾利品牌，而不是传统的劳斯莱斯，并将宾利品牌确定为皇室唯一专用御驾品牌。现在，在众多场合，英国女王主要使用两辆宾利，其中一辆就是 2002 年英国女王登基 50 周年时宾利赠送的那一辆（图 3 - 114）。

世界上绝对没有任何两辆相同的宾利，宾利车主不仅能够享受质量始终如一的造车工艺，还可以得到独一无二的个性化定制服务。这是因为，宾利不但有世界上最精湛的手工艺，更有着独一无二的宾利量身定制部门 Mulliner。基本上每辆宾利轿车出厂时已近乎完美，但超过一半的轿车仍会再经由宾利旗下的 Mulliner 专业造车部门按客户要求做出不同的个性化改造，以满足车主独特的品位与要求。

（1）宾利欧陆（Continental）系列　欧陆是宾利旗下历史悠久的一个车系，也是宾利品牌最为畅销的车型，早在 20 世纪 50 年代就已经和劳斯莱斯齐名。宾利欧陆将超级跑车的动力与豪华车的舒适性融合为一体，包括以 GT、GT3、GTC、GTS、Speed、Flying Star、Super sports 为主的近百款车型。每一款欧陆均继承了宾利贵族气质的跑车血统，做工考究、材质上乘。

1952 年，宾利推出了欧陆 R 型轿车（图 3-115），被誉为是"世界上首部豪华旅游车"。在它身上，我们可以清晰地看到宾利最基础的三个设计理念，同时也是流淌在宾利血液中不

图 3-115　宾利欧陆 R 型轿车

可或缺的 DNA，即迷人的车身线条、肌肉感极强的车尾造型以及流线形的车顶。出色的性能，独特而优雅的外观，宾利欧陆 R 型轿车在推出伊始就受到各方好评，在北美、日本等地也广受富豪们的青睐，而 6928 英镑的价格几乎是同期英国人平均年薪的 15 倍。宾利欧陆 R 型轿车总共量产了 208 辆，是宾利史上最具收藏价值的车型之一。

1991 年，宾利推出了欧陆 R 双门轿车，从这款车型开始，宾利推出的新车不再使用和劳斯莱斯相似的飞人标志，同时该款车型也是第一款没有和劳斯莱斯共平台生产的车型。

2003 年，宾利继承产品的历史血脉，推出了欧陆 GT，赢得无数豪门贵胄的青睐。两年后，宾利首次为其欧陆系列增添新成员，宣布推出四门豪华轿车欧陆飞驰。2006 年，宾利在传奇之路上继续前行，欧陆 GTC 敞篷车惊艳现世，震撼了全球超豪华车市场。2007 年，欧陆系列不断壮大，宾利继而推出了欧陆 GT 极速版。此后，宾利再度出击，分别于 2008 年和 2009 年发布了欧陆飞驰极速版与欧陆 GTC 极速版，随着这两款车的加入，宾利欧陆家族得以完整。家族中的这些车型均采用 6L W12 双涡轮增压发动机，最快的欧陆 GT 极速版最高车速可达 326km/h，再次向世人展现宾利与生俱来的速度优势。图 3-116 所示为进入 21 世纪后的欧陆系列部分车型。

欧陆GT

欧陆飞驰

欧陆GTC

欧陆GT极速版

欧陆飞驰极速版

欧陆GTC极速版

图 3-116　欧陆系列部分车型

（2）宾利慕尚（Mulsanne）系列　慕尚（图 3-117）是宾利在 2010 年推出的一款旗舰型豪华轿车，以法国勒芒赛道的传奇性弯道 Mulsanne 命名。作为第一款由宾利自主设计的旗舰车型，宾利慕尚以殿堂级气派、澎湃动力及惊人速度为设计基础，充分展示出宾利在赛车

运动方面的优秀传统及对力量与速度的热切追求。宾利慕尚以迈巴赫、劳斯莱斯幻影为主要竞争对手，慕尚的诞生代表英国豪华汽车制造业的巅峰，它是有史以来最好的宾利。

慕尚是一款古典与现代相结合的车型，说其古典是因为其在外观和内饰设计方面都力求宾利最初的设计理念，说其现代是因为其融入了时下众多尖端造车技术。由于是全手工制造，因此也决定了其产量不高，宾利计划年生产 800 辆慕尚，中国仅有 80 辆的配额。

图 3 - 117   宾利慕尚

2012 年初，宾利为庆祝英女王伊丽莎白二世登基 60 周年推出了一款宾利慕尚女王登基钻禧纪念版车型，仅在中国发售，限量 60 辆，售价为 688 万元。在 2013 年 4 月的上海车展上，一款名为"凡尔赛 65"的加长防弹宾利慕尚出现在人们面前。这款防弹版加长宾利慕尚的售价高达 1580 万元，为现今最昂贵的慕尚车型。

近一百年来，尽管宾利命运多舛，但它的产品终究是身份与地位的象征，从英女王到日本皇室，再到华尔街骄子们，宾利作为传奇注定要被世人所瞩目。

3.3.3 罗孚汽车公司

罗孚（Rover）汽车公司创立于 1877 年，其创始人是约翰·坎普·斯达雷和威廉姆·苏顿。有百年历史的罗孚品牌一度是英国汽车工业的旗帜，这颗世界汽车品牌阵营中"皇冠上的珠宝"，在其发展过程中，经典迭出、载誉无数，成为当之无愧的英国汽车工业的"教父"。

图 3 - 118   罗孚车标

罗孚（Rover）是北欧一个勇敢善战的海盗民族，英语中"Rover"这个词又包含流浪者或领航员的意思，所以罗孚汽车商标（图 3 - 118）采用了一艘海盗船，张开红帆象征着公司乘风破浪、所向披靡的大无畏精神。

1. 发展历程

在 19 世纪中晚期，考文垂成为英国工业的核心地带，当时，自行车作为一种便捷有效的交通工具风靡欧洲。1877 年，约翰·坎普·斯达雷和威廉姆·苏顿共同出资建立了罗孚公司，成立之初，主要生产自行车。1884 年，在自行车上首次出现了"Rover"字样。1903 年，罗孚公司开始生产摩托车。

1904 年，罗孚生产出自己的第一辆汽车，因为只有 8 马力，所以被称为罗孚 8（图 3 - 119），这也算是在英国设计制造的最早的汽车之一。1909 年推出的罗孚 12（图 3 - 120）装备了 2.3L 12 马力发动机，这是罗孚第一个销售突破两万辆的车型（24687 辆）。截至第一次世界大战的爆发，罗孚 12 是罗孚最成功、最畅销的车型。

1934 年，代表着罗孚再一次辉煌的 P 系列的第一款车型 P1（图 3 - 121）在英国上市，P1 其实就是最新一代罗孚 12 轿车。1937 年，罗孚 12 的最后一次改款车上市了，这款车型也被称为罗孚 P2。从 1933 年到 1939 年，罗孚的年销量从 5000 辆提高到了 11000 辆。

图 3-119　罗孚 8

图 3-120　罗孚 12

1939 年，第二次世界大战爆发，罗孚公司变成了军工厂，转产飞机发动机、飞机机翼、坦克发动机以及汽车车身等军事装备。

1948 年，罗孚发售了罗孚 P3（图 3-122），这是战后罗孚真正设计的第一款汽车，罗孚将第二次世界大战中的技术积累一下子都用到了罗孚 P3 型轿车上。随后，受到第二次世界大战中火遍全球的威利斯吉普车的启发，罗孚公司决定生产一款英国自己的多用途四轮驱动车型，在罗孚 P3 的基础上增加了四轮驱动和多功能车身，于是，闻名全球的越野车品牌路虎（Land rover）诞生了。第一代路虎（图 3-123）是一款简单、新颖的铝制工作车，完美实现了简单实用性与稳定性的结合。无论是军方、从事农业的客户，还是要求苛刻的急救服务行业，都赞叹于路虎的完美品质。当时英国首相温斯顿·丘吉尔驾驶的就是路虎。

图 3-121　罗孚 P1

图 3-122　罗孚 P3

1949 年，罗孚推出了全新设计的 P4 车型（图 3-124），取代过时的 P3。受当时美国车车身宽大的影响，P4 的车身尺寸比前代大了不少，并且散热器格栅的造型也没有延续罗孚的传统，而是在格栅的中央设计了一盏雾灯，这为它赢得"独眼巨人"的绰号。P4 曾衍生出了许多车型，1964 年 P4 停产的时候，这个系列的车型一共生产 13 万辆。

图 3-123　第一代路虎越野车

图 3-124　罗孚 P4

1950 年，由于第二次世界大战期间制造飞机发动机的技术积累，罗孚研制出世界上第一台空气涡轮发动机并把它装在了一辆被命名为 JET-1 的罗孚 P4 上。1952 年，JET-1 创下了燃油涡轮汽车 240km/h 的速度纪录。1958 年，罗孚 P5 被正式推出，罗孚公司最辉煌的时刻到了。

1968 年，为了改变由于经济政策原因而导致的英国汽车工业持续低迷的窘境，英国政府将大多数主流的汽车厂商进行了整合，罗孚与当时的奥斯汀、Mini、MG、凯旋、捷豹等品牌共同融合到了英国的货车制造商利兰公司旗下，组成了类似汽车联盟的集团。此后的一段时间里，罗孚轿车摒弃了传统的家族设计风格，英伦的古典尊贵感消失得无影无踪。除了推出的揽胜车型大受欢迎之外，推出的其他轿车都不温不火。

1986 年，曾经被赋予重大希望的利兰公司出现了巨大的财政赤字，英国政府决定将利兰公司私有化，直接把名称改为罗孚集团。1988 年，在英国国内保护本土汽车产业的呼声下，罗孚集团被英国航空集团买下。为了摆脱困境，旗下的众多品牌被尘封或卖掉，1990 年把捷豹卖给了福特，而利兰、凯旋、奥斯汀等品牌沉入了历史的海底。之后，所有出品的新车仍然可以使用罗孚的品牌，但是这个举动直接导致了罗孚品牌的贬值。一直树立高档品牌形象的罗孚已经从女王座驾彻底变成了随处可见的经济型轿车。

1994 年，在英国航空集团掌管罗孚集团六年后终于不堪重负，将罗孚集团卖给了宝马集团，其中包含 MG、罗孚、路虎、Mini 四个品牌。这也使得最后一个还保留在英国人手中的本土汽车企业也就此流失了。宝马公司曾经试图恢复罗孚的高档品牌价值，随后的六年中宝马陆续推出了罗孚 75、罗孚 25 和罗孚 45 车型，外观再次回到了罗孚辉煌年代的风格，雪茄形车身带有浓烈的英格兰气息，在看似古典的内饰中还配有领先的电子配置。不过，由于德英两国历史文化差异的冲突，以及宝马对罗孚改造过程中的强大阻力，最终导致宝马不仅没有帮助罗孚走向成功，反而罗孚给宝马造成了 40 亿美元的亏损，差一点将宝马拖入破产的境界，这也成为宝马经营史上最为灰暗的一页。

2000 年，宝马对罗孚彻底失去了耐心，分拆了罗孚汽车集团，除了留下了 Mini 品牌，将路虎汽车以 30 亿美元卖给了美国福特汽车公司（福特还拥有对 ROVER 商标的优先购买权），把罗孚分拆为 MG 和 ROVER 两个品牌，成立新的 MG-Rover 集团，以象征性的 10 英镑将罗孚和 MG 卖给了英国私人投资商凤凰财团。几经转手的罗孚终于又回到了英国，罗孚终于可以作为一家英国公司而独立经营。但时过境迁，此时的罗孚已经是个奄奄一息的百年老人。2005 年 4 月，上汽集团以 6700 万英镑购得了罗孚的核心优质资产，也就是罗孚最好的两个车型 25、75 系列轿车及全系列发动机的知识产权。2005 年 7 月，中国南京汽车集团以 5000 万英镑收购了罗孚汽车公司及其发动机生产分部。2008 年，福特汽车与印度塔塔（TATA）公司签订协议，同意将包括路虎、捷豹、罗孚在内的五个品牌使用权以 26.5 亿美元的价格出售给塔塔公司。至此，百年罗孚被一分为三，湮灭在历史的尘埃中。

2. 经典车型

（1）罗孚 P5   1958 年，为罗孚赢来真正辉煌的 P5 型豪华轿车（图 3-125）上市，这是罗孚第一辆拥有整体车身的轿车，配备罗孚的 3L 6 缸发动机。除轿车之外，P5 还发展出潇洒的双门敞篷跑车。正是因为 P5B 的出现，让罗孚被附上了皇室血统的光环，包括英国哈罗德·威尔逊首相、撒切尔首相以及女王伊丽莎白二世、梵蒂冈教皇等都把 P5B 作为他们的私人用车。罗孚是全世界唯一能将英国国徽标在商业用途的车身上的品牌，无时无刻不彰显着尊贵而独特的身世，这项在全世界绝无仅有的殊荣让罗孚当之无愧地成为桂冠上的明珠。此时的罗孚已经达到了自我的巅峰，品牌价值可与劳斯莱斯和宾利相比肩。由于是英国汽车的象征，罗孚普遍出现在外交场合，成为接待外国元首的礼宾车。

（2）罗孚75　罗孚75（图3-126）是宝马接管罗孚后第一款全新的车型，很多地方借鉴了宝马5系的设计，它于1998年10月在伯明翰汽车展上亮相，1999年6月开始销售。

图 3-125　罗孚 P5

图 3-126　罗孚 75

罗孚75外形高贵典雅，气度不凡，传承了英国汽车工业百年精华，精心雕琢华贵优雅的绅士品位，重现了维多利亚皇家风范，堪称英国新古典主义经典杰作。罗孚75在看似古典的内饰中却配有领先其他竞争品牌车型的电子配置，至今，罗孚75仍代表着英国汽车工业的最高技术水平。罗孚75的推出可以说是使罗孚汽车迎来了第二次辉煌，上市之初就获得了29项国际大奖，销量非常好。同时，罗孚75还是英国部长级官员使用的最流行的汽车，罗孚仿佛又回到了以前的辉煌时代。2004年5月，温家宝总理访问英国时，英国官方的礼宾车就是一辆加长的罗孚75。

2005年4月，上海汽车收购了罗孚75全部知识产权及技术平台。2006年10月12日，基于罗孚75技术核心并进行重新命名的荣威（ROEWE）辉煌诞生，这是中国第一个国际化汽车品牌。

（3）路虎揽胜（Range Rover）　路虎是著名的英国豪华越野车品牌，诞生于第二次世界大战之后的1948年。路虎自创始以来就始终致力于打造能够卓越应对各种路况的全地形越野车，为其驾驶者提供不断完善的驾驶体验。到20世纪50年代中期，路虎已成为耐用性和越野性的代名词。1959年，第25万辆路虎汽车驶下生产线，至此确立了路虎在越野车市场上的成功地位，开始了其崛起的传奇之路。路虎的标志就是大写的英文"LAND-ROVER"，如图3-127所示。

图 3-127　路虎车标

路虎揽胜，当今世界顶级四轮驱动豪华SUV，是路虎汽车最高端的车系。1970年，第一代路虎揽胜首次亮相巴黎卢浮宫汽车展。归功于越野能力和优雅设计的罕见组合，它不仅外观亮丽，而且具有很好的舒适性，一问世就迎来了潮水一样的广泛赞誉。第一代揽胜不仅继承了路虎一贯的顶级越野性能，更史无前例地拥有一个皇室等级的豪华车厢。所以从第一代揽胜开始，它就成为英国皇室打猎等野外活动的专用车。

经过六十余年的发展，路虎已经成长为拥有全系车型、备受全球尊崇的奢华SUV领导者，是当之无愧的全球奢华顶级越野车品牌。从1970年路虎推出第一代揽胜至今的30多年中，它始终是SUV中最高端车型的代表，也一直是四轮驱动车领域的最高标准。图3-128

为不同版本的路虎揽胜。

第一代揽胜

第二代揽胜

第二代揽胜运动版

第三代揽胜

第四代揽胜

揽胜巅峰创世加长版

图3-128 不同版本的路虎揽胜

回顾罗孚一百多年的发展过程，俨然在翻开一部英国汽车工业的进化史。虽然罗孚这个百年汽车品牌消失在了我们的视线中，但是，这颗英国皇冠上的明珠仍然散发着特有的魅力。

3.3.4 莲花汽车公司

英国莲花（Lotus）汽车公司是著名的运动汽车生产厂家，与法拉利、保时捷并称为全球三大跑车品牌，在世界上享有盛誉，由杰出的工程师柯林·查普曼于1952年1月1日创立，公司总部设在英国诺福克郡。1986年被美国通用公司收购，1993年通用汽车公司将其卖给意大利布加迪国际公司，1996年至今一直属于马来西亚宝腾集团所有。

莲花汽车的标志是在椭圆形底板上镶嵌着抽象了的莲花造型，上面除了有"LOTUS"（中文含义为莲花）英文字样外，还有"C""A""B""C"四个英文字母叠加在一起的图案，这四个英文字母取自公司创始人柯林·查普曼的夫人海尔·威廉姆斯的姓名，如图3-129所示。圣洁的莲花在中国人心目中是"出淤泥而不染"的高雅象征，喻示着一种超凡脱俗的孤傲品性。

2011年6月15日，莲花携手在华合作伙伴，完成了品牌在中国的首度官方亮相，莲花选择了音译"路特斯"作为品牌在华的中文名称（尽管如此，国人还是喜欢称之为"莲花"），并且对车标也做出了相应的改动。与原车标相比，在路特斯新车标上多了"N、Y、O"（发音与NEW相同）三个英文字母（图3-130），含有"NYO"的路特斯标志仅在中国市场使用。

图3-129 海外版莲花车标　　图3-130 中国版路特斯车标

1. 发展历程

1952 年 1 月 1 日，少年得志的柯林·查普曼创建了莲花机械工程公司。之所以说查普曼少年得志，那是因为在查普曼年仅 19 岁的 1947 年，身为伦敦大学结构工程专业大学二年级学生的他就把一辆 1930 年的奥斯汀 7 改造成了一辆赛车，取名为 "Lotus"（莲花），这就是后来的 Lotus 1（图 3-131），注册为 OX 9292。1949 年，柯林·查普曼大学毕业后进入皇家空军服役，期间他制造出了 Lotus 2，并卖出了 20 多辆 Lotus 1 和 Lotus 2 的汽车套件。1951 年，查普曼又设计出了第一辆场地赛车 Lotus 3（图 3-132）。当年，查普曼的女朋友海尔·威廉姆斯亲手驾驶 Lotus 3，在英国银石赛车场上勇夺 AMOC 大赛女子组冠军，首次获得世界跑车大赛桂冠。1953 年 2 月，在女朋友海尔的鼎力扶助下，查普曼将公司更名为莲花机械工程股份有限公司，并在原来标识上方加上了她名字每个单词的第一个字母——"C""A""B""C"。

图 3-131 Lotus 1

图 3-132 Lotus 3

莲花品牌起步时没有能力设计和生产自己的发动机，因而柯林·查普曼把全部精力集中到车身设计上，且抱定一个原则，即尽可能减轻车身重量，最大限度地发挥有限的动力。1952 年问世的 Lotus 6 采用的发动机仅有 40 马力，但由于柯林·查普曼首次将普遍用于飞机制造的蜂窝结构管状车架用于汽车，其车身仅重 400kg，因此在比赛中把许多大功率的对手甩到了后面。随后，柯林·查普曼将 Lotus 6 升级为 Lotus 7、Lotus Super 7，而 Lotus 8、Lotus 9、Lotus 10 赛车更是在法国勒芒 24h 耐力赛中出尽了风头。

1957 年，莲花的第一辆跑车 Elite（图 3-133）推出，因为可靠性较差，所以销售业绩并不理想。1958 年，查普曼成立了莲花集团，包括莲花跑车公司和莲花赛车公司。同年，莲花正式使用 Lotus 12 参加 F1 比赛，首次参赛便勇夺第四名。

1962 年，莲花推出 Elen 型跑车（图 3-134），它是 Elite 的继任者。在莲花 Elen 生产的 8 年里，其共计销售了 17000 辆，正因为莲花 Elen 的成功，使得莲花获得了近 10 年的车队比赛费用。20 世纪

图 3-133 Lotus Elite

60 年代也是莲花赛车的高产期，有 20 多种车型。其中，Lotus 21 是第一辆采用斜躺驾驶坐姿的 F1 赛车，也是莲花车队第一辆赢得格兰披治锦标赛冠军的赛车；Lotus 25 型（图 3-135）

迎来了第一个 F1 年度制造商总冠军和车手总冠军的双丰收，在全年 10 场比赛中赢得了 7 场。

图 3 - 134　Lotus Elen

图 3 - 135　Lotus 25

　　1970 年，莲花推出了 Lotus 72 一级方程式赛车（图 3 - 136），Lotus 72 在所参加的 5 个赛季的格兰披治大赛中夺得了 20 项大赛和 3 项品牌奖。1975 年，一款由意大利设计师乔治亚罗设计的传奇跑车莲花 Esprit（图 3 - 137）诞生了。由于不断升级，发动机功率曾一度达到了 268 马力，已是当时保时捷与法拉利的强劲对手。莲花 Esprit 一直伴随莲花走过了近 30 年，最终于 2004 年停产。Esprit 还是当时偶像级的超级跑车，其是电影《007》系列、《本能》和《风月俏佳人》中的明星车型。1978 年，Lotus 79 成为 F1 赛场上采用"地面效应"的技术先驱，通过导引车底气流把赛车牢牢吸在地面上，又一次展示了柯林·查普曼天才的创新。

图 3 - 136　Lotus 72

图 3 - 137　莲花 Esprit

　　20 世纪 80 年代初期，柯林·查普曼的去世使陷入经济危机的莲花汽车濒临破产边缘，由柯林·查普曼的遗孀海尔女士执掌的莲花开始逐步退出大部分的赛车运动，到最后就只剩下了 F1。1986 年，通用汽车接手了 100% 莲花集团的股权。1993 年，意大利布加迪国际公司从通用汽车手中买下了莲花集团，莲花二次易主。1994 年，莲花正式宣布退出 F1 赛事。

　　1996 年，马来西亚汽车公司（宝腾）宣布从 ACBN 控股公司（控股布加迪国际）手中取得了 80% 的莲花集团股权。当年，两座中置发动机跑车 Elise 推出，莲花跑车的总销量开始逐步提升，莲花品牌开始逐步走上复兴的道路。2000 年，莲花基于 Elise 推出了一款轿跑版的莲花 Exige，这是一辆令人兴奋的公路跑车，又完全继承了赛车的精髓。2002 年，宝腾从 ACBN 控股公司买下了剩余的股权，成为莲花集团国际有限公司 100% 的股东。2003 年末，莲花最后一辆 Esprit 下线，标志着 Esprit 逾 27 年生产历史的终结。2004 年，全球首款中置发动机 2 + 2 座的量产跑车 Evora 诞生。2006 年，莲花汽车诞生了一款 Europa S 车型，由 Elise 和 Exige 衍生而来。

　　2017 年 6 月，中国吉利集团与宝腾母公司 DRB 集团签署战略合作框架协议，收购 DRB 旗下宝腾汽车 49.9% 的股份以及豪华跑车品牌路特斯 51% 的股份，并成为宝腾汽车的独家外资战略合作伙伴。

作为一个传承了赛车运动及顶级竞技跑车 DNA 的英国品牌，莲花的纯粹是源于它的运动基因。从莲花的发展历程中可以看出，莲花赛车和公路跑车的渊源是密不可分的，汽车运动是莲花血统里唯一的核心理念，缔造了莲花品牌一个又一个的创新与第一。柯林·查普曼一手创立的莲花车队记载了一个传奇，自 1958 年进军国际汽车大奖赛到 1994 年退出，莲花车队先后参加了 491 场比赛，并赢得其中的 79 场，斩获了 7 次 F1 厂商年度总冠军和 6 次车手年度总冠军。此外，车队还在印第安纳波利斯 500mile 大奖赛和法国勒芒 24h 耐力赛上出尽风头。汽车运动至今仍是莲花品牌的核心战略，对于赛车和公路跑车，它都是操控技术发展的沃土。

一朵孤傲的奇葩，艰难绽放；一个传奇而诡秘的品牌，曾独领风骚，也曾沉沦于世。莲花是汽车工业的一朵奇葩，它是速度、力量和机械工艺结合的汽车传奇，却从来都不是好的汽车商品，只专注于赛道的坚持让莲花远离了普通民众。在柯林·查普曼的汽车词典中，汽车的属性就只有"速度与驾驶"。他的莲花一直都是终极驾驶机器，让人又爱又恨，它们除了奔跑，什么也不会，你除了驾驶，什么也享受不到。莲花因此绽放，也因此衰败。

2. 经典车型

莲花的运动型汽车以极致轻量化和纯粹操控性的设计而著称，莲花的精髓就是轻量化，可以说"轻量化是莲花的信仰"。柯林·查普曼的"增加功率不如减轻车重"的轻量化理念是经过世界大赛洗礼过的独家绝技，使得莲花赛车在世界大赛上无往不胜。莲花汽车公司是率先在汽车上使用高强化塑料车身的厂家之一，不仅生产效率高，而且车身强度大大增强，在世界上独树一帜。莲花 Elise 为轻质量高性能汽车确立了标准，首次将蜂窝结构管状车架应用于汽车，率先采用复合玻璃纤维，更有独一无二的粘合型铝合金超轻结构，迄今已荣获 50 多项大奖。由莲花领先开发的超轻钢制悬架项目证明，利用先进技术汽车实际重量可减轻 32%。莲花跑车所具备的操控性、动力性和超轻量化的车身，是它最大的优势。

图 3 - 138 Lotus Super 7

（1）Lotus 7 1957 年，莲花诞生了其历史上的经典之作 Lotus 7。Lotus 7 的重量只有约 350kg，车身设计简直就是一辆"裸车"，驾驶人就像是坐在地板上，两边无遮无拦，要不是需要一个靠背和挂备胎的地方，后背也是无遮无拦的。对 Lotus 7 改良再升级后的 Lotus Super 7（图 3 - 138）重量更轻、结构更简单、操控更纯粹，不仅成为赛车手的首选，也被车迷视为最爱，是英国最为经典的赛道用车。而柯林·查普曼在 Lotus Super 7 生产 10 年之后就宣布停产，这让长期代理销售的卡特·汉姆心痛不已。1973 年，卡特·汉姆决定买下 Lotus Super 7 的制造和销售权，以 Cater ham 的名义生产至今。经过多年的技术更替，早有碳纤维底盘和推杆悬架的高级版本出现。不过 Lotus Super 7 的外观一直没有变，其纯粹驾驶的乐趣也一直保留着，至今仍是一款以操控性能挂帅的"最低物质要求"赛道用车。

（2）莲花 Elise 莲花汽车的复兴之路应该从 1996 年莲花 Elise 的诞生开始算起。Elise 从诞生之初就秉承了莲花汽车以轻量化获得高性能的品牌理念，在轻盈的铝制底盘上用小排量

发动机就轻易实现了超级的性能。当时推出的第一代
莲花 Elise（图 3-139）仅搭载了 1.8L 的发动机，最
大功率 118 马力，不过由于其整备质量仅为 725kg，
使得其百公里加速时间只需 5.8s。自从这款车型诞生
之后，莲花跑车的总销量便开始逐步提升。直到 2009
年，几乎整个宝腾时代，莲花也是只依靠 Elise 及其
衍生车型维持。2000 年，莲花推出了改进的新一代
Elise。2004 年 1 月，Elise 的运动版本 Elise 111R 问
世，在当年被誉为"2004 年最佳超级汽车"。同年 11
月，第 2 万辆 Elise 下线，成为史上最受欢迎的莲花

图 3-139　莲花 Elise 基本型

汽车。2010 年 7 月，莲花发布了全新的 2011 款系列莲花 Elise。

　　柯林·查普曼创造第一辆莲花的初衷仅仅是为了参加汽车比赛，他自己都没有料到，多
年以后，他自己所创立的品牌会对汽车界带来多么巨大的冲击，诞生出如此众多的世界顶级
跑车。拥有超过 60 年的造车历史，拥有世界上顶级汽车设计技术储备和丰富的实践经验，莲
花已成为运动型汽车的领军品牌，也是全球公认的汽车工程技术咨询专家。

3.3.5　阿斯顿·马丁汽车公司

　　阿斯顿·马丁（Aston Martin）作为英国标志性的纯正跑车闻名于世，其品牌一直是造型
别致、精工细作、性能卓越的运动跑车的代名词，被称为"跑车中的劳斯莱斯"。阿斯顿·
马丁汽车公司创建于 1913 年 3 月，公司总部设在英国盖顿。一百多年来，阿斯顿·马丁品牌
几经易手，现在是福特汽车的品牌之一。

　　阿斯顿·马丁汽车标志（图 3-140）为一只展翅飞翔的大鹏，翅膀中间镶嵌有阿斯顿·
马丁的英文字样"ASTON MARTIN"，喻示该公司像大鹏一样，具有从天而降的冲刺速度和远
大的志向。

1. 发展历程

　　阿斯顿·马丁汽车公司的创始人是莱昂内尔·马丁和罗伯特·班福德，莱昂内尔·马丁
是一个赛车手，而罗伯特·班福德则是一名工程师。1913 年，两人合作组建了名为班福德·
马丁的公司，开始制造高档赛车。1914 年，他们生产出自己的第一辆汽车（图 3-141）。同
年，第一次世界大战爆发，两位创始人被迫服兵役，公司停产。

图 3-140　阿斯顿·马丁车标

图 3-141　班福德·马丁的第一辆汽车

　　1921 年，第一辆阿斯顿·马丁赛车面世。1923 年，莱昂内尔·马丁驾驶自己制造的赛车

在阿斯顿·克林顿山举行的山地汽车赛中获胜，为了纪念胜利，他把公司和产品改名为阿斯顿·马丁。

经过 1924 年、1925 年的两次破产，1926 年新的投资人将公司重组为阿斯顿·马丁汽车公司。1928 年，阿斯顿·马丁首次参加勒芒 24h 耐力赛。1933 年，在勒芒 24h 耐力赛中包揽前三名。1936 年，公司将生产重心从跑车转移到了普通汽车，但销量依旧低迷。

1947 年，拖拉机制造商大卫·布朗爵士收购了阿斯顿·马丁，成为阿斯顿·马丁公司历史上影响最大的主人。出于对高性能跑车的极大热情以及对阿斯顿·马丁发展潜力的深信不疑，大卫·布朗用它自己名字的首字母 "D、B" 创造了阿斯顿·马丁的经典车型——DB 系列跑车（这一命名持续至今），大卫·布朗爵士将其在变速器和牵引器方面的专业技术带到一个更广阔的天地，开启了属于 DB 系列双门跑车的标志性时代。

20 世纪 60 年代，阿斯顿·马丁曾有过一个辉煌的时期，但好景不长，公司很快又陷入了困境，负债累累。1972 年，公司再次易手，被伯明翰的一家公司买下。

1987 年，美国福特公司收购了阿斯顿·马丁 75% 的股份，1994 年 7 月又收购了其余的股份，从此阿斯顿·马丁成为福特汽车的品牌之一。福特除了为其提供财务保障外，还向它提供福特在世界各地的技术、制造和供应系统，以及支持新产品的设计和开发，令这颗豪华跑车中的明珠重新焕发出迷人的魅力。

作为目前英国唯一独立的超豪华品牌，阿斯顿·马丁拥有纯正的英伦血统，一直以优雅的英伦气质、贵族气息享誉世界，悠久的历史和坎坷的命运更增添了它浑厚的韵味。所有的阿斯顿·马丁车型都极具美感，也是品牌理念的展现，包括设计语言、黄金比例以及精湛设计等，都体现了其品牌独具的匠心精神。由于血统纯正、做工精致、质量可靠，在英国汽车排行榜上，阿斯顿·马丁历来也都是紧随劳斯莱斯和宾利。

作为一个品牌，阿斯顿·马丁是成功的。但作为一家公司，它几乎从来没有赚钱，而且几经转手，不断靠大财团支持，原因之一就是它从不生产大众化的廉价汽车，而且产量不高。阿斯顿·马丁年产量只有 800 辆左右，一如既往地坚持手工制作，这份坚持与信念源自 1913 年公司开创伊始，其创始人坚信每一辆赛车都应该有与众不同的自我个性。他们坚持赛车的制作应该遵循最高的标准，愉悦驾驶和拥有。

2. 经典车型

拥有 105 年历史的阿斯顿·马丁从来不乏传奇之作，如 DB 系列、Vantage、Vanquish 以及 ONE-77 等，其中著名的 DB 系列更是经典辈出，也因为多次成为詹姆斯·邦德的御用座驾而为大众所喜爱。

（1）阿斯顿·马丁 DB 系列　首辆 DB 系列车型 DB1 于 1947 年问世。在 1958 年巴黎车展上震撼登场的 DB4，则宣告了阿斯顿·马丁公司全盛时期的开始。

在 1964 年上映的 007 系列电影《金手指》中，DB5 首次在这一传奇系列电影中闪亮登场。在片中，詹姆斯·邦德驾驶一辆经过重度改装且 "机关重重" 的阿斯顿·马丁 DB5 闯过层层危难。之后，DB5 成为多位詹姆斯·邦德的首选座驾，包括肖恩·康纳利、皮尔斯·布鲁斯南、丹尼尔·克雷格，为詹姆斯·邦德的出奇制胜立下了赫赫战功，它是 007 电影中第一款也是出镜频率最高的阿斯顿·马丁车型，并被誉为 "世界上最有名的汽车"。而正是凭借着 007 的热烈反响，加之优雅造型、源自赛车的性能、奢华内饰和英伦运动气质，使得

DB5 在当时售价高达 4000 多英镑的情况下仍在两年之内销售了 1200 辆，而这个销售数字比之前的几代车型都要高出许多，使其成为当时最受欢迎的豪华跑车之一。

1969 年，英国女王将一辆阿斯顿·马丁 DB6 Mk 2 敞篷版送予查尔斯王子作为其 21 岁生日礼物。从此，有英国皇室成员的场合也常能见到阿斯顿·马丁的身影。1984 年，查尔斯王子与戴安娜王妃共同乘坐这辆车前往观看马球比赛。2011 年的皇室婚礼上，威廉王子与凯特王妃也是驾驶这辆 DB6 Mk 2 敞篷版驶出白金汉宫，向人群致意。

1994 年推出的 DB7 系列是阿斯顿·马丁最成功的车型，在 2003 年停产前，DB7 共生产了约 7000 辆，产量约占 DB 系列生产总量的三分之一。

2003 年，DB9 在法兰克福车展上初次亮相，标志着阿斯顿·马丁迈入了新时代。DB9 是阿斯顿·马丁的复兴之作，延续了 DB7 上成功的元素并将其很好地发扬光大，将优雅和力量感完美地结合在一起。在《速度与激情 7》中，云集的豪车依然掩盖不了阿斯顿·马丁 DB9 那夺目的光芒。极尽奢侈的车身材料、狂野的发动机轰鸣，集优雅和野蛮于一身，却又显得那么浑然天成。

2014 年，恰逢阿斯顿·马丁与 007 系列电影合作五十周年。历史会铭记 DB10，这款为最新詹姆斯·邦德系列电影《幽灵党》特别打造的独一无二专属座驾，在全球严格限量发行 10 辆。阿斯顿·马丁 DB1 至 DB10 如图 3 - 142 所示。

阿斯顿·马丁DB1

阿斯顿·马丁DB2

阿斯顿·马丁DB3

阿斯顿·马丁DB4

阿斯顿·马丁DB5

阿斯顿·马丁DB6

阿斯顿·马丁DB7

阿斯顿·马丁DB9

阿斯顿·马丁DB10

图 3 - 142　阿斯顿·马丁 DB1 至 DB10

2016 年 3 月的日内瓦车展上，阿斯顿·马丁正式发布了全新的 DB11 车型（图 3 - 143），外观充满了更强的运动感和肌肉感，犹如一位拥有结实身材的英国绅士。强大的动力配合轻量化的车身，使 DB11 成为阿斯顿·马丁 DB 系列有史以来速度最快、动力最强、效率最高和操控性能最好的车型。最高车速可达 322km/h，0～100km/h 加速过程仅需 3.9s。

从 1947 年至今，一路走来七十载，DB 系列已经发展到了第十一代。从 DB1 到 DB11，阿斯顿·马丁 DB 系列款款皆为经典，犹如夜空中闪耀的群星。从披靡赛场的最美跑车 DB4 Zagato，到陪伴 007 出生入死、共塑不朽经典的银幕英雄 DB5，到艺术家及英国皇室竞折腰的 DB6，再到世纪转折的革新之作 DB7，以及颠覆格局的创新典范 DB9，毫无疑问，DB 系列已经成为阿斯顿·马丁的代名词。阿斯顿·马丁 DB 系列的美感与力量令其成为世界汽车历史上罕有的传奇经典，相信 DB 系列这一传承了半个多世纪的美学传奇会延续下去，生生不息！

（2）阿斯顿·马丁 One-77　2009 年，阿斯顿·马丁推出的全新旗舰车型 One-77（图 3-144）在日内瓦车展中亮相。作为顶级限量版跑车，阿斯顿·马丁 One-77 全球仅限量 77 辆，在北美地区售价 180 万美元，英国地区售价 125 万英镑，这个价格已经超过了标准版的布加迪威航。中国市场配额仅为 5 辆，由于进口关税的原因，国内官方售价高达 4700 万元，不过，购买 One-77 的车主将额外获得一辆名为 Cygnet 的阿斯顿·马丁小车，国内起售价为 60 万元。

图 3-143　阿斯顿·马丁 DB11

图 3-144　阿斯顿·马丁 One-77

750 马力的强大动力使得阿斯顿·马丁 One-77 极速达到 350km/h 以上，百公里加速只需 3.5s。除了强劲的动力，One-77 整车采用碳纤维材质的一体化的车身结构（净重仅为 1500kg）。One-77 所有的一切都是顶配，是阿斯顿·马丁创建以来最昂贵的代表作，是令人梦寐以求的顶级豪车。因其制造工艺极为考究，阿斯顿·马丁决定兴建一座微超级工厂专门打造 ONE-77，这不只是超跑，而是一件艺术品。

虽然英国车总是带有保守和固执的绅士风格，但阿斯顿·马丁的每一种车型却毫无过时之感，有着无穷的魅力，久负盛名。阿斯顿·马丁发动机动力强劲，车身空气动力性能优越，加速性能优异。优雅绅士的外观不乏气度，稳重精准的操控充满激情。不同于其他跑车，阿斯顿·马丁在追求速度的同时，还加入了不少豪华车的元素。这也符合阿斯顿·马丁一直以来的风格——豪华且富有激情。当公司的创始者莱昂内尔·马丁最初开始生产汽车时，对于"一辆拥有高性能和完美外形的高品质汽车"的定义是：融合创新的理念，以独一无二的标准，为那些富有洞察力的车主设计、生产和制造。这，仍然是我们今天追求的目标。

3.3.6　捷豹汽车公司

捷豹（JAGUAR，又称作美洲豹）汽车公司是英国的一家豪华汽车生产商，在制造高性能豪华轿车方面拥有悠久的历史，以诱人设计、卓越性能和精湛工艺著称，不仅在英国拥有不断增长的忠实拥趸，在世界各地也受到追捧。1989 年，捷豹被美国福特汽车公司并购，2008 年 3 月 26 日，福特又把捷豹连同路虎售予印度塔塔汽车公司。

如图 3 - 145 所示，捷豹汽车的传统立式车标为一只正在跳跃前扑的美洲豹形象，矫健勇猛，形神兼备，具有时代感与视觉冲击力，蕴含着力量、节奏与勇猛，它既代表了公司的名称，又表现出向前奔驰的力量与速度，象征该车如美洲豹一样驰骋于世界各地。出于安全方面的考虑，各品牌都逐渐取消了立式车标，捷豹也是因为这个原因用豹徽取代了原来的那头腾空的豹子（图 3 - 146），而传统的平面车标则只出现在汽车的尾部。

图 3 - 145　捷豹车标　　　　图 3 - 146　捷豹豹徽

1. 发展历程

1922 年，威廉·里昂斯和威廉·沃姆斯利合伙成立了燕子挎斗公司（Swallow Sidecar Company），专门生产摩托车挎斗。1926 年，他们除了生产摩托车的挎斗以外，还新增了钣金喷漆，外观、内饰翻新等与汽车车身相关的业务，因此，公司更名为燕子挎斗与车身制造公司。1927 年 5 月，公司正式发布了为奥斯汀汽车公司的奥斯汀 7 车型打造的新车身，其最主要的特点是拥有色彩鲜明的双色车身、可拆卸的软顶以及圆润的车尾。随着业务量的不断增长，他们做出了集中主要精力生产汽车车身的决定，同时将公司改名为燕子车身制造公司。根据发展需要，1930 年 10 月 1 日公司再次更名为燕子车身制造有限公司。

1931 年的伦敦车展，公司自有品牌的首款量产车型 SS 1（图 3 - 147）首次公开亮相。新车于 1932 年正式投产，售价为 310 英镑，不过豪华的外形却令其看起来像是价值 1000 英镑。同一年，还推出了车身尺寸更小的 SS 2 车型（图 3 - 148），售价为 210 英镑。

图 3 - 147　SS 1　　　　　　　　　图 3 - 148　SS 2

1933 年，公司创始人之一的威廉·沃姆斯利出于个人发展考虑提出散伙的要求。于是，威廉·里昂斯于 1933 年 10 月 26 日注册了一家名为 "S. S. Cars Limited（S. S. 汽车公司）的新企业。经过几个月的筹备和资本运作，新公司于 1934 年 7 月 31 日完成了对燕子车身制造有限公司的收购，并在 1935 年 1 月正式成为上市公司。

1935 年伦敦车展前夕，威廉·里昂斯在巴黎春天酒店发布了全新跑车 SS Jaguar 100（图 3 - 149），这是 "Jaguar" 捷豹一词首次出现在 S. S. 公司的命名中，并自此开始在旗下所有车型中使用。关于这个名

图 3 - 149　SS Jaguar 100

字的来历，据说是威廉·里昂斯有一次去拜访好友时，看到对方书桌上摆着一个美洲豹雕塑，里昂斯非常喜欢这个优雅与速度并存的形象，于是决定将"Jaguar"一词加入旗下全新跑车的命名之中。

1945年3月23日，S. S. 汽车公司经股东大会一致决定更名为捷豹汽车公司（Jaguar Cars Limited）。这次更名主要是因为 S. S. 同时也是德国纳粹党卫军的缩写，容易引起民众反感，不利于公司未来的长远发展。

1948年巴黎车展，捷豹发布了两款全新车型 Mark V（图3-150）和 XK120（图3-151）。捷豹 Mark V 取得了不错的销量，在1948年至1951年间总共制造了10466辆。XK120 作为当时的"超级"跑车，是当时全球最快的量产车，在1948年至1954年间总共制造了12055辆。捷豹 XK120 的赛车版 XK120S 接连在三场阿尔卑斯杯、两场英国 RAC 汽车拉力赛中赢得胜利，并在1950年的旅游杯赛中包揽前三名。

图3-150 Mark V

图3-151 XK120

在大力开拓民用车市场的同时，捷豹汽车在赛车领域也颇有建树。首次亮相于1951年勒芒24h耐力赛上的捷豹 C 型赛车（图3-152）获得了全场冠军，这是捷豹首次在勒芒24h耐力赛中问鼎。1953年的勒芒24h耐力赛，捷豹车队大获全胜，三辆官方车队的C型赛车分别获得了冠军、亚军和第4名。1954年捷豹汽车推出的 D 型赛车在1955年的勒芒24h耐力赛中夺得了冠军，但也引发了84人死亡、180人受伤的著名的"勒芒灾难"。尽管捷豹 D 型赛车因一次可怕

图3-152 捷豹 C 型赛车

的赛车事故而毁誉参半，但是捷豹 C 型、D 型两款赛车的辉煌战绩还是提升了捷豹品牌在全世界范围的影响力。

紧接着，捷豹又将赛场经验运用到了量产车的研发中。捷豹 XKSS（图3-153），这是捷豹在1956年勒芒大赛之后以未完工的 D 型赛车为基础开发的一款街道跑车。在1957年2月12日的夜晚，一场大火重创了捷豹工厂，当时工厂内保存着25台未完工的 XKSS，大火烧掉了其中9台，最终捷豹咬着牙完成了剩下的16台 XKSS 并将这批极其稀有的顶级跑车卖到了美国。2016年，捷豹宣布为了完成1956年的 XKSS 生产计划，他们将修复当年被烧毁的9台 XKSS 半成品，并向公众销售。捷豹 D 型赛车是因一次可怕的赛车事故而毁誉参半的传奇赛车，而 XKSS 则是因一场大火而成为稀世珍宝的顶级街道跑车，也许对于它们来说，灾难不全是坏事吧。

在1961年日内瓦车展上，捷豹以一款 E 型赛车（图3-154）惊艳全场，恩佐·法拉利

先生称其为"史上最漂亮的汽车",一时间捷豹成为英国跑车的代名词。不过,与 C 型、D 型两款赛车在举世瞩目的勒芒赛场上创造的辉煌不同,E 型赛车仅是提供给私人车队参加一些小型赛事的赛车。

图 3 - 153　捷豹 XKSS 跑车

图 3 - 154　捷豹 E 型赛车

1968 年,已归于英国利兰汽车公司(BLMC)旗下的捷豹推出了 XJ 系列旗舰轿车,这是由威廉·里昂斯爵士设计的最后一个系列车型,也成为长寿经典,在之后 24 年里销售超过 30 万辆,是捷豹最为畅销的车型之一。然而,英国利兰汽车公司此后却开始走下坡路,1974 年已濒临破产。1975 年 6 月,英国上议院通过《利兰法案》,政府出资 6000 万英镑购买了利兰汽车公司,将其国有化并更名为英国利兰。被收归国有后的英国利兰仍然举步维艰,但旗下捷豹品牌一直保持盈利。

进入 20 世纪 80 年代,随着利兰汽车公司业绩的持续下滑,英国汽车工业的国有化进程也走到了尽头。1984 年,捷豹脱离利兰重获独立,但受美元对英镑汇率走低以及日系高端品牌涌入美国汽车市场的影响,捷豹的发展前景并不乐观。1985 年,在首辆捷豹汽车诞生 50 年后,从董事长职位上退休 13 年的威廉·里昂斯在家中去世,宣告了一个时代的结束。

1989 年,通用和福特都向捷豹抛出橄榄枝,最终,福特以 25 亿美元的天价买下捷豹,希望借此进入自己一直难以立足的豪华轿车、跑车市场。然而,尽管福特在捷豹身上投入了大量资金,但捷豹的业绩始终不见起色,甚至成为导致福特汽车严重亏损的重要因素。2008 年,福特又将捷豹连同 2000 年收购的另一个英伦豪华汽车品牌路虎一起以 23 亿美元的价格转手卖给了印度塔塔汽车公司,塔塔汽车于同年成立了捷豹路虎汽车公司。

值得一提的是,捷豹于 2004 年正式进军中国市场,并且从 2012 年起,中国已超越美国成为捷豹全球最大市场(当年中国市场共销售 73347 辆),捷豹路虎在口碑与品牌力方面已稳坐国内豪华品牌第二梯队的头把交椅。

2. 经典车型

自从捷豹品牌创立以来,就始终致力于为用户提供优雅迷人而又动感激情的汽车,在其历史发展的不同时期也涌现出了多款经典车型,奠定了捷豹品牌引领时尚潮流的地位。从勒芒大赛技惊四座、在 1955～1957 年取得三连冠的捷豹 D 型赛车,到销量超过了 70000 辆、被纽约现代艺术博物馆列为永久珍藏品的 E 型赛车,再到被人们称为所能想象的最美观汽车的 XJ13,从十年畅销的捷豹 XK8,到全新捷豹 XJ,再到 2013 年法兰克福车展首次亮相的捷豹有史以来第一款 SUV 概念车 C-X17,捷豹的每一次蜕变都是对其创新文化的最佳诠释。无论在哪个时期,捷豹始终以其优雅迷人的设计和卓越不凡的技术引领着豪华车市场的新潮流,成为代表时尚的奢华标志,并藉此在全球吸引了无数的追随者。

图 3－155　捷豹 D 型赛车

（1）捷豹 D 型赛车　捷豹 1954 年推出的 D 型赛车（图 3－155）采用了创新的源自航空技术的全铝单体式车身结构，设计上更符合空气动力学特性，如为了减小迎风面积，降低空气阻力，发动机采用了倾斜布置，而垂直后扰流板的独特设计，也给人留下了深刻的印象。

捷豹 D 型赛车首次登场是随官方车队征战 1954 年勒芒 24h 耐力赛，当时参赛的三辆 D 型赛车中只有一辆完成了比赛，屈居法拉利 375 Plus 之后获得亚军。而在接下来一年的勒芒 24h 耐力赛上，捷豹虽然赢回了冠军，但却在比赛中间接引发了极为重大的事故。1955 年勒芒 24h 耐力赛的颁奖仪式是历史上气氛最沉重的，当比赛进行至下午 6 点 20 分时，著名的勒芒灾难发生了，奔驰 300 SLR 以 240km/h 的速度撞上了前方的赛车并翻滚着飞向空中，碎片径直砸向观众席，事故导致一名奔驰车队车手和 83 位观众死亡，180 人受伤。事故发生后，赛事组委会并没有中止比赛，被认为是事故罪魁祸首的捷豹则依旧留在赛道上，最后获胜的捷豹车队车手还在颁奖时开香槟庆祝，这一做法受到了外界的普遍批评。

（2）捷豹 XJ 系列　1968 年，捷豹推出了 XJ 系列旗舰轿车（图 3－156），这是由威廉·里昂斯退休前设计的最后一款车。"XJ"的名字来源于先前推出的一款名为 Experimental Jaguar 的试验车，威廉·里昂斯将第一个单词的第二个字母"X"和 JAGUAR 的首字母"J"组合而成"XJ"，从此 XJ 成了捷豹汽车的顶级豪华轿车。第一代 XJ6 是捷豹最为畅销的车型之一，也是长寿经典，从 1968 年到 1992 年，共经历过三次改款，24 年里共生产了 31.8 万辆。

1975 年，继承了捷豹赛车基因的 XJ-S 系列跑车（图 3－157）问世。凭借 V12 发动机，XJ-S 完成了由大西洋海岸至太平洋海岸的 3000mile "炮弹飞行"，历时 32h51min，这一纪录保持了四年之久。1991 年，捷豹 XJ-S 系列跑车迎来改款，新车更名为 XJ-S Coupe，1996 年停产。

图 3－156　第一代捷豹 XJ

图 3－157　捷豹 XJ-S

捷豹汽车的设计无不深刻体现着英国独特的气息和迷人的风格，将手工打造豪华汽车的理念发挥到极致。创始人威廉·里昂斯坚持认为，捷豹制造的每辆汽车都集性能和美观之大成，独一无二。捷豹的基因深入每个车型：线条纯粹简约，操控灵敏，动力澎湃，坚持本性。它就像一件经历空间和时间转换而来的艺术品，历经千锤百炼，处处流露出英国传统造车艺术的精髓：优雅、灵动、恒久、精炼。因此，捷豹自诞生之初就深受英国皇室的推崇，从伊丽莎白女王到查尔斯王子等皇室贵族无不对捷豹青睐有加，捷豹更是威廉王子大婚的御用座驾，尽显皇家风范。

3.3.7 奥斯汀汽车公司

奥斯汀（Austin）汽车曾经是英国一个著名的汽车品牌。奥斯汀汽车的辉煌，始于 1905 年，作为英国汽车的先驱，奥斯汀汽车见证了工业文明的兴起与汽车市场的繁荣，无奈它命运多舛，100 年后湮灭在历史的烟云之中，成为历史银河中的一颗黯淡之星。图 3-158 为奥斯汀汽车车标。

图 3-158   奥斯汀车标

1. 发展历程

1905 年，英国绅士赫伯特·奥斯汀在英国伯明翰长桥创建了奥斯汀汽车公司，生产出以自己姓氏命名的第一辆汽车。奥斯汀汽车在当时可谓是豪华品牌，客户名单中不乏俄罗斯公爵、欧洲公主、主教、西班牙政府高级官员以及一长串的英国最高等级的贵族们。到了 1912 年，奥斯汀汽车的销量达到了 3000 辆。

1914 年爆发的第一次世界大战并没有对奥斯汀造成多大的影响，反而使奥斯汀进入了快速发展期，它为政府制造飞机、大炮、装甲车、重型机枪等各种军用物资，以及多种类型的汽车，工人数量也从 2500 人激增到 22000 人。依靠这种扩张速度，奥斯汀成为英国汽车工业的领导者。

不过，第一次世界大战以后，由于奥斯汀公司确定了"单一型号"策略（即用一款 3.62L 20 马力发动机为中心，生产不同版本的轿车、商用车，甚至拖拉机），全力投入开发研究的 WW1 车系销售不佳，导致公司财务危机，在 1921 年被迫进入破产程序，随后进行财务重组。直到 1922 年的奥斯汀 7 车系上市成功，才使得奥斯汀汽车转危为安。

1952 年，在英国国家政策的引导下，奥斯汀与主体是莫里斯汽车公司的那菲尔德集团合并组成了英国汽车公司（BMC），总部设在长桥。虽然英国汽车公司完全由奥斯汀掌控，但是合并对奥斯汀品牌有一个重大影响，那就是奥斯汀在合并的集团中放弃绝大部分的汽车业务，转而专攻发动机。因此，在之后的历史中，奥斯汀基本以发动机制造商的状态出现。

1967 年，由奥斯汀控制的英国汽车公司把著名的捷豹汽车也收入囊中，并更名为英国汽车股份公司。1968 年，在英国政府的极力推动下，英国汽车工业进行了历史上规模最大的改组，英国汽车股份公司又与罗孚汽车合并，由奥斯汀、莫里斯、捷豹、罗孚和凯旋五大部门组成的英国利兰汽车公司（BLMC）这一"巨无霸"正式成立。然而，利兰汽车内部的几个品牌并没有如预想中那样形成"集群优势"，企业规模庞大却未有效整合，奥斯汀、莫里斯、捷豹、罗孚和凯旋五大品牌似乎在不停的并购和分离中迷失了自我。到了 20 世纪 70 年代，利兰在市场竞争中不敌对手，销量不断下滑，市场份额也从巅峰时的 40% 下降至 1980 年的 15%。进入 80 年代，利兰还与日产联合生产过几个挂奥斯汀品牌的车型，这不但没有让奥斯汀起死回生，还耗尽了奥斯汀最后的品牌价值，奥斯汀汽车在"巨无霸"中的主导地位渐渐旁落。

1986 年，曾经被赋予重大希望的利兰公司出现了巨大的财政赤字，不堪重负的英国政府将利兰公司私有化，重新组建为罗孚集团，原来利兰公司的子公司和子品牌纷纷被转卖。不过，奥斯汀品牌没有被卖出去，而是留在了新组建的罗孚集团。从 1987 年起，奥斯汀品牌再也没有被启用过。值得一提的是，在 2005 年罗孚集团转手给中国南汽之后，南汽还一度想复兴这个品牌，不过由于种种原因，并没有成功。

1905 年至 2005 年，百年奥斯汀就这样悄无声息地走出了大家的视野。不过，奥斯汀的小型车灵魂被传承了下来，当奥斯汀在 1994 年以 13 亿美元的价格卖给宝马以后，宝马将奥斯汀的小型车传统转移到了其 MINI 系列里，继续发扬光大。

2. 经典车型

（1）奥斯汀 7　1922 年，奥斯汀汽车公司推出了英国最著名的微型车——奥斯汀 7 车系（图 3-159）。奥斯汀 7 被称为是对亨利·福特 T 型车伟大成就的回响，曾经被人们称为"英

图 3-159　奥斯汀 7

国的 T 型车"。该车的机械结构非常简单，而且是最早的物美价廉的四轮制动轿车。前轮由踏板控制，后轮则由杠杆控制，搭载的 750mL 发动机只能提供 13 马力的动力。奥斯汀 7 在当时的英国相当受欢迎，从 1922 年它被推出的那天起便迅速普及，到 1939 年时，就销售了 29 万辆之多，它给英国民众带来的变化是相当巨大的，被亲切地称为"Baby Austin"。"Baby Austin"的能量仿佛跟它的身材形成极大的反比，奥斯汀 7 还在英国以外的多个国家授权生产。例如，奥斯汀 7 后来曾被宝马引进，并以迪昔（Dixi）的名字生产，成为宝马的第一款汽车。而英国莲花（Lotus）品牌的创始人柯林·查普曼以改装奥斯汀 7 为起点，有了莲花品牌的第一辆激情跑车 Lotus 1，从此踏上了制造赛车的漫漫征程，并赢得了巨大的荣誉。1930 年，日本日产汽车公司的前身 DAT 汽车公司开始同英国奥斯汀公司合作，生产奥斯汀 7 系列汽车。

（2）奥斯汀 Mini　在奥斯汀的发展历程中，有一款汽车历经半个多世纪岁月洗礼，终成经典，它就是奥斯汀 Mini。第一辆 Mini 诞生于 1959 年 8 月 26 日，当年掌控着英国汽车公司的奥斯汀开发出的这款小型两厢车是只有第一个字母大写的"Mini"，2000 年以后宝马公司将其统一为全部大写的"MINI"（图 3-160）。在半个多世纪的历史里，Mini 个性十足、风靡全球，获得了巨大的成功。

图 3-160　MINI 车标

作为人们生活中的一个词汇，Mini 是微型和袖珍的代名词。中文译音"迷你"用在许多商品上，迷你裙、迷你音响等。但是，许多人并不知道"迷你"是来自于一辆车的名称，这也是世界上唯一被用于生活名词的汽车名称。

20 世纪 50 年代末期，由于中东战争带来了石油危机，一夜之间石油身价倍增，省油的小型车开始受到众人的青睐。于是，英国汽车公司决定生产一种比较经济省油的小型汽车，当时的设计目的很简单，就是用尺寸最小的汽车轻松搭载 4 个成人和一些行李物品。其实这样的设计，早就是奥斯汀汽车公司的专长，所以最早的 Mini 可以说是依据奥斯汀车型打造而来的，只是在当时并没有直接使用 Mini 作为徽标，而是特别使用"Austin Seven"命名，后来改名为"Austin Mini"，直至为了更顺口才简化成为"Mini"。

第一辆 Mini 奥斯汀原型车（图 3 – 161）的设计师别出心裁地将四缸发动机进行横向布置，从而车内空间得到了最大化的利用，Mini 的车厢占到全车身体积的 80%，空间利用率非常高。长 3050mm、宽 1410mm、高 1350mm 的超级紧凑造型令 Mini 在车坛立即掀起了阵阵波澜，处处被诸如"难以置信""奇迹"和"巫术"等字眼来形容。1959 年，Mini 亮相法国巴黎车展，人们都以好奇的眼光来欣赏这款小车。不过，由于定价过高，频遭普通消费者冷遇，上市 8 个月，Mini 的订单只有 2 万辆左右。然而，精巧、新潮和不落俗套的憨厚造型、呆头呆脑的可爱模样和卓越的性能，让它在当时的时尚人士那里却备受好评，受到极大的追捧。精简、饱满的线条和现代化的设计兼具古典气息，会让人产生一种想要把它开回

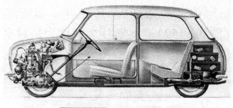

图 3 – 161　奥斯汀 Mini

家宠一宠的欲望。经营者趁机对它的宣传理念改弦更张，由经济型车转向时尚小车并降低价格。

　　首先迷上 Mini 的人士，是伦敦及欧洲一些潮流派的中产阶层，许多名流把它当作玩具在市区里开来开去。1961 年，英国女王欣然受邀乘坐伊西戈尼斯驾驶的 Mini，在温莎公园大兜其风，由此在英国上下阶层中掀起了抢购 Mini 的狂潮，但是明星们却纷纷用它来作为自己个性的标签。作为史上最著名的 Mini 驾驶者们，甲壳虫乐队的成员人手一辆 Mini，甚至开着 Mini 出演电影。几乎在同一时期，Mini 和 Mini 裙成为流行时尚的宠儿，这两个元素成为 60 年代明星写真的常见搭配。Mini 裙的发明者玛莉·奎恩特的第一辆座驾，就是 Mini。同时，这种价格比较低廉、经济实惠的小车也成为不少普通百姓的私家车。人们喜欢 Mini，并以拥有 Mini 为荣。很难想象这么一辆体形微小、价格便宜的汽车可以获得如此高的声望，甚至连专门为劳斯莱斯制作内饰配件的公司都开始转手专门为 Mini 制作皮质座椅套和其他内饰配件。丰厚的历史积淀和时尚的造型，使 Mini 已不仅仅是代步工具，它更像是车轮上的时装。很少有一辆车能够历经 50 余年却愈发让人喜爱，Mini 正是一辆这样的车，它是汽车的精灵。

　　1960 年到 1964 年之间，为了吸引不同的客户，Mini 还衍生出多种不同的车型，从旅行车、微型客车到皮卡车应有尽有。1965 年，Mini 的产量首次突破 100 万辆。1969 年达到 200 万辆，1976 年则达到了 400 万辆。1986 年，第 500 万辆 Mini 从英国长桥工厂的生产线驶下。

　　1986 年，在 MG – 罗孚旗下的 Mini，经过重整之后终于在 90 年代初期再次出发。不过，无论 Mini 是怎样好卖、叫座，却也没能拯救母公司亏损濒临破产的现状。1994 年，MG – 罗孚公司携路虎、Mini 等品牌被宝马汽车公司所收购，在宝马的有力支持下，1996 年全新 Mini 产量再破百万级大关。

　　2000 年初，背上了沉重包袱的宝马汽车公司最终以象征性的 10 英镑，将罗孚汽车和 MG 汽车送给英国凤凰投资控股公司，将路虎汽车转卖给了福特，却将 Mini 留了下来，并开始专心致志地进行 Mini 的改良工作。宝马认为，Mini 有着广泛的群众基础，大有追随者，尤其是当今欧洲各国流行小车热，Mini 是许多人迷恋的对象，这是宝马车系所无法取代的。宝马为 Mini 投入近 3.6 亿欧元，重建了设在英国牛津的工厂，并将"Mini"改为"MINI"，希望其

能够更大、更强。

2001 年，经过宝马重新设计的全新 MINI（图 3-162）在蒙特罗车展正式亮相，凭借独特的外观、灵巧的操控性能和出色的安全性能赢得了众多年轻一族的青睐。而在这之前的 2000 年 9 月，最后一辆，也就是第 5387862 辆老款 MINI 驶出了位于英国长桥工厂的生产线，象征了 MINI 的完美落幕。

图 3-162　全新宝马 MINI

至今为止，全新宝马 MINI 已经发展成为六大系列数十款车型，代表着高技术含量、高水准的生产工艺、突出的产品特点和强大的品牌形象。尽管已经不是昔日的英国国民车，但依旧以其独特的魅力延续传奇。

复习题

一、简答题

1. 劳斯莱斯和宾利汽车各有什么特点？在世界车坛中有怎样的地位？
2. 罗孚为什么被人们称为英国汽车工业的"教父"？
3. 莲花汽车有什么特点？在世界车坛中有怎样的地位？
4. 英国奥斯汀汽车公司的奥斯汀 7 车系对世界汽车工业有怎样的贡献？
5. 英国汽车各有怎样的结局？英国汽车工业的衰败给我们怎样的启示？

二、测试题

请扫码进行测试练习。

测试5

3.4　意大利著名汽车品牌

作为一个集历史、艺术、时尚、旅游于一体的工业大国，意大利汽车设计居世界领先地位，拥有一批被世界公认的汽车设计大师。都灵汽车工业园区已是世界汽车工业领域中最重要的中心之一，那里有无数长期从事汽车设计大小不同的工作坊以及具有优良技术传统的钣金冲压工匠，可提供世界一流的设计、开发、原型车制作等服务，能让你领略到让全世界车迷都为之倾倒的无与伦比的汽车设计能力。意大利评论家伍波托·依可曾说过："如果其他国家创造了设计理论，那么意大利就创造了设计的哲学，或者说是创造了一种观念。"

啤酒＋足球＋汽车，热情奔放、内心狂野的意大利人杰出的设计使汽车不再仅仅是代步工具，而成为梦想的象征物、超越平凡世界的入口。他们手下的汽车造型和色彩无不洋溢着热情浪漫的艺术情调，他们可以赋予经济小车以个性外观和良好的动力操控，更是创造出一部又一部让人咋舌而又经典传世的超级跑车。无论是扬蹄欲飞的法拉利"黑马"还是蓄势待发的兰博基尼"金牛"，都是无数人穷尽一生去追寻的心中梦想。

3.4.1 菲亚特汽车公司

菲亚特汽车公司（F. I. A. T.），意大利著名汽车制造公司，世界十大汽车公司之一，其前身是由乔瓦尼·阿涅利创立于 1899 年 7 月的都灵汽车制造厂，总部位于意大利工业中心皮埃蒙特大区首府都灵市，如今已发展成为世界最著名的汽车跨国企业之一。2014 年 1 月，菲亚特完成了对美国克莱斯勒集团所有股份的收购，克莱斯勒成为菲亚特旗下的全资子公司。同时，菲亚特 – 克莱斯勒汽车公司（FCA）宣布成立，成为全球第七大汽车制造商。

菲亚特是意大利都灵汽车制造厂缩写即"FIAT"的译音，也是该公司产品的商标。"FIAT"在英语中具有"法令""许可"的含义，因此在客户的心目中，菲亚特轿车具有较高的合法性与可靠性，深得用户的信赖。2007 年，菲亚特全新品牌标识正式发布，新的商标一方面保留标志性的红色和盾牌图案，沿用传统"A"字母的式样，另一方面新设计体现了先进技术、意大利设计、活力与个性，如图 3 – 163 所示。

图 3 – 163　菲亚特车标

菲亚特汽车公司以生产轿车和轻型商用车著称，菲亚特作为超过百年历史的经典品牌一直被视为完美汽车的缔造者。1969 年，兼并蓝旗亚汽车厂，同时收购了法拉利 50% 的股份（但法拉利至今仍独立运作）。1984 年收购阿尔法·罗密欧，1993 年收购玛莎拉蒂，此外还有依维柯工程车辆公司。由此，菲亚特汽车公司成为一个经营多种品牌的汽车公司，垄断着意大利全国年总产量 90% 以上的汽车生产量，这在世界汽车工业中是罕见的，其品牌架构如图 3 – 164 所示。

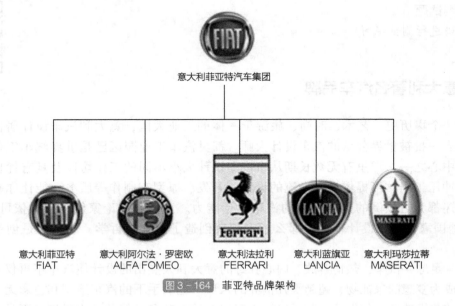

| 意大利菲亚特 | 意大利阿尔法·罗密欧 | 意大利法拉利 | 意大利蓝旗亚 | 意大利玛莎拉蒂 |

意大利菲亚特汽车集团

意大利菲亚特 FIAT　意大利阿尔法·罗密欧 ALFA FOMEO　意大利法拉利 FERRARI　意大利蓝旗亚 LANCIA　意大利玛莎拉蒂 MASERATI

图 3 – 164　菲亚特品牌架构

1. 发展历程

意大利也被称作跑车的故乡，以至于在众多意大利跑车品牌光芒的映射下，菲亚特显得如此低调。然而这个默默无闻的品牌却是意大利汽车产业的先驱。

　　19世纪末的意大利正处于工业迅猛发展的阶段，汽车作为工业时代的新鲜产物已受到越来越多人的重视，从小就痴迷于机械的意大利维拉尔帕罗莎市市长乔瓦尼·阿涅利决定打造属于意大利的汽车品牌。1899年7月，阿涅利与9位意大利企业家和贵族联合创立了意大利都灵汽车制造厂。而这个名字至今未曾变更过，"菲亚特"也不过是它首字母缩写即F.I.A.T的音译。就在这一年，菲亚特制造的第一辆汽车——Fiat 4HP（图3-165）问世，它的外部造型近似四轮马车，双缸发动机置于车身后部，车速35km/h。Fiat 4HP投产的第一年仅生产了8辆，第二年生产了18辆便正式停产。1901年，Fiat 12HP（图3-166）诞生，共生产了106辆。也就是在这一年，"FIAT"标识首次出现在菲亚特生产的车型上。

图3-165　Fiat 4HP

图3-166　Fiat 12HP

　　1902年，乔瓦尼·阿涅利成功当选公司的常务董事，极具商业头脑的他决定利用汽车比赛让更多人知道菲亚特的名字。在第一届意大利城市赛中，共有9辆菲亚特汽车顺利抵达了终点。同年，在萨西·苏佩加爬坡赛中，由赛车手文森佐·蓝旗亚（蓝旗亚的创始人）驾驶的Fiat 24 HP Corsa取得了胜利。随后，乔瓦尼·阿涅利又驾驶Fiat 8HP在第二届意大利汽车之旅中创造了新的纪录。随着赛事中的突出表现，让人们开始将注意力逐渐集中到了菲亚特身上，公司业绩也在不断提升。

　　1908年，菲亚特推出了Fiat 1 Fiacre轿车（图3-167），搭载的是2.2L 16马力的四缸发动机，最高车速70km/h。凭借可靠的品质，菲亚特公司当机立断生产了1600辆向出租车市场投放。当时的巴黎、伦敦和纽约街头都能见到Fiat 1 Fiacre出租车的身影。同年，菲亚特美国公司正式成立。

　　第一次世界大战结束后，1919年，菲亚特推出了战后第一款民用轿车——Fiat 501（图3-168）。该车拥有双门和四门两种版本，非常畅销，在全球共销售了4.5万多辆。随后，菲亚特推出了颇受人们喜爱的Fiat 509系列车型（图3-169），分为双门、四门轿车，双门、四门敞篷车和双门跑车，共生产了9万多辆，创造了战后欧洲汽车市场的一大奇迹。

图3-167　Fiat 1 Fiacre

图3-168　Fiat 501 系列

　　1922 年，拥有五层楼高的林格多工厂正式竣工。这是当时欧洲规模最大的汽车生产厂，工厂的屋顶建有一个极富未来感的试车跑道。除了新车测试之外，林格多工厂顶楼的跑道还经常举办各种汽车赛事，这座菲亚特工厂很快便成为当时意大利汽车工业的象征。1927 年，菲亚特推出了首款采用左舵驾驶的 Fiat 520 系列，最终的产量为 2 万辆。

　　1932 年米兰车展上，Fiat 508 Balilla（图 3－170）正式亮相，最高车速为 80km/h。1935 年，菲亚特推出了 Fiat 1500 型轿车，该车是继克莱斯勒 Airflow 之后又一款在风洞中进行测试的车型。

图 3－169　Fiat 509 系列

图 3－170　Fiat 508 Balilla

　　1940 年 6 月 10 日，意大利正式加入轴心国卷入第二次世界大战，菲亚特全面转产为战争服务。1945 年，菲亚特的创始人乔瓦尼·阿涅利去世，菲亚特之父的离世再次令本就损失惨重、一蹶不振的公司陷入低谷。

　　随着战后意大利国内经济迅速复苏，民众对汽车的需求也愈发强烈。1955 年，Fiat 600 小型轿车（图 3－171）正式上市，车长仅 3215mm、车重仅 585kg 的 Fiat 600 拥有极高的燃油经济性，四轮独立悬架和液压鼓式制动器的应用也让 Fiat 600 拥有绝对的市场竞争力。

　　1968 年，菲亚特的销量已接近 150 万辆，其中 54 万辆被用于出口。此时的菲亚特已成为意大利最大的汽车制造商，实力雄厚的菲亚特开始盘算着扩大自己的规模。1969 年，菲亚特收购了在赛场上有着不俗表现但却经营状况不断恶化的蓝旗亚，作为菲亚特的高端品牌进行销售。同样在 1969 年，菲亚特集团购买了法拉利公司 50% 的原始股，并且拥有剩余 50% 股份的优先购买权。飞速发展的菲亚特已成功掌握了意大利两大汽车品牌经营决策权，法拉利的到来也为菲亚特注入了更为运动化的新鲜血液。

　　1972 年，微型轿车 Fiat 126（图 3－172）诞生了。然而，意大利本土生产的 Fiat 126 并不如其"波兰兄弟"Fiat 126P 知名。1973 年，波兰引进了 Fiat 126 的生产权，命名为 Fiat 126P（结尾的"P"代表产地波兰）。出色的燃油经济性使 Fiat 126P 在原版 Fiat 126 停产后仍然继续生产至 1996 年，产量达到了 3318674 辆，而 Fiat 126 的产量为 1352912 辆。

图 3－171　Fiat 600

图 3－172　Fiat 126

1975 年，为了拓展商用车领域的业务，菲亚特将旗下商用车生产线与另外四家公司整合，成立了 IVECO 商用车品牌，其总部位于意大利都灵，公司业务范围涉及商用车和柴油发动机的研发与生产。1979 年，菲亚特汽车部门正式独立并成立了新公司——菲亚特汽车有限公司。此时的公司旗下拥有菲亚特、蓝旗亚和法拉利等几大汽车品牌。此外，菲亚特所持有的法拉利股份也从 1969 年的 50% 增加到 87%。1986 年 11 月，在意大利政府的干预下，菲亚特集团买下了阿尔法·罗密欧，菲亚特将阿尔法·罗密欧与旗下蓝旗亚合并而成的新公司于 1987 年开始运作。

1993 年，菲亚特集团成功收购玛莎拉蒂，隶属于菲亚特旗下的玛莎拉蒂得到雄厚资金支持后得以重获新生。1997 年，菲亚特将玛莎拉蒂 50% 的股份转让给其主要竞争对手法拉利，两年后，菲亚特将玛莎拉蒂剩余股份全部出让给法拉利，由法拉利全权掌控的玛莎拉蒂不仅推出了众多新车型，由法拉利带头兴建的新工厂也取代了玛莎拉蒂 40 年代服役至今的老旧厂房，使得这个 1914 年诞生的意大利百年汽车品牌得以保存至今。

2007 年，菲亚特集团进行集团内重组，并创建了四个新的汽车公司，分别是菲亚特汽车公司、阿尔法·罗密欧汽车公司、蓝旗亚汽车公司以及菲亚特轻型商用车公司，而这四家公司将作为菲亚特集团的全资子公司独立存在。

2014 年 1 月 2 日，菲亚特宣布以 43.5 亿美元收购自己尚未持有的克莱斯勒 41.5% 股份。此次交易清除了菲亚特和美国第三大汽车制造商克莱斯勒合并的最后障碍，合并后的菲亚特-克莱斯勒集团将成为世界第七大汽车制造商。

2. 经典车型

作为微型车的奠基者，菲亚特生产的 Fiat 500 是历史最为悠久的、最为成功的微型车，也成为后起之秀 Smart 和 MINI Cooper 的超越对象和模仿对象。

1936 年可以说是菲亚特值得骄傲的一年，汽车设计也进入了崭新的篇章，被人们戏称为"小老鼠"的 Fiat 500 Topolino（图 3-173）正式上市。它装备一台 0.569L 直列四缸发动机，最大功率 13 马力，最高车速 85km/h。该车是当时世界上最小的量产民用车，因其小巧的身材和新颖的造型备受消费者青睐，一经推出便迅速红遍欧洲市场。截至 1955 年停产，Fiat 500 Topolino 以及多款衍生车型在全球共售出了 52 万辆，为菲亚特全球化战略奠定了坚实的基础。菲亚特"小车之王"的美誉也正是从这款车开始的。

1956 年，继 Fiat 600 大获成功之后，菲亚特再次推出了一款相当经典的家用轿车——Fiat 500（图 3-174）。与其前辈 Fiat 600 相比，Fiat 500 车长更为短小，仅有 2970mm。该车一经推出便迅速风靡意大利乃至整个欧洲，截止到 1975 年停产时，Fiat 500 共生产了 3678000 辆，创造了菲亚特战后的产销新高，它的出现可以说几乎让全世界都知道了菲亚特的名字，成为

图 3-173 Fiat 500 Topolino

图 3-174 Fiat 500

菲亚特传播品牌理念和文化的象征。如果说甲壳虫是德国的国民车、2CV 是法国的国民车的话，那么 Fiat 500 便是意大利当之无愧的国民车。

3.4.2 法拉利汽车公司

法拉利（Ferrari）汽车公司是举世闻名的赛车和运动跑车的生产厂家，1947 年由世界赛车冠军、划时代的汽车设计大师恩佐·法拉利创建，总部位于意大利摩德纳，主要制造一级方程式赛车、赛车及高性能跑车。由于大部分采用手工制作，因而法拉利汽车产量很低，年产量只有 4000 辆左右。

法拉利汽车所使用的传奇标志（图 3 - 175）有着非同寻常的起源。1923 年 5 月 25 日，恩佐·法拉利在靠近拉韦纳的萨维奥赛场取得胜利后，他被战斗英雄弗兰西斯柯·巴拉卡的母亲波利娜·巴拉卡公爵夫人认出。巴拉卡是个颇有传奇色彩的空军飞行员，他曾在第一次世界大战中击落 34 架敌机，他的飞机上画有一个"跃马"图案。巴拉卡母亲对自己儿子的英勇战绩非常自豪，在亲眼目睹了法拉利的胜利后，非常赞赏他的勇气与无畏精神，她拿着儿子的"跃马"纹章对法拉利说："法拉利，拿去吧，贴到你的车上，它会给你带来好运"，法拉利欣然同意。果如她言，带有"跃马"标志的法拉利赛车连连夺魁。从此，"跃马"便成了法拉利汽车的徽标。在战争即将结束之际，巴拉卡却在蒙泰罗山谷坠机身亡，法拉利就将"跃马"固定为黑色。除了熟悉的"跃马"

图 3 - 175　法拉利车标

之外，法拉利的标志还包含其他元素，徽标的黄底色为法拉利公司所在地摩德纳的城市标志色——金丝雀的颜色，上方的绿、白、红三种颜色则代表意大利国旗。

1. 发展历程

1947 年，49 岁的恩佐·法拉利在意大利摩德纳建立了自己的汽车制造工厂，并生产出法拉利历史上的第一款车型——法拉利 125S（图 3 - 176）。也正是它的出现，法拉利真正开始了自己的超跑之路。而在此之前，与阿尔法·罗密欧合作长达 20 年的恩佐·法拉利已经由一个名声显赫的职业赛车手成长为经验丰富的车队队长。

图 3 - 176　法拉利 125S

1951 年，法拉利 375 在迈勒·米格拉尔汽车大赛上夺得了冠军，此后法拉利多次出现在世界各地的赛车比赛上并屡获殊荣。1956 年，经过法拉利改装的方程式赛车获得了一级方程式赛车（F1）年度总冠军，这一切的成绩奠定了法拉利赛车的地位，从此法拉利名声大噪。1962 年，法拉利又推出了 GTO 车型，帮助法拉利赢得了 60 年代多数大型赛事的冠军。

随着公司的发展，恩佐·法拉利在面对公司的运营和赛车场上的辉煌时，却感到了无比的压力，他决定找一个更大的公司，寻求更多资金的帮助，以全力发展他的赛车事业。于是，他找到了当时的意大利汽车大亨菲亚特集团。经过协商，最终在 1969 年菲亚特集团收购法拉利公司 50% 的股份，随后持股逐渐递增，直至 1988 年菲亚特集团持股增加至 90%。1989 年，公司正式更名为法拉利汽车公司。

1997 年 7 月，菲亚特集团将玛莎拉蒂 50% 的股份出售给法拉利，并于两年后将玛莎拉蒂股份全盘让出，法拉利也由此获得了对玛莎拉蒂的全盘控制权。在收购玛莎拉蒂之后，法拉利将自己对跑车的见解融入了玛莎拉蒂，使得玛莎拉蒂在保持其典雅气质的同时拥有了更加完美的性能。

2. 经典车型

火红色的车身涂装、黄色盾牌背景上的黑色跃马标识、流线形的车身这些特征构成了法拉利这个全球知名的跑车品牌。从恩佐·法拉利创立法拉利至今，一直恪守着"速度为先、操控至上"的原则。恩佐·法拉利把他对赛车的热爱和激情融入了对跑车的制造中，他用意大利人特有的奔放与热情诉说着对汽车的独特见解，成就了法拉利的辉煌。

（1）法拉利 GTO 系列　GTO 车型使法拉利站到了全球跑车界的顶峰，帮助法拉利赢得了 20 世纪 60 年代多数大型赛事的冠军。GTO 的名字是意大利语 "Gran Turismo Omologato" 的缩写，翻译成中文即为"符合赛车标准的 GT 跑车"。

1962 年，法拉利汽车公司推出 250GTO（图 3-177）。专为比赛而生的 250GTO 搭载的 3.0L 发动机拥有 302 马力最大功率，百公里加速仅需 5.8s，其性能在当时足以傲视群雄，代表 20 世纪 60 年代法拉利最高的技术水平。250GTO 仅在 1962 年至 1964 年间生产了 39 辆（1962~1963 年生产了 1 型车身 36 辆，1964 年生产了 2 型车身 3 辆）。法拉利 250GTO 型跑车外形华丽，性能卓越，是全球顶级收藏家最渴望收藏的车型之一。2010 年 2 月 5 日，一辆 1963 年的法拉利 250GTO 跑车出现在了全球最大的古董车拍卖行中，最终以 2000 万欧元的天价被拍走，创下当时全球最贵汽车拍卖新纪录。此前这项纪录的保持者是一辆 1957 年产的法拉利

图 3-177　法拉利 250GTO

250Testa Rossa 汽车，它在 2009 年 5 月以 1240 万美元的价格被拍出。

1984 年，法拉利推出了法拉利 288GTO（图 3-178），这是第二款 GTO 车型，是为了参加当时世界拉力锦标赛（WRC）B 组赛事而打造的。强劲的发动机（400 马力）加上轻巧的车身（1160kg）使得 288GTO 的百公里加速时间仅为 4.9s，最高车速 305km/h。

2010 年，法拉利汽车公司在北京车展上发布了法拉利 599GTO（图 3-179）。599GTO 外形设计秉承了前两代 GTO 车型的设计特点，值得炫耀的许多尖端解决方案在极大程度上源于赛道的技术传承。最大功率 670 马力的 V12 发动机配合仅重 1495kg 的车身，599GTO 百公里加速仅需要 3.35s，最高车速 335km/h。

图 3-178　法拉利 288GTO

图 3-179　法拉利 599GTO

（2）法拉利 F 系列 1987 年，法拉利汽车公司在法兰克福车展上推出了划时代的超级跑车 F40（图 3-180），这款车是为了纪念法拉利汽车公司生产跑车 40 周年而打造的，"F"是法拉利的首字母，而"40"代表 40 周年。F40 搭载了 3.0L 双涡轮增压 V8 发动机，拥有 478 马力的最大功率，最高车速 324km/h，百公里加速时间仅需 3.8s，这是法拉利推出的第一款时速超过 320km/h 的民用跑车，同时也是创始人恩佐·法拉利带领他的设计制造团队完成的最后一部法拉利作品，经典指数在整个法拉利家庭中堪称顶级水平。F40 当时的售价高达 40 万美元，但是依然不能阻挡车迷的购买热情，曾被买家炒到 160 万美元。F40 从 1987 年至 1992 年总共生产了 1315 辆。

1995 年，法拉利在日内瓦车展上推出了 F50（图 3-181）。作为法拉利有史以来制造的最接近 F1 赛车的公路版车型，F50 在设计时更多考虑了空气动力学性能，后扰流板甚至比 F40 更引人注目，外形极富个性。F50 搭载排量 4.7L 的 V12 型发动机，最大功率 520 马力，由于广泛采用了成熟的复合材料、F1 风格的制造技术和空气动力设计，百公里加速仅需 3.7s，最高车速为 325km/h。

图 3-180 法拉利 F40　　　　　　　图 3-181 法拉利 F50

想要购买 F50 仅仅有钱是不够的，尽管 48 万~55 万美元的价格区间同样非常昂贵，还要求买主必须拥有两辆以上的法拉利，同时买主要具有很好的驾驶技术及遵守短期内不能转卖 F50 的协议。F50 限量生产 349 辆，这是因为法拉利根据每个地区的法拉利跑车销量调查得出一个数据：当年全世界愿意购买 F50 的人数大约为 700 人，但为了保持车型的珍贵性及稀有性，必须把产量设定为购买人数的一半。又因为必须留一辆在自己的博物馆展览，因此，实际可销售的数量定为 349 辆。

2002 年，法拉利汽车公司推出了 F50 的后继车型 Enzo Ferrari（图 3-182）。按照之前两代车型的命名方式，这款跑车应该被称为 F60，但为了纪念恩佐·法拉利，法拉利汽车公司决定以他的英文名字来命名。Enzo Ferrari 车尾虽然没有巨大的后扰流板，但得益于其先进的空气动力学设计和高效的地面效应应用，其下压力在车速为 300km/h 时达到最高值 775kg，然后在最高车速 350km/h 时逐渐降低至 585kg。Enzo Ferrari 的底盘采用碳纤维和蜂窝状铝合金材料打造，这样的设计使得 Enzo Ferrari 只有 1255kg 的重量。Enzo Ferrari 搭载的 6.0L V12 发动机，最大功率 660 马力，百公里加速时间仅需 3.14s，最高车速 350km/h。Enzo Ferrari 最初依然限量生产 350 辆，其中 349 辆用于出售而另一辆则存放于法拉利博物馆内。售价 65.9 万美元的 Enzo Ferrari 并没有阻挡客户购买它的欲望，随后由于客户需求依然很大，法拉利再次额外制造了 50 辆用于出售。

图 3-182 法拉利 Enzo Ferrari

恩佐·法拉利是一个伟大的名字，他凭借着对赛车的热爱和激情，开创了世界上最知名的超级跑车品牌。恩佐·法拉利究其一生致力于提高赛车性能，不断地创造奇迹，用他所有的热情成就了人类赛车史上一个又一个辉煌。他的精神已经深深地植入了法拉利品牌，鼓舞着法拉利创造了在全球跑车界的地位和成绩，他对赛车的执着和热爱是法拉利能够创造辉煌的源动力，也使得法拉利永远地站在全球跑车界的顶峰。

3.4.3 兰博基尼汽车公司

兰博基尼（Lamborghini）是一家意大利汽车生产商，全球顶级跑车制造商及欧洲奢侈品标志之一，公司坐落于意大利圣亚加塔·波隆尼，由费鲁吉欧·兰博基尼在 1963 年创立。

兰博基尼的标志是一头充满力量、正向对手发动猛烈攻击的斗牛（图 3-183），这与大功率、高性能跑车的特性相契合，同时彰显了创始人不甘示弱的牛脾气。车头和车尾上的商标省去了公司名称，只剩下一头斗牛的图案。倔气十足的斗牛标志是兰博基尼的象征，诠释了这一与众不同的汽车品牌的所有特点——挑战极限，高傲不凡，豪放不羁。

图 3-183 兰博基尼车标

1. 发展历程

1963 年，费鲁吉欧·兰博基尼在意大利圣亚加塔·波隆尼创建了兰博基尼汽车有限公司。早在 1948 年，32 岁的费鲁吉欧·兰博基尼就成立了兰博基尼拖拉机有限公司。至 20 世纪 50 年代中期，兰博基尼拖拉机有限公司已成为全国最大的农业设备制造商之一。同时，他还是一个成功的燃气热水器和空调生产商。

1963 年 10 月 26 日，意大利都灵车展，兰博基尼推出他的第一部作品——12 缸的 350GTV（图 3-184），极速 280km/h。1964 年，兰博基尼发布了在 350GTV 基础上打造而来的 350GT（图 3-185），这是兰博基尼的第一款量产车，搭载的是最大功率 280 马力的 V12 发动机。为了与法拉利竞争，350GT 的定价要比同级别的法拉利车型略低，共生产了 120 辆。

1971 年，由于兰博基尼拖拉机的最大客户取消了与兰博基尼的长期合同，费鲁吉欧·兰博基尼的拖拉机公司开始经历财务危机。1972 年，费鲁吉欧·兰博基尼在无计可施的情况下，将兰博基尼拖拉机有限公司出售给意大利农业设备制造商 SAME，并专心经营兰博基尼汽车公司，但是兰博基尼汽车公司也开始逐渐失去资金支持，车型开发速度也逐渐放缓。兰博基尼从来不缺乏想象力，但一直缺少稳固的资金支持。经历了一系列坎坷波折之后，费鲁吉欧·兰博基尼终于在 1972 年退出公司领导层，但是并没有解决公司的资金问题。1980 年兰博基尼汽车公司破产，来自瑞士的 Mimran 兄弟公司收购了兰博基尼。1987 年 4 月，对资金需求量极大的兰博基尼再次被转卖，这次的买主是美国克莱斯勒汽车公司。

图 3 - 184 兰博基尼 350GTV   图 3 - 185 兰博基尼 350GT

1998 年，兰博基尼再次易手，正是这次易手使得兰博基尼有了极为充足的资金支持。而兰博基尼的新东家就是德国大众汽车集团，兰博基尼被划归奥迪管理。在奥迪的资助下，兰博基尼有了自己的管理班子来运作。兰博基尼这个顶级跑车品牌不但在品牌精神上与奥迪有共同之处，都是在科技上不断进取，追求激情动感，他们的创始人也有惊人的相似之处。奥迪的奥古斯特·霍希和费鲁吉欧·兰博基尼都是狂热的汽车梦想家而曾被大品牌拒之门外，并毫不气馁地创立了自己成功的品牌。值得注意的是，这也是唯一一个没有被菲亚特集团收购的意大利跑车品牌。

2. 经典车型

在意大利乃至全世界，兰博基尼是诡异的。它神秘地诞生于世，出人意料地推出一款又一款性能不凡的高性能跑车。兰博基尼是举世难得的艺术品，每一个棱角、每一道线条都是如此激昂，都在默默诠释着兰博基尼那近乎原始的野性之美。咄咄逼人的活力动感，一往如前的豪迈气势，意大利式的热血奔放——这些用来形容卓越非凡的兰博基尼品牌再贴切不过了。在兰博基尼 60 多年的历史中，经典车型层出不穷。

1966 年 3 月日内瓦车展上，兰博基尼公司推出了 Miura（图3 - 186），引起了巨大的轰动。Miura 通常被翻译为"缪拉"或"穆拉"，来自西班牙著名的公牛驯养家、有"公牛之父"称号的 Don Antonio Miura。Miura 采用后轮驱动方式，搭载 V12 发动机，在 5 速手动变速器的配合下，最高车速可以达到 280km/h。兰博基尼 Miura 双座双门，车身很低（全高只有 1050mm），分为车身前罩、座舱、后发动机罩三段，前后两部分可以掀开，内部机械完全暴露于外。1968 年，兰博基尼推出的 Miura P400 开创了兰博基尼中置发动机设计的先河，引起了广泛关注。

作为 Miura 的换代产品，Countach（图 3 - 187）首次亮相于 1971 年的日内瓦车展。"Countach"一词来源于意大利的俚语，意为"难以相信的奇迹"。双门双座的 Countach 发动机中置后轮驱动，V 形 12 缸的发动机最大功率 455 马力，最高车速可达 295km/h，百公里加速仅需 5s。Countach 的外形无不显示出一种野性，进攻性的匍匐状车身造型强劲迷人，其剪式车门在超级轿车中也是独树一帜的。Countach 在 1990 年停产以前的数年间，一直雄踞超级轿车的前列，它已经成为汽车的收藏精品。

图 3 - 186　兰博基尼 Miura

图 3 - 187　兰博基尼 Countach

　　作为 Countach 的接班人，兰博基尼的 Diablo（鬼怪）可以说是兰博基尼有史以来最风光的车型，兰博基尼 Diablo 的研发始于 1985 年，但是直到 1990 年 1 月 21 日才上市，售价至少 24 万美元。兰博基尼 Diablo 动力来自兰博基尼传奇的 V12 发动机，可爆发出 492 匹马力，百公里加速不到 4s，而在 8.6s 时，它已经在以 160km/h 的速度飞驰并将保时捷 911（它需要 9.9s）远远地甩在后面了，最高车速达到 325km/h。从 1990 年诞生直到 2001 年退出历史舞台，兰博基尼 Diablo 生命周期长达 11 年。在这 11 年间"鬼怪"又衍生出许多种不同的型号，形成了超级跑车阵容中难得的庞大家族。图 3 - 188 为不同版本的兰博基尼 Diablo。

图 3 - 188　不同版本的兰博基尼 Diablo

　　在 2003 年法兰克福车展上，双门双座的 Murciélago（图 3 - 189）首次亮相就一炮而红，大受欢迎。"Murciélago"在西班牙语是"蝙蝠"的意思，源自中世纪一头著名的、英勇善战的公牛。Murciélago 是兰博基尼被奥迪收购后推出的第一款车型，也是兰博基尼 Diablo 的后继型号。Murciélago 超级跑车配备了排量 6.2L 的 12 缸发动机，最大功率高达 579 马力，最高车速超过 337km/h，百公里加速时间仅需 3.8s。

　　在 2013 年 3 月的日内瓦车展上，兰博基尼带来了 Veneno（图 3 - 190），"Veneno"是西班牙语，意为"毒药"。这款独具一格的顶级概念车是兰博基尼为庆祝其成立 50 周年而特别打造的，融入了设计师们大量的心血与汗水。Veneno 搭载的 6.5L V12 发动机最大功率 750 马力，只需短短 2.8s 就可以从静止加速到 100km/h，最高车速能够达到 355km/h。兰博基尼 Veneno 的量产版本仅限量推出 3 辆，极高的收藏价值令 Veneno 的售价达到了 310 万欧元。

图 3 - 189　兰博基尼 Murciélago

图 3 - 190　兰博基尼 Veneno

3.4.4　玛莎拉蒂汽车公司

玛莎拉蒂（Maserati）是一家意大利豪华汽车制造商，由创始人阿尔菲力·玛莎拉蒂及其兄弟于 1914 年 12 月 1 日在意大利博洛尼亚成立，1937 年公司总部迁到意大利汽车工业重镇摩德纳（法拉利的故乡）。1993 年，菲亚特收购了玛莎拉蒂，现为菲亚特 – 克莱斯勒汽车直接拥有。

玛莎拉蒂以三叉戟作为公司品牌标识（图 3 - 191），这个标识

图 3 - 191　玛莎拉蒂车标

根据博洛尼亚广场上海神喷泉雕塑手中象征着力量与活力的三叉戟经过简单艺术加工后演变而来，品牌标识中的红蓝配色，源于博洛尼亚城市旗帜的颜色，至今仍是玛莎拉蒂品牌的象征颜色。

1. 发展历程

与很多汽车品牌的历史不同，玛莎拉蒂不只有一个创始人，它是家族企业，是由一个家族的七兄弟一起创建的。玛莎拉蒂七兄弟同样有个指引者，也就是他们的父亲鲁道夫·玛莎拉蒂。身为铁路工人的鲁道夫·玛莎拉蒂对于速度非常狂热，而这一点在他的七个儿子身上有了最直接的体现，兄弟六人都从事汽车工程、设计和生产方面的工作（老三阿尔菲力出生第二年就夭折了。而为了纪念三儿子，鲁道夫将自己的第四个儿子同样取名为阿尔菲力）。

鲁道夫的几个孩子中对机械、车辆接触最早，受父亲影响最深远的是大儿子卡罗。17 岁那年，卡罗自己开发出了一台单缸内燃机发动机，并成功将其安装在一个自制的自行车上，打造了一台属于自己的摩托车。1900 年底，卡罗辞去了自行车厂的工作，加入菲亚特公司，成为一名试车员。1909 年，卡罗创建了第一家自己的公司，并聘用了自己 14 岁的六弟埃多勒。1910 年，卡罗·玛莎拉蒂因患肺结核不幸去世，年仅 29 岁。公司的重担就移交到了剩下的五兄弟中能力最强的阿尔菲力身上。

1914 年 12 月 1 日，在阿尔菲力·玛莎拉蒂的带领下，玛莎拉蒂兄弟在博洛尼亚共同创立了阿尔菲力·玛莎拉蒂公司，起初以汽车改装业务为主。1925 年，随着业务的不断扩大，公司更名为阿尔菲力·玛莎拉蒂研究制造公司，同时开始使用由排行老七的马里奥·玛莎拉蒂设计的三叉戟作为公司品牌标识。

1926 年 4 月 25 日，玛莎拉蒂 Tipo 26（图 3 - 192）出现在 Targa Florio 耐力赛比赛现场，这是第一辆镶有三叉戟徽标的玛莎拉蒂轿车。完全由玛莎拉蒂兄弟们自行设计制造的

Tipo 26 采用 1.5L 直列八缸发动机，最高车速可达160km/h。第一次出场，Tipo 26 就获得 Targa Florio 耐力赛同级别赛车的第一名。随后，Tipo 26 又在其他赛事中取得了多场胜利。自此，玛莎拉蒂开始考虑生产赛车。其后的十余年间，相继推出了 Tipo 26B、V4、4CTR、4CL 等经典车型，以其性能与品质的完美结合赢得了诸如意大利大奖赛、的黎波里大奖赛等赛事的胜利。在正式参与赛车比赛的 30 年历史中，玛莎拉蒂总计获得了将近 500 场比赛的胜利以及无数次分级赛的胜利，这是一项辉煌的纪录。

图 3 - 192　玛莎拉蒂 Tipo 26

　　1932 年 3 月 3 日阿尔菲力·玛莎拉蒂病故。阿尔菲力离世之后，宾多与五弟埃多勒、六弟埃内斯特一起接手了公司。

　　1937 年，在德国政府的强力支持下，德国汽车制造商进入意大利汽车市场，给玛莎拉蒂带来了很大的压力。玛莎拉蒂兄弟开始与知名意大利企业家阿道夫·奥斯合作，将公司出售给奥斯，他们继续在奥斯的两家独立公司里担任管理角色。奥斯家族接管玛莎拉蒂后，总部由博洛尼亚迁至法拉利的故乡摩德纳。这一决定惹怒了玛莎拉蒂兄弟，1947 年合约期满，他们便离开玛莎拉蒂，回到博洛尼亚另立门户。时至今日，这里依然是玛莎拉蒂部分重要跑车和 GT 车型的诞生地。

　　1957 年，玛莎拉蒂正式退出了汽车比赛，开始专注于开发民用车型，产品融合了玛莎拉蒂独特的优雅气质和源自赛道的运动性能。同时，玛莎拉蒂依然关注着汽车比赛并不断推出 F1 发动机。1960 年，玛莎拉蒂推出了 3500 GT（图 3 - 193），作为玛莎拉蒂史上最优美的双门跑车之一，3500 GT 受到了当时上流社会人群的疯狂追捧。鉴于 3500 GT 的成功，玛莎拉蒂很快又推出了性能更加强劲、内饰更加豪华的 5000 GT（图 3 - 194）作为 3500 GT 的高性能版车型。玛莎拉蒂 5000 GT 为定制车型，其客户均为当时的权贵。时至今日，5000 GT 在全世界各地依旧有着为数众多的爱好者及忠实拥趸，汽车收藏家们同样将其视若珍宝。

图 3 - 193　玛莎拉蒂 3500 GT

图 3 - 194　玛莎拉蒂 5000 GT

　　1968 年，法国雪铁龙出资收购了奥斯集团手中的玛莎拉蒂股份。1973 年，第四次中东战争爆发，石油危机下的人们对排量大、油耗高的豪华跑车兴趣大减，玛莎拉蒂市场极度萎缩，雪铁龙甚至也受此影响，逐步陷入了危机。同年 5 月 23 日，雪铁龙宣布玛莎拉蒂正式进入破产清算阶段。为了让这家意大利品牌不至于迅速消亡，意大利行业协会、地方以及省理事会联合向意大利政府施压，说服政府介入到玛莎拉蒂的破产保护中，最终玛莎拉蒂暂时由政府机构接管，逃过了倒闭关门的命运。

　　1993 年，玛莎拉蒂被菲亚特集团收购。1997 年 7 月，菲亚特集团将玛莎拉蒂 50% 的股份出售给了长期的竞争对手法拉利，并于两年后将玛莎拉蒂股份全盘让出，法拉利也由此获得了对玛莎拉蒂的全盘控制权，时任法拉利总裁兼首席执行官执掌玛莎拉蒂。法拉利首先对玛莎拉蒂旗下产品进行梳理，舍弃了一批价值不高或已经停产的产品，并确定了其未来将定位于豪华运动品牌，与法拉利本身加以区分。法拉利崇尚双门跑车，以一级方程式最先进的技术为底蕴；玛莎拉蒂虽然和法拉利拥有相同的技术水平，但性能不会像法拉利那样极端，会更讲求舒适，逐渐演变为日用高性能舒适轿跑车座驾。除此之外，在法拉利的帮助下，玛莎拉蒂迅速建立新工厂，以替代早在50年前便开始服役的老旧生产线，可以说是法拉利将身处困境的玛莎拉蒂重新拉回正轨，为世界留存了这样一个百年汽车品牌。

进入21世纪，玛莎拉蒂产品线被精简压缩，最后只剩下Coupe/Spyder系列、总裁系列及一些产量极小的概念车、赛车产品。而今的玛莎拉蒂全新轿跑系列是意大利顶尖轿跑车制作技术的体现，也是意大利设计美学以及优质工匠设计思维的完美结合。

2. 经典车型

玛莎拉蒂将其在赛车研发成就应用于公路跑车的开发中，奢华与狂放不羁的运动天性完美融合，舒适与富有激情的驾驶乐趣并重，一代代车型凝结着其独特的品牌精髓与内涵。

（1）玛莎拉蒂 Tipo 61　1959年推出的玛莎拉蒂
Tipo 61（图3-195）是在意大利赛事中战绩辉煌的
Tipo 60的进化版。在1960年勒芒24h耐力赛中，共
三辆玛莎拉蒂 Tipo 61 出战，其中一辆车速达到
270km/h，创下3.0L排量车时速最高纪录。

图3-195　玛莎拉蒂 Tipo 61

虽然玛莎拉蒂有几款车型也采取了"鸟笼"式底
盘，但只有 Tipo 61 被人称为"鸟笼"。究其原因，是
因为 Tipo 61 才是对"鸟笼"理念最完美的诠释：重
量最轻、性能最好。"鸟笼"式底盘由约200根直径10~16mm的管状型钢组成（透过一个长长的低挡风玻璃，可以看到构成底盘的复杂网状管道），在成功将车身重量减至仅600kg的同时，也大大提高了汽车在发生事故时的抗撞击能力。以工程设计论，玛莎拉蒂 Tipo 61 当之无愧是玛莎拉蒂发展史上最重要的车型之一。

（2）玛莎拉蒂总裁（Quattroporte）　在玛莎拉蒂产品阵营中，玛莎拉蒂总裁无疑是最重要，也最具有代表性的系列车型，它的更新换代不仅是玛莎拉蒂设计师们的第一要务，更影响着品牌未来的发展道路。

1963年，第一代玛莎拉蒂总裁轿车（图3-196）在当年的都灵车展上首次亮相，向世人展示了将跑车的性能与豪华轿车的舒适性结合在一起的创举，令整个汽车界为之一振。玛莎拉蒂将性能卓越的赛车发动机置于轿车中，使得当时的总裁轿车被人们誉为世界上最快的大型豪华四门轿车。

拥有总裁轿车的人大多都是名人、影星、皇室，更一直是意大利总理和政府高级官员的座驾。1978年，第一次世界大战时的卫国斗士桑迪罗·皮蒂尼担任意大利总统后，指定玛莎拉蒂总裁轿车作为官方座驾。皮蒂尼总统出行必乘此车，直至1985年退役。据说，有一次皮蒂尼总统到访马拉内罗，但恩佐·法拉利拒绝到总统的玛莎拉蒂座驾前迎接。摩德纳两大最著名汽车品牌之间的长期竞争关系由此可见一斑。继桑迪罗·皮蒂尼之后，另一位意大利总

统卡洛·阿泽利奥·钱皮也选择总裁轿车作为官方座驾，此举为玛莎拉蒂总裁轿车再添盛誉。

玛莎拉蒂总裁轿车还被视为优雅和时尚的代名词，常常出现在 20 世纪 80 年代的电影银幕上。在《洛奇 3》（1982 年）中，导演西尔维斯特·史泰龙选择总裁轿车作为主角洛奇·巴尔博亚的座驾，这款车还在大卫·柯南伯格执导的《苍蝇》（1982 年）和《死亡禁区》（1983 年）中先后亮相。

2013 年 1 月底特律北美国际车展，全新第六代总裁（图 3 – 197）首次亮相，并于同年 3 月登陆中国市场。第六代总裁拥有同样的突破性创新和技术优势——堪称优雅与力量的完美结合，现代化的设计，宽敞而舒适的座舱，优雅的轮廓，都是按照最杰出的意大利工艺传统、采用最优质的材料打造而成。

图 3 – 196　第一代玛莎拉蒂总裁　　　　图 3 – 197　第六代玛莎拉蒂总裁

从第一代玛莎拉蒂总裁问世至今，经过六代车型的磨砺，玛莎拉蒂将自行开创的四门豪华轿跑车概念发挥到人类想象的极致，玛莎拉蒂总裁已经成为四门豪华轿跑车的传世经典及专属名词。

3.4.5　阿尔法·罗密欧汽车公司

阿尔法·罗密欧（Alfa Romeo）是意大利著名的轿车和跑车制造商，创建于 1910 年，总部设在米兰。1986 年，公司被菲亚特集团收购。一百多年来，阿尔法·罗密欧以专门生产高性能跑车和跑车化轿车而闻名，由意大利著名设计师设计，有浓烈的意大利风采、优雅的造型和超群的性能，在世界车坛上一直享有很高的声誉。

图 3 – 198　阿尔法·
罗密欧车标

1910 年，当阿尔法创立的时候，创立者综合两种米兰市的标识而创造了一个徽标（图 3 – 198），左侧红色的十字是米兰城盾形徽章的一部分，用来纪念古代东征的十字军骑士，右侧吃人的龙形蛇图案则来自当地一个古老的贵族维斯康泰家族的家徽，象征着中世纪米兰领主维斯康泰公爵的祖先击退巨蛇使城市人民免遭苦难的传说。两个代表米兰传统而在意义上没有关联的标识组合成为一体，寓意希望能继承米兰的光荣历史，发扬光大。就像这个车标一样，在现代的风格中带有历史的回归，暗示着始终的创新与技术的完美，有着诗意的名字，就像一个梦中的精灵，阿尔法·罗密欧的风格如此特别，成为汽车界最著名的标志之一。

1. 发展历程

1910 年 6 月 24 日，来自米兰的贵族卡瓦列雷乌戈·斯特拉接管了一家 1906 年在法国创立后迁至意大利米兰的汽车公司，并将其改名为伦巴弟汽车制造厂（以公司英文名称首字母简称为"Alfa"，中文译音为"阿尔法"），由此诞生了阿尔法汽车制造厂。

1910 年，阿尔法的第一款车型 24 HP（图 3–199）诞生。无论是设计还是制造工艺都在当时处于一流水平，因此广受当时的跑车爱好者的追捧，为阿尔法公司带来了巨大的经济利益，同时也为日后阿尔法·罗密欧品牌向跑车方向发展奠定了良好的基础。随后几年，15 HP Corsa、12 HP 和 Grand Prix 相继推出，这些都是极负盛名的跑车。从那时开始，阿尔法逐渐开始把自己的名字和跑车界联系在了一起，直至今日。

图 3–199　24 HP

1915 年，第一次世界大战使阿尔法公司陷入财政困境，采矿机械设备制造厂老板尼古拉·罗密欧为拓展业务，逐步开始收购当时的阿尔法汽车制造厂。1918 年，尼古拉·罗密欧掌握了经营权，在第一次世界大战的战火余烬中整建厂房，并将自己家族的姓氏融入制造厂名称中，从而成为今日的阿尔法·罗密欧。1919 年，公司正式恢复生产。

1920 年，阿尔法正式更名为阿尔法·罗密欧，第一辆挂有 Alfa Romeo 标志的汽车 Torpedo 20–30 HP（图 3–200）面世，该车定位高端，价格昂贵，几乎达到了当时著名的福特 T 型车价格的三倍。因此，最终的产量并不多，只有 124 辆。同年，动力更强劲的 40–60 HP（图 3–201）为阿尔法·罗密欧赢得了意大利慕吉罗 230mile 大赛。也是在这一年，"赛车之父"恩佐·法拉利，这位传奇人物成为阿尔法·罗密欧车队的一名试车手。

图 3–200　Torpedo 20–30 HP

图 3–201　40–60 HP

1923 年，恩佐·法拉利从菲亚特汽车制造公司挖来了意大利车坛一流的汽车制造工程师维托瑞·加诺作为首席设计师，借此增强阿尔法·罗密欧品牌的技术开发实力。维托瑞·加诺也不负众望，在 1924 年设计了 P2 型赛车。同年，坎巴利驾驶着 P2 型赛车，一举摘下了法国莱恩大奖赛的金牌。

1928 年，尼古拉·罗密欧离开了阿尔法·罗密欧公司。1932 年，公司领导层更换，开始进行现代化生产，其中除了引进流水线的大批量生产方式以外，还开始生产民用汽车。此时，多款飘逸优雅的民用版阿尔法·罗密欧汽车成为人们争相追逐的对象，就连亨利·福特见到阿尔法·罗密欧总裁时也毫不吝惜自己的溢美之词，"每当看到一辆阿尔法·罗密欧驶过，我总是脱帽以示尊敬"。这句福特创始人在1939年留下的赞美，如今成了人们评价阿尔法·罗密欧最得体的形容词。

随着第二次世界大战的结束，世界各地汽车赛事纷纷在1946年前后恢复举办，阿尔法·罗密欧也正是从那时开始"重操旧业"，力求在战后赛车竞争中继续保持领先地位。1950年，朱塞佩·法里纳驾驶着阿尔法·罗密欧Tipo 158型赛车成为F1史上第一位年度冠军车手，而阿尔法·罗密欧也成为F1历史上第一支冠军车队。这一年，可以说是阿尔法·罗密欧重新振作的转折点。1951年，Tipo 159型赛车被推出，被认为是当时最伟大F1车手的方吉奥驾驶着Tipo 159再次夺得F1世界冠军。除了设计师维图里奥居功至伟外，车坛奇才恩佐·法拉利在20年代担任车队经理时所打下的良好根基，也不可或缺。

1951年F1赛季后，由于国际汽联出于缓和F1赛车发动机供应的角度，采用了F2的规格，阿尔法·罗密欧车队正式宣布退出F1赛场，将全部重心投注到民用轿车的研发生产上，旨在打造有赛车血统的民用轿车。

图3-202 阿尔法·罗密欧1900

20世纪五六十年代是阿尔法·罗密欧面向民用车市场集中发力的时期。1950年巴黎车展上，阿尔法·罗密欧推出1900运动型轿车（图3-202），这是阿尔法·罗密欧近50年来首款专为民用市场打造的轿车产品，累计生产销售了21304辆。1954年都灵车展上，阿尔法·罗密欧推出品牌旗下负有盛名的Giulietta车型（图3-203），共销售了177690辆，成为那个年代阿尔法·罗密欧旗下最畅销的车款。1963年，位于米兰附近的新工厂正式启用，第一辆量产车型是Giulia（图3-204），销售超过100万辆，成为阿尔法·罗密欧旗下最受欢迎的车型之一。

图3-203 阿尔法·罗密欧Giulietta

图3-204 阿尔法·罗密欧Giulia

20世纪70年代，社会政治问题及能源危机使意大利经济举步维艰，与此同时，日本汽车厂商却长驱直入，凭借经济省油、轻便耐用的车型大肆抢占欧美市场。阿尔法·罗密欧产量骤降，债台高筑。在意大利政府的干预下，在经历了与日产并不完美的合作之后，1986年11月，阿尔法·罗密欧被菲亚特集团收购（但仍保留它的商标），最终与昔日的赛场对手法拉利和玛莎拉蒂成为同门师兄妹。菲亚特集团将阿尔法·罗密欧与旗下蓝旗亚合并，并且对公司资源进行了整合，对产品线进行了重新的整理，开启了崭新的发展阶段。随着时间的推移，阿尔法·罗密欧逐渐复苏，品牌知名度也在不断积聚。阿尔法·罗密欧仍旧以优异的操控性让车迷们深深着迷，这份源自赛场上的热血基因是永远无法磨灭的。

2011 年 11 月 21 日，阿尔法·罗密欧携旗下多款新车在广州车展亮相。此次阿尔法·罗密欧在中国的首秀，也预示着该品牌将正式进中国。

2. 经典车型

自创立以来，阿尔法·罗密欧一直代表着意大利美学和汽车设计的典范，设计大师博通、宾尼法利纳和乔治亚罗，全部都曾为阿尔法·罗密欧效力，留下众多传世之作。艺术与赛道结合的产物，每一件作品都惊世骇俗。

（1）P2 型赛车　1923 年，恩佐·法拉利从菲亚特汽车制造公司挖来了意大利车坛一流的汽车制造工程师维托瑞·加诺作为阿尔法·罗密欧的首席设计师，借此增强阿尔法·罗密欧品牌的技术开发实力。维托瑞·加诺也不负众望，凭借丰富的经验以及对赛车运动的充分理解，在 1924 年设计了 P2 型赛车（图 3－205）。到了 1925 年，阿尔法·罗密欧在赛车比赛方面成绩卓越，旗下 P2 型赛车分别包揽了法国里昂大奖赛、意大利大奖赛、比利时大奖赛的冠军，进而在第一届世界赛车锦标赛（F1 世界锦标赛前身）中捧杯。在随后几年时间，P2 型赛车战绩依然神勇。两年时间内，阿尔法·罗密欧名声大噪，追求速度激情的基因似乎也正是从那时开始根植在企业文化中。

（2）Tipo 158/159　1950 年，朱塞佩·法里纳驾驶着 Tipo 158 型赛车（图 3－206）成为 F1 史上第一位年度冠军车手。与此同时，法吉奥里和胡安·方吉奥同样驾驶 Tipo 158 频繁取得胜利。整个 1950 赛季，阿尔法·罗密欧车队凭借 Tipo 158 赛车赢得大大小小 28 场比赛，几乎称霸那个年代。Tipo 158 型赛车配置一台 1.5L 直列八缸发动机，配置了涡轮增压器，可输出 195 马力的最大功率，在轻量化的优势之下同时也有着更为优异的操控性。

图 3－205　阿尔法·罗密欧 P2

图 3－206　Tipo 158

在 1951 赛季 F1 大奖赛刚刚拉开帷幕的时候，人们见到了堪称"野兽"的 Tipo 159 赛车（图 3－207），车手方吉奥驾驶着 Tipo 159 再次夺得 F1 世界冠军。它的外观与 Tipo 158 如出一辙，然而隐藏在这副"瘦削"造型之下的，却是异常强大的内在实力。工程师们还将这台 1.5L 直列八缸发动机几乎压榨到了极限，它拥有令人咋舌的 420 马力（同年的法拉利 F1 赛车 125 F1 的 1.5L 发动机动力仅有 260 马力，375 F1 的 4L 发动机也只有 300 马力），极速超过 300km/h，是个不折不扣的

图 3－207　Tipo 159

速度机器。然而对于如此小排量的机械增压发动机来说，得到巨大输出功率的代价便是百公里油耗在 125L 以上！这就导致了一个相当严重的问题，过大的燃油消耗让它在比赛中不得不比其

他对手多进站补充燃油，反而更耗时间。然而在绝对速度与进站次数的矛盾中，阿尔法·罗密欧选择了前者。

阿尔法·罗密欧 Tipo 158 与其衍生车型 Tipo 159 赛车在所参加的 54 次大奖赛中总共夺得了 47 次胜利，可以说是在赛车领域里取得了压倒性的优势。

阿尔法·罗密欧，这个来自意大利的运动奇葩，一直默默地在为世界制造着艺术品，就像它的造车哲学一样：轿车精，跑车劲。时至今日，阿尔法·罗密欧已经成为性能、艺术、个性、品位和追求的代名词。尤其这些年来，淡出各项赛事后，阿尔法·罗密欧更专注于将赛车制造技术工艺运用到轿车的设计生产上。无论在汽车技术还是在汽车运动领域，阿尔法·罗密欧都做出了不可磨灭的贡献。

复习题

一、简答题

法拉利汽车有什么特点？在世界车坛中有怎样的地位？

二、测试题

请扫码进行测试练习。

测试6

3.5　捷克和瑞典著名汽车品牌

汽车起源于欧洲，在欧洲，除了德国、法国、英国和意大利的诸多著名汽车品牌外，捷克的斯柯达历经百年，以设计经典、做工精细而闻名于世，而瑞典人以他们严谨、踏实的造车精神，以"品质、安全、环保"的核心价值铸就了享誉世界的沃尔沃品牌。

3.5.1　斯柯达汽车公司

斯柯达汽车公司（ŠKODA AUTO）是一家位于捷克境内的国际知名汽车制造商，由捷克人瓦茨拉夫·劳林和瓦茨拉夫·克莱门特创立于 1895 年。历经 120 多年的发展、砥砺与沉淀，斯柯达不仅是捷克历代总统的豪华座驾，更是捷克最著名和最受尊敬的品牌。斯柯达汽车公司的核心部门位于欧洲东部，在捷克共和国首都布拉格的周围共有三个生产基地，分别是姆拉达－博莱斯拉夫、科瓦斯尼、弗尔赫拉比，其中最重要的基地就是布拉格北部的姆拉达－博莱斯拉夫，也是斯柯达汽车公司总部所在地，捷克名副其实的汽车城。斯柯达已经与布拉格融为一体，几乎就代表着捷克和布拉格，是这座城市最美丽的移动名片。1991 年，斯柯达汽车加入德国大众汽车集团，成为大众集团公司的一个子公司，斯柯达成为大众旗下继大众（VW）、奥迪（AUDI）、西雅特（SEAT）后的第四大品牌。百年造车精华在吸纳和采用大众汽车技术后，更让斯柯达全球瞩目。

如图 3－208 所示，斯柯达汽车商标充分体现了其悠久的历

旧车标　　　　新车标

图 3－208　斯柯达车标

史文化底蕴，巨大的圆环象征着斯柯达为全世界制造无可挑剔的产品；三根羽毛形似鸟翼，意味着斯柯达的翅膀，象征着斯柯达把技术创新的产品带到全世界，而斯柯达对汽车技术的执着追求也将永不停歇，鸟翼上的孔洞象征着对工作认真负责和一丝不苟，向右飞行着的箭头则象征着要实现最高目标的强烈愿望、永不停留的创新精神以及先进的汽车生产工艺；外环中朱黑的颜色象征着斯柯达公司百余年的传统，中央铺着的绿色则表达了斯柯达人对资源再生和环境保护的重视，向人们表明斯柯达血脉中那份强烈的社会责任感，同时也寓意斯柯达无限的活力与生命力，正是这种品牌内涵使其经过了百余年的风霜洗礼却依然青春永驻。在 2011 年日内瓦车展上，斯柯达正式发布了新的品牌标志，以全新企业形象开启新纪元。新的斯柯达标识对原有的飞翔之箭图标进行了重新设计，虽然整体造型仍为带有三根羽毛的箭头，但羽毛的翅膀更细窄，车标颜色以"斯柯达绿"替代原来的"自然绿"，颜色更加鲜明，同时外围区域的镀铬效果也更加突出，增加了科技感。

1. 发展历程

19 世纪 90 年代，自行车风靡整个欧洲，瓦茨拉夫·克莱门特也有一辆属于自己的自行车，并且加入了自行车俱乐部。1894 年的捷克仍被奥匈帝国所统治，克莱门特那辆德国产的自行车坏了，于是他就用捷克文写信给德国厂商位于布拉格的分公司寻求帮助，但是回信却用德文写道："如果你要一个答案，你就应该用我们能看懂的语言"。在自己的国家却必须用别人的语言才能获得服务，这让克莱门特异常愤怒，被异族统治的悲愤以及强烈的民族自尊心使得年轻的克莱门特发誓要生产自己的自行车。于是空有想法但不谙技术的克莱门特为自己找了一位合作伙伴，也就是瓦茨拉夫·劳林。

1895 年圣诞周，克莱门特与劳林正式创立了一家自行车维修制造公司，这就是在当时十分出名的 Laurin & Klement 公司（以两个创始人的名字命名，简称 L&K），两人的合作改变了他们的人生轨迹，也开启了斯柯达品牌的百年征程。当时，L&K 公司以 Slavia 做商标，捷克语"Slavia"是"奴隶"的意思，由于当时捷克被奥匈帝国奴役，他们以此来告诫人们不忘国耻，要奋起抗争。

1898 年，克莱门特与劳林买下占地 1100m² 的土地兴建厂房，员工人数扩编至 32 人，俨然已是捷克最大的自行车厂。但在克莱门特只身前往巴黎，看见街道上满是汽车、摩托车以及马车的繁华景象后，深深被震撼到了，他突然觉得自行车并不是终点。尤其对摩托车更为好奇，并认为这样的交通工具在捷克普及汽车之前，必定会受到市场的欢迎，于是克莱门特回国后便开始着手研发。1899 年，L&K 公司开始生产摩托车，成为世界上生产机动车最早的工厂之一。

1905 年，L&K 公司转向生产汽车。当时世界上能生产汽车的公司还寥寥无几，但汽车的巨大利润和发展前景吸引着公司的两位创始人。斯柯达的第一辆汽车 Voiturette A（图 3-209）在 1906 年的布拉格车展中亮相，这款搭载 1.005L V 形双气缸发动机、最高车速 40km/h 的 Voiturette A 得到了公众和专家的一致好评，并为 L&K 公司在汽车领域赢得了第一份荣誉——德国汽车俱乐部授予的金质奖章，成为捷克最佳经典车型。后来，包括 A、B、C、D、E 不同型号的 Voiturette 系列车型很快出口到欧洲、亚洲、非洲和南美洲，赢得了稳定的国际声誉。随着公司规模的持续扩张，两位创办人在 1907 年 7 月 19 日正式将公司注册为 L&K 汽车制造股份有限公司，由瓦茨拉夫·克莱门特担任总经理，瓦茨拉夫·劳林为技术工程部总监。此时，L&K 公司已拥有占地 1.34 万 m² 的工厂，员工数达到约 600 人的规模。

第一次世界大战结束，汽车市场需求萎靡，1919 年生产的名为 Excelsior 的耕地机成为 L&K 公司最畅销的产品。然而，1924 年 6 月 17 日晚上，工厂内堆放的羊毛制品燃起了大火，火势很快吞噬掉整座工厂，几乎没有任何东西从火场中幸存。虽然事后 L&K 采取了一系列措施，恢复了生产，但从这以后开始一蹶不振，销量也是直线下滑。

1925 年，为了恢复往日的声誉，遭受重创的 L&K 公司找到了当时从事农业机械、飞机发动机及货车生产的斯柯达·佩尔森（Skoda Pilsen）集团，被这个国内最大的工业集团所收购，所以 1925 年到 1927 年之间所生产的汽车都采用双徽标（图 3 - 210）。一直到 1927 年，L&K 品牌才退出历史舞台，从此开始生产以斯柯达为品牌的汽车。这是斯柯达汽车的开端，也是 L&K 的结束，瓦茨拉夫·劳林和瓦茨拉夫·克莱门特虽然丧失了对公司的控制权，但他们英明的决策却令工厂在战后再度崛起。

图 3 - 209　斯柯达 Voiturette A

图 3 - 210　采用双徽标的斯柯达汽车

20 世纪 20 至 30 年代，斯柯达生产的高档豪华轿车在世界汽车工业史上留下了浓重的一笔。1924 年，斯柯达获得许可生产豪华车型 Hispano Suiza（图 3 - 211），这款车极尽奢华，堪称当时世界上最贵的汽车，它的底盘价格甚至比当时的劳斯莱斯还贵，欧洲各大王公贵族、政要和明星多选此作为专用座驾。1926 年春天，斯柯达将一辆 Hispano Suiza 开往布拉格城堡，献给捷克斯洛伐克第一任总统马萨里克。1929 年，代替 Hispano Suiza 的高档产品是斯柯达 860 系列豪华轿车（图 3 - 212），也是斯柯达历史上最有代表性的车型。

图 3 - 211　豪华车型 Hispano Suiza

图 3 - 212　斯柯达 860

进入 20 世纪 30 年代中期，斯柯达汽车蓬勃发展，销量急剧上升。备受瞩目的 Popular、Rapid、Superb 这三款车型（图 3 - 213）为斯柯达品牌的崛起奠定了基石，有力地推动了斯柯达汽车的发展，使其一举跃升为捷克斯洛伐克本土市场最畅销的汽车品牌，领跑当地的汽车制造业，并且成为 20 世纪 30 年代整个欧洲备受推崇的汽车品牌。当时，这些车型为业界树立了技术、设计以及性价比标准。1936 年，斯柯达品牌共售出近 3000 辆汽车，首次成为捷克斯洛伐克当时最大的汽车制造商。而且，斯柯达汽车在出口市场也大获成功。

由于深受第二次世界大战重创，斯柯达汽车自1945年秋开始被纳入国家计划经济体系，逐渐被国有化。1948年，斯柯达推出了一款1101 Roadster（图3-214），这是斯柯达在第二次世界大战后的佳作。车身采用亮眼的黄色，搭载了排量为1.1L、32马力的发动机，后方带有可折叠的敞篷。此外，还衍生出四门房车、四门掀顶、敞篷、厢式货车等车型。

图3-213 Superb（左）、Rapid（中）、Popular（右）

图3-214 斯柯达1101 Roadster

1950年，斯柯达推出了一款集合当时捷克汽车工业的所有精华、名为"VOS"的大型轿车，"VOS"在捷克语中意为"政府专用车"，在当时不仅服务于捷克斯洛伐克领导人，还曾引入中国。1952年，捷克斯洛伐克政府代表团访华时，赠送给毛主席一辆斯柯达VOS防弹车（图3-215）。这款车总共生产了107辆，包含重装甲和轻装甲两款车型，而采用重装甲的车型重量约为4t。

1982年，斯柯达着手开发前置前驱轿车，这就是斯柯达Favorit（图3-216）。Favorit的诞生也为斯柯达带来了巨大的利益和荣誉，但这也是斯柯达自己研发的最后一款车型。

图3-215 斯柯达VOS防弹车

图3-216 斯柯达Favorit

1989年，斯柯达又一次开始寻找强大的战略合作伙伴，通用、宝马、雷诺和大众纷纷向其抛出橄榄枝。斯柯达的初衷是希望继续生产自家车型，而不是沦为其他品牌的代工厂，大众给出的条件最合斯柯达心意。1991年4月16日，大众集团购买了斯柯达公司70%的股份，其余30%股份在2000年收购，斯柯达公司进而成为德国大众汽车集团的全资子公司。

1996年11月，源自大众PQ34平台的第一代斯柯达Octavia（图3-217）正式上市，这是大众将斯柯达收购后生产的第一款斯柯达品牌车型。从此，斯柯达借助大众的技术优势和管理经验，使旗下各品牌重

图3-217 斯柯达Octavia

树高品质和个性化形象，质量和市场推广方面得到长足进步，甚至成为世界畅销车。大众改变了斯柯达汽车，挽救了斯柯达公司，也改变了人们以往对斯柯达简陋的印象。大众也同样受益匪浅，收购斯柯达公司后的回报十分可观。

进入 21 世纪的斯柯达汽车已经从真正意义上迎来了自己的辉煌。斯柯达汽车通过对大众汽车文化的理解、技术的吸收、经验的吸取，如今已经成为大众汽车旗下比较活跃的一个品牌，是大众汽车集团不断开拓市场的主打品牌。

2005 年 4 月 11 日，随着上海大众与斯柯达的签约，正式开启了斯柯达汽车的中国之旅。同年 12 月 8 日，上海大众和斯柯达战略合作关系联合声明的发表，标志着上海大众将携手斯柯达在中国合作生产斯柯达全系列产品，这意味着斯柯达主力车型将悉数实现国产。由此，斯柯达成为中国中高级轿车市场不可或缺的竞争力量。

2. 经典车型

斯柯达品牌的发展有着浓郁的地缘色彩。斯柯达的故乡布拉格紧邻德国，因此这个品牌既在设计方面表现出了布拉格这个城市特有的艺术感，又在制造方面秉承了邻国德国对于材质做工的苛刻要求。斯柯达汽车以高性价比、坚实耐用、高安全性、优良的操控性及舒适性兼备而成功地打入了欧洲、亚洲、中东、南美洲、非洲等地区，备受广大消费者的青睐。除了在本国拥有高居 50% 以上的市场份额外，在德国、英国及波兰都有不错的市场表现。

（1）斯柯达 Popular　斯柯达 Popular（在捷克国内称为 Tudor）于 1934 年 2 月首次亮相。这款车正如其名，较轻的重量和低廉的成本使这款车备受追捧，它实现了普通民众期待已久的汽车梦，是一款真正的"人民之车"。Popular 可以配置 4 个座位成为一款轿车，也可以配置两个车门变身为敞篷车或半敞篷车，抑或双座跑车甚至是一辆厢式货车。在 1934 年到 1946 年间，斯柯达汽车共售出 2 万多辆斯柯达 Popular，其中有 6000 辆出口到世界 50 个国家。值得注意的是，在 1935 年到 1938 年这四年间，斯柯达品牌共计向中国出口了 18 辆 Popular，这是该品牌首次与中国结缘。斯柯达 Popular 颇受欢迎的一个主要原因是其性能可靠，稳定耐用。1934 年 5 月，7 个年轻人开始了从布拉格到加尔各答的远征，在这次全程约 1.1 万 km 的旅途中，斯柯达汽车没有发生一次技术故障。今天，在位于姆拉达·博莱斯拉夫斯柯达汽车博物馆内，依然可以看到当年整个旅程的原版照片。1936 年，埃尔斯特纳夫妇开启了美国 - 墨西哥之旅，伴随着"驾驶斯柯达 Popular100 天"的宣言，他们驾驶一辆斯柯达 Popular 行驶了近 2.5 万 km。

图 3-218　环球旅行的 Rapid

（2）斯柯达 Rapid　斯柯达 Rapid 同样问世于 1934 年，作为斯柯达 Popular 的大哥，斯柯达 Rapid 是一款新型中级车。1935 年，Rapid 作为独立的车系正式推出，包括四门轿车、双门轿跑以及敞篷车等。1936 年，捷克斯洛伐克汽车俱乐部主席及其朋友驾驶着一辆斯柯达 Rapid（图 3-218）仅仅用了 97 天就环游地球一圈。他们加装了更大体积的副油箱以及调校底盘后，从布拉格出发，穿越了俄罗斯和伊朗，经印度、中国抵达日本，然后乘船越洋登陆美国，最后从纽约登上返回欧洲的轮船。在当时，无论路况还是加油站等都远不如现在，这对搭档仅仅凭借斯柯达 Rapid 就实现了纵横四海的梦想，Rapid 的可靠性由此可见一斑。当他们返回时，斯柯达还特意组织了热烈的仪式迎接这两位勇敢的汽车爱好者。

1936 年，斯柯达对 Rapid 的动力系统进行了升级，排量增大到 1.8L，最大功率达 31 马力。这样的动力现在看来可能不值一提，可放在当时已经足以让 Rapid 赢得 1936 年柏林奥运会汽车拉力赛冠军。由于后来《奥林匹克宪章》明确规定主要依赖机械动力推进的项目不能被列为奥运会比赛项目，因此，Rapid 的此项荣誉显得尤为珍贵。

2011 年，Rapid 再次出现在新闻报道当中，这次 Rapid 是以三厢家用轿车的身份在印度全球首发亮相，并且很快投产。2013 年 3 月，上海大众宣布，国产斯柯达 Rapid 正式启动预售，同时公布了"昕锐"的中文名称，昕锐也是国内首款采用斯柯达全新标识的车型。

（3）斯柯达 Superb   20 世纪 30 年代，斯柯达在捷克斯洛伐克占有 14% 的市场份额。为了与竞争对手相抗衡，斯柯达在 1934 年底推出了旗下第二款高端车型 Superb，包括 Superb 640（图 3-219）和 Superb 902（图 3-220）两种款式，其中 Superb 902 的发动机排量和功率都有所提升，并且采用了更多的流线形设计。1937 年，代号 913 的 Superb 3000（图 3-221）上市，其流线形车身在当时看起来相当前卫，产量也刷新了 Superb 的纪录，达到了 350 辆。

图 3-219　Superb 640

图 3-220　Superb 902

1939 年，斯柯达推出了代号 919 的 Superb 4000（图 3-222），Superb 4000 的整车长度也达到了 5700mm，是个名副其实的大家伙，这也是该车系工艺最为精湛的一款，同时也是斯柯达首款搭载 V8 发动机的车型，其 4.0L V8 发动机最大功率 135 马力，最高车速 135km/h，然而由于售价高昂，最终仅生产了 12 辆。1949 年，最后一辆代号 924 的 Superb 驶下生产线，从此，Superb 的名字从人们的视线中消失了 50 多年。

图 3-221　Superb 3000

图 3-222　Superb 4000

斯柯达在 1991 年 4 月加入大众集团后，急需一款实用且不失豪华感的车型以巩固其老牌

汽车企业的形象。2001 年 10 月，代号 3U 的全新第
一代 Superb（图 3 - 223）正式上市。2008 年 3 月
的日内瓦车展，斯柯达推出代号 3T 的全新第二代
Superb（图 3 - 224）。全新第二代 Superb 于 2015 年
在海外市场正式停产，然而它的生命周期却在中国
市场以"昊锐"这个中文名称得以延续。全新第三
代 Superb（图 3 - 225）车身尺寸再一次有所增大，
而车重反而比上一代车型减少了 75kg。配置的提升使全新第三代 Superb 的定位上升了一个高
度，令新一代 Superb 更具竞争力。

图 3 - 223　全新第一代 Superb

图 3 - 224　全新第二代 Superb

图 3 - 225　全新第三代 Superb

斯柯达在 100 多年的发展历程中，经历了多次的战乱、政变和兼并，历经坎坷、坚忍不
拔。如今，凝聚着捷克人智慧与心血的斯柯达正为世界车坛谱写更多的新篇章！

3.5.2　沃尔沃汽车公司

沃尔沃（VOLVO）是瑞典著名豪华汽车品牌，由瑞典人古斯塔夫·拉尔森和阿瑟·格布
尔森于 1927 年在瑞典哥德堡创建。沃尔沃汽车公司是瑞典最大的工业企业集团，是北欧最大
的汽车企业，也是世界 20 大汽车公司之一。1999 年，沃尔沃集团将旗下的沃尔沃轿车业务
出售给美国福特汽车公司。2010 年，中国汽车企业浙江吉利控股集团从福特手中购得沃尔沃
轿车业务，并获得沃尔沃轿车品牌的拥有权。

图 3 - 226　VOLVO 车标

"Volvo"一词为拉丁文，意为"滚滚向前"。1915 年 6 月，
"VOLVO"（字母均为大写）作为品牌名称首先出现在瑞典知名轴
承制造商 SKF 公司的轴承上，并正式于瑞典皇家专利与商标注册
局注册成为商标。从那一天起，SKF 公司出品的每一组汽车用滚
珠与滚子轴承侧面，都打上了全新的"VOLVO"标志。如图 3 -
226 所示，沃尔沃汽车车标由三部分图形组成：第一部分是外面有
一支箭的圆圈，箭头呈对角线方向指向右上角，圆圈代表古罗马
战神玛尔斯，同时也是有着光辉传统的瑞典钢铁工业的象征；第
二部分是采用古埃及字体书写的"VOLVO"字样，象征着沃尔沃
人勇往直前、永不止步的精神；第三部分是对角线，在散热器上
设置的从右上方向左下方倾斜的一条对角线彩带。这条彩带的设
置原本出于技术上的考虑，用来将玛尔斯符号固定在格栅上，后
来就逐步演变为一个装饰性符号而成为 VOLVO 家族最具代表性和识别度的标志。

1. 发展历程

沃尔沃的创始人瑞典人古斯塔夫·拉尔森和阿瑟·格布尔森原本都服务于瑞典知名球轴承制造商 SKF，其中拉尔森是工程师，而格布尔森则是经济学出身的国际行销部门经理。由于两人对汽车的前瞻性与热情，携手合作在 1925 年 9 月成功说服 SKF 的董事会，借到了该公司位于特斯兰大的厂房，作为 SKF 的子公司生产汽车。1926 年 8 月 10 日获得了 SKF 董事会的授权，成立沃尔沃公司（AB VOLVO），正式开始新车量产。

1927 年 4 月 14 日，沃尔沃首款量产汽车 ÖV4（图 3－227）正式下线，这款老式敞篷汽车车身由白蜡木和榉木框架制成，外覆金属板。因为采用当时欧洲大陆流行的敞篷设计，不符合北欧寒冷的天气状况，因此销售并不是很好，最终这款车仅仅生产了 275 辆。此后沃尔沃积极总结经验，根据瑞典及欧洲市场特性进行研发，于 1927 年夏天推出了 PV4（图 3－228）。PV4 采用硬顶设计，车身部分有一个隔热的木质框架，外覆人造革而不是钢板，座椅可以转换成一张舒适的双人床。由于 PV4 在舒适性上做出了一定程度的革新，两年间销售了 694 辆。值得一提的是，在 ÖV4 出厂前一年，便已经进行了首次撞击试验。可以看出，沃尔沃在创始之初便十分看重汽车的安全性。从此，沃尔沃轿车就树立了安全轿车的形象。

图 3－227　沃尔沃 ÖV4

图 3－228　沃尔沃 PV4

1929 年，沃尔沃第一款六缸 DB 发动机面世，排量 3.0L，最大功率 55 马力。PV651（图 3－229）就是第一款搭载这台发动机的车型，该车在车身方面比之前两款更长更宽，所有四个车轮均配置了制动系统，在 4 年的量产周期内共生产了 2382 辆。1930 年，沃尔沃推出了比 PV651 更为豪华的升级版车型 PV652，1933 年又推出了 PV653 和它的豪华版 PV653，沃尔沃也通过后两款车的生产与销售而逐步走上正轨。

由于销售规模越来越大，1935 年，沃尔沃公司脱离母公司 SKF，独立营运。同年，沃尔沃在瑞典证券交易所正式上市。然而，世界范围内罕见的经济大萧条使沃尔沃公司也不可避免地遭受了冲击。不过，正是在这一时期，沃尔沃汽车公司创始人古斯塔夫制定了沃尔沃汽车基于安全的核心品牌价值，并鼓励全体沃尔沃人严格贯彻执行。

图 3－229　沃尔沃 PV651

1943 年，在斯德哥尔摩皇家网球厅举办的沃尔沃车展上展出了沃尔沃首款面向大众的 PV444 型轿车（图 3－230），首次配备了安全车厢和夹层风窗玻璃，这两种安全技术一直到今天还在继续使用。由于 PV444 皮实耐用、安全性高、经济性好、外观时尚，在量产的 12 年间共生产了 20 万辆左右，而它的售价也从刚刚推出时的 4800 瑞郎飙升至 8000 瑞郎以上。在这之后的 1944 年，沃尔沃又推出了搭载 3.6L 六缸发动机的 PV60（图 3 - 231），最大输出功率为 90 马力。PV60 型在 4 年内共生产了 3006 辆，在那个被战争弄得民不聊生的时期，这个销量已经是很可观了。凭借 PV444 和 PV60，完全避开战火的沃尔沃收入颇丰，并因此成为第二次世界大战结束后北欧最大的公司，产品不仅涉及家用汽车，还有客车、货车、重型车等产品。

图 3 - 230 沃尔沃 PV444

图 3 - 231 沃尔沃 PV60

1956 年，沃尔沃推出了 P120（图 3 - 232）。沃尔沃 P120 配备了层压玻璃，还在仪表板上半部增加了衬垫以降低撞击时仪表板对驾驶人造成的伤害。沃尔沃 P120 量产 11 年，共生产 234208 辆。

1959 年，受聘于沃尔沃的瑞典航空业工程师尼尔斯·博林发明了更可靠的三点式安全带，这绝对是具有里程碑意义的。这种安全带用对角线捆绑方式将整个人体牢牢拴住，可谓是既省成本又安全的设计。同年，沃尔沃 PV444 的升级版 PV544（图 3 - 233）成为全球首款配备三点式安全带的汽车，沃尔沃也成为世界上首家将三点式安全带作为汽车标配的厂商。

图 3 - 232 沃尔沃 P120

图 3 - 233 沃尔沃 PV544

1960 年，沃尔沃在民用跑车 P1800 上使用了加装软质衬垫后的仪表板，一改之前发生碰撞时坚硬的木质或者金属材质的仪表板对人体造成的威胁，将乘客的伤害降到最低，同样的设计已在今天被汽车制造商广泛应用。时至 2011 年，美国纽约的退休教师埃夫戈登于 1966 年购买的沃尔沃 P1800 已经行驶超过 290 万 mile（约 450 万 km），创造并保持着现今世界量产车行驶里程最长纪录。

图 3 - 234 沃尔沃 144

1966 年，沃尔沃推出"全球最安全轿车"——沃尔沃 144（图 3 - 234），被北欧国家评为"当年度最佳轿车"。该车配备众多安全配置，四个车轮全部采用盘式制动器，驾驶人和前排乘客均配备三点式安全带等。随着这个系列车型的大卖，沃尔沃汽车在此后几年的销量逐年攀升，并于 1970 年突破 200 万辆大关，从 100 万辆到 200 万辆，沃尔沃仅用了 6 年时间。

1970 年，沃尔沃成立了汽车行业内第一个汽车交通事故调查小组。这个小组会专门派人去高速公路或城市市区的事故现场做调查，并收集现场车体碎片等回来做分析研究。从此，沃尔沃获得了其他品牌所没有的宝贵材料和经验，更加让它在汽车安全领域立于不败之地。沃尔沃汽车交通事故调查小组一直工作至今，日后我们看到的更多新型安全设备都是基于他们的调研结果开发的。

1979 年，由于产业调整以及沃尔沃在轿车市场上的不俗表现，沃尔沃集团决定将乘用车制造部分独立出来，命名为沃尔沃轿车公司（VOLVO Car Corporation）。

1984 年，沃尔沃在其全车系使用制动防抱死系统（ABS），成为第一家全车系皆采用 ABS 的汽车公司，保时捷是 1989 年，而最先采用 ABS 技术的梅赛德斯－奔驰在 1992 年才在其全系车型采用。

1991 年，沃尔沃推出 850 车型（图 3－235），突破了当时沃尔沃轿车在安全和性能领域的新巅峰，彻底奠定了沃尔沃轿车在高端豪华车市场的地位，这款可作为轿车、旅行车甚至房车进行生产销售的车型当时被誉为沃尔沃轿车最为高端、配置最齐备的代表。不仅如此，沃尔沃 850 还首次集成了侧撞保护系统（SIPS）以及预紧式前座安全带。

图 3－235　沃尔沃 850

时至 1998 年，包括沃尔沃轿车公司在内的沃尔沃集团已在比利时、澳大利亚、美国、巴西等国家建立生产企业，成为世界最大 500 家跨国公司之一。
1999 年，垂涎已久的福特汽车以 64.5 亿美元正式收购了沃尔沃的轿车业务，并将其加入包括捷豹、路虎、阿斯顿·马丁在内的福特"高端阵营"。2000 年，沃尔沃推出了多款新品，新版 S40、V40、V70 以及全新的三厢轿跑车 S60。沃尔沃汽车也在福特的帮助下实现了创纪录的 422100 辆的销量，可以说，沃尔沃加入福特的初期是成功的。

2000 年 3 月 29 日，沃尔沃汽车安全中心落户于瑞典哥德堡，在这里人们可以模拟几乎所有环境、路况以及速度的碰撞现场，这就使得沃尔沃能够从最为接近真实的"车祸现场"中总结经验、对症下药地改进或研发各类安全设备，沃尔沃汽车安全中心的测试数据与影像资料往往被作为汽车安全领域的标杆。

图 3－236　沃尔沃 XC90

基于汽车安全技术中心反复的实战模拟及相当成熟的安全技术，沃尔沃于 2002 年再次推出了一款经典车型，这款名为 XC90 的 SUV（图 3－236）于 2002 年初的底特律车展上首次亮相。定位于豪华 SUV 级别的 XC90 与所有沃尔沃车型一样具有相当完备的安全配置，XC90 钢筋加固的车身能够很好地减轻车辆翻滚时车厢内人员所受到的伤害，同时在车辆前、侧部均有吸收撞击力的溃缩区，并同时配备车辆稳定系统。

2004 年，沃尔沃继续研发出了盲点信息系统（BLIS）和碰撞警示系统（CWAB），并将其运用在 2006 年沃尔沃 S80 轿车上。2005 年，全新的 C70 亮相，该车采用三节伸缩式硬顶设计，并拥有独一无二的车门膨胀气帘。2007 年，酒后驾驶闭锁装置诞生。2008 年 XC60 上市，而有效减少或避免低速追尾碰撞的城市安全系统也随之出现。

2010 年 3 月 28 日，对于因 2008 年世界金融风暴而使财政状况急转直下的沃尔沃轿车公司来说又是一个新的起点，我国浙江吉利控股集团有限公司正式以 100% 股权（18 亿美元）收购沃尔沃轿车公司，这是我国一次最大规模收购国外汽车品牌行为。然而，此次收购并未对沃尔沃汽车公司的造车理念与经营策略产生影响，瑞典人依旧延续着他们严谨、踏实的造车精神，更保留了沃尔沃车标的内涵与成色。

2. 经典车型

自 1927 年创立以来，沃尔沃始终非常注重安全、质量和对环境的影响，这三个因素被视为 VOLVO 的核心价值，一直贯穿于公司设计、开发和制造的整个环节，并渗透于公司的运营、产品及态度之中。多年来，沃尔沃利用从实际交通事故中掌握的第一手资料，开发研制出多种安全系统，广泛应用于沃尔沃各种类型的汽车中。早在 20 世纪 40 年代，VOLVO 就在 PV444 型车上配置了诸如胶合式安全风窗玻璃和安全车厢的框架结构等重要的安全特色产品。第一个安装于汽车中的儿童安全座椅的原型于 1964 年经过测试，1972 年在沃尔沃的客车上推出。1991 年，VOLVO 推出了侧撞保护系统（SIPS）。其他的还有正面碰撞缓冲系统、可变形的转向盘，前防钻保护装置（FUPS）和电子稳定增强系统（ESP）等，已经成为一流汽车产品的标准配置。在沃尔沃所有的发明中，最突出的首推 1959 年由沃尔沃首席安全工程师尼尔斯·博林发明的三点式安全带，它被公认为是人类历史上对拯救生命发挥最大贡献的技术发明之一。沃尔沃在安全方面的独到之处，使其成为世人心目中最安全的汽车。美国公路损失资料研究所曾评比过世界上十种最安全的汽车，沃尔沃荣登榜首。沃尔沃汽车公司以"品质、安全、环保"的核心价值铸就了享誉世界的沃尔沃品牌，在世界范围内赢得了高度的信任，成就了巨大的号召力。

沃尔沃品牌轿车的代表车型有 S 系列四门轿车（S40、S60、S70、S80、S90），V 系列多用途车或旅行车（V40、V60、V70、V90），XC 系列 SUV（XC60、XC90）等。作为沃尔沃旗下的旗舰车型，沃尔沃 S80 更是凝聚了沃尔沃所有高科技于一身，其豪华程度不亚于其他任何同级车型。

1998 年 5 月，第一代沃尔沃 S80（图 3－237）揭开面纱正式推出。从诞生之日起，S80 就成为沃尔沃的旗舰豪华轿车，是沃尔沃汽车展示豪华形象、提升市场地位最重要的战略产品。正是因为 S80 的诞生，沃尔沃的客户名单中开始增加了更多闪光的名字：瑞典王室、西班牙皇室、阿拉伯王子、前美国国务卿鲍威尔、演员基努·里维斯、歌星艾薇儿、大导演唐纳德·苏瑟兰、作家约翰·厄尔文等。

图 3－237　第一代沃尔沃 S80

　　2006 年，第二代沃尔沃 S80（图 3 - 238）在日内瓦车展上亮相，更多处于世界领先地位的安全新技术被首先应用在 S80 身上，包括自适应巡航控制系统（ACC）、带自动制动功能的碰撞警示系统（CWAB）、驾驶人警示控制系统（DAC）以及车道偏离警示系统（LDW）等。2009 年日内瓦车展前夕，沃尔沃正式发布了 2010 款 S80。2011 年 4 月，沃尔沃于海外正式发布了 2012 款 S80（图 3 - 239）。

图 3 - 238　第二代沃尔沃 S80　　　　　　图 3 - 239　2012 款沃尔沃 S80

　　沃尔沃的创始人古斯塔夫·拉尔森和阿瑟·格布尔森曾说过："车是人造的。无论做任何事情，沃尔沃始终坚持一个基本原则：安全。现在是这样，以后还是这样，永远都将如此"。"对沃尔沃来说，每年都是'安全年'"，虽然这句话源于沃尔沃产品的一则广告，但沃尔沃的历史显示这种说法毫不夸张。

复习题

一、简答题

沃尔沃轿车有什么特点？在世界车坛中有怎样的地位？

二、测试题

请扫码进行测试练习。

测试 7

3.6　美国著名汽车品牌

　　汽车文明从欧洲传到美国后，这个年轻而富有创造性的国家对它表现出极大的兴趣。美国地广人稀、资源丰富、经济发达，美国人性情粗犷、崇尚自由、不拘小节，既豪放狂野又注重实用。美国汽车彰显出美国文化和文明的特征，它们被美国人视作朋友、亲人、爱人和情人，是美国人居室的扩展和延伸。无论是福特、通用还是克莱斯勒，传统的美国汽车大多动力强劲、极尽豪华、乘坐舒适、驾驶安全，奢华如林肯、凯迪拉克，彪悍如悍马，狂野如 JEEP，实用如皮卡。20 世纪六七十年代，在日本和欧洲车系的冲击和影响之下，美国汽车制造商正不断改进，吸收了日本和欧洲车系的理念和技术，美国汽车的燃油经济性有所改善，但外观设计上仍然沿袭了个性张扬的风格，车体仍旧保持宽大舒适。美国的汽车品牌文化代表的是美国社会个人至上的价值观和西方社会的高效率精神，是美国人追求个性解放、精神自由的体现，汽车当仁不让地成为美国文明的承载者。

在汽车的起源和发展过程中，美国汽车不仅主导着世界汽车工业的发展，更造就了享誉世界的汽车品牌，使汽车品牌成为美国文化的重要组成部分。

3.6.1　福特汽车公司

福特（Ford）汽车公司是全美最大汽车制造商，也是世界第二大汽车制造商。1903 年由被誉为"汽车大王"的亨利·福特创办于美国底特律市，1922 年收购了林肯汽车，1935 年开创了水星品牌，现在总部设在美国密歇根州底特律西郊的迪尔伯恩。凭着创始人亨利·福特"制造人人都买得起的汽车"的梦想和卓越远见，福特汽车公司历经一个世纪的风雨沧桑，已经成长为世界最大的汽车企业之一。福特在世界各地 30 多个国家拥有汽车生产、总装或销售企业，销售网遍及 6 大洲 200 多个国家和地区，经销商超过 10500 家，员工超过了 37 万人。2018 年 7 月 19 日，《财富》世界 500 强排行榜发布，福特汽车公司位列第 22 位。

图 3-240　福特车标

亨利·福特生前十分喜爱动物，他经常忙里偷闲访问动物专家，阅读有关动物的书籍和报纸，他在这个领域也有较深的造诣。1911 年，商标设计者为了迎合亨利·福特的嗜好，就将公司商标中的英文"Ford"字样设计成可爱、温顺的小白兔形象。在蓝底白字的椭圆形标识中，"Ford"犹如在温馨的大自然中一只活泼可爱、充满活力的小白兔正在向前飞奔，象征福特汽车奔驰在世界各地，令人爱不释手，如图 3-240 所示。

1. 发展历程

（1）福特汽车公司　1896 年 6 月 4 日，亨利·福特将他的第一辆汽车开上了底特律大街，这是一辆手推车车架装在四个自行车车轮上的四轮汽车（图 3-241）。福特的目标就是要为民众制造人人都买得起的好车，让世界骑在车轮之上。

1899 年 8 月 5 日，亨利·福特与其朋友集资成立了底特律汽车公司，这也是在底特律设立的第一家汽车制造公司。但到了 1900 年 11 月，共生产了 12 辆汽车的公司便倒闭了。

1903 年 6 月 16 日，亨利·福特和 11 个初始投资人签署了公司成立文件，福特汽车公司在底特律的一间窄小工厂中宣告成立。不久，福特公司的第一款产品福特 A 型车（图 3-242）诞生了。福特 A 型车搭载一款两缸发动机，能输出 8 马力的动力，在平坦的道路上，它的时速可达 30mile，这在当时是相当罕见的。在不到一年时间内就销出 650 辆，第二年月产量稳定在 300 辆，第三年达到了 360 辆，福特公司因此而成为底特律最为忙碌的工厂。福特 A 型车在福特汽车公司的历史上曾起到过举足轻重的作用。1903 年 7 月，当亨利·福特面临着手中的可用资金仅剩不到 250 美元的巨大困境时，正是一笔福特 A 型车的全额车

图 3-241　福特的第一辆汽车

图 3-242　福特 A 型车

款和两笔定金共 1320 美元的及时到位，解决了福特汽车公司的燃眉之急，使亨利·福特能继续追逐他开创"车轮上的世界"的梦想。至今，福特 A 型车仅有一辆仍留存于世。

1903 年至 1908 年间，亨利·福特和他的工程师们一共生产了 A、B、AC、C、F、K、N、R 和 S 型一共 9 款不同类型的汽车。除了 1906 年推出的 N 型车，其他车型由于价格等因素几乎都失败了，其中有些只是实验车型，从来没有上市，这使得福特坚持认为公司的未来在于生产适合大众市场的价格低廉的汽车。直到 1908 年 9 月 27 日，福特汽车公司生产出世界上第一辆属于普通百姓的汽车——T 型车，世界汽车工业革命就此开始。

1919 年 1 月 1 日，亨利·福特唯一的儿子埃德塞尔·福特接替亨利·福特任公司总裁。正是在埃德塞尔·福特的极力说服下，1922 年 2 月 4 日，福特汽车以 800 万美元收购了破产的豪华汽车制造商林肯汽车公司。

1927 年，虽然作了改进但多年来基本上没有变化的 T 型车慢慢失去了市场，让位于福特竞争对手所提供的无论款型和性能都高出一筹的车型。1927 年 5 月 31 日，福特全国各地的工厂都关闭半年，为生产在各个方面都有了巨大改进的新款 A 型车更换机械设备。福特新款 A 型车（图 3-243）工艺精湛、技术先进、性能卓越、外观精美。福特之所以将其命名为 A 型车，公司将其解释为与过去诀别，"A"寓意着新的开始，福特想让它成为一个转折点。新款 A 型车不负众望，在 1927 年末到 1931 年间，共计 450 多万辆不同车身造型和不同颜色的新款 A 型车行驶在美国的大

图 3-243　福特新款 A 型车

街小巷之中，新款 A 型车使福特从雪佛兰手中重新夺回了汽车销售量的头把交椅。

1943 年 5 月 26 日，年仅 49 岁的埃德塞尔·福特因癌症去世。6 月 1 日，亨利·福特重新担任福特汽车公司总裁，再次回到福特公司最高掌门人的位置。1945 年 9 月 21 日，埃德塞尔·福特的大儿子亨利·福特二世接替祖父亨利·福特任公司总裁，成为福特汽车公司的负责人。这位不到 30 岁的年轻总裁胆识过人，对福特而言开启了一个全新的时代。

1980 年 3 月，福特的人事发生重要变动，亨利·福特二世将公司大权首次交给了已为福特效力 25 年的菲利普·考德威尔，这是福特公司首个非家族接班人，同时宣告福特家族 77 年统治的结束。

1987 年，福特公司收购了英国阿斯顿·马丁汽车 75% 的股份，1994 年 7 月又收购了其余的股份，从此阿斯顿·马丁成为福特汽车的品牌之一。1989 年 12 月 1 日，福特收购捷豹汽车，并投入重金振兴这一英国名贵轿车品牌，终于使捷豹的年产销量突破 10 万辆。

1999 年 1 月 1 日，亨利·福特的曾孙比尔·福特成为福特汽车公司董事长。1 月 28 日，福特汽车购买了沃尔沃全球轿车业务。2000 年 6 月 30 日，福特汽车从宝马汽车集团正式购得路虎公司的所有权。

然而，进入 21 世纪之后，福特收购的欧系豪华汽车品牌被逐渐脱手，阿斯顿·马丁在 2007 年被卖给一家由英国资本主导的财团，路虎、捷豹在 2008 年被卖给印度塔塔集团（同年福特抛售了马自达 26.8% 的股份），沃尔沃 2010 年则被中国的吉利汽车公司收购，吉利汽车获得沃尔沃轿车品牌的拥有权，唯有林肯在福特的大旗下继续向前。

1995 年，福特汽车（中国）有限公司成立，作为福特汽车公司在亚洲及太平洋地区的总

部，为消费者提供多元化的福特产品和服务。在中国，福特汽车有 10 个汽车制造工厂，员工总数超过 20000 名。2003 年 1 月 18 日，长安福特首辆投产的轿车——福特嘉年华正式下线，开启了福特汽车在中国的新里程。

（2）林肯汽车公司　林肯（Lincoln）是福特汽车公司拥有的第二个品牌。由于林肯轿车杰出的性能、高雅的造型和无与伦比的舒适，它一直是美国车舒适和豪华的象征。林肯轿车也是第一个以美国总统（第 16 任总统亚伯拉罕·林肯）的名字命名、为总统生产汽车的品牌，自 1939 年美国的富兰克林·罗斯福总统以来，它一直被选为总统用车。

图3-244　林肯车标

林肯轿车商标是在一个矩形中含有一颗闪闪放光的十字星辰，表示林肯总统是美国联邦统一和废除奴隶制的启明星，也喻示林肯牌轿车光辉灿烂（图 3-244）。

林肯品牌是由被称为"底特律教父"的亨利·利兰创办的。人们之所以称亨利·利兰为"底特律教父"，是因为在美国汽车工业史上荣耀百年的凯迪拉克和林肯都是由他创办的。

1917 年 8 月 29 日，因为与通用汽车总裁威廉·杜兰特的分歧，亨利·利兰离开了自己创办的凯迪拉克，成立了专注于飞机发动机生产的林肯公司，希望为卷入第一次世界大战的国家贡献力量。在战争期间，林肯公司总共生产了 6500 台飞机发动机。

在战争结束后，亨利·利兰回到了他熟悉的汽车行业。1920 年，林肯 L 型轿车（图 3-245）正式诞生，这是林肯品牌的第一款车型。但是，杰出的产品没有给林肯公司带来销量上的成功，主要原因是战后经济衰退，人们的消费能力捉襟见肘，而林肯 L 型轿车当时售价最低 6100 美元，价格是福特 T 型车的 16 倍。1921 年 11 月，亨利·利兰迫于财务压力不得不宣布林肯公司破产，并进行拍卖。1922 年 2 月 4 日，亨利·福特以 800 万美元的价格买下了林肯公司，埃德塞尔·福特被委任为首任董事长，十分注重设计的埃德塞尔·福特一度热情高涨，他说："父亲造出了最受欢迎的汽车，而我，则要造出流芳百世的经典"。

20 世纪 20 年代，林肯制造了众多按用户需求定制的名车，其中一款就是专为亨利·福特本人特别定制生产的 1922 款林肯城市（图3-246）。自 1924 年后，林肯城市成为托马斯·爱迪生和赫伯特·胡佛（美国第 31 届总统）等名流和富人的首选座驾。到了 20 世纪 30 年代，林肯凭借豪华尊贵的品质，赢得了世人的瞩目。

图3-245　不同版本的林肯 L 型轿车

图3-246　林肯城市

进入 20 世纪 30 年代，福特的对手们都有了非常完善的产品线，通用公司旗下品牌就有雪佛兰、庞蒂亚克、别克和凯迪拉克等，而紧跟通用的克莱斯勒也有普利茅斯、道奇等，埃德塞尔·福特意识到必须要有新的产品与对手们抗衡。1934 年，当埃德塞尔·福特在芝加哥的一个展会上展出他和设计团队的作品时，立刻赢来了很多人的赞叹，埃德塞尔·福特为这款车起名为 "Zephyr"（图 3 - 247）。这款车型颠覆了当时一成不变的汽车设计理念，流线形车身设计成为潮流所向，在此后的几年间都是备受瞩目的焦点。Zephyr 售价仅为 1250 美元，远远低于 4000 美元的林肯 K 型车，上市后市场反响热烈，在 1935 年售出 17725 辆，1936 年时更突破 25000 辆。1937 年 4 月 29 日，林肯的首席设计师为林肯 Zephyr 的设计申请了专利。

图 3 - 247　林肯 Zephyr

在经历第二次世界大战的震荡和埃德塞尔·福特的离世后，林肯也迎来了一个全新的时代。1946 年，在经过长达 4 年的停产后，林肯终于恢复了豪华车的生产，而接管林肯品牌业务的是埃德塞尔·福特的第二个儿子——本森·福特，他同时负责水星品牌的管理，可以说是福特公司掌门人亨利·福特二世最信赖的助手。在亨利·福特二世和本森·福特兄弟的领导下，失去埃德塞尔·福特的林肯没有就此沉沦，而是迸发出惊人的能量，经典的林肯大陆系列车型，一度成为政要、社会名流以及影视明星趋之若鹜的品牌，成功奠定了林肯在美国豪华车中的领导地位，总统座驾的名号也足以让它载入史册。20 世纪 60 年代被认为是林肯最辉煌的年代，它的风光延续了 20 年。

对林肯而言，20 世纪 80 年代是一个稳步向前的过渡期，在考德威尔的领导之下，20 万辆的年销量也创造了历史新高。进入 90 年代后，随着日系车企的大举进攻，美国消费者开始大量选择经济实惠的日系车。面对日趋激烈的市场竞争，林肯逐渐跟不上步伐，产品缺乏竞争力，市场反应更是迟钝。当然，这很大程度上和福特对林肯不重视有关，直接导致林肯品牌影响力大不如前，并且逐渐沦落为一个"小众"品牌。

在林肯的百年发展历程中，福特公司对林肯汽车的收购让一直生产平民汽车的福特得到了跻身豪华汽车市场的入场券。埃德塞尔·福特对外形设计及精湛工艺的专注与亨利·利兰倾注心血打造的高品质机械强强结合，创造了一个定义豪华座驾体验的全新品牌。不可否认的是，亨利·利兰也为林肯汽车做出了非常大的贡献，其中包括成功地引入可互换零件。1906 年，三辆由他制造的汽车经拆分及互相组装后，依然无机械故障地行驶了 500km。

作为首屈一指世界级的高端豪华车品牌，林肯一直都是豪华和品位的代名词，"总统座驾"既是它的一张名片，也是对它的一种至高无上的嘉奖。

2. 经典车型

（1）福特 T 型车　1908 年，福特汽车公司生产出世界上第一辆属于普通百姓的 T 型车，世界汽车工业革命就此开始。

第一辆福特 T 型车（图 3 - 248）有很高的底盘，粗大的轮胎和弹簧，四个气缸的汽油发动机最大功率 20 马力，最高车速 72km/h，它并不十分好看，但结构简单、驾驶方便、可靠耐用，最主要的是价格低廉，最初的售价只有 850 美元，而同期与之相竞争的车型售价通常为 2000 ~ 3000 美元，相当于同类车型的三分之一。同时，这个简陋的车身里还安装了当时十分先进的行星齿轮传动系统以及飞溅式润滑系统。此车一上市，雪花般的订单扑面而来，供不应求。经过对工厂的简单改造，T 型车第一年的产量达到 10660 辆，打破了有史以来的最高纪录。

图 3-248 福特第一辆 T 型车

1909 年 6 月 1 日，有两辆 T 型车参加了美国汽车俱乐部发起的从纽约到西雅图的横跨大陆汽车比赛。经过 22 天零 55min 的长途跋涉，其中一辆 T 型车获得冠军，领先亚军 17h，获得季军的另一辆 T 型车比亚军仅仅落后几小时，原因是驾驶人迷路，耽误了时间。

在 T 型车的研制之初，福特的技术人员不但参考了国内其他公司的汽车，而且还输入了法国颇受好评的雷诺汽车的先进技术。福特 T 型车的生产历程中经历了数次重大的变化。经过不断改良，发动机由手动起动改为电气起动装置起动，原来使用的油灯或瓦斯灯也改装成了电灯。早期大多数车型是敞篷旅行车，且没有配备车门，样式单一。后期车型逐渐丰富，在原有底盘下开发了轿车、跑车、皮卡、货车等，强大的改装潜力让福特 T 型车几乎可以改装为任何车型。

福特 T 型车在设计思路、生产工艺、销售组织和售后服务等许多方面都采用了创新的方法。亨利·福特从军工系统引进零件通用制，用专用机床加工出标准化的零件，T 型车的零部件设计成统一的规格，可以总成互换，实现了产品系列化和零部件标准化，极大地提高了工作效率，生产过程的简化使得成本降低。通过采用低价的销售策略，价格便宜，使大多数人能够买得起，并提供充足的零部件和及时的售后服务保障，消除了用户的后顾之忧。

早些年，由于汽车故障频发，经常在路上抛锚，美国农民们常常挖沟设路障，不让汽车通过。后来福特在纽约举行了一次"福特门诊"，在公众围观之下解剖 T 型车，并修复一些损伤的零件，以此表明 T 型车适应十分简陋的乡村条件，通过此次活动解除了农民的疑惑。T 型车运用了当时的许多先进科技，例如钒钢，使其耐久性表现十分出色，一百多年后的今天，许多部件仍可正常使用。作家们对福特 T 型车的特征做了有趣的描述，其中一位作家搜遍了整个兽类王国来和它对比，说它"有骡子的脾气，有骆驼的耐性"。几十年以后，《福特传》的作者写到："T 型车不仅是一部车，更是一种召唤，它把汽车工业带入了有希望、有前途、高效率、有实用价值的领域"。

图 3-249 汽车流水装配线

1913 年 10 月 7 日，福特将屠宰场中的牛羊肉分块肢解的流水线反其道而行之，开发出了现代工业革命史上具有里程碑意义的汽车流水装配线（图 3-249），由机械传送带运输零件让工人进行组装，不仅有助于在装配过程中通过生产设备使零部件连续流动，而且便于对制造技能进行分工，把复杂技术简化、程序化，由此奠定了汽车大规模生产方式的基础。1913 年 8 月，一辆 T 型车装配平均需要 12.5h，在应用流水装配线后，装配速度几乎提高了 8 倍，缩减到了 1.5h。在 1915 年已经达到一分钟一辆汽车的水平，而到了 1920 年，每隔 10s 就有一辆 T 型车驶下生产线。随着产量的增加，T 型车的价格也在逐渐下降。福特在 1908 年推出 T 型车时的售价为 850 美元，1910 年售价降为 780 美元，1911 年下降到 690 美元，1914 年产能增加则使 T 型车的售价大幅降到了 360 美元，1921 年售价则降到了 260 美元。至 1913 年底，全美国有 50% 的汽车都是福特公司生产的。1917 年 7 月 14 日，第 200 万辆 T 型车驶下生产线，真正成为 "平民轿车" 的典范。至 1918 年底，全美国的汽车有一半都是清一色黑色的 T 型车。1921 年，第 500 万辆 T 型车下线，福特 T 型车的产量已占世界汽车总产量的 56.6%，足迹遍布世界每个角落，福特开始垄断美国乃至世界的汽车市场。仅仅过了 3 年时间，1924 年，第 1000 万辆 T 型车就驶下了生产线。1927 年 5 月 31 日，在生产了 15007003 辆之后，最后一辆福特 T 型车下线，结束了它 19 年的生产历程。15007003 辆，缔造了一个 60 年之后才被打破的世界纪录，创造了世界汽车生产史上的奇迹，亨利·福特被尊称为 "为世界装上轮子的人"。

　　早在 1913 年，第一批福特 T 型车就销售到了中国，开始了福特在中国的汽车之路。

　　(2) 福特 F 系列皮卡　在美国，最能代表美国汽车文化的莫过于 "肌肉车" 和皮卡 (pickup) 这两种车型，它们见证了美国汽车文化的发展，而皮卡在美国的影响则异常深远，已经演变成一种精神文化。可以说，皮卡代表着美国人追求自由的民族个性，同时也是美国人生活的剪影。诞生于 1948 年的福特 F 系列皮卡，经历十二代的变化，从一辆普通的货运汽车到风靡全球的豪华皮卡，堪称经典。

　　1948 年 1 月 16 日，福特生产了第一代 F 系列皮卡 (图 3 - 250)。细长而圆润的发动机盖以及多横幅的进气格栅让 F 系列皮卡的前脸看起来很可爱，并不是那么威猛。从第一代车型起，F 系列皮卡就开始根据载重量的不同以字母和数字的组合方式进行车型划分。

　　福特 F 系列皮卡于 1973 年推出了第六代车型，作为这代车型的一个重点，经典的 F - 150 "猛禽" 于 1975 年正式诞生，它高居美国的十大畅销车榜首，连续多年获得美国 "最佳汽车" 称号，它的销量超过了其他任何一种大型货车品牌。1976 年，福特 F 系列皮卡凭借自身的实力，成为美国销量第一的皮卡种类，一直延续至今。

　　2017 年 4 月 8 号，就在上海车展即将到来之前，福特率先发布了第十三代 F - 150 猛禽 (图 3 - 251)。作为 F 系列皮卡的第十三代产品，福特 F - 150 猛禽的全地形能力达到了前所未有的高度。

图 3 - 250　第一代 F 系列皮卡

图 3 - 251　第十三代 F - 150 猛禽

问世 70 年，历经十三代车型，F 系列皮卡一步一步地成就了属于自己的辉煌。到 2002 年底，F 系列皮卡的累计销量已达到 2750 万辆，成为汽车史上最畅销的车型系列（虽然超过了福特的 T 型车和大众的甲壳虫汽车，但 T 型车和甲壳虫是单一车型，所以没有可比性）。没有过多的宣传噱头，没有炫目的配置，以实用出发，充分考虑到顾客真正需要的东西，研发并不断完善，这才造就出 F 系列皮卡 42 年名列销量第一的奇迹，是汽车史上最成功的汽车系列。

（3）林肯 K 型车 1931 年，由埃德塞尔·福特亲自领导设计的林肯 K 型车（图 3-252）投入生产。

在林肯 K 型车的众多版本中，最著名的就是 1939 年为"轮椅总统"富兰克林·罗斯福打造的总统座驾（图 3-253），昵称"阳光之殊"（Sunshine Special）。由于行动不便，罗斯福通常只是打开敞篷而不会走下汽车，"让繁忙的总统能够享受片刻阳光"是设计者的初衷。除此之外，"阳光之殊"的轴距超过 4m，总车身长更是达到 6.55m。"阳光之殊"装有装甲门和防弹玻璃，还有专为警卫人员站在车旁用的扶手。从总统官邸到世界峰会，从雅尔塔、卡萨布兰卡到德黑兰、马耳他，由于频繁地跟随罗斯福现身各种场合，这辆车已被视作林肯的最佳代言，大大提升林肯在人们心中的地位。

图 3-252 不同版本的林肯 K 型车

图 3-253 总统座驾"阳光之殊"

英国皇室对林肯 K 型车也情有独钟，1939 年 4 月 21 日，K 型车的敞篷版成为皇室成员访问加拿大的御用座驾，它领衔皇家车队巡游达一月之久，横跨了整个加拿大国境。这辆林肯 K 型车以林肯一贯的严格标准制造，更特别的是它典雅风范的绛红色车身与女王独爱的靓蓝色内饰，是专为皇室而量身定制。之后，这辆林肯车又被甄选参与了三次皇家巡游，并最终被底特律著名的 Carail 博物馆收藏至今。

（4）林肯大陆（Continental） 在整个林肯品牌历史中，甚至于在整个豪华车历史中，1953 年诞生的林肯大陆，历经十代传承，几度承载总统座驾的使命，无疑是一款具有传奇色彩的豪华轿车。图 3-254 为第一代至第九代林肯大陆。

1938 年，埃德塞尔·福特请来福特的设计总监尤金·格里高利，让他为自己在林肯 Zephyr 的基础上打造一辆独一无二的度假用车，而这辆车最好有着欧陆风格。1939 年 3 月，这部独一无二的汽车被如约送到了在佛罗里达度假的埃德塞尔·福特手中，让他在朋友面前赚足了面子，同时这些朋友当中也有不少人都在问这辆车什么时候可以买到。埃德塞尔·福特从中见到了商机，于是他决定将新车投入量产，而这辆车由于自己的欧陆风格而被命名为"林肯大陆"。

第一代　　　　　　　　第二代（Mark II）　　　　　　　第三代（Mark III）

第四代　　　　　　　　　　第五代　　　　　　　　　　第六代

第七代　　　　　　　　　　第八代　　　　　　　　　　第九代

图 3 - 254　第一代至第九代林肯大陆

　　1939 年 10 月，第一代林肯大陆正式上市，在市场上引起了巨大的反响。但是，因为生产条件非常有限，只能依附于 Zephyr 的生产线，正式投放市场的数量仅为 404 辆，售价为 2850 美元。在推出的前两年里，总共售出了 5000 多辆，这个数字跟福特的其他车型比起来虽然微不足道，但其产生的影响绝非这几个数字能体现。1951 年，纽约现代艺术博物馆挑选了 8 辆最具代表性的豪华车，在"只为卓越艺术"主题展中展出，林肯大陆双门跑车榜上有名。

　　1953 年 7 月 7 日，经过长时间的精心筹划，第二代全新林肯大陆的开发正式被提上了日程，并命名其为林肯大陆 Mark II。福特希望它是一款可以与凯迪拉克、克莱斯勒甚至劳斯莱斯等高端品牌抗衡的车型。为了保持林肯大陆一贯以来的非凡格调，公司董事们决定为这款新车设计一个全新的标志，被称为"大陆之星"（Continental Star）的十字星车标也首次出现在了第二代林肯大陆上，这个徽标也在后来发展成了林肯的经典品牌标志。

　　1955 年 6 月 24 日，林肯大陆 Mark II 的第一辆量产车型正式下线。因其难以置信的高品质与一丝不苟的精湛工艺，尽管售价约在 10000 美元（在当时是一笔天文数字，等同于一辆劳斯莱斯或是两辆凯迪拉克），但绝对物有所值，而福特只会将它卖给自己认为合适的消费者。包括前美国国务卿亨利·基辛格、伊朗国王巴列维、洛克菲勒家族的尼尔森·洛克菲勒、"猫王"埃尔维斯·普莱斯利、好莱坞影星伊丽莎白·泰勒等诸多美国上层精英名流，这些被历史铭记的人物与林肯大陆 Mark II 一起勾勒出那个时代的文化符号。

　　从 1961 年开始，特勤局代号为 SS-100-X 的林肯大陆总统系列豪华轿车（图 3 - 255）抵达白宫，为美国第 35 任总统约翰·肯尼迪提供服务，林肯大陆由此成为美国总统的专属座驾。这辆总统座驾是在一辆深蓝色 1961 款林肯大陆四门敞篷的基础上改装而成的，根据特勤局的

图 3 - 255　代号为 SS-100-X 的总统座驾

要求，轴距被加长至 3962mm，防弹装甲等高等级安全配置也被隐藏到它的车身之内。此外，早期美国总统专车都采用了敞篷形式，因此林肯还专门为这辆车提供了可拆卸的透明防弹罩。1963 年 11 月 22 日，约翰·肯尼迪总统来到得克萨斯州达拉斯市进行争取连任的活动，得州是共和党的票仓，而出身民主党的肯尼迪总统为了显示自己对达拉斯人民的信任，特意要求摘掉林肯大陆的防弹车篷，然而却在乘车途经迪利广场时遭遇枪击不幸身亡。暗杀事件后，这辆林肯大陆被重新改装，车身由深蓝色变成了黑色，更换了全新内饰，改进了空调系统及其他电子设备，加装了钛合金装甲、防弹玻璃和固定式防弹车顶，升级了防穿刺轮胎。此后该车继续为约翰·肯尼迪的继任者、新任总统林登·约翰逊服务，其行驶里程超过 8 万 km。1978 年结束服役后，这辆总统座驾被永久保存在了底特律的亨利·福特博物馆中。

　　尽管约翰·肯尼迪总统被暗杀在林肯大陆上，但其强大的动力、宽敞的空间、豪华的内饰以及可靠的安保系统，使得它仍然成为当时全世界技术最为精湛的元首座驾。1968 年 10 月 21 日，一款全新的林肯大陆总统豪华轿车被运送至白宫，成为林登·约翰逊总统的座驾。这款总统豪华轿车由美国情报部门、林肯车身制造商雷曼彼得森公司以及林肯公司共同开发，耗时 15 个月制造完成，价值 50 万美元，是当时最昂贵的轿车。相较以往任何一款白宫专用的官方代步车，这款总统豪华轿车在安全、通信以及机械性能上都有了诸多提升，包括重逾 2t 的防护盾，透明顶篷与车窗的玻璃厚度均超过美国空军战斗机，带有橡胶镶边的轮毂，能够保证汽车在车胎破损的状况下以最高 50mile/h 的速度行驶。除了这些装备与功能外，这款总统豪华轿车还配备有一个最新型的通信中心以及 PA 系统，使总统能够在车窗全封闭的状态下与车外的民众沟通。在林登·约翰逊之后，理查德·尼克松同样选择了其前任所使用的这辆总统座驾，直到 1969 款林肯大陆总统座驾打造完成。

　　1970 年推出的第五代林肯大陆和上一代车型一样同时拥有四门和双门版本，但四门版取消了反向开启的后门。1973 年 6 月 19 日，在大卫营美苏高层峰会期间，理查德·尼克松总统送给苏联勃列日涅夫总书记一份礼物：一辆 1973 年的林肯大陆。特别值得一提的是，根据 1972 款林肯大陆打造而来的总统座驾（图 3-256）先后服务于杰拉尔德·福特、吉米·卡特和罗纳德·里根三位美国总统。由此，林肯大陆前后为六位美国总统提供服务，时间长达十年之久。1981 年，罗纳德·里根在 70 岁时当选美国总统，不过上任仅仅 69 天，就在枪击事件中受伤。然而，里根总统并不是直接被手枪击中，子弹当时击中了林肯大陆总统座驾的防弹装甲后，反弹击中了里根的肺部，幸好由于抢救及时里根得以迅速康复。

　　21 世纪初，林肯宣布 2002 年是林肯大陆生产的最后一年。同年 7 月 26 日，最后一辆林肯大陆驶下生产线，这个历经九代的林肯品牌车系正式停产。

　　2016 年 1 月，林肯在北美车展上正式带来了全新第十代林肯大陆（图 3-257）的量产版车型，主要面向北美和中国市场投放。林肯大陆这个曾经为林肯带来光荣与辉煌的名字，再次回到了美国及全球汽车消费者的面前——重新定义豪华，再现不朽传奇。

图 3-256　1972 款林肯大陆总统座驾　　　　　　图 3-257　第十代林肯大陆

（5）野马（Mustang）　20世纪60年代，第二次世界大战过后，经过十几年的恢复，美国经济得到迅速复苏，更多的年轻人开始追求新鲜刺激和标新立异，他们张扬自己的个性，对车的要求与其父母大相径庭，开始疯狂追求赛车的乐趣，性能爆炸的"美式肌肉车"（Muscle car）应运而生。在那个疯狂的年代，对机械极度迷恋的美国人喜欢的车辆并不需要多么省油、精致，马力强劲是他们选车的信仰。福特公司敏锐地发现了人们的需求，于是开始着手研制富有个性的跑车，这就是野马。

1962年，福特汽车公司研发了野马的第一辆概念型车。它是一部发动机中置的两座跑车，为了纪念在第二次世界大战中富有传奇色彩的北美P-51型"野马"战斗机，福特将这辆跑车命名为"Mustang"（Mustang是美国加利福尼亚州和墨西哥出产的一种名贵的野马），采用一匹正在奔驰的野马作为标志（图3-258），象征着青春洋溢、无拘无束的神韵，表示该车的速度极快，寓意着它是经久不衰的全美名牌跑车。不过，围绕着车标中这匹"飞奔的野马"的头应该向着哪个方向的问题，设计师们争执良久。在1962年到1964年的设计模型中，向左和向右两个方向的车标都曾出现过。而原型车采用了

图3-258　野马车标

马头向右的造型，原因是符合人们在跑马场观看赛马时的习惯。最终，被称为"Mustang之父"的著名设计师李·艾柯卡认为"Mustang是野马，不是普通的赛马"，由此决定了马头向左。也有人认为，向左的马头昭示着"冲向西部"的开拓精神。

福特野马品牌从诞生到现在，已先后历经了六代车型，如图3-259所示。

第一代

第二代

第三代

第四代

第五代

第六代

图3-259　第一代至第六代野马

第一代野马的生产始于1964年3月9日的密歇根州迪尔伯恩，并于同年4月17日在纽约世博会上正式公开亮相，富有张力的线条和极具力量感的外形设计立即吸引了很多人的目光，同时这款车很多独特的设计也赢得了人们的好感，包括车身侧面的C形开口、左右对称三竖条尾灯，以及侧面前部的野马和条纹的标志等，这些都成为野马的标志性特征。而随着接下来每一次野马车型向着更大体型以及更强大动力系统的升级，除了车身尺寸不断见长之外，发动机也由诞生之初的最大4.7L排量发展到最后的最大7.0L排量。到了1971年，野马实际已经进入了"肌肉车"的阵营。第一代野马可以说是自福特A型车以来最成功的产品，到1966年3月就售

出了 100 万辆。而 1964 年 3 月 9 日生产的第一辆野马也被福特公司以第 1000001 辆野马作为交换，从其主人那买了回来，现展示于迪尔伯恩市的亨利·福特博物馆中。

1994 年，福特推出的第四代野马在银幕上也出尽了风头，包括 007 影片《金手指》和《金刚钻》、史蒂夫·麦圭恩主演的《Bullitt》以及《极速 60 秒》，都有福特野马的身影。

除了纯正血统的野马车型以外，福特还有一款野马高性能版本——眼镜蛇（Cobra）。

眼镜蛇是北美大陆最毒的毒蛇，以此作为车型名称，是为了向别人表明"这车是非常狂暴的，疯狂起来连驾驶者都害怕"。在跑车历史上引起巨大震撼的眼镜蛇 427（图 3-260），它在 1969 年至 1982 年期间获得 6 届勒芒 24h 耐力赛冠军，堪称勒芒赛道上的不灭神话。无论是外观设计、硬件配置还是整体布局，眼镜蛇 427 都是为了追求更快的速度。眼镜蛇 427 首先让人印象深刻的是那张血盆大口，它几乎占据了前脸 60% 以上的面积，如同要吞噬前方的对手和道路一般，想象在后视镜里看到这样的对手一定会感到压力倍增吧。2007 年推出的眼镜蛇 GT500 进气格栅上凶狠的眼镜蛇标志替换了原车上那只奔腾的野马，铝制的发动机盖减轻了车重，上方的气孔则起到了帮助发动机散热的作用（图 3-261）。260km/h 的车速相对比较保守，相信解除限速后这条毒蛇完全可以挑战 300km/h 的车速。

图 3-260 眼镜蛇 427

图 3-261 眼镜蛇 GT500 及其标志

五十多年来，福特野马将时尚、性能与自由、奔放的性格完美融合，创造出一个独特的经典跑车品牌。

（6）水星（Mercury） 水星品牌的独特之处在于它是福特汽车公司唯一自创的品牌，创始人正是成就了林肯品牌的亨利·福特之子埃德塞尔·福特。20 世纪 30 年代中期，埃德塞尔·福特意识到在经济型的福特车和豪华的林肯车之间仍存在市场机会，建议进军中档车市场，1935 年水星品牌应运而生。福特水星车系是用太阳系中的水星作为车标，其图案是在一个圆中有三个行星运行轨迹（图 3-262），很容易让人联想到水星汽车具有太空科技和超时空的创造力。

图 3-262 水星车标

1945 年，福特汽车成立了林肯-水星分部，由本森·福特掌管，在 20 世纪 50 年代末，水星大多数车型都是基于福特平台设计，并融入一些林肯车型的豪华元素。从 20 世纪 60 年代初至 70 年代，水星开始渐渐脱离了福特车型的生产平台，研发出了几款独立的车型。其中，1970 年推出的水星卡普里（Capri）主要销往欧洲市场，一直生产到了 1994 年，销售最好的时候，其销量仅次于当时欧洲的销量冠军甲壳虫，也成了当时水星旗下销量最好的车型之一。

进入 21 世纪，水星品牌的发展非常艰难，新车型越来越少，而且基本沿用了福特其他车型平台，其车型越来越趋向于福特，逐渐失去了自己的风格，失去了自己的定位。其实，在2000年以后，水星就一直在走下坡路，每年的销量直线下降。到了2010年，水星的总销量已经少于9万辆，在北美市场的份额仅占1%，而福特则为16%。最终，2010年6月2日，福特正式宣布2010年年底关闭水星的生产线。

3.6.2　通用汽车公司

通用汽车公司（GM）是全球最大的汽车公司之一，成立于1908年9月16日，创始人是威廉·杜兰特。经历一百多年的创新和发展，通用汽车旗下多个品牌全系列车型畅销于全球120多个国家和地区。通用汽车拥有超过21.2万名员工，分布在六大洲396个工作地点，使用超过50种语言，横跨23个时区。2018年7月19日，《财富》世界500强排行榜发布，通用汽车公司位列第21位。

通用汽车公司的前身是1903年由大卫·别克创办的别克汽车公司，1908年美国最大的马车制造商威廉·杜兰特买下了别克汽车公司并成为该公司的总经理。同年，杜兰特以别克汽车公司和奥兹莫比尔汽车公司为基础成立了通用汽车股份公司（GM），标志GM取自其英文名称General Motors Corporation的前两个单词的第一个字母，如图3-263所示。1909年，通用汽车公司又合并了另外两家汽车公司——奥克兰汽车公司（后来改名为庞蒂亚克）和凯迪拉克汽车公司，由此通用汽车成为全美主要汽车生

图3-263　通用公司标志

产商，同时也成为华尔街评价最高的公司之一。在通用汽车的旗帜下，别克、奥兹莫比尔、凯迪拉克、庞蒂亚克品牌不久便家喻户晓，并且其业务范围远远超出其诞生地密歇根州福林特市。随着先后于1918年、1925年、1929年收购雪佛兰、沃克斯豪和欧宝品牌，通用汽车拥有的汽车品牌和车型远比其他任何汽车制造商都多。

通用汽车公司旗下产品如图3-264所示，各车型商标都采用了公司下属分部的标志。通过采用著名的"不同的钱包、不同的目标、不同的车型"的经营战略，通用汽车的品牌形象和汽车产品已成为消费者自我价值和尊贵身份的代表和体现。2009年7月，通用汽车完成重组，结束破产保护，别克、雪佛兰、凯迪拉克和GMC 4个品牌保留，其他4个品牌出售。

图3-264　通用汽车公司旗下产品

1997 年 6 月 12 日，由通用汽车和上海汽车集团股份有限公司（上汽集团）共同出资组建而成的上汽通用汽车有限公司成立。作为中国汽车工业重要领军企业，上汽通用汽车有限公司目前拥有四大生产基地，共 8 个整车生产厂、4 个动力总成厂，拥有别克、雪佛兰、凯迪拉克三大品牌，二十多个系列产品。2017 年，通用汽车及合资企业全年在华零售销量首次突破 400 万辆，中国连续第六年蝉联通用汽车的全球最大市场。

1. 发展历程

（1）别克汽车公司　别克（BUICK）是历史悠久的美国汽车品牌之一，在美国的汽车历史中占有相当重要的地位，它是美国通用汽车公司的一大台柱，以技术先进著称，曾首创顶置气门、转向信号灯、染色玻璃、自动变速器等先进技术，带动了整个汽车工业水平的进步，并成为其他汽车公司追随的榜样。

别克汽车"三盾"车标（图 3-265）的由来可以直接追溯到大卫·别克的家徽。20 世纪 30 年代期间，造型设计师拉尔夫找到了一种苏格兰别克家族的徽章，决定把它装饰在汽车前端的散热格栅上。别克家族家徽（图 3-266）是一个红色盾形标志，银色和蔚蓝色围棋格子带状图案从左上角穿过直到右下角。在盾的右上角有一长有鹿角的鹿头，在盾的右下角有一金色十字架，十字架中间有一圆孔，孔中的颜色与红色盾的颜色一致。1959 年，别克标志经历了重大的改革，由三盾替代了原来的一个盾标志，目前为人所熟知的别克"三盾"车标的雏形诞生了（图 3-267）。"三盾"标志是以一个圆圈中包含三个盾为基本图案，仍沿用原来的样式和颜色，其颜色分别为红、白（后改为银灰）和蓝，最大的不同之处在于三盾互叠在一起。"三盾"车标中的三盾分别代表了当时新推出的三种车型。三个盾牌，也标志着汽车的质量像盾牌一样坚固（另一说法是别克标志形似"三利剑"的图案，三把颜色不同的利剑依次排列在不同的高度位置上，给人一种积极进取、不断攀登的感觉。同时，也表示别克采用顶级技术，刃刃见锋，别克分部培养的人才个个游刃有余，是无坚不摧、勇于登峰的勇士）。今天别克所使用的"三盾"标志定型于 2010 年，在一些细节上做了修改，鹿头和十字形图案消失了，但红色、银灰色、蓝色三个盾的式样与原先无多大的区别，围棋格子的带状图案仍使用至今。而别克三条高档产品线的建立，赋予了三色盾牌更丰富的内涵：蓝色，象征典雅的艺术，代表高档舒适车型；银灰色，象征创新的科技，代表高档 SUV 车型；红色，象征激情的动力，代表高档轿跑车型。

图 3-265　别克车标

图 3-266　别克家族家徽

图 3-267　1959 年的别克车标

别克汽车的创始人是大卫·别克。1895 年，41 岁的大卫·别克开始尝试研制内燃机。1897 年，他制造和销售了一批采用侧置气门设计的农用发动机。紧接着，大卫·别克成立了一家新公司——别克自动化动力公司，公司当时每天可以生产 20 台发动机。随着公司业务范围的扩大，也开始尝试制造汽车。1903 年 5 月 19 日，大卫·别克和沃特·马尔在杰明·布里斯科兄弟的帮助下，在美国密歇根州的底特律将公司重组为别克汽车公司。同年，公司被卖给了詹姆斯·怀汀。在詹姆斯·怀汀的主导下，公司从底特律搬到了弗林特。公司成立之初，大卫·别克和他的工程师们推出了动力强劲、结构简单的顶置气门发动机，这项发明是汽车技术史上最重要的发明之一，也是别克早期成功的根本。

1904 年 7 月，沃特·马尔和大卫·别克的长子汤姆，共同驾驶着别克第一辆试验车（图 3 - 268）完成了从弗林特往返底特律的路试，他们用 217min 跑完了 184km 的全程，期间经历了大雨、泥泞和颠簸的爬坡路面，最高车速达到 48km/h，这次成功的路试坚定了人们对别克汽车的信心。同年 8 月，别克 B 型车（图 3 - 269）正式问世，这是第一款以"别克"命名的车型，共制造了 35 辆，首个车标上的"The Car of Quality"（质量之车）字样是别克对于品质的承诺，而由此开创的辉煌历史依然延续至今。

图 3 - 268　别克第一辆试验车

图 3 - 269　别克 B 型车

1904 年 11 月 1 日，马车制造商威廉·杜兰特看准了别克汽车公司未来的巨大潜力，毅然买下。威廉·杜兰特没有在广告上砸钱，而是找来几辆别克车，鸣着喇叭从弗林特市区驶过，借此引起人们的关注。另一方面，威廉·杜兰特还意识到参与赛事所带来的关注。感恩节那天，别克参加了鹰石山爬山赛并创造了同组别的速度纪录。威廉·杜兰特天才的营销手段使得别克日后成为美国第一个成功的汽车品牌，这也成为他成立通用汽车公司的基础。

1908 年 9 月 16 日，为了结束美国数百家汽车企业并存的局面，威廉·杜兰特以别克汽车公司和奥兹莫比尔汽车公司为基础创建了通用汽车公司。当年，别克以 8820 辆的销量成为美国最大的汽车制造商，超过了当时最主要的两个竞争对手福特和凯迪拉克的销量之和。很快，通用又将奥克兰（庞蒂亚克的前身）、凯迪拉克等公司并入旗下。

为了引起公众的关注，通用汽车还与白星航运公司合作建造了全球最大的远洋客轮泰坦尼克号。1909 年，别克在有记录以来首次汽车与飞机的竞速赛中获胜，当时的别克汽车已经拥有了 50 马力的功率，而飞机只有 12 马力。

第一次世界大战期间，别克大发战争财，获得了迅速的发展。同时，别克开始关注车辆的便捷性和舒适性，倾斜式风窗玻璃、照明式仪表板等开始被应用于别克汽车上。

1920 年，传奇 CEO 阿尔弗雷德·斯隆正式走马上任。斯隆提出了"市场细分"的改革计划，他认为凯迪拉克、别克、奥克兰、奥兹莫比尔以及 1918 年投入通用怀抱的雪佛兰这五个品牌，应该分散生产不同档次的汽车。这一策略实施后，很快就帮助通用超过福特，成为美国市场上的销售冠军。

1925 年，一辆别克 25 型旅行车，在全球经销商的接力下，完成了史上首次汽车环球之旅（图 3 - 270）。这不仅是对别克过人品质的再一次证明，也是完善的销售和售后网络的体现。

1938 年，来自好莱坞的传奇设计师、"汽车设计之父"哈利·厄尔带领他的团队打造出了汽车史上的首辆概念车别克 Y-Job（图 3 - 271），它开创了汽车行业运用概念车描述产品设计与研发的先河，从此将汽车造型从单纯的工业设计带入了艺术的殿堂。1939 年，别克以 Y-Job 为蓝本设计出量产车别克 Sedanette（图 3 - 272），该车还是哈利·厄尔本人在 20 世纪 40 年代的私人座驾。

图 3 - 270 别克 25 型旅行车

图 3 - 271 别克 Y-Job

第二次世界大战期间，通用汽车公司接受了大量军事订货，总价高达 13081 亿美元左右，主要负责生产航空发动机和救护车辆，为此英国首相丘吉尔曾以亲笔信致以感谢。战争结束后，很多战时研发的新技术开始在民用领域普及，别克迎来了一个飞速发展的时期。

1948 年，别克 Dynaflow 自动变速器诞生，并推广到量产车型上。这是汽车史上最早的自动变速器，大大提升了汽车驾乘的平顺性，也降低了汽车驾驶的难度，让更多女性坐上了驾驶席。

1951 年，喷气式飞机刚刚取代了螺旋桨飞机，成为前沿技术和设计理念的代名词，战斗机造型激发了别克在 LeSabre 概念车（图 3 - 273）上面的设计灵感。轻量化材质（全铝车身）、防撞结构、更低更宽的车身、高尾鳍等设计元素逐步融入后续多款车型，打破了汽车史上的沉闷年代，成为时代经典。1959 年，别克推出了"别克历史上最革命性的设计"——Invicta（图 3 - 274）。更多利落直线的运用使车体看上去不再庞大，标志性的"三角尾翼"，让别克看上去更像是可以翱翔太空的火箭。

图 3 - 272 别克 Sedanette

图 3 - 273 别克 LeSabre 概念车

1962 年，别克 Special（图 3 - 275）搭载了改良后的 V6 发动机，兼顾了动力和燃油经济性，这也是 V6 发动机在汽车史上首次量产。1975 年别克再度改良了 V6 发动机，开始使用涡轮增压技术。

1998 年 12 月，别克进入中国后的第一辆国产别克"新世纪"轿车在上海浦东驶下生产线，使别克成为中国第一个由海外引进并且本地化的中高级轿车品牌。1999 年 4 月，别克轿车通过 40% 国产化鉴定，正式开始批量生产。1999 年 12 月，第一辆别克 GL8 商务旅行车下线，填补了国产 MPV 的空白。

图 3-274　别克 Invicta　　　　图 3-275　别克 Special

进入 21 世纪后，别克的市场重心逐渐从美国本土转移到了中国市场。2006 年，别克品牌在中国销量超越了 30 万辆，而在美国本土市场的销量则为 25 万辆，中国市场由此成为别克品牌全球最重要的市场。

（2）雪佛兰汽车公司　雪佛兰（Chevrolet，美国人常昵称为 Chevy，中文意为"雪儿"）汽车公司于 1911 年 11 月 3 日创立，创始人为路易斯·雪佛兰和通用汽车公司的创始人威廉·杜兰特。1918 年被通用汽车并购，是通用汽车全球销量最大的品牌。雪佛兰的国际品牌血统已经传承了百年，是全球最成功的汽车品牌之一，更是汽车史上永恒的经典和传奇。雪佛兰汽车就像是美国历史文化的一面镜子，一提起它，就像提到 NBA、好莱坞这些一样与美国息息相关的名字。

1900 年，22 岁的路易斯·雪佛兰离开瑞士，远渡重洋来到美国开启了汽车赛车手的生涯。1908 年，雪佛兰加入别克车队，当时别克公司的拥有者威廉·杜兰特十分赏识他，因为雪佛兰以优异的比赛成绩证明了自己的实力，声誉卓著，这为两人日后合作奠定了基础。

1910 年，威廉·杜兰特邀请雪佛兰帮助他设计一款面向大众的汽车，在杜兰特看来，多年的赛车生涯让雪佛兰对汽车有着深刻的理解，这已经足够了。1911 年 11 月 3 日，杜兰特正式向外界公布新公司成立，公司名称就是雪佛兰汽车公司，取自这位瑞士赛车手之姓。雪佛兰的"金领结"标志（图 3-276）是由通用汽车创始人之一杜兰特于 1913 年末设计的，但是这个标志成为雪佛兰品牌代名词的故事，则有许多个版本。流传最久并广为人知，而且也得到了杜兰特本人证实的版本是杜兰特本人创造了雪佛兰"金领结"标志，其灵感来源于巴黎一家旅馆的墙纸设计。根据 1961 年雪佛兰品牌 50 周年庆典时其官方出版的《雪佛兰故事》书中记载："1908 年，杜兰特在一次环球旅行中，无意间在一间法国旅馆中看到了墙纸上无限延伸的图案。他撕下一块

图 3-276　雪佛兰车标

墙纸保留下来，并展示给朋友们看，认为它将成为绝佳的汽车标志。"无论雪佛兰的"金领结"标志的真实起源是否如此，重要的是，这个有趣的"金领结"图案已成为畅销全球的雪佛兰汽车的标志，是全世界最知名的品牌标志之一。抽象化了的"金领结"象征雪佛兰汽车的大方、气派和风度。

1912 年，雪佛兰 Classic Six（图 3-277）在底特律下线，这是第一辆雪佛兰汽车。无论

是性能还是配置，Classic Six 在当时都算得上是顶尖，甚至还专门配备了一个工具箱。由于价格昂贵（标价 2150 美元，而当时美国的汽车平均价格在 800～900 美元），Classic Six 于 1914 年正式停产，总共生产了 5987 辆。不过，对于这个数字，外界一直有质疑。不管如何，这都是雪佛兰第一款产品，也是一款具有路易斯·雪佛兰很深烙印的车型，意义非凡。

1913 年，路易斯·雪佛兰离开了雪佛兰汽车公司，雪佛兰汽车公司从此进入威廉·杜兰特的时代。两位天才不欢而散的原因是他们之间存在巨大的分歧，如果说雪佛兰是产品经理，那么杜兰特就是一位职业经理人，他想销售更多的汽车。另外，杜兰特认为汽车行业的未来趋势是大众化，坚持将雪佛兰汽车公司未来发展重点放在更加实惠的车型上。从第一款车型 Classic Six 开始，他就意识到路易斯·雪佛兰的造车理念偏离他原先设想的轨道。

1915 年，雪佛兰终于迎来自己的第一款大众化车型 Series 490（图 3 - 278）。之所以命名 490，是因为它最开始售价就是 490 美元。凭借高性价比和大众化的特色，Series 490 推出后大受追捧，推出第一年就卖出 7 万多辆，到了 1922 年，它的年销量已经超过 24 万辆，成为当时美国又一款"国民车"。不过，在近七年的生产周期里，Series 490 并非都卖 490 美元，而是根据配置和车型版本进行调整，价格区间在 490 美元至 1300 美元。对威廉·杜兰特个人而言，Series 490 的意义尤为重大，正是凭借它的成功，威廉·杜兰特重掌通用汽车大权。

图 3 - 277　雪佛兰 classic six

图 3 - 278　雪佛兰 Series 490

1918 年，雪佛兰正式成为通用汽车旗下一员。由于 Series 490 帮助雪佛兰品牌开辟了更为宽广的市场，雪佛兰汽车的销售量超过了公司所有其他品牌的汽车，并在 20 世纪的多数时间内保持了这样的优势。到 1920 年，雪佛兰公司销售量达到 15 万辆，占到通用汽车公司销售总量的 39%。1922 年，在通用 CEO 阿尔弗雷德·斯隆和雪佛兰总经理威廉·克努德森的领导下，雪佛兰产量接近 25 万辆，1923 年这个数字又翻了近一倍，达到 48 万辆。值得一提的是，1922 年 2 月 22 日第 100 万辆雪佛兰汽车下线。

1925 年，雪佛兰历史上最为成功的车型之一诞生了，它就是 Superior K（图 3 - 279）。Superior K 对于雪佛兰意义重大，它是雪佛兰第一次提出"年度车型"概念后开发的车型，斯隆希望 Superior K 能够打败当时如日中天的福特 T 型车。不出所料，Superior K 成为美国人新的宠儿，1926 年，雪佛兰年销量比前一年增加了 20 万辆，虽然总销量仍不及福特，但雪佛兰充满了信心。1927 年，凭借又一成功车型雪佛兰 Nationa（图 3 - 280）的出色发挥，雪佛兰销售量首次突破 100 万辆，终于超过了福特。一年之后，雪佛兰生产总量已达 400 万辆。据统计，当时每 10s 就会有一辆雪佛兰汽车下线。

1933 年，雪佛兰再次获得销量冠军，虽然 48 万辆的销量没有以前强势，可相比福特 33 万辆的销量还是领先不少，当时美国每卖出去三辆汽车就有一辆是雪佛兰。到 30 年代末期，雪佛兰公司已经做到"每天每隔40s就会有人购买一辆雪佛兰汽车"。

图 3-279　雪佛兰 Superior K

图 3-280　雪佛兰 Nationa

第二次世界大战期间，雪佛兰总共生产了800万枚子弹及炮弹、50万辆军用车辆、3800辆装甲车、20亿lb（1lb=0.45kg）铝合金锻件、57亿lb镁铸件、20亿lb灰铁铸件以及不计其数的战斗机配件，为世界反法西斯战争胜利做出重要的贡献。

20世纪50年代初期，自动变速器等新技术的率先使用使雪佛兰的市场销量继续领跑，1955年雪佛兰的销量为164万辆，超过福特的157万辆。到了1956年，全美26%的汽车来自雪佛兰制造，《财富》杂志甚至这样称赞雪佛兰：即使雪佛兰从通用汽车中独立出来，也能在美国所有汽车公司中排进前五名。"See the USA in your Chevrolet"（通过雪佛兰，就能读懂美国文化）真不是自吹自擂。1958年，雪佛兰推出了Impala。从1958年入市到1996年最后一批下线，雪佛兰Impala以1300多万辆的销售成绩在美国豪华车市场独占鳌头。

20世纪60年代，性能爆炸的"美式肌肉车"形成了百花齐放之势。也正是在那个激情燃烧的年代，雪佛兰推出了热血传奇科迈罗（Camaro）。"美式肌肉车"斗争中取得的优秀成绩为雪佛兰的销量增色不少，1963年雪佛兰创下了213万辆销量新纪录，这一成绩占据美国汽车全年销量的31.5%。同年6月，《财富》杂志刊登了一篇题为《通用汽车是如何做到的》的文章，报道称：通用汽车1962年总销售额为146亿美元，雪佛兰充当最重要的角色。

在经历了1973年和1978年的两次石油危机后，放荡不羁的美国人也开始务实起来，转而选择经济实惠的小型车。在历时近三年的研发后，肩负着打造"当代T型车"的重任，1976年雪佛兰Chevette（图3-281）正式下线。为了成为符合各国人民需求的"世界之车"，雪佛兰特别组合了一个跨国工程师团队，聘请了曾在日本五十铃公司工作过的总工程师约翰·莫瑞，他把日本对小型车的开发理念带到了雪佛兰。Chevette推出的第一年卖出了近18万辆，随后一直保持不错的销量势头，曾在1979年和1980年连续两年成为美国销量最好的小型车。最终在12年生产周期里，总共卖出了280万辆。1979年正式亮相的紧凑型车Citation（图3-282），重量轻、行李舱大，上市第一个月就卖出了31602辆，并且成为1980年全美最畅销的车型。正是雪佛兰Chevette和Citation，将石油危机给雪佛兰带来的影响降到最低。

图 3-281　雪佛兰 Chevette

图 3-282　雪佛兰 Citation

1990 年，通用汽车决定更多地与日本丰田、铃木和五十铃合作开发新车型，这个项目被称为"GEO"。"GEO"集合了日本汽车的优势和雪佛兰在美国本土的品牌影响力以及强大的销售网络，这是双赢的模式。日本汽车企业进一步巩固了自己在汽车市场的地位，而雪佛兰则保持住了销量，所以有人称它为教科书般的营销。

进入 21 世纪，通用最新的全球化平台战略有了更为先进和具体的理念，而 2010 年上市的 Cruze（科鲁兹）就是雪佛兰全球化战略的第一款车型，2011 年的前 8 个月，平均每 6.7s 就有一辆雪佛兰车型售出，雪佛兰的全球化战略助力通用打了一个漂亮的翻身仗。

2005 年 1 月 18 日，上海通用汽车发布雪佛兰品牌。承载百年传奇历史的全球汽车品牌雪佛兰揭幕亮相，"金领结"第一次真正驰骋在中国的广袤道路上。从 2005 年进入中国市场到今天，作为一个值得信赖、年轻而充满活力的国际汽车品牌，雪佛兰产品覆盖豪华跑车、中高级轿车、SUV、紧凑型轿车、小型车等多个细分市场，累积销售量已经超过 500 万辆。

（3）凯迪拉克汽车公司 凯迪拉克（Cadillac）是美国通用汽车集团旗下一款豪华汽车品牌，由"底特律教父"亨利·利兰于 1902 年 8 月 22 日创建。之所以选用凯迪拉克这个名字，是为了向法国的皇家贵族、探险家安东尼·凯迪拉克表示敬意，因为他在 1701 年建立了底特律城并担任第一任市长。同时凯迪拉克的盾形徽章品牌标志也象征着皇室贵族的荣誉，其造型也取自凯迪拉克先生所使用过的徽章。

一款美国汽车可以很狂野，也可以很豪华，但是如果想要很尊贵就比较难了，不过凯迪拉克就是一个例外，其著名的王冠和盾牌车标就是其精神内涵的集中体现。自诞生以来，凯迪拉克车标王冠和盾牌的设计在不同时代不断地呈现突破性的变化，一百多年来车标更新次数多达 38 次，但基本都围绕着 1906 年的车标版本（图 3-283）而设计，花环、盾牌、王冠是被应用最多的元素。花环代表成就和荣耀，盾牌代表勇敢开拓和百折不挠，王冠则代表凯迪拉克在汽车行业中的贵族地位。这充分折射出凯迪拉克的信心与勇气，在继承底特律城创始者胆识和荣誉精髓的同时，不断大刀阔斧地为其产品注入大胆而前瞻的设计理念。

21 世纪伊始，凯迪拉克再次对车标进行了大的革新，明显向着简约化、符号化、时尚化的趋势演变。新车标整体以铂金颜色为底色，少了象征着三圣灵的鸟形鸭和镶嵌着珍珠的王冠，只是由桂冠环绕着经典的盾牌形状，而盾牌含有大胆而轮廓鲜明的棱角，由各种颜色的小色块组成，其中红色代表勇气和果敢，银色代表纯洁的爱，蓝色代表探索，如图 3-284 所示。新的徽标再次勾画出凯迪拉克品牌中同时呈现的经典、尊贵和突破精神。2014 年，凯迪拉克最新发布的品牌车标去掉了环绕盾形徽章的枝叶，突出了中央的盾形徽章，而且徽章变得更宽更扁，相比之下显得更为简洁，如图 3-285 所示。这种化繁为简的变化，迎合了被凯迪拉克称作是"艺术与科技"的新设计理念。

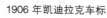

图 3-283 1906 年凯迪拉克车标

图 3-284 2000 年凯迪拉克车标

图 3-285 2014 年凯迪拉克车标

1902 年 8 月 22 日，亨利·利兰接手了即将倒闭的底特律汽车公司，并将其更名为凯迪拉克公司，一个百年品牌由此诞生。10 月 17 日，凯迪拉克生产出了其第一辆汽车（图 3 - 286），外观造型就如同老式的马车，采用 10 马力单缸发动机，在当时售价 750 美元。1903 年 1 月纽约车展，凯迪拉克 Model A（图 3 - 287）正式发布并引起巨大轰动，几天内就收到了多达 2286 张订单，远超过凯迪拉克当时的生产能力，供不应求的状况让凯迪拉克不得不宣布不再接受预订。1905 年，凯迪拉克推出了世界上首辆可载两人的封闭式车身汽车 Oceola（图 3 - 288），奠定了未来汽车的发展形式。

图 3 - 286　第一辆凯迪拉克

图 3 - 287　凯迪拉克 Model A

1908 年，由于成功实现标准化生产，凯迪拉克成为第一个赢得英国皇家汽车俱乐部颁发的杜瓦奖（Dewar Trophy）的美国汽车制造商。1909 年 7 月 19 日，经过近两年的拉锯战式谈判，凯迪拉克最终加盟通用汽车公司。从此，凯迪拉克更加重视汽车的豪华性和舒适性。1912 年，凯迪拉克因研发出电子起动机、Delco 点火系统而第二次获得杜瓦奖，并因此被永久性授予"世界标准"荣誉称号。

第一次世界大战对亨利·利兰和凯迪拉克都是一个重要转折点，因为与通用汽车总裁威廉·杜兰特的分歧，亨利·利兰离开了他一手创办的凯迪拉克。

1927 年，在车身上使用彩色车漆的凯迪拉克 LaSalle（图 3 - 289）一时间成为时尚、奢华的代名词。凯迪拉克 LaSalle 由被后人称作"汽车设计之父"的哈利·厄尔设计，采用了油泥模型辅助设计法，这种在如今已经普及的方法在当时却是一种创新。除此之外，凯迪拉克还第一个使用同步啮合传动系统，第一个使用独立前悬架系统，第一个使用前轮驱动系统……在设计以及技术方面的不断创新使凯迪拉克始终保持汽车界的领先地位。

图 3 - 288　亨利·利兰和 Oceola

图 3 - 289　凯迪拉克 LaSalle

1949 年底，凯迪拉克公司生产出第一百万辆凯迪拉克汽车。而凯迪拉克在 20 世纪 50 年代末至 60 年代的几个创新，更好地提升了它的品质，如 1959 年的低压氟利昂减振器、1960

年的自动调节制动器、1965 年的车用冷暖空调系统等。1966 年，电子加热座椅装置以及立体声收音机也成为可选的配置之一。此时，凯迪拉克高级汽车的品牌形象已经深入人心。

1987 年，凯迪拉克推出了双座敞篷车 Allante（图 3-290），它的车身和内部设备从意大利皮林法里那设计制造厂用波音 747 运输机每周两次空运过来，然后在美国装配。Allante 以57183 美元的最低价和 6000 辆的限量，成为凯迪拉克中最昂贵且产量最少的车型，承担了凯迪拉克系列旗舰车型的责任，成为打入超豪华轿车市场的第一款美国轿车，改变了一直由欧洲轿车占据主导地位的超豪华轿车领域格局。

2003 年是凯迪拉克锋芒毕露的一年，除了全新产品 CTS 轿车（图 3-291）外，XLR 豪华跑车（图 3-292）和 SRX 豪华运动型多功能车（图 3-293）全线亮相。通用汽车把凯迪拉克 CTS 形容为 "21 世纪的凯迪拉克经典车"，第一次在面向市场销售的车型中采用流行的概念车外形设计。凯迪拉克 XLR 的一大特色就是具有可伸缩的车顶，只需按下按钮，XLR 就可以在不到 30s 的时间内从一辆跑车变成敞篷车。凯迪拉克 SRX 的诞生宣告了凯迪拉克进入豪华运动型多功能车市场。

图 3-290　凯迪拉克 Allante

图 3-291　凯迪拉克 CTS

图 3-292　凯迪拉克 XLR

图 3-293　凯迪拉克 SRX

2004 年，进口凯迪拉克 CTS 在中国上市，标志着凯迪拉克品牌正式进驻中国。2005 年，SRX 和 XLR 也先后引入中国，尽管 CTS 和 SRX 随后都实现了国产，但由于种种原因，很快就被叫停。2006 年 4 月，上海通用推出全新进口 2006 款凯迪拉克 CTS 及 SRX，7 月推出百万级超豪华 SUV 凯迪拉克凯雷德（Escalade），11 月又正式发布了新款国产凯迪拉克 SLS，它取了一个很 "中国" 的名字—— "赛威"，这是继 CTS、SRX 暂停国产后，凯迪拉克重启国产的首款车型。

（4）土星分部　土星（SATURN）是通用汽车公司旗下的著名汽车品牌之一。土星分部设在田纳西州春山市，是通用汽车公司唯一从内部建立的公司。

1985 年，通用汽车公司决定新建土星分部，力求开发先进的土星牌轿车以抵御外国轿车大规模进入美国市场的冲击。土星是通用汽车公司最年轻的品牌，不存在历史包袱，可以标新立异轻装上阵。1990 年 7 月 30 日，第一辆土星汽车在田纳西州普林山的新工厂下线。到 1993 年，土星汽车已挤进了美国汽车市场上十大畅销车型，主要产品分为豪华轿车 SL、旅行轿车 SW 和跑车 SC。

尽管土星与太阳系中土星行星同名，并且它的商标就是土星轨迹的图像（图 3－294），但土星汽车的名称并不是由此而来，而是为纪念一支名叫土星的火箭在 20 世纪六七十年代的时候成功地把美国宇航员送上了月球。其标志为土星轨迹线，给人一种高科技、新观念、超时空的感觉，寓意土星汽车技术先进，设计超前且最具时代魅力。

图 3－294   土星车标

然而，到了 20 世纪 90 年代中后期，通用开始将主要的重心放在了奥兹莫比尔和别克品牌上，因支持不够，土星的发展遭遇了资金紧张和销量下滑的窘境。2009 年，因次贷危机受到严重冲击的通用公司为求美国联邦政府援助宣布破产保护，土星与庞蒂亚克、悍马被取消品牌。

（5）庞蒂亚克分部   庞蒂亚克（PONTIAC）是美国通用汽车公司旗下品牌之一，庞蒂亚克公司是美国通用汽车公司的几个子公司中比较小的一个，主要生产运动型轿车。

图 3－295   庞蒂亚克车标

庞蒂亚克汽车商标由字母和图形两部分组成（图 3－295），字母"PONTIAC"取自美国密歇根州的一个地名，图形商标是带十字标记的箭头，它被镶嵌在发动机散热器格栅的上方。十字形标记表示庞蒂亚克是通用汽车公司的重要成员，也象征庞蒂亚克汽车安全可靠。箭头则代表庞蒂亚克的技术超前和攻关精神。

庞蒂亚克的前身可追溯到 1893 年创立的庞蒂亚克汽车公司，在创立初期主要经营、制造一些汽车的零部件。因为当时的汽车结构相对简单，后来他们结合自己生产零部件的经验生产汽车。1907 年 8 月，第一辆庞蒂亚克汽车诞生。在庞蒂亚克汽车公司生产第一辆庞蒂亚克汽车的同时，位于密歇根州奥克兰郡的奥克兰汽车公司成立，1908 年首次推出了奥克兰 K 型轿车。1908 年 11 月，奥克兰汽车公司将庞蒂亚克汽车公司正式合并于奥克兰旗下，合并后两家公司共同于密歇根州的庞蒂亚克市运作。奥克兰汽车公司的兴旺引起了通用汽车公司总裁威廉·杜兰特的注意。1909 年，威廉·杜兰特分两次收购了奥克兰汽车公司的全部股份，由此奥克兰汽车公司在创建 2 年之后携同庞蒂亚克成为通用汽车公司诸多部门之一。

在通用收购奥克兰之后，奥克兰牌汽车被拿来填补高端品牌奥兹莫比尔和低端品牌雪佛兰之间的空白。直到 1926 年 1 月在纽约汽车展览上，首款以庞蒂亚克命名的轿车才正式亮相，推出之后的前 6 个月内就创下了 39000 辆的销量，在 1927 年更是成为美国最畅销的车型之一。由于庞蒂亚克车型的销量不断攀升，而奥克兰汽车的销量则随之下降，到了 1932 年，通用公司决定正式使用庞蒂亚克汽车分部的名称和商标，开始着重生产庞蒂亚克汽车。

20 世纪 60 年代，美式"肌肉车"进入了高速发展的阶段，庞蒂亚克也加入到了"肌肉车"的马力之战当中。期间，庞蒂亚克推出了诸多经典的车型，包括庞蒂亚克 GTO、火鸟（Firebird）等。

到了 20 世纪 90 年代，通用大力推广平台战略，这也渐渐让旗下的很多品牌渐渐丧失了自己的个性，尤其是庞蒂亚克这种个性鲜明的品牌受到的打击更为严重。此时的庞蒂亚克除了标识及外观等细微的差别外，与雪佛兰或奥兹莫比尔并没有什么两样。

2009 年，因次贷危机受到严重冲击的通用公司为求美国联邦政府援助宣布破产保护，庞蒂亚克、土星与悍马被取消品牌，庞蒂亚克品牌当时生产的车型于 2010 年底停产。至此，一个创建了百年的历史品牌正式消失。

（6）奥兹莫比尔分部　奥兹莫比尔（Oldsmobile）是美国第一个大量生产销售汽车的企业，前身是由兰塞姆·奥兹于 1897 年在美国密歇根州的首府兰辛市创建的奥兹汽车公司。1908 年，奥兹汽车公司加入通用，改名为奥兹莫比尔分部。奥兹莫比尔分部的名称由"Olds"与"mobile"组成，"Olds"是创始人奥兹的姓，"mobile"在英文中是机动车的意思。奥兹莫比尔标志中的箭形图案代表公司积极向上和勇往直前的创新精神，如图 3-296 所示。

图 3-296　奥兹莫比尔车标

1901 年奥兹汽车公司生产出自己的第一批量产汽车，是美国汽车领域的老牌先驱。奥兹汽车公司曾创造过许多骄人的业绩：1901 年，第一个给汽车装上车速表；1904 年成为全美第一家开展出口业务的公司，产品销往全世界 18 个国家。

1908 年，奥兹汽车公司加入通用汽车公司，改为奥兹莫比尔分部，因价格比雪佛兰和庞蒂亚克贵但比别克和凯迪拉克要便宜，所以处在通用产品阵营里中档轿车的位置。在 20 世纪 40 年代生产出第一部带自动变速器的汽车，60 年代制造了美国第一部四轮驱动汽车。1977 年，奥兹莫比尔成为雪佛兰之外销量超过 100 万辆的通用第一个分支品牌。1985 年奥兹莫比尔达到了它的最高峰，这一年它生产了 1168982 辆。

20 世纪 90 年代，面对激烈的市场竞争，奥兹莫比尔开始走下坡路。分析其原因，主要是因为奥兹莫比尔与别克的品牌定位存在一定重叠，另外一个原因是奥兹莫比尔没有自己品牌的强烈风格和个性。通用汽车公司为了挽救奥兹莫比尔，在人力和物力上做出了巨大的投入，仅仅是数款新车的推出耗资就超过 30 亿美元，可惜收效甚微。

2004 年 4 月 29 日，在位于美国密歇根州首府兰辛的奥兹莫比尔轿车组装厂中，一辆 2004 款奥兹莫比尔 Alero GLS 轿车作为该品牌的最后一辆汽车驶离了生产线，结束了奥兹莫比尔轿车的百年辉煌。

2. 经典车型

（1）雪佛兰科迈罗（Camaro）　科迈罗不仅是雪佛兰也是美国汽车史上最为重要的车型之一，它将美国人追求自由、无所畏惧的个性淋漓尽致地展现了出来，《变形金刚》《速度与激情》等好莱坞影片中，它更是当仁不让的主角，足见它在美国人心中的地位。

1965 年 4 月，美国汽车界传闻雪佛兰正在准备一款与福特野马竞争的车型。1966 年 6 月 28 日，通用汽车公司在底特律召开了一场"现场直播"的发布会（史上第一次 14 个城市电话连线的同时直播），雪佛兰总经理宣布了一款"能够吞噬福特野马的肌肉跑车——科迈罗"。第一代科迈罗有 140 马力的 6 缸发动机与 210 马力的 V8 发动机两种配置，有硬顶和敞篷两款车型。2009 年 1 月 17 日，第一辆科迈罗在一次拍卖会上以 35 万美元被拍卖。

第三代科迈罗于 1982 年 1 月发布，在发布的当年，就被 Motor Trend 杂志评为当年最佳车型。2009 年，由于电影《变形金刚Ⅱ》的上映，第五代科迈罗的需求量持续暴增，在每辆车需要加价 5000 美元的情况下仍然售出了 61648 辆。

拓展阅读 6

第一代至第六代科迈罗如图 3 - 297 所示。

第一代

第二代

第三代

第四代

第五代

第六代

图 3 - 297　第一代至第六代科迈罗

（2）凯迪拉克总统座驾　一百多年来，凯迪拉克汽车在行业内创造了无数个第一，缔造了无数个豪华车的行业标准，可以说凯迪拉克的历史代表了美国豪华车的历史。在韦伯斯特大词典中，凯迪拉克被定义为"同类中最为出色、最具声望事物"的同义词，被一向以追求极致尊贵著称的伦敦皇家汽车俱乐部冠以"世界标准"的美誉。凯迪拉克融汇了百年历史精华和一代代设计师的智慧结晶，成为汽车工业的领导性品牌。

纵观历史，凯迪拉克品牌长久以来都承载着美国总统专属座驾的使命。自 1919 年以来，凯迪拉克一直为众多的美国总统、外交官、大使以及外国政要定制大型豪华轿车和专用车型，这个代表品牌荣耀的传统一直是凯迪拉克的标志性符号，并延续至今，这也是拥有 115 年历史的凯迪拉克品牌傲人血统之源。

1919 年，在美国庆祝第一次世界大战胜利的大型巡游活动上，当时的总统伍德罗·威尔逊就乘坐了一辆 1916 年款的凯迪拉克 Series 53 （图 3 - 298）穿越波士顿大街。搭载首次大规模量产的 V8 发动机的凯迪拉克车型之所以在战争期间大受欢迎，正是凭借其发动机无与伦比的强劲动力以及经久耐用的稳定性能。

美国总统卡尔文·柯立芝在其任职末期的座驾是 1928 年款的凯迪拉克 341 Town （图 3 - 299）。珍珠港事件后，美国总统富兰克林·罗斯福则选择了装备有重装甲的 1928 年款凯迪拉克 Town。

图 3 - 298　凯迪拉克 Series 53

图 3 - 299　凯迪拉克 341 Town

1938 年，通用汽车将两辆凯迪拉克敞篷车交付给美国政府，分别命名为"Queen Mary"和"Queen Elizabeth"。这两款车是以当时的两大游轮命名的，它们的车长约为 6.5m，重达 3.5t，两车均配有一个小型武器装备箱、双向无线电装置及重型发电机。凭借其出色的稳定性及耐用性，这两款座驾曾先后服务于三位美国总统：富兰克林·罗斯福、哈利·杜鲁门和德怀特·艾森豪威尔。艾森豪威尔总统是出了名的汽车发烧友，1953 年，艾森豪威尔驾驶着一款首批量产的凯迪拉克 Eldorado 车型在其总统就职典礼上精彩亮相。凯迪拉克 Eldorado 是汽车设计史上的一朵奇葩，占有极其重要的地位，它首创的弧形风窗玻璃作为一个标志性的汽车设计理念，很快就被其他量产新车型所效仿。

1956 年，凯迪拉克 Queen Mary II 与 Queen Elizabeth II 敞篷轿车取代了其上一代车型，不但为艾森豪威尔总统服务，并继续服务于约翰·肯尼迪和林顿·约翰逊两任总统。这两辆车于 1968 年正式退役。

1983 年款的凯迪拉克 Fleetwood（图 3-300）和凯迪拉克 Fleetwood Brougham 成为罗纳德·威尔逊·里根总统的专用座驾。

1993 年，凯迪拉克车型成为威廉·杰斐逊·克林顿总统的座驾，一个全新的时代由此开启。在此之前，总统座驾通常都是在量产车型的基础上改装而来的，但 1993 年款的凯迪拉克 Brougham 总统系列车型是由凯迪拉克品牌通过绝对安全的程序，特别设计、研发和制造而成的，以确保总统用车的私密性及安全性，这样的惯例一直延续到现在。

图 3-300 凯迪拉克 Fleetwood

乔治·沃克·布什（小布什）总统的座驾当然也非比寻常，这辆通用汽车为总统特别定制的车牌号为 USA001 的凯迪拉克 DTS（图 3-301），因为令人咋舌的安全装备，而被认为是"全世界最安全的地方"。威风凛凛的外观设计更是尽显美利坚合众国的大国风范，难怪小布什每次出行，均会与此车同行。而这辆车在中国的量产车型，便是现在市场上的凯迪拉克 SLS。

贝拉克·侯赛因·奥巴马总统的凯迪拉克豪华座驾沿用了总统专机的命名规则，被称为"凯迪拉克一号"（图 3-302），它融合了凯迪拉克量产车标志性的设计和先进的技术，同时兼具总统座驾的独特性能。这辆车的技术参数仅被少数通用汽车设计团队的成员所知，它最显著的特点在于拥有比前辈更加挺拔的姿态，在外观上极易辨识。

图 3-301 凯迪拉克 DTS

图 3-302 凯迪拉克一号

美国现任总统唐纳德·特朗普的座驾还是由美国通用公司制造的凯迪拉克特制车型"凯迪拉克一号",一辆名副其实的超级防弹装甲车,号称全世界最安全的车辆。该车的装甲不仅能够防弹,还能经得住反坦克火箭筒及化学武器的攻击,同时还搭载各种通信手段以及应急医疗器械。车内还配有总统的血液储备,用来应对紧急输血。

百年来,凯迪拉克因它的卓越品质、华贵造型而享誉世界,凯迪拉克已经是声望、尊贵与豪华的代名词,同时也代表了锐意进取和技术创新。步入新世纪的 凯迪拉克更是融汇了高新科技与现代化设计的精华,令新一代成功人士尽显今朝风流。

(3)庞蒂亚克火鸟(Firebird) 1967 年,为了和当时业界的霸主福特野马抗衡,庞蒂亚克首次推出雪佛兰科迈罗的兄弟车——庞蒂亚克火鸟。火鸟以其独特的外形设计、强劲的动力和相对低廉的价格,长期成为美国"穷人跑车"的代表。

第二代火鸟在 1970 年问世,是生命周期最长的一代,而且车型数量也最多,有许多不同的车型和版本,也先后搭载过很多种不同的动力系统,从入门级的 3.8L V6 发动机到顶级的 7.5L V8 发动机,从 1970 年到 1981 年间保持每年一更新。1973 年,庞蒂亚克做出了一次具有特殊意义的改款,那些发动机盖上展翅的凤凰,就是它开创的先河。

第三代火鸟在 1982 年石油危机之后才发布。为了降低油耗,庞蒂亚克舍弃了 V6 和 V8 等大排量发动机,改为一台 2.5L 的直列四缸发动机。1984 年,火鸟又推出了 1.8 涡轮式及其敞篷车。虽然第三代火鸟没有第二代那么出众,但是 1982 年款的第三代火鸟 Trans Am 被美国科幻电视连续剧《霹雳游侠》剧组看中,成为剧中男一号迈克尔·奈特的座驾 KITT,是主人公惩恶扬善的好搭档。由于《霹雳游侠》电视剧的热播,第三代火鸟成为人们认知度最高的一代。

第一代至第四代火鸟如图 3-303 所示。

第一代1967年款

第二代1970年款

第二代1973年款

第三代1982年款

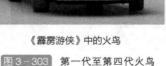
《霹雳游侠》中的火鸟

第四代1993年款

图 3-303　第一代至第四代火鸟

2009 年 4 月 29 日,由于早前通用平台战略的失误和经营不善,通用正式宣布放弃庞蒂亚克这个品牌，拥有 102 年历史的庞蒂亚克从此消失。可是，和庞蒂亚克火鸟同时宣布被取消品牌的兄弟车型第五代雪佛兰 Camaro 已经借着电影《变形金刚 Ⅱ》的造势震撼登场，而庞蒂亚克火鸟就没有他兄弟那么幸运，最终还是没有出第五代。

（4）悍马（HUMMER） 悍马是世界顶级的军用/民用多功能越野车，由美国 AM General 公司（简称 AMG）设计制造。1999 年，通用汽车公司从 AMG 公司取得了民用越野车悍马（HUMMER）的商标使用权和生产权，如图 3-304 所示。

HUMMER®
LIKE NOTHING ELSE.™

图 3-304 悍马车标

1980 年，美国陆军根据越战经验，决定研制新一代通用型的 4 轮驱动轻型多用途军车。当时军方提出的要求是高机动性、多用途和有轮（非履带式），简称 HMMWV（High Mobility Multi-purpose Wheeled Vehicle），用以取代当时比较落后、多种型号的军用车辆，目的是让统一制式的轻型军车能够降低采购成本、实现更简便的模块化维修和保养，以提高机动能力。1981 年，美国陆军向各大车厂招标，结果 AMG 公司凭借长期生产军用车辆的经验优势中标，并很快制造出样车，取名 "HMMWV"，经过在内华达州的沙漠进行的 32000km 全面测试，其出色的表现给美国军方留下了深刻印象。1983 年 3 月，美国军方与 AMG 公司签订了首批供应 5.5 万辆 HMMWV 的合同。后来经过三次合同追加，到 2000 年，HMMWV 的生产总量超过 14 万辆，美军方装备了 10 万辆，并出口到 30 多个国家和地区。1991 年，HMMWV 参加了海湾 "沙漠风暴" 战争，承担人员和物资的运输任务。战后美国五角大楼公布战事的最终报告给予了很高的评价："HMMWV 车满足了一切要求，或者说超出了人们的要求，……显示了极好的越野机动性能，其可用性超过了陆军的标准，达到 90%。"

HMMWV M1165（图 3-305）外观刚烈，凶悍十足。它具有高尺寸的离地间隙，大角度的接近角和离去角，车体宽，重心低。配备 6.2L V8 柴油发动机、全时 4 轮驱动、独立悬架、动力转向等。中央轮胎充气系统使驾车者可以变化轮胎气压，装配的泄气保用轮胎在轮胎泄气时，仍可以 48km/h 的车速行驶 30km。前所未有的动力性、操纵性、通过性及耐久性，都是为了满足美军的严格要求而设计出来的。

图 3-305 HMMWV M1165

1992 年，由于在海湾战争中表现优异，HMMWV 开始受到美国民众的喜爱，AMG 公司趁势推出 HMMWV 的民用车型，取名 "HUMMER"（HUMMER 取自 HMMWV 的昵称 HUMVEER 的译音），译音 "悍马"，一个十分贴切的中文名称。悍马刚刚面市，就立即获得了一些男性购车者的喜爱，美国影坛巨星、曾任美国加州州长的阿诺德·施瓦辛格一人买了两辆，美国篮球与拳击界都有人买进悍马，悍马（HUMMER）因此名声大振，反而 "老前辈" HMMWV 少人知晓。

民用越野车悍马除在舒适性、内部装饰、动力性能方面与军用型 HMMWV 相比有所改变外，车型外表仍保持一致，在城市行驶特别的 "另类"。悍马系列有五种车型，分别有两门、四门硬顶两厢体车，四门软篷两厢体车，四门及两门皮卡。2003 年，已从 AMG 公司获得悍马的商标使用权和生产权的通用汽车公司设计了新款悍马 HUMMER H2，并将原来的产品重

拓展阅读 7

拓展阅读 8

新命名为 HUMMER H1，如图 3-306、图3-307 所示。有别于前一代 HUMMER H1 的设计仍然停留在军事化的庞大体型与简陋的舒适配备，HUMMER H2 的设计一开始就是针对一般的道路使用为目标，改善过于庞大的体型、增加舒适配件，更加贴近一般使用民众的需求。2005 年 10 月，通用汽车公司开始销售悍马 HUMMER H3（图 3-308），这是一款更小但几乎和 HUMMER H2 一模一样的变体车，它保留了原悍马的韵味以及出色的越野能力，更小的尺寸以及更好的燃油经济性使其能更好地适应市场需求。

图 3-306　HUMMER H1

图 3-307　HUMMER H2

图 3-308　HUMMER H3

2010 年 2 月 25 日凌晨，通用汽车声明称，由于未能将悍马品牌出售给中国制造商，他们考虑将"终结"悍马品牌。2010 年 4 月 6 日，通用汽车在美国召开了由美国 153 家悍马经销商参加的会议，决定正式启动关闭悍马生产线的程序，不再生产任何型号的悍马，为其 18 年的民用运营画上了句号。

悍马虽好，但是高油耗等问题也是瓶颈。悍马的风格只能诞生在美国，悍马的文化也决定了其研发和实验队伍必须在美国。

3.6.3　克莱斯勒汽车公司

克莱斯勒（Chrysler）汽车公司是美国第三大汽车公司，由沃尔特·克莱斯勒创建于 1925 年，公司总部设在密歇根州海兰德帕克。

克莱斯勒汽车公司是以创始人沃尔特·克莱斯勒的姓氏命名的汽车公司。图形商标像一枚五角星勋章（图 3-309），它体现了克莱斯勒家族和公司员工们的远大理想和抱负，以及永无止境地追求和在竞争中获胜的奋斗精神；五角星的五个部分，分别表示五大洲都在使用克莱斯勒汽车公司的汽车，克莱斯勒汽车公司的汽车遍及全世界。当 1998 年戴姆勒-奔驰汽车公司和克莱斯勒汽车公司合并后，五角星就不再作为克莱斯勒集团的企业标志出现，克莱斯勒品牌产品也全部使用带有银色飞翼和金色徽章的克莱斯勒品牌标志（图 3-310）。2010 年，克莱斯勒发布新版车标，此次的变动保留飞翼，中间是克莱斯勒的英文衬以蓝底，更具有流线形美感，如图 3-311 所示。

图 3 - 309　克莱斯勒五角星车标

图 3 - 310　戴姆勒 - 克莱斯勒飞翔车标

图 3 - 311　2010 年克莱斯勒新版车标

克莱斯勒旗下品牌如图 3 - 312 所示。

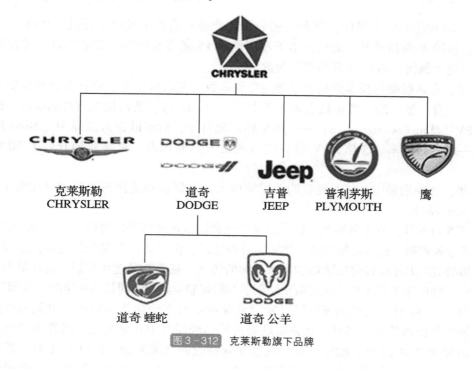

克莱斯勒
CHRYSLER

道奇
DODGE

吉普
JEEP

普利茅斯
PLYMOUTH

鹰

道奇 蝰蛇

道奇 公羊

图 3 - 312　克莱斯勒旗下品牌

1. 发展历程

（1）克莱斯勒汽车公司　1925 年 6 月 6 日，离开通用汽车公司的沃尔特·克莱斯勒收购了即将破产的马克斯威尔汽车公司，以此为基础，克莱斯勒汽车公司正式诞生。1926 年，公司很快由美国汽车制造业第 27 位升至第 5 位，转年又升至第 4 位。1928 年，克莱斯勒买下道奇兄弟公司，之后迪索托和普利茅斯也被合并到了克莱斯勒旗下，以此为用户提供不同价位的选择（普利茅斯、道奇和迪索托、克莱斯勒分别提供低价位、中等价位和高价位的汽车）。由此，克莱斯勒汽车公司又跃升为美国第三大汽车公司。1933 年克莱斯勒汽车公司在美国市场占有率达 25.8%，竟一度超过了福特汽车公司，成为美国第二大汽车公司。

1934 年，克莱斯勒推出革命性的流线形汽车——克莱斯勒 Airflow（图 3 - 313），开创了流线形设计的世界潮流。

1951 年，经过长达六年的潜心研究，克莱斯勒的工程师们研发成功了著名的 HEMI V8 发动机，克莱斯勒的第一款发动机以 180 马力的功率被誉为美国汽车工业成就的巅峰之作，在 20 世纪 50 年代和 60 年代树立了美国的高性能标准。1955 年，克莱斯勒 300（图 3 - 314）诞生，流畅的造型和强劲的 HEMI V8 发动机完美结合，开启了美国高性能轿车时代的序幕。

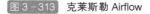

图 3－313　克莱斯勒 Airflow　　　　　图 3－314　克莱斯勒 300

但到了 20 世纪五六十年代，克莱斯勒公司的业务一直在下坡路上挣扎。1978 年出现严重的亏损，1980 年濒临破产。最后，由于政府给予 15 亿美元的联邦贷款保证，才使克莱斯勒汽车公司免于倒闭，1982 年开始扭亏为盈。

1983 年，克莱斯勒将轿车的功能创新演绎到极致，首次将轿车、旅行车和厢式货车的功能完美集于一身，最初的车型包括普利茅斯村民（Voyager）、道奇捷龙（Caravan），也同时命名为 MPV（Mini Passenger Van）——小型厢式旅行车，后经欧洲人演绎为"Multi Purpose Vehicle"——多功能车。这是 MPV 第一次出现在人们的视野，克莱斯勒开创了 MPV 车型时代。

1987 年，克莱斯勒以 8 亿美元收购美国第四大汽车制造商美国汽车公司（AMC），并因此拥有了 Jeep 品牌。

1998 年 5 月 6 日，克莱斯勒汽车公司被德国戴姆勒－奔驰汽车公司以 360 亿美元的价格收购，合并成立戴姆勒－克莱斯勒集团。然而，合并之后，由于文化和理念的差异，德国工程工艺的精髓和制造能力并没有使克莱斯勒迎来品牌的腾飞，克莱斯勒连年亏损，这让戴姆勒－奔驰不堪重负。2007 年 7 月 3 日，克莱斯勒结束了与戴姆勒－奔驰之间长达 9 年的"联姻"。

2009 年 4 月 30 日，美国总统奥巴马宣布克莱斯勒汽车公司正式破产，由美国政府和意大利菲亚特汽车公司接手。当时，克莱斯勒的负债已经超过 100 亿美元，选择破产已为最好的选择。2009 年 7 月 24 日，欧盟委员会批准菲亚特收购克莱斯勒。2014 年 1 月，菲亚特完成了对克莱斯勒的全面收购，持有克莱斯勒 100% 的股份。2014 年 10 月 12 日，菲亚特与克莱斯勒的合并协议正式生效，持续 5 年多的菲亚特－克莱斯勒并购案画上了圆满的句号。

克莱斯勒汽车也许在中国还没有奔驰、宝马那样耳熟能详，但是在其 90 多年的发展当中，却和通用、福特一起成为美国市场、以及国际汽车市场上的著名品牌，而克莱斯勒更是以独特的风格和不断创新的技术成为美国乃至全球汽车发展历史的重要参与者，不断影响汽车技术和产业走向。克莱斯勒每一款车型都带有浓郁的美国情调，凝聚了美国汽车文化的精髓，不但代表着一种生活方式，更代表着一种品位，一种潮流。

（2）道奇汽车公司　道奇是克莱斯勒集团旗下的三大汽车品牌之一，产品包括轿车、货车、轻型商用车和运动型多用途车（SUV）等。

道奇（Dodge）汽车公司的文字商标源于道奇兄弟的姓氏"Dodge"，图形商标是在一个五边形中有一公羊头形象，"公羊"图形商标恰如其分地体现出道奇汽车的动感强劲，睿智进取，个性自由，健硕乐活，如图 3－315 所示。

图 3－315　道奇车标

道奇汽车公司由一对出生在美国密歇根州的兄弟约翰·道奇和霍瑞德·道奇投资 500 万美元创建。1900 年，道奇兄弟的公司成立后，主要生产汽车部件以供给底特律的车厂，其中包括福特汽车公司。道奇公司实际上制造了福特汽车第一批产品中的大部分，包括发动机、底盘和所有的传动部件，而福特也很少使用其他制造商提供的车身和底盘。多年来道奇兄弟和福特的关系一直很好，他俩曾是福特汽车公司的股东和董事，约翰·道奇还是福特汽车的副总裁。由于福特的成功，道奇兄弟亦因此获益，并开始发展自己的公司。

图 3-316　道奇 Model 30

1913 年，道奇兄弟开始注意到福特有自给自足的倾向，那时道奇兄弟已在密歇根州重开了一家大型工厂（后来成为著名的道奇总厂），建造了世界上第一个汽车试验场。1914 年 7 月 17 日，道奇汽车公司成立，11 月 14 日第一辆道奇汽车 Model 30（图 3-316）驶下组装线。1915 年，道奇汽车的销售量位居美国第四。1916 年，Model 30 在美国汽车的销量排名第二，也为道奇收获不少荣誉。1919 年，道奇兄弟离开福特汽车公司，此时，道奇汽车公司雇员达 1.7 万名，已售出了 40 万辆汽车。1920 年，道奇汽车在美国的销量继续排名第二位，商用汽车的产量占公司生产总量的 10%。到了 1925 年，这个数字已经上升到了 20%。

1928 年，克莱斯勒收购了道奇汽车公司，道奇公司成为克莱斯勒公司的一个分部。随着克莱斯勒对道奇的收购，两者的联合使其成为通用和福特的竞争对手。1931 年，克莱斯勒的创始人沃尔特·克莱斯勒先生亲自为道奇选定了今天我们看到的道奇"公羊"标志。

在很多人心中，道奇是"美式肌肉车"的象征，尤其是 20 世纪六七十年代的经典"肌肉车"，俨然是一个时代的高浓缩精华，Charger、Coronet R/T 和 Super Bee 等，都是能俘获众多车迷的典型"美式肌肉车"。

1998 年，克莱斯勒和戴姆勒-奔驰合并成戴姆勒-克莱斯勒集团公司，虽然强强联合对两者的业务都有一定帮助，但合并的结果是道奇的姊妹品牌普利茅斯退出了市场，而道奇则沦为新集团的廉价品牌。

（3）普利茅斯汽车公司　普利茅斯（Plymouth）汽车公司于 1928 年被克莱斯勒收购，是克莱斯勒汽车公司在康采恩的一个分部，主要生产价格低于克莱斯勒和道奇的车型。

图 3-317　普利茅斯车标

普利茅斯是当年英国向美国迁移僧侣的港口，顺风部的产品就用"普利茅斯"来命名。如图 3-317 所示，普利茅斯汽车的图形商标采用僧侣曾乘坐过的"珠夫拉瓦"号帆船的船帆图案，有一帆风顺的含义，所以也有人把这种车型称作"顺风牌"。

1928 年 6 月，普利茅斯推出了第一种车型，装配 4 缸发动机的 Q 型车，由于动力强劲，广受用户追捧。1930 年，普利茅斯推出 U 型轿车，其价格和福特及雪佛兰相当，可选用无线电收音机。1959 年，普利茅斯 Valiant 问世，在当时是时尚与优雅的完美结合体，一经推出就被蒋介石和宋美龄相中，成了他们的专属座驾之一。1983 年秋天，普利茅斯推出了一种小型厢式旅行车 Voyager。在第一个销售年度里，Voyager 携手同样是小型厢式旅行车的道奇 Caravan 创下了 210000 辆的销售业绩。1998 年英国首相托·布莱尔在首相任期内也购买了一辆普利茅斯 Voyager 作为自家私人用车。

20 世纪 80 年代，由于设计保守、个性缺乏、质量不高等缺点，普利茅斯销售量大幅下降。为拯救经典品牌，1995 年，克莱斯勒公司改变了普利茅斯的标志（图 3 - 318），投入大量资金重新设计系列款型，特别推出了具有传统老爷车风格的双座敞篷跑车猎兽（Prowler，图 3 - 319）。

图 3 - 318　普利茅斯新车标

图 3 - 319　普利茅斯猎兽

20 世纪 90 年代末期，亏损严重的普利茅斯品牌已看不到任何发展前景。在 2001 年年底，除了猎兽之外，普利茅斯旗下所有产品都被停止生产。因为猎兽呈现的美国式精神受到广大消费者喜爱，所以这款车被并入了克莱斯勒品牌继续生产。克莱斯勒官方表示他们将对全球所有使用普利茅斯产品的用户继续进行全面服务，不用担心汽车检修问题，因为官方承诺不会终止供应汽车零部件。

（4）鹰·吉普分部　1987 年 8 月 5 日，克莱斯勒汽车公司收购了深陷危机中的美国汽车公司，获得了其子公司 AMG 汽车公司的著名越野车品牌吉普（Jeep），成立了鹰·吉普分部（Eagle Jeep），专门生产轻型越野汽车。至此，Jeep 正式成为克莱斯勒旗下品牌。

鹰·吉普分部曾经使用鹰的图案作为标志（图 3 - 320），有雄鹰展翅、直上云霄之意，表示该部具有雄鹰的品质，迎风斗险、勇攀技术高峰。1998 年，在产品整合中，鹰品牌与普利茅斯被取消而退出生产，车标采用公司缩写字母"Jeep"，如图 3 - 321 所示。

图 3 - 320　鹰·吉普标志

图 3 - 321　吉普车标

新成立的鹰·吉普分部把营销策略都集中在提高 Jeep 车型的生产上，因为他们很清楚 Jeep 在美国的知名度和流行程度。1990 年，第 100 万辆切诺基驶出总装生产线，切诺基成为 Jeep 家族中最出色的一个成员。1993 年，在底特律车展上，归属克莱斯勒后的第一款全新产品大切诺基（Grand Cherokee）出现在人们面前，它主导了 Jeep 整个 90 年代的发展。

2. 经典车型

（1）吉普（Jeep）　诞生于第二次世界大战时期，曾经受到战火洗礼，一切设计都以实用为主；外形犹如斧凿的方正身体，棱角分明，不加任何修饰，却恰到好处地展现了它坚毅不屈的硬汉性格；有一双铁脚，不管道路多么艰险，都会竭尽全力，勇往直前；用途广泛，无所不至，无所不能——这就是吉普。

　　1940 年 7 月 11 日，作为第二次世界大战的同盟国，美国军方向 135 家汽车制造商发出招标书，希望他们能够设计生产一种具有通用功能的全轮驱动军用越野车，以取代军用摩托车以及改装的福特 T 型车。军方的要求是结构简单、结实坚固、通用性好、操作灵敏、容易驾驶，能在各种地形上行驶，具有可靠安全性，并编制了冗长的车辆规格说明书。由于条件苛刻而且时间比较紧，结果仅有福特、威利斯 - 奥弗兰和班塔姆（Bantam，其前身是 1927 年英国奥斯汀公司在美国建立的美国奥斯汀公司）这三家公司揭标。经过进一步试验和评估，在综合了三家企业的产品优点之后，最终美国军方决定以威利斯 - 奥弗兰汽车公司生产的 Willys MA 做基础，委托威利斯 - 奥弗兰汽车公司重新进行标准化设计。随后，威利

斯 - 奥弗兰汽车公司针对军方的意见对车辆进行了改进，重新设计的 Willys MB 越野车（图3 - 322）最终定型，人们称之为"吉普"（Jeep）。

　　第二次世界大战期间，威利斯 - 奥弗兰汽车公司为美国军方制造了 358489 辆 Willys MB 越野车，福特汽车公司经授权也为美国军方制造了 277896 辆。吉普越野车与坦克装甲车等钢铁洪流一起，摧枯拉朽，驰骋于北非沙漠、热带雨林和海滩戈壁，爬坡越障，

图 3 - 322　Jeep Willys MB

无所不达，车轮碾压之处必定凯歌高奏，堪称一款战场神车。著名战地记者尔尼·派尔也总结道："它像狗一样忠实，像骡子一样强壮，像山羊一样敏捷。"五星上将乔治·马歇尔曾经激动地表示："它对美国的现代战争做出了杰出的贡献"。盟军司令艾森豪威尔说："Jeep、运输机和登陆艇是我们赢得战争的三大武器。"四星上将乔治·巴顿将军对 Jeep 的评价更高："和它一起，我赢得了北非，攻破了西西里，解放了巴黎，结束了第三帝国。它是我见到过最坚韧、最顽强的机械。它和坦克、军舰不同，是有生命的，在和平年代它还会生存下去。如果有可能，我愿它永生。"乔治·巴顿把红皮座椅拧在吉普上，在车身上漆上自己的将星，装上高音扬声器和警报器，从北非一直开到欧洲，直到第二次世界大战结束。毫无疑问，Willys MB 是第二次世界大战中真正的英雄。

　　1944 年，威利斯 - 奥弗兰汽车公司开始研制民用吉普。1945 年，第一款民用吉普 CJ-2A（CJ 是 Civilian Jeep 的缩写，代表民用）投产，价格为 1090 美元，如图 3 - 323 所示。CJ-2A采用了背门、侧置备胎、更大的前照灯、外部燃油箱盖以及其军用车前身不具备的众多装备。到 1949 年，四年间CJ-2A 共生产了 21.4 万辆。1950 年 6 月 30 日，威利斯 - 奥弗兰将"Jeep"注册为品牌商标，正式推出 Jeep 品牌车型。从此，"Jeep"这个名称只属于威利斯 - 奥弗兰公司。而在这之前，"Jeep"是所有美式吉普车的统称。根据其在战争中的英雄事迹，威利斯 - 奥弗兰汽车公司决定，在美国乃至全世界，对吉普商标产权进行资本化改造。

图 3 - 323　CJ-2A

　　1953 年，亨利·凯瑟公司以 6000 万美元收购了威利斯 - 奥弗兰汽车公司，并将其更名为凯瑟 - 吉普（Kaiser

Jeep）公司，威利斯－奥弗兰汽车公司从此退出历史舞台。1954 年，凯瑟－吉普公司发布了新品牌成立后的第一款车型 CJ-5（图 3-324），其翼子板已经能见到明显的 Jeep 标识。CJ-5 从 1954 年开始生产直到 1983 年停产，整整生产了 30 年。1963 年，凯瑟－吉普公司推出了瓦格尼（Wagoneer）车型，如图 3-325 所示。瓦格尼造型接近家用轿车，同时兼顾了舒适性、便利性和一定越野能力，可以说是现代 SUV 车型的鼻祖。瓦格尼车型生产周期长达 28 年，它的出现对之后 Jeep 品牌的发展方向产生了深远的影响，衍生产品切诺基、大切诺基成为我们熟知的产品。在亨利·凯瑟公司拥有 Jeep 的 16 年中，在 30 个国家建立了制造厂，Jeep 销往 150 多个国家。

图 3-324　CJ-5

图 3-325　Wagoneer

1970 年 12 月，当时的美国第四大汽车集团即美国汽车公司（AMC）将凯瑟－吉普兼并，改名为吉普汽车公司，将民用产品与军用产品分开，划分为 AM Genera（简称 AMG）和 Jeep 两个公司。事实证明，AMC 的收购是明智之举，Jeep 为它带来了大量的政府以及邮政部门的订单。1974 年，在 AMC 旗下的 Jeep 推出第一代切诺基（Cherokee）。1987 年，Jeep 推出了一款家喻户晓的车型——拥有更低的重心、更好的操控性以及更舒适的内饰设计的牧马人（Wrangler）。

1987 年 8 月 5 日，克莱斯勒汽车公司收购了深陷危机中的美国汽车公司，成立了鹰·吉普部（Eagle Jeep）。至此，Jeep 正式成为克莱斯勒旗下品牌。

从诞生至今，在 70 多年的发展历程中，Jeep 品牌一直秉承着越野车所具有的硬派越野风格，一直在用自己传奇式的发展诠释品牌独特的内涵和气质，真正践行了 "70 多年把一件事做彻底" 的理念。虽然出于销量的考虑，在外形和内饰的设计上做了很多的妥协和改变，但是依然将越野性能放在了第一位，依然执着地提供拥有强悍越野能力的 Jeep，Jeep 还是那个 Jeep，Jeep 的精髓依然不变。纯粹的越野精神和永不妥协的坚持让人对这个品牌心生敬畏，这也许就是 Jeep 的情怀。

（2）切诺基（Cherokee）　1974 年，美国汽车公司（AMC）旗下的 Jeep 公司推出了第一代切诺基（图 3-326）。"切诺基" 这一名称取自美洲印第安部族切诺基土著人，他们世代居住在山区，由于生活和狩猎的需要，他们擅长在山地攀行。吉普汽车公司以此表示切诺基汽车能攀过岩石、涉过泥沙，能够征服艰难险阻，具有良好的越野性能。

1984 年，第二代切诺基（图 3-327）问世，有两门和四门两个版本，被美国多家汽车杂志评选为最佳四驱车型。此时的切诺基，已经开创了专业 SUV 的先河，并继承了 Jeep 越野的传统——安全性及驾驶乐趣，切诺基成为 50 年来全球最具影响力的十大车型之一，第一年就卖出了惊人的 78000 辆。除了在美国生产，切诺基还漂洋过海来到中国。1985 年 9 月 26 日，中美合资的第一批切诺基在北京吉普汽车有限公司驶下生产线。1990 年 3 月 22 日，第 100 万辆切诺基驶出总装生产线。

图 3 - 326 第一代切诺基

图 3 - 327 第二代切诺基

1993 年，在底特律车展上，大切诺基（Grand Cherokee）傲然问世（图 3 - 328），成为豪华四轮驱动车的代名词。1999 年，大切诺基完成换代，其一贯秉承的极致越野能力与进一步提升的公路性能和舒适驾乘感，使第二代大切诺基（图 3 - 329）成为史上最经典的车型之一。第三代大切诺基（图 3 - 330）在 2004 年上市，这款进行大幅改进的大切诺基仍然融合了动力和豪华两种特性，并显著降低了车内的噪声和振动，为卓越公路性能和极致越野能力订立下全新标杆。2010 年，第四代大切诺基（图 3 - 331）的外观经过了全新设计，流线形车身设计更强调运动感，更符合空气动力学。当然，还有 Jeep 近 20 年对于大切诺基的完善，完美平衡公路性能和四驱能力，可以说是一款真正拥有全路况能力的高端大型 SUV。

图 3 - 328 第一代大切诺基

图 3 - 329 第二代大切诺基

图 3 - 330 第三代大切诺基

图 3 - 331 第四代大切诺基

2017 款全新大切诺基（图 3 - 332）在外观上采用全新家族前脸，代表 Jeep 专业性能巅峰的 Trailhawk 高性能四驱版更是大切诺基家族史上迄今为止的最强车型。

（3）道奇蝰蛇（Dodge Viper）　蝰蛇是克莱斯勒公司收购了道奇后于 1989 年推出的跑车系列，1992 年正式量产，是道奇旗下最出名的跑车品牌，车标为凶猛的蝰蛇头（图 3 - 333）。蝰蛇传承着美式跑车的精髓，设计之初以赛车的操控水平为追求目标，极力打造出顶级的民用跑车，是绝对的美国风情超级跑车，是"美式肌肉车"的代表。"There's no replacement for cubic displacement（排气量无可取代）!"从蝰蛇的格言中就可以了解一切。在 2006 年上映的美国迪斯尼动画电影《汽车总动员》中，蝰蛇成为主人公闪电麦坤的外形设计形象参考。

1992 年第一款量产版蝰蛇诞生（图 3 - 334），被命名为 RT/10，车身只有敞篷车身一种。最精良的设计团队本来打算采用大排量 V8 发动机，但是后来被换成 8.0L V10 发动机，400 马力的强劲动力一下子将蝰蛇的凶猛体现得淋漓尽致。蝰蛇 RT/10 只推出了红色一种颜色，就连发动机罩也被喷成了红色，这一股血腥味让蝰蛇的名字迅速蹿红，而 4.6s 的百公里加速和超过 264km/h 的极速在当年也非常震撼。

图 3 - 332　全新大切诺基

图 3 - 333　蝰蛇车标

图 3 - 334　第一代蝰蛇 RT/10

1996 年，新二代蝰蛇（图 3 - 335）再一次让人们心跳加速。同样的 8.0L V10 发动机经过改良之后释放出 450 马力的强大动力，百公里加速只有 4.2s，最高车速 297km/h，它的性能是可以和当初的法拉利 355、保时捷 911 GT2 比拼的。道奇的工程师从蝰蛇 GTS-R 赛车那台排量 8L 的 V10 发动机里压榨出了 700 马力，底盘经过重新设计并大幅减重，加上其他一切赛道装备，这只"猛兽"活跃于勒芒 24h 耐力赛和 FIA GT 系列赛事，表现非常抢眼。

图 3 - 335　第二代蝰蛇 RT/10

2003 年，克莱斯勒再次推出全新的第三代蝰蛇 SRT-10（图3 - 336）。"SRT"是"Street and Racing Technology"（街道与竞赛技术部）的简称。蝰蛇 SRT-10 的 V10 发动机排量达到了 8.3L，发动机和车身重量继续瘦身，轮胎也更宽，ABS 的引入使得更多人能驾驭这只"猛兽"。在不断的改进和完善下，蝰蛇终于进入最强大的壮年时期。

2007 年，道奇终于发布了全新一代（第四代）蝰蛇 SRT-10（图 3 - 337），V10 发动机被扩大至 8.4L，改进之后达到了 600 马力——更大的排量、更大的功率，蝰蛇再一次向世人证明它的凶猛攻势！在世界级的超跑中，蝰蛇要为美式跑车树立新的标准，它不会老去，它会用更加锋利的毒齿准备发起新一轮的攻击！

图 3 - 336　第三代蝰蛇 SRT-10

图 3 - 337　第四代蝰蛇 SRT-10

复习题

一、简答题

1. 福特 T 型车有什么特点？如何评价它的历史地位？
2. 凯迪拉克汽车有什么特点？在世界车坛中有怎样的地位？
3. 悍马汽车有什么特点？如何评价它的历史地位？
4. 吉普越野车有什么特点？如何评价它的历史地位？

二、测试题

请扫码进行测试练习。

测试 8

3.7 日本和韩国著名汽车品牌

汽车诞生于欧洲，20 世纪 30 年代日本才有了自己的汽车工业，而韩国汽车工业的起步更是 40 年代的事情。然而，初期以模仿欧美产品而成的日本和韩国汽车积聚后发优势，实现了超越。

日本国土狭窄，人口密集，资源有限，人们精打细算，讲究效率，生产的汽车以小型车为主。日系轿车造型新颖，外形符合东方人的审美观点，做工细腻、经济省油、精巧耐用，灌注了东方人精微细腻的心理特征，在为乘员着想方面做得无微不至，在细节方面特别能体现日本民族做事一丝不苟的特点。另外，日系轿车更新换代快，注重整体设计，各项指标均衡，价格又不贵，极具性价比，正是凭着广受欢迎的小型汽车，在 1980 年日本汽车超过美国成为世界上最大的汽车生产国和出口国，在世界汽车市场形成日、欧、美三足鼎立的局势。

韩国自 20 世纪 60～70 年代引进国外汽车生产线以来，始终执行着一种多样化的发展方针，逐渐形成了自己的风格。韩国汽车集欧美汽车技术于一体，再借鉴日本汽车风格，既洒脱又稳重并具飘逸感，有一种"骑士"风范。韩国汽车经济省油、装备齐全，物有所值。上至韩国总统，下到平民百姓，大家都以乘坐国产车为荣，这与韩国人强烈的民族自尊感是分不开的。

3.7.1 丰田汽车公司

丰田汽车公司（Toyota Motor Corporation）简称"丰田"（TOYOTA），由丰田喜一郎创立于 1933 年，1998 年和 2001 年，先后收购了大发汽车公司和日野汽车公司，所涵盖的车型从最低端的民用经济型轿车一直到最高端的豪华轿车和 SUV，其先进技术和优良品质备受世界各地人士推崇。丰田汽车公司是日本最大的汽车公司，世界十大汽车工业公司之一，总部设在日本爱知县丰田市和东京都文京区。2018 年 7 月 19 日，《财富》世界 500 强排行榜发布，丰田汽车公司位列第 16 位，在 23 个汽车企业中排名第一。

TOYOTA 这一名称源自于企业创始人丰田的姓氏（字母拼写为 Toyoda）。丰田初期生产的轿车标识曾使用 TOYODA。在 1936 年丰田举行了企业标识有奖征集活动并将其变为了现在的 TOYOTA。这是一个很好的转变，因为用日文片假名拼写时，TOYODA 是 10 画，TOYOTA 是 8 画，而丰田家族认为 8 是幸运数字。另外，"Toyota"比"Toyoda"读起来更上口，同时也标志着丰田从一个小的个人公司发展成为一个社会企业。

现在的丰田标识是在 1989 年 10 月公司创立 50 周年纪念时发布的，如图 3 - 338 所示。它的设计耗费了大约 5 年时间，当时，丰田在海外的知名度不断上升，因此要有一个与其知名度相称的标识。设计中要有两个要素，即远距离也能辨识出丰田车，并且与其他汽车相比更具视觉冲击力。新标识中有 3 个椭圆，左右对称，在大椭圆内的两个相互垂直的椭圆分别代表顾客和厂家的心，其轮廓线重叠象征着彼此心心相印。这两个相互垂直的小椭圆的整体外轮廓为 "Toyota" 的

图 3 - 338　丰田车标

首字母 "T"，象征着丰田，同时也象征着转向盘，即车辆本身。外面的大椭圆象征环绕着丰田的世界。而每个椭圆的轮廓线都参考了毛笔书法的精髓，采用了不同粗细的笔画。标识的背景空间表示丰田要传达给消费者的 "无限价值"，它包括卓越品质、超越期待、驾驶乐趣、创新以及对安全、环境保护和社会责任的承诺。

丰田汽车公司有很强的技术开发能力，而且十分注重研究顾客的需求，因而在它发展过程中的不同历史阶段都能创造出不同的名牌产品，而且以快速的产品换型击败竞争对手。丰田旗下的直接品牌有三个：丰田（TOYOTA）、雷克萨斯（LEXUS）、赛昂（SCION），而丰田亦是大发及日野品牌的母公司及富士重工业（斯巴鲁汽车母公司）的最大股东，如图 3 - 339 所示。丰田旗下车型众多，卡罗拉（Corolla）、皇冠（Crown）、凯美瑞（Camry）、雷克萨斯（Lexus）等轿车长盛不衰，兰德酷路泽（Land Cruiser）、汉兰达（Highlander）、荣放（RAV4）等 SUV 也极负盛名。

图 3 - 339　丰田旗下品牌

1. 发展历程

丰田汽车公司创始人为丰田喜一郎，他的父亲丰田佐吉是日本有名的 "纺织大王"。大学毕业后，丰田喜一郎来到父亲创办的丰田自动织机制造所。当他发现汽车能给人们带来极大方便时，预感到这一新兴行业具有广阔的发展前景，决定将其作为自己的事业，他的这一想法得到了父亲的大力支持。

1929 年，丰田喜一郎前往英国，与欲转让丰田汽动织机专利权的普拉特公司签约。而在此过程中，丰田喜一郎还花费了四个月的时间体验了英国的汽车交通，走访了英、美，尤其是美国的汽车生产企业，彻底弄清了欧美国家的汽车生产状况。这次国外之旅给他留下了极为深刻的印象，坚定了他发展自己汽车事业的决心。

1931 年，丰田喜一郎成功研制出了一台 4 马力的小型汽油发动机。1933 年，丰田喜一郎在丰田自动织机制造所设立了汽车部。当年 4 月，丰田喜一郎购回一台美国雪佛兰汽车发动机进行反复拆装、研究、分析、测绘，产生了指导日后公司发展战略的认识观点："贫穷的日本需要更为廉价的汽车。生产廉价汽车是我的责任。" 1934 年，他托人从国外购回一辆德国 DKW 公司（奥迪的前身之一）产的前轮驱动汽车，经过连续两年的研究，于 1935 年 8 月制造出了 A1 型轿车（图 3－340）和 G1 型货车。其中 A1 是一款大型轿车，外壳呈流线形，模仿当时的克莱斯勒 Airflow 车型。1936 年 6 月，丰田喜一郎自行设计的第一辆量产车型——AA 型轿车（图 3－341）开始生产，最初每月仅生产 150 辆。1937 年，汽车部共生产汽车4013 辆，其中 AA 型轿车和 AB 型敞篷车 577 辆。

1937 年 8 月 28 日，丰田喜一郎另立门户，将汽车部从丰田自动织机制造所独立出来，在爱知县举田町成立丰田汽车工业株式会社，创业资金为 1200 万日元，拥有职员 300 多人。从这一年起，丰田汽车工业株式会社将工厂迁至举母市，也就是今天的丰田总公司工厂。后来举母市因为丰田公司的存在而迅速发展壮大，再后来就直接改成了现在的丰田市。

图 3－340　丰田 A1 型轿车

图 3－341　丰田 AA 型轿车

1945 年 9 月，丰田公司决定在原有的货车批量生产体制的基础上组建小型轿车工厂。此时的丰田公司虽然在生产汽车方面没有多少经验，但却坚守一个信条：模仿比创造更简单，如果能在模仿的同时给予改进，那就更好。1947 年 1 月，丰田 SA 样车（图 3－342）终于试制成功。

1955 年，一辆在 60 多年后的今天还一直生产销售的汽车，一辆加速丰田全面发展的车辆诞生了！它就是皇冠。1957 年，由于皇冠在日本本土的热销，丰田将其远销至美国，但市场反应并不理想。随后丰田用了整整 6年时间打造出了适合美国道路条件行驶的新一代皇冠轿车。新一代皇冠轿车十分精巧，加上配置齐全，结实牢靠，价格也不贵，在美国市场取得了不错的业绩。在 20世纪 60 年代末期，丰田汽车开始大量涌入北美市场。

图 3－342　丰田 SA 样车

1966 年以前，丰田的轿车产品在销售上一直都是以皇冠作为主力，直至卡罗拉的登场，将丰田带入一个前所未有的光明前途。1967 年以后，丰田进入飞速发展的黄金时期，价廉物美的丰田车开始风行全球各大市场，公司的产销量直线上升。1971 年，丰田年产量达到了200 万辆，一跃成为世界第三大汽车制造商。

1973 年，第四次中东战争爆发，世界经济遇到了第一次石油危机，在极大程度上改变了美国的汽车需求结构，人们的选择热点开始转向节省燃油的小型汽车。为了摆脱困境，美国汽车厂家再三敦促政府和议会尽快对进口日本汽车实施限制，同时他们也一再要求日本汽车厂家到美国投资建厂，以便共同获利。1979 年，再次爆发的石油危机终于促成了 1981 年对美出口轿车自主限制协议的生效。在这种情况下，丰田决定与美国通用汽车公司进行合作，这样不仅可以在美国市场继续销售，同时还可以向美国汽车厂家转让小型轿车的生产技术。也正是这一决定，使得丰田成为美国汽车市场上最大的海外品牌汽车销售商。

1982 年，丰田汽车工业公司与丰田汽车销售公司合并，更名为丰田汽车公司。1983 年，为了与本田雅阁争夺北美市场，丰田推出了凯美瑞车系。1989 年，为了在豪华车市场上有所作为，丰田在美国推出了豪华品牌——雷克萨斯，并于当年的底特律车展展出旗舰车型 LS400 及入门级豪华轿车 ES250，引起了极大的震撼，美国人很快就喜欢上了雷克萨斯。

到了 20 世纪 90 年代，丰田集团进入稳定发展期。期间，推出了 RAV4，创造了城市 SUV 的全新理念。此外，1997 年丰田开始生产混动车型——丰田普锐斯。

2002 年，丰田汽车为了迎合北美年轻人的需求，特意在北美重新组建一支团队专门生产时尚青年人喜爱的车型，取名为"Scion"（赛恩，图 3 - 343），中文释意为"下一代"，试图以此改变人们对丰田以年龄较高的群体为主要消费对象的印象。随着时间的推移，Scion 也逐渐演变成丰田旗下继 TOYOTA、LEXUS 之后的第三个品牌。

图 3 - 343　赛恩车标

2005 年，在福布斯颁布的世界前 500 强公司的名单中，丰田公司已经排名第八位。而到了 2008 年第一季度，丰田汽车的产量已经达到了 241 万辆，取代生产 225 万辆车的美国通用汽车，成为全球第一大汽车公司。

纵观丰田历史，从模仿中不断学习并创新，使得丰田能够在本土以及全球汽车市场站稳脚跟，并一度发展成为全球最大的汽车生产商。丰田不仅为世界生产出了高品质的汽车产品，丰田的生产和管理系统长期以来一直是丰田公司的核心竞争力和高效率的源泉，同时也成为国际上企业经营管理效仿的榜样。在丰田喜一郎在世时，在美国的技术专家和管理专家的指导下，丰田很快掌握了先进的汽车生产和管理技术，并根据日本民族的特点，经过进一步的发展和完善，创造了著名的丰田生产管理模式，大大提高了生产效率。例如，作为丰田生产管理一大特点的看板管理已被世界各地的企业所采用。如今，丰田生产管理模式已超越国别、行业成为世界许多国家争相学习的先进经验。世界很多大型企业都在学习丰田管理模式的基础上，建立了各自的管理系统，以试图实现标杆超越，像通用电气公司、福特公司、克莱斯勒公司等世界著名企业都加入了这一行列。

2. 经典车型

（1）卡罗拉（Corolla）　1966 年，是汽车业在日本开始蓬勃发展的一年，被称为日本"家用车元年"。在这一年，一款含义为"花之冠"的汽车诞生了！到 1970 年换代，第一代卡罗拉（花冠）总共推出了 24 款车型。当时花冠被作为一款"国民车"推出，由于价格低廉，受到了当时消费者的热捧，不久便成为风靡世界的最畅销的家庭用车之一。预测到日本的汽车普及即将爆发的丰田汽车公司在高冈（爱知县丰田市）建设了花冠专用工厂。当时丰田的月产能约 5 万辆，而其中花冠为 3 万辆。

第一代花冠就承载了许多"日本首次""丰田首次"的技术。"不能有不及格的分数出现，即所谓 80 分主义。但全部为 80 分也不行，总要有几个超过 90 分的部分"——这就是当时的开发负责人长谷川龙雄的思想，它并不是全部平均的意思。第一代意义重大，豪华家用轿车的定位得到了大众的认可，同时也奠定了花冠整个车型系列的设计思路。

从第一代花冠 1966 年面世到 1983 年 3 月，前四代花冠车型用 16 年的时间在全世界共销售了 1000 万辆。在日本汽车历史上，花冠是第一款单一车型系列销售过千万的汽车。在当时的世界汽车业，只有福特 T 型车和大众甲壳虫可以达到此销量。

2006 年，第十代花冠在中国举行了全球首发仪式，这也是花冠首次选在海外市场上市，并将中文名称由意译的"花冠"改为音译的"卡罗拉"。为了满足中国市场消费需求差异化，一汽丰田战略性地保留了第九代花冠，实现花冠和卡罗拉两代同时销售。2014 年 6 月 19 日，国产全新一代卡罗拉（第十一代花冠）正式上市，共有 12 款车型，竞争对手锁定日产轩逸、本田思域、雪铁龙 C4L、大众宝来等。

花冠是丰田车系中的代表车型和佼佼者，深受世界民众喜爱。自从 1966 年成功推出后，50 多年间历经十一代畅销不衰，行销世界超过 150 个国家和地区，累计生产超过 4000 万辆，已成为名副其实的全球化标准轿车。由于目前的花冠轿车除了名称之外，同 1966 年的原型车已有了天壤之别。正因为如此，花冠破了大众甲壳虫的销售记录一直不被业界认可。第一代至第十一代花冠如图 3－344 所示。

图 3－344 第一代至第十一代花冠

（2）皇冠（Crown） 第一代皇冠的研发始于 1952 年，当时日本国内其他厂家认为与其自主开发不如通过与外国厂家技术合作来学习轿车生产技术，而丰田则执着坚守创业以来的"用自己的双手制造一辆国产轿车！"的理念，用了整整 3 年的时间，完成了国产轿车皇冠的自主研发。皇冠车标（图 3－345）是一顶皇冠，象征着高贵和典雅。

1955 年 1 月，丰田自主生产的第一代皇冠轿车正式面世，第一辆皇冠由社长丰田英二亲自开下生产线。第一代皇冠采用船形车身，车身侧

图 3－345 皇冠车标

面最为独特的设计是前后车门采用对开方式，使乘客上下车更为优雅，同样的设计曾在丰田制造的首款量产车型 AA 上采用。皇冠最初搭载了丰田 R 系列 4 缸发动机，排量为 1.5L，最大功率 49 马力。因为其符合日本道路特点（泥泞、低速）的设计而大受欢迎，第一代皇冠在销量上压倒了众多进口车，在日本轿车市场中占据首位。

2012 年 12 月 25 日，丰田在日本市场率先发布了第十四代皇冠，全新发布的皇冠在各个方面又有了进一步的提升。2015 年 3 月 12 日，一汽丰田国产第十四代皇冠正式上市，除了沿用技术成熟的发动机之外，国产第十四代皇冠对传动部分进行了升级，优化了后悬架的结构，在外观上也进行了本土化设计。第一代至第十四代皇冠如图3－346所示。

图 3－346   第一代至第十四代皇冠

作为丰田出口中国的第一款车型，皇冠成为早期进入国内的豪华轿车而被奉为经典。时至今日跨越半个多世纪的历史演进，历经十四代革新，屡创销售佳绩。作为丰田品牌旗舰车型，皇冠始终搭载丰田最新技术，将智慧的人车生活完美呈献于世人眼前。

（3）雷克萨斯（Lexus）   雷克萨斯创立于1983 年，是丰田旗下全球著名豪华汽车品牌。雷克萨斯仅用了十几年的时间，销量在北美地区便超过了奔驰、宝马。从 1999 年起，雷克萨斯品牌连续多年位居美国豪华汽车销量第一的宝座。雷克萨斯 2015 年在华累计销量 8.69 万辆，同比增长 14%，位列豪华车市场第五位。

1983 年 8 月，丰田董事长丰田英二宣布将启动"F1"项目（"F"来自于英语"Flagship"，意思为"旗舰"，而"1"则代表"第 1 汽车"的意思），旨在通过制造出可以抗衡奔驰、宝马的豪华轿车品牌，在豪华轿车市场分一杯羹。新车型在开发初期只有硬性指标——超越现有的所有豪华轿车，同时预算和开发周期都没有明确的限制。在"F1"计划启动之后的 5 年时间里，1400 名工程师和 2300 名技术人员共建造了 450 辆原型车，测试总行驶里程超过 430 万 km，行驶足迹遍布全球各个角落。而有关方面更聘请了著名的形象设计公司对品牌名称和商标进行构思，经过多方的筛选，最终采用"Lexus"为品牌的名字，其读音与英文"Luxury"（豪华）一词相近，使人更好地联想到该品牌是豪华轿车的印象。雷克萨斯汽车商标图案由大写的英文字母"L"和椭圆组成（图 3 - 347），字母"L"取自车名"Lexus"，"L"的外面用一个椭圆包围。椭圆代表着地

图 3 - 347　雷克萨斯车标

球，表示雷克萨斯轿车遍布全世界。根据美国丰田汽车销售公司的官方说法，这个椭圆弧度依照精确的数学公式修饰，动用三个以上的设计商和广告商，花了半年多的时间才完成。就这样，新车型尚未上市，丰田的投资就超过了 10 亿美元，可以说如果 F1 计划发生任何闪失，丰田都将血本无归。

在 1989 年 1 月底特律的北美国际汽车展上，雷克萨斯旗舰车型 LS400（图 3 - 348）及入门级豪华轿车 ES250（图 3 - 349）首次亮相，引起了极大的震撼。雷克萨斯 LS 系列车型第一代 LS400 集中了日本汽车工业所能表现的精华，外形极具气度，内外装饰豪华典雅，恰到好处，平稳的驾驶性和舒适的乘坐性足以使它鹤立鸡群。最为重要的是，雷克萨斯 LS400 并没有与之前的丰田车型共享任何主要元素。在 1989 年 12 月的一次对比测试中，LS400 击败了奥迪、宝马、奔驰、凯迪拉克、捷豹等竞争车型，被《car & driver》杂志评为最佳旗舰豪华型轿车。1991 年，雷克萨斯品牌的年销量上升到了 71206 辆，超越了宝马和奔驰，成为美国最畅销的进口豪华汽车。

图 3 - 348　雷克萨斯 LS400

图 3 - 349　雷克萨斯 ES250

过去，"Lexus"在国内的中文译名为"凌志"。2004 年 6 月 8 日，丰田汽车公司在北京宣布将"Lexus"的中文译名由"凌志"改为音译的"雷克萨斯"，并开始在中国建立特许经销店，全面进军中国豪车市场。随后，雷克萨斯以进口方式向国内销售 IS、ES、GS 和 LS 四款轿车，以及 LX、RX 和 GX 三款豪华型 SUV。

3.7.2　本田汽车公司

本田汽车公司全称为本田技研工业股份有限公司，其前身为本田技术研究所，由本田宗一郎于 1946 年 10 月创立，并用自己的姓氏作为公司的名称和商标。本田汽车公司是世界上最大的摩托车生产厂家，汽车产量和规模也名列世界十大汽车厂家之列，它的产品除汽车、摩托车外，还有发电机、农机等动力机械产品。现在，本田公司已是一个跨国汽车、摩托车生产销售集团，在日本占有 15% 的市场份额，超过日产，仅次于丰田，雇员总数达 18 万人左右，公司总部在东京。

1960年，"H"商标首次在S500跑车上使用，"H"是"本田"英文"HONDA"的第一个大写字母。20世纪80年代，本田公司成立了商标设计研究组，收到了来自世界各地的2500多件设计图稿。为了体现本田公司的年轻、技术先进和设计新颖的特点，决定使用形似三弦音箱的"H"商标，也就是带框的"H"（图3-350），该商标把技术创新、团结向上、经营有力、紧张感和轻松感体现得淋漓尽致。

图3-350   本田车标

本田公司非常重视汽车新技术的开发，素有"日本汽车技术发展的排头兵"之称。"人和车，车和环境的协调一致"是本田公司的发展方向；动感、豪华、流畅是本田公司的一贯风格；设计动力澎湃、低耗油、低公害的发动机是本田公司的技术目标；靠先进而实用的设计、卓越的制造质量和相对低廉的价格，吸引更多顾客是本田公司的宗旨。"H"商标，这个世界著名商标，是本田公司立业之本，是本田公司成功之魂。

1. 发展历程

1934年，28岁的本田宗一郎创办了东海精机公司，主要生产汽车发动机活塞环。1942年，丰田取得东海精机40%的股份，公司改名为东海精机重工。第二次世界大战结束之后，本田宗一郎将东海精机重工剩余的60%股份也卖给了丰田。

1946年10月，40岁的本田宗一郎在滨松市山下町成立了本田技术研究所。他以低价收购到一批通信机，拆下上面的小型汽油机，将其改造后安装到自行车上，并用水壶做油箱，做成了一种新型的"机器脚踏车"。1947年，本田宗一郎与河岛喜好（后来本田的第二任社长）成功研制出了二冲程50mL排量的A型自行车用辅助发动机，这也是第一款带有"HONDA"标识的发动机，是本田的开山之作，也是本田A型摩托车批量生产的开始。1948年9月，本田宗一郎成立了本田技研工业株式会社，第二年就生产出了第一辆摩托车，本田宗一郎把这辆摩托车命名为"Dream D"，充分体现了本田公司永无止境的宏伟梦想。20世纪50年代，本田又相继推出了Dream E型、Cub F型、Benly J型、Super Cub C100等车型。到1959年，经过12年的发展，本田已经成为世界上最大的摩托车制造商。

在经营摩托车获得成功后，本田公司于1962年开始涉足汽车生产。本田宗一郎利用在摩托车开发、经营中获得的丰富经验及大量资金投入到汽车研发中。1963年8月，本田公司推出了中置后驱微型货车T360（图3-351），这是本田正式推向市场的首款车型，至1967年，共生产了108920辆。

图3-351   微型货车T360

1967年，本田推出了采用前置前驱布局的N360两厢微型车（图3-352），一经推出便受到市场的认可。从1968年到1970年，N360连续三年成为日本国内销量第一的车型，并且一直生产到1974年。随后，本田又针对海外市场推出了拥有更大排量的N600车型（图3-353）。1969年，N600成为本田首款出口到美国的车型。

图 3 – 352 本田 N360 微型车

图 3 – 353 本田 N600

1970 年，本田又推出了 Z360（图 3 – 354）和 Z600（图 3 – 355）。同时，本田还在积极开拓日本以外的市场，其产品远销欧美等国。至 1972 年，N600 和 Z600 在美国总计售出 40586 辆，而它们的后继者正是大名鼎鼎的本田思域。

图 3 – 354 本田 Z360

图 3 – 355 本田 Z600

1976 年，在思域平台上衍生出一款三门掀背版车型——本田雅阁。本田原本希望将雅阁打造成一款能与福特野马相竞争的大功率后驱跑车，但在石油危机的背景下，本田放弃了最初的想法，而将雅阁变成了一款定位高于思域的经济型轿车。

到 20 世纪 80 年代中期，两次石油危机的阴影逐渐散去，人们对于汽车的购买需求也悄然发生了转变，豪华车成为人们新的目标。1986 年 3 月 27 日，为攻占北美豪华汽车市场，第一个日系豪华汽车品牌——本田讴歌（Acura）正式亮相，拼构出来的名称"Acura"是本田于 1986 年 3 月在美国创立的，源于拉丁语"acu"（精确），而"精确"的含义可以追溯到 Acura 最初的造车理念"精湛工艺，打造完美汽车"。讴歌标志（图 3 – 356）为一个用于工程测量的卡钳形象，反映出讴歌精湛的造车工艺与追求完美的理念。最初，用一把专门用于精确测量的卡钳为讴歌标志的原型，作为点睛之笔，本田宗一郎在两个钳把之间加入了一个小横杠，由此用象形的大写字母"A"来代表这一品牌。不论是拉丁语原意还是作为标志原型的卡钳，都寓意着讴歌的核心价值：精确、精密、精致。有意思的是，全球网络化时代，"@"符号世

图 3 – 356 讴歌车标

人皆知，如果将小 a 换成大 A，那么它就变成了讴歌的标志。到 1986 年底，问世不到一年的讴歌就销售了 52869 辆，随后的 1987 年销量则达到了 109470 辆，超过了任何一款欧洲豪华车，成为全美进口豪华车的销售冠军。作为第一个敢于在北美创立豪华品牌的日系厂商，讴歌在美国的诞生故事更接近一个传奇。

1992 年，本田汽车累计产量突破 2000 万辆。但随着日本泡沫经济的破裂，本田 1993 年和 1994 年的销售额持续下跌，销售量位于丰田、日产、三菱、马自达之后排在第五位。而早在 70 年代本田就超过了马自达、三菱等一些战前就已闻名的汽车厂家。

　　1994 年，本田推出了基于雅阁平台打造的奥德赛，新车有 50% 的部件与雅阁通用。一年后，本田又推出了基于思域平台打造的 CR-V 车型。随着这两款车型的热销，1995 年本田汽车全球累计产量突破了 3000 万辆。

　　随着燃油价格的不断提高以及人们环保意识的日益增长，20 世纪 90 年代后期，本田开始探索新的动力形式。1999 年，本田推出首款混合动力车型 INSIGHT，第一代 INSIGHT 以百公里 2.8L 的超低油耗成为当时全球油耗最低的量产汽车。进入 21 世纪后，本田推出了新一代 INSIGHT、FIT Hybrid、CR-Z 多款混合动力新车。

　　从 1982 年起，本田开始与中国企业进行技术合作生产摩托车。目前，本田在国内拥有三家整车合资企业：成立于 1998 年 7 月的广汽本田汽车有限公司、成立于 2003 年 7 月的东风本田汽车有限公司和成立于 2003 年 9 月的本田汽车（中国）有限公司。2006 年 9 月 27 日，讴歌在中国深圳发布 Acura RL/TL 两款轿车，正式标志着本田豪华车品牌进入中国市场，其中文名称"讴歌"取意为对生活充满自豪和乐趣，人生充满活力，积极向上。

2. 经典车型

　　本田轿车有本田和讴歌两大系列，本田系列中最有名的是思域（Civic）、雅阁（Accord）等，讴歌系列中的 TL 和 RL 豪华轿车、MDX 豪华 SUV 等也较有影响。

　　（1）本田思域（Civic）　1972 年，本田推出了第一代搭载了能有效减少汽车尾气排放的 CVCC 发动机的思域，并于 1974 年率先通过美国当时最严苛的环保法规——"马斯基法案"，成为首款达到该法案规定标准的汽车，震惊了全世界。第一代思域车身非常小巧，车重仅为 680kg，搭载一台 1.2L 发动机，最大输出功率为 50 马力。1976 年，本田思域已销售达 100 万辆。而正是凭借这款车的热销，本田在世界汽车舞台上站稳了脚跟。

　　1979 年，本田推出了第二代思域，新车型更加注重实用性方面的表现。第二代思域除了在日本本土进行制造外，在非洲、欧洲等地都设有工厂，这标志着更加成熟和国际化的思域逐渐走向了全球市场。1991 年推出的第五代思域依靠先进的 VTEC 发动机，创造了环绕英国一周、百公里油耗 3.28L 的吉尼斯世界纪录。

　　2006 年 2 月 26 日，一辆红色思域轿车缓缓驶下东风本田的生产线，第八代思域是第一代在中国国产的思域车型。2011 年 9 月 16 日，在成都车展上，东风本田全新第九代思域正式发布。第一代到第九代思域如图 3-357 所示。

第一代　　　　　　　　第二代　　　　　　　　第三代

第四代　　　　　　　　第五代　　　　　　　　第六代

第七代　　　　　　　　第八代　　　　　　　　第九代

图 3-357　第一代至第九代思域

2016 年 4 月，第十代思域（图 3 - 358）在国内一经发布，立刻引起业内的轰动。首次引入中国市场的 VTEC TURBO 涡轮增压发动机，是本田在兼备驾驶乐趣与环保性能的新一代动力总成技术 Earth Dreams Technology（地球梦科技）的基础上全新开发而来的，兼具了进排气双 VTC、缸内直喷和高响应涡轮增压三大技术特点。

图 3 - 358　第十代思域

四十余载岁月历练，十代车型精华凝聚，思域赢得了全球 160 多个国家和地区、2000 多万位车主的认可。

（2）本田雅阁（Accord）　　1976 年推出的雅阁属于中型轿车，是在石油危机和废气排放标准大幅提高的大背景下开发的，是日本汽车业近年来最成功的车型之一。雅阁的英文名称"Accord"（中文含义"和谐"）是因本田不懈致力于通过先进技术实现人、社会和汽车之间的和谐而得来的。雅阁的设计、性能、舒适和经济等各方面的因素曾为它赢得了"全日本最佳汽车奖"。从 1976 年推出以来，雅阁已累计生产 800 多万辆，曾数年居全美轿车销量之首，也是本田公司对中国销售的主力车型。

1999 年 3 月 26 日，第一辆在中国生产的本田雅阁轿车正式驶下了生产线，由此，广汽本田开始雅阁的国产化，这是当时中国市场车型先进、技术卓越的中高级轿车。2013 年 9 月 12 日，广汽本田定位于"全价值进化科技旗舰"的第九代雅阁创世登场。第一代到第九代雅阁如图 3 - 359 所示。

第一代（SJ）

第二代

第三代

第四代

第五代

第六代

第七代（2003-2007年）

第八代（2008-2013年）

第九代（2013-2017年）

图 3 - 359　第一代到第九代雅阁

2017 年，第十代雅阁（图 3 - 360）在底特律正式发布。新一代本田雅阁借鉴了全新思域的设计元素，并采用溜背式车尾设计，动力上搭载 1.5T/2.0T 发动机和一套混合动力系统，其中 2.0T 将首搭 10AT 变速器，让很多消费者兴奋不已，充满期待。

图 3 - 360　第十代雅阁

3.7.3　日产汽车公司

日产（NISSAN）汽车公司，也称为尼桑汽车公司，由鲇川义介于 1933 年在神奈川县横滨市创立。2009 年 8 月，日产汽车公司宣布新总部迁回至公司创始地横滨市。目前，日产汽车旗下除了日产（Nissan），还有复苏的老品牌达特桑（Datsun）、豪华车品牌英菲尼迪（Infinity），拥有轿车、越野车、MPV 和商用车在内的 30 多个系列产品。在二十个国家和地区（包括日本）设有汽车制造基地，为 160 多个国家和地区提供产品和服务，全球累计生产销售了超过 1 亿辆汽车，不仅是日本仅次于丰田和本田的第三大汽车制造商，而且是全球十大汽车制造商之一。日产十分注重技术的研发，从 1980 年起，日产便坚持将其销售额的 5% 用于产品研发。因此，车坛有"科技的日产、销售的丰田"的说法。

"NISSAN"是日语"日产"两个字的罗马音形式，是"日本产业"的简称，其含义是"以人和汽车的明天为目标"。日产的早期图形商标是将"NISSAN"放在一个火红的太阳上，简明扼要地表明了公司名称，突出了所在国家（日出之国）的形象，这在汽车商标文化中独树一帜。新的商标的整个底色为银灰色，实心圆形变为环形。日产公司的商标如图 3 - 361 所示。

图 3 - 361　日产车标

1. 发展历程

1910 年，日本户畑铸物成立了。这是鲇川义介在留美期间掌握了锻造技术回国后成立的一家汽车零部件制造公司。

1911 年，以田健沼郎、青山禄郎和竹内明太郎作为投资方、以桥本增次郎为中心联合创立了快进汽车厂，由此开始了日本汽车国产化的历程，成为日本国内汽车产业的先驱。1914 年第一辆达特（DAT）牌汽车诞生，并在当年举行的大正博览会上获得铜牌。采用"DAT"作为商标有两个含义：一是源于三位投资人姓名的罗马拼音首字母；二是"DAT"取自日语"脱兔"两字的发音，有"快如脱兔"之意，以此来比喻汽车跑得很快。1918 年，快进汽车厂正式更名为快进汽车公司。1925 年，为了加强销售，快进汽车公司成立 DAT 汽车商会，并更名为 DAT 汽车公司。1930 年，DAT 汽车公司开始同英国奥斯汀公司合作，生产奥斯汀 7 系列汽车。随后很快又推出基于奥斯汀而开发的一系列产品，但实际技术仍来源于奥斯汀。

1931 年，汽车零部件制造商户畑铸物策划进入汽车整车生产行业，收购了 DAT 汽车公司。同年，他们将新研发生产的汽车起名为"DATSON"（意为"达特之子"），但英文"SON"的发音与日语中损失的"损"字同音，不吉利，于是就改为"DATSUN"（中文名称"达特桑"）。"SUN"（太阳）一词象征富有朝气的孩子，这与新车型非常贴切，同时也是为了映衬日本国旗中的那颗太阳。图 3 - 362 所示为第一辆达特桑汽车。

1933 年 12 月 26 日，由日本产业公司出资 600 万日元、户畑铸物公司出资 400 万日元，成立了汽车制造股份公司，鲇川义介任新公司首任社长。在1934年5月30日举行的第一届定期股东大会上，汽车制造股份公司更名为日产汽车公司。同时，由日本产业公司接收了户畑铸物持有的该公司全部股份，达特桑也就顺理成章地成为日产旗下的一个独立品牌。

图3-362 第一辆达特桑汽车

作为日产旗下的一个独立品牌，达特桑汽车最初的产量极低，1931年10辆，1932年150辆，1933年202辆。日产汽车公司的创立加速了这一品牌的发展。1934年4月底完工的日产横滨工厂一期工程使达特桑年产量达到1170辆。1935年4月，横滨工厂在日本率先确立了流水线作业的汽车生产方式，加上大阪工厂的产量，年产达特桑达3800辆。1936年大阪工厂停止生产，但仅横滨工厂就生产了6163辆。1937年，达特桑达到了8353辆的高点。达特桑在当时的日本受到欢迎，成为微型车的代名词。成功的一大原因是价格低廉，适合日本的路况，油耗低，由此得以迅速普及，特别是在出租车行业。

第二次世界大战之后，美国驻军日本。1947年6月，驻日美军开始允许日产利用库存零部件每年组装排量1.5L以下的微型轿车300辆、大型轿车50辆。战后的日本，整体经济崩盘，正值通货膨胀和物资统管时期，即使能生产汽车，也卖不出去。

20世纪50年代开始，日产汽车开始寻求国外技术帮助提升自身产品技术。1952年，日产汽车与英国奥斯汀汽车公司进行技术合作，开发出技术水平明显提高的达特桑210型轿车（图3-363），一经推出便在竞争激烈的澳大利亚拉力赛中勇夺桂冠，展示了与国外名车一比高低的决心。而且，由于达特桑210的成功，日产汽车开始酝酿向北美出口汽车的战略。1957年，日产汽车在美国对达特桑210的强度、振动、噪声等进行了严格测试，同时开发出1.2L发动机的产品以增加其出口竞争力。1958年6月，日产开始对美国出口乘用车。

1959年8月，蓝鸟310正式打开了蓝鸟的历史起源。1961年至1963年，其后续车型蓝鸟311、蓝鸟312、蓝鸟410和411系列也分别推出。详尽的市场分析、精细的技术开发加上完善的促销手段使蓝鸟一举成名，出现了持续旺销的局面。1964年，日产已经在世界汽车生产企业中排名第13位，而此时的丰田汽车还在研发将于1966年上市的第一代卡罗拉。

1966年，日产在日本历史上第一次为即将量产的新车型公开征集车名，并由此引发了私人购车的热潮。最终，从848万封应征信中选定"Sunny"（阳光）作为新开发产品的名称，历经九代传承，阳光终于成为一代名车，全球累计销量已超过2000万辆。第一代阳光B10如图3-364所示。

图3-363 达特桑210

图3-364 阳光B10

20 世纪 80 年代，日产在海外进入高速扩张期，在美国、英国、西班牙都建有分厂。1985 年，日产汽车公司北京办事处成立（现日产中国投资有限公司）。至此，日产汽车不仅成为日本仅次于丰田和本田的第三大汽车制造商，而且也成为全球十大汽车制造商之一。

1989 年，日产在美国市场创立了豪华品牌——英菲尼迪（Infiniti）。日产的策略类似丰田雷克萨斯和本田讴歌，而日产则创造了英菲尼迪，它的竞争对手是奔驰 M 级、宝马 X5、雷克萨斯 RX、奥迪 Q7、保时捷卡宴和路虎揽胜等。早在 1985 年 11 月，日产汽车就成立了"地平线工作组"，研究北美豪华汽车市场机遇。1989 年 11 月 8 日，英菲尼迪在北美首次开设 51 个经销店，销售英菲尼迪两款车型。在上市的头五年，销量突破 20 万辆。英菲尼迪的椭圆形标志（图 3-365）表现的是一条无限延伸的道路。椭圆曲线代表无限扩张之意，也象征着"全世界"；两条直线代表通往巅峰的道路，象征无尽的发展。英菲尼迪的标志和名称象征着英菲尼迪人一种永无止境的追求，那就是创造有全球竞争力的真正的豪华车用户体验和最高的客户满意度。

图 3-365 英菲尼迪车标

由于市场的放缓以及自身产品方面的原因，日产汽车在 1999 年之前出现了连续 7 年的亏损，亏损额在 50 亿美元以上。最终，1999 年，日产汽车由法国最大的汽车工业集团雷诺汽车购得 36.8% 的股份，组建雷诺-日产汽车联盟，在广泛的领域中展开战略性的合作。雷诺汽车当年还迅速派出自己的副总裁，素有"成本杀手"和"商业奇才"之称的卡洛斯·戈恩出任日产汽车营业主管。在卡洛斯·戈恩的领导下，日产汽车仅用两年时间就完成了日产"复兴计划"，扭亏为盈。日产汽车通过联盟将事业区域拓展至全球，其经济规模大幅增长。

2005 年，日产汽车公司出台了为期三年的"日产增值计划"，把英菲尼迪在全球的推广作为重要战略举措之一，并将中东、韩国、俄罗斯、中国及乌克兰定为全球扩张的重点目标市场。2007 年，英菲尼迪品牌正式登陆中国，旗下全系车型均进入中国市场。2012 年 5 月，英菲尼迪正式将全球总部迁至香港，成为全球首个将总部迁至香港的豪华车品牌，同时，英菲尼迪在东风日产襄樊工厂投产。由此，中国已成为英菲尼迪全球发展的中心。

2013 年 7 月，日产公司对外宣布将复活旗下尘封已久的达特桑品牌，并发布了全新设计的达特桑徽标以及新车型的设计，计划从 2014 年开始在印度、印度尼西亚、俄罗斯、南非四国陆续投放市场。达特桑品牌复苏之后，将成为日产旗下除日产和英菲尼迪之外的第三个全球品牌。不过，此时的"达特桑"非彼时的"达特桑"，复活后的达特桑作为日产的低端品牌，只得感叹曾经的风华一去不返。

2. 经典车型

日产旗下车型众多，蓝鸟（Bluebird）、天籁（Teana）等车型历史悠久，堪称经典。

（1）日产蓝鸟（Bluebird）　1959 年 8 月，在 Datsun 210 取得成功之后，日产又在 Datsun 210 的基础上经过大量工作开发出一个全新的轿车产品——Bluebird（蓝鸟）310。传说中，蓝鸟可以带来幸福与祥和，把新车命名为"蓝鸟"，可以寄托为更多家庭送去幸福的美好心愿。虽然当时"蓝鸟"这个名字被正式启用了，但依然没有挂上日产品牌，而是继续使用 Datsun 品牌，名为"Datsun 蓝鸟"。1967 年，日产所推出的 510 系列已经相当成熟地构建出包括双门版轿车、四门版轿车，五门旅行版和双门轿跑版的产品线。经过多年的发展，蓝鸟车系在美国已经得到消费者的肯定，和丰田的光冠、卡罗拉系列一样，成为日本汽车进军美国市场的主力军。到了第十代的 U14 系列后，蓝鸟车系在国际市场被同门的 Maxima（西玛）、Teana（天籁）和 Altima（天籁北美款）所替代。

蓝鸟是日产历史上生产周期最长、累计生产数量最多的车型系列。纵观蓝鸟的历史，每一代车型都有其出彩之处，令人印象难忘。图 3-366 为不同年代的蓝鸟汽车。

第一代蓝鸟310/311/312系列

第二代蓝鸟410/411系列

第三代蓝鸟510系列

第四代蓝鸟610系列

第五代蓝鸟810系列

第六代蓝鸟910系列

第七代蓝鸟U11系列

第八代蓝鸟U12系列

第九代蓝鸟U13系列

第十代蓝鸟U14系列

台湾裕隆蓝鸟U13

东风风神蓝鸟EQ7200-II

图 3-366 不同年代的蓝鸟汽车

对国人而言，U13 型是最为熟悉的一代蓝鸟，曾获美国杂志《International Design》颁发的 1993 年度"国际最佳设计"大奖。20 世纪 90 年代，随着经济的发展，越来越多的进口车型入关，而蓝鸟更是其中的佼佼者。2000 年，东风日产的前身风神汽车将蓝鸟 U13 系列引入到国内，这就是我们所熟悉的东风风神蓝鸟 EQ7200-II。"蓝鸟"前面加上了"风神"两个字，赋予了中华民族的神秘色彩。作为日产汽车导入到中国市场国产的第一款车型，蓝鸟在 2000 年正式上市之后一直是中高级车市场的主力车型之一。2007 年，随着蓝鸟升级车型轩逸（Sylphy）逐渐站稳脚跟，蓝鸟从 3 月份开始正式全面停产。从投产到最终停产，蓝鸟累计销量超过 30 万辆。

2015 年 10 月 26 日，备受关注的东风日产 LANNIA 蓝鸟（图 3-367）在北京举行了全球首发上市发布会，共推出 5 款车型。由此，"蓝鸟"这个名字才又一次出现在人们视线中，不过，东风日产 LANNIA 蓝鸟和日产传统的 Bluebird 蓝鸟没有直接关系，东风日产借用"蓝鸟"这个经典的中文名字，只是为了大家方便接受，毕竟之前的 Bluebird 蓝鸟在市场上留下了很不错的口碑。

图 3 - 367　东风日产蓝鸟

（2）日产天籁（Teana）　天籁是日产旗下的一款中高级豪华轿车，竞争车型主要是奥迪的低端产品和别克君威、丰田凯美端、本田雅阁的高端产品。"Teana"来源于美洲土语，意思是黎明，寓意着日产新一代大中型轿车的曙光初现。然而"Teana"的名字只是在我国、日本、马来西亚、泰国、菲律宾等国家使用，在澳大利亚与新西兰，它被称作"Maxima"，而到了北美，它的身份又变成了"Altima"。

2002 年底，日产于日本国内首度推出了天籁，在短短的几年中便在全世界范围内获得了销量与口碑的双丰收。2004 年，随着日产公爵与风度的双双退出，天籁正式扛起了日产中型车的大旗。凭借领先的技术和卓越的设计，天籁载誉无数，充分展现了"技术日产"的实力。图 3 - 368 所示为第一代至第三代天籁。

第一代

第二代

第三代

图 3 - 368　第一代至第三代天籁

图 3 - 369　2018 款天籁

2004 年 9 月，第一代国产天籁（Teana J31）正式在东风日产下线，国产天籁基本保留了海外版车型的设计，造型稳重大气、配置豪华丰富。2008 年 4 月 20 日，秉承日产高级豪华轿车基因的全新一代天籁（Teana J32）在北京车展全球首发，承担起日产品牌旗舰的重任。2013 年 2 月 26 日，东风日产在广州举办了与北美版采用相同平台的第三代天籁的全球首演。2017 年 10 月，2018 款日产天籁（图3 - 369）完成海外路试，于 2018 年北美车展首发。

3.7.4　马自达汽车公司

马自达（MAZDA）是世界知名的日本汽车品牌之一，是日本国内排名在丰田、本田、日产之后的第四大汽车制造商，也是世界上唯一研发和生产转子发动机的汽车公司。马自达总部设在日本广岛，主要销售市场包括亚洲、欧洲和北美洲。

"MAZDA"这个商标名称和创始人松田重次郎的姓氏"松田"有关。松田重次郎不想为公司起一个纯日本名字，所以没有像丰田和本田那样直接用自己日文名的英文拼写作为商标，而是翻阅英文词典，查找了一个最接近自己姓氏英文拼写的英文单词——"MAZDA"，翻译时则采用其音译"马自达"。马自达起初使用的车标，是在椭圆之中有双手捧着一个太阳，寓意马自达公司将拥有明天，马自达汽车跑遍全球。1997 年，与福特公司合作之后，采用了新的车标，椭圆中展翅飞翔的海鸥，同时又组成"M"字样（"MAZDA"第一个大写字母），预示该公司将展翅高飞，以无穷的创意和真诚的服务，迈向新世纪。马自达汽车商标如图 3-370 所示。

马自达的历史要追溯到 1920 年，它的创始人松田重次郎在广岛从生产葡萄酒瓶木塞起家，该公司原名东洋软木工业公司，1927 年改名为东洋工业公司。1931 年，东洋工业公司以生产小型三轮载货汽车为起点开始涉足汽车制造业，Mazda DA 是第一款冠以"Mazda"命名的车型。由于它合理的价位与不错的质量，深受市场欢迎。

图 3-370 马自达车标

第二次世界大战结束后，松田重次郎立即集资进行重建工作，并在 1945 年 12 月就恢复了 Mazda DA 的生产，且就动力及车体部分进行了升级，于 1950 年 6 月推出首部小型四轮货车 Mazda CA。

1959 年，东洋工业公司的月平均产量为 5 千辆以上，1962 年扩大到 2 万辆。1960 年以后的三年间，东洋工业公司的生产量在日本居第一。1960 年 5 月 28 日，东洋工业公司推出 R360 Coupe（图 3-371），这是东洋工业公司最早的双门轿车。由于价廉物美，R360 Coupe 在上市前就已接下 4500 辆的预订，1960 年全年生产了 23417 辆，已经占全日本轻型轿车生产总量的 64.8%，其魅力可见一斑。

1961 年 2 月，东洋工业和德国 NSU 公司、汪克尔公司签订协议，在取得转子发动机生产权利之后，于 1963 年 4 月成立了由山本健一为首的共 47 名技师组成的 RE（Rotary engine）研究部，专门研究转子发动机运用在量产车上的可行性，被称为"转子 47 士"。而在这期间，东洋工业还陆续推出了 Carol 360 及 Mazda 1500 等车款，且在市场上都有不错的表现。

1967 年，东洋工业公司通过技术改进和深入研究，研制成功了电子控制六进气口的转子发动机，Cosmo Sport（图 3-372）成为世界上第一款成功实用化的转子发动机车型。之后，装配转子发动机的 Mazda L10S、Mazda RX-2/616、Mazda RX-3/808 和 Mazda RX-4/929 以及后来的 Mazda RX-5 和 Mazda RX-7 轿跑车相继问世，转子发动机便成为公司的标志。其中，Mazda RX-7 轿跑车（图 3-373）于 1983 年被美国《人车志汽车杂志》列为年度十大风云车，2004 年美国《跑车国际杂志》在其"七〇年代顶尖跑车"名单中将 RX-7 列为第七名。尽管许多一流的公司都曾尝试将转子发动机实用化，但只有东洋工业公司在此领域上不懈努力，艰苦奋战，并成功地制造出了跑车转子发动机，从而开启了东洋工业公司的高速发展期。

图 3-371 马自达 R360 Coupe

图 3-372 Mazda Cosmo Sport

1970 年 11 月，对转子发动机深信不疑的时任社长松田耕平主张将转子发动机投入到所有主力车型中。然而，这个转子发动机全面化计划于 1973 年遇上了石油危机，大部分车主对转子发动机敬而远之，公司的销售业绩走进了前所未有的低谷。1977 年，陷入经营危机的东洋工业在银行机构的介入下重整公司架构，松田耕平退位。

1984 年 5 月，公司名称由东洋工业公司变为马自达汽车公司。

1991 年，马自达 787B 转子发动机赛车在第 59 届勒芒 24h 耐力赛上为日本夺得第一个冠军，从此声名鹊起，特别是给人以"技术的马自达"的印象。图 3－374 所示为马自达 787B 转子发动机赛车。

图 3－373　Mazda RX-7　　　　图 3－374　马自达 787B

20 世纪 90 年代初期，由于日本经济泡沫破裂以及自身多品牌战略的错误，马自达濒临破产边缘，而福特集团早在 1979 年开始就已经持有马自达的股份，到 1996 年福特已经持股占比 33.4%。而正是由于福特的控股，将马自达从破产边缘挽回，走出了谷底。从 1996 年开始，以亨利·华勒斯为首，马自达的连续四任社长均来自福特，直至 2003 年。1999 年，马自达通过实施"新千年计划"，开始进入一个新的发展时期。

2003 年，马自达全面退出高级车市场，以 Mazda 2、Mazda 3、Mazda 6、MX-5、RX-8 作为主力，集中于各类型中、小型车市场，在世界各地都取得了不俗的销售业绩。特别是继承了马自达品牌内在精神的 Mazda 6（图3－375），在日本市场一露面就受到了各界人士的青睐，在短短的两个月内创造了销售 10000 辆的突出业绩。Mazda 6 在竞争十分激烈的欧洲市场上也一路领先，创造了有史以来最好的 3.6 万辆的销售业绩，令欧美的汽车制

图 3－375　Mazda 6

造商和经销商大为震惊。自上市以来，Mazda 6 已在全球 20 个国家获得了 30 多个奖项。

2008 年，在全球金融危机的大背景下，福特于 11 月 18 日宣布出售马自达的 20% 持股，由原先的 33.4% 降至 13.4%。第二天，马自达宣布将回购原本属于福特的 6.8% 马自达股份，这便使得福特所持马自达汽车股份从 33.4% 骤降为 6.6%。2010 年 11 月 18 日马自达对外宣布，福特汽车在该公司持有的股份降至 3.5%，不再是马自达的最大股东。福特丧失最大股东的地位后，双方长达三十年的战略合作伙伴关系渐行渐远。

1998 年，马自达尝试进入中国市场，一汽海南马自达开始投入运转，推出了福美来、普利马、Mazda 3 等车型。2003 年，马自达与一汽轿车股份有限公司合作，推出了 Mazda 6 等车型。2005 年 3 月，一汽马自达汽车销售有限公司成立，负责销售 Mazda 5、Mazda 6、Mazda 8、CX-7、CX-9 等车型，以及它们的零部件、维修工具设备和附件。2005 年 4 月，长安马自

达汽车有限公司的前身长安福特马自达汽车有限公司南京公司成立，并于 2007 年 9 月 24 日竣工投产，旗下拥有 Mazda 3、Mazda 3 Axela、CX-5 等 5 大系列 27 款车型。

3.7.5 三菱汽车公司

三菱汽车公司（Mitsubishi Motors）隶属于三菱集团，1970 年从三菱重工业公司的自动车制造部门独立出来，主要生产私家车及轻型商用车辆，是日本第五大汽车制造商，总部在日本东京港区。如图 3-376 所示，三菱的标志是岩崎家族的家族标志"三段菱"和土佐藩藩主山内家族的家族标志"三柏菱"的结合，后来逐渐演变成今天的三菱钻石标志。"Mitsubishi"这个名字中的"mitsu"表示"三"，而"bishi"表示"菱角"。三菱汽车以三枚菱形钻石为标志，正为突显其菱钻式的造车艺术，同时也体现出了公司的三个原则：承担对社会的共同责任、诚实与公平、通过贸易促进国际谅解与协作。

图 3-376　三菱车标

拥有众多关系企业及分支机构的三菱集团，奠基于 1870 年 10 月岩崎弥太郎在土佐藩设立的九十九商会。1872 年 1 月，九十九商会改名三川商会，次年的 3 月又改称为三菱商社，"三菱"的名称即沿用迄今。尽管三菱汽车公司 1970 年才从三菱重工业公司独立出来，是日本汽车行业中最年轻的汽车制造公司，却有着生产汽车的悠久历史，是日本汽车业界拥有较强研发实力的一家汽车生产企业。

早在 1917 年，三菱重工业公司的前身三菱造船公司就推出了三菱 A 型汽车（图 3-377）。尽管三菱 A 型汽车由于采用全手工打造，价格高，质量也不十分可靠，只生产了 20 多辆，但是，它是日本第一辆全国产汽车，同时又是日本第一辆量产型汽车。三菱 A 型汽车可以说是三菱汽车的起点，由此开始了其汽车生产事业。

1934 年生产出引起世界车坛注目的三菱 PX33（图 3-378），这是日本第一辆四轮驱动汽车，也是日本第一辆装配柴油发动机的汽车。随后，三菱开始了四驱技术的开发与研究。同年，三菱造船改名为三菱重工并投入到军用飞机的生产。

图 3-377　三菱 A 型汽车

图 3-378　三菱 PX33

第二次世界大战期间，作为日本军工企业的主力，三菱为日军生产了大量各类坦克、步兵战车、战斗机和各类大型军舰等，军火产品涵盖陆海空，成为战争的帮凶。战争结束后，根据美国占领当局解体财阀的相关政策，三菱重工于 1950 年被分割为 3 家公司。但随着美国政策以及日本国内政治的变化，1964 年，三家公司合并，重建了三菱重工业公司并存在至今。

1951 年，三菱推出配备革命性悬架系统的 8t 货车 T380，此种设计对今天重型货车的影响深远。1953 年，三菱又承包了威利斯吉普车的生产销售业务。1955 年，日本推行国民车政策，以廉价造车为主导方针推动汽车普及。1960 年，三菱运用自己的技术，推出了其战后首款轿车——三菱 500（图 3 - 379）。

1970 年，为了与克莱斯勒建立业务合作关系，三菱将汽车部门独立了出来，三菱汽车公司正式成立。合作后，三菱把握了美国汽车市场的销售渠道，开启了以美国为中心的全球销售策略。

1982 年，第一代帕杰罗（PAJERO）正式量产推出，第二年帕杰罗就开始参加各类越野赛事，并在当年的达喀尔拉力赛上获得第 11 名，至此开启了帕杰罗的发展历史。帕杰罗在达喀尔拉力赛上创纪录的 12 次夺冠成就了三菱汽车的雄风，更加奠定了帕杰罗的王者地位。帕杰罗家族中的 L 系列和 V 系列，是纯粹意义上的四驱越野车，在 20 世纪的 80 年代到 90 年代被引进中国，作为武警部队的装备用车。正式引进三菱帕杰罗技术并进行国产化生产的是 V 系列的第二代产品 V31（图 3 - 380）和 V33。

图 3 - 379 三菱 500

图 3 - 380 帕杰罗 V31

2012 年 10 月，广汽三菱汽车有限公司在长沙挂牌成立。秉承三菱汽车及广汽集团的先进技术、精湛工艺及 SUV 专长，打造出了 2018 款欧蓝德这一以性能著称的高端专业 SUV（图 3 - 381）。

作为日本第一辆汽车的缔造者，三菱在百年的发展中，创造了不少领先世界的研发成果。而随着汽车行业发展以及汽车赛事的兴起，三菱的四驱技术及车型更通过参与国际拉力赛进一步发展，享誉世界。三菱就像个"偏执狂"，在从 1967 年开始的 40 多年里，执着于汽车拉力赛事，凭借蓝瑟（LANCER）EVO 和帕杰罗等经典赛车，走出了一条辉煌的 34 座冠军奖杯的 WRC 之路和 26 次征战且 12 次夺冠的达喀尔之路。

图 3 - 381 2018 款欧蓝德

3.7.6 斯巴鲁汽车公司

斯巴鲁是日本富士重工业有限公司旗下从事汽车制造的一家分公司，成立于 1953 年。斯巴鲁汽车以其出色的操控性能和发动机性能而闻名，其长年以来所坚持的水平对置发动机和对称式全时四轮驱动系统等独有技术，是支撑其独特品牌形象的源动力。

图 3 - 382 斯巴鲁车标

"斯巴鲁"（SUBARU），在日语中的意思是"昴"，其企业标志是昴宿星团的六连星（图 3 - 382），并且也是斯巴鲁汽车的标志，代表着五个独立的公司一起组成了现今的斯巴鲁。

　　1958 年 3 月 3 日，斯巴鲁推出四座微型汽车斯巴鲁 360（图3－383），这是斯巴鲁的第一款汽车。由于斯巴鲁 360 瓢虫形的外观，它被人们亲切地称为"瓢虫汽车"，自问世之日起一直备受欢迎，在 1971 年停产之前达到了 392000 辆的惊人销量，而绝大部分都是日本本土市场消化的，可见斯巴鲁 360 确实成为名副其实的"日本国民车"，是日本汽车工业史上的一个里程碑。

　　1961 年 2 月，在斯巴鲁 360 基础上改进的斯巴鲁 sambar 货车亮相，伴随着此车的上市，斯巴鲁已经逐渐成为日本国内一个强有力的汽车生产企业。1966 年 5 月 14 日，斯巴鲁第一辆采用基本驱动系统的小轿车斯巴鲁 1000（图 3－384）问世，它是首部采用发动机前置前驱的斯巴鲁量产车型，更重要的是它也是斯巴鲁首部搭载水平对置发动机的量产车型。

图 3－383　斯巴鲁 360

图 3－384　斯巴鲁 1000

　　1972 年 9 月，斯巴鲁在推出第一代旅行车 Leone（图 3－385）时，率先将全时四轮驱动（AWD）系统作为选配，成为平价乘用车款发展四轮驱动系统的先驱，在当时引起了一定的轰动，并正式外销至北美洲。

　　从 20 世纪 70 年代中期开始，斯巴鲁逐渐将销售网扩展到南美洲、大洋洲、中东地区、欧洲等市场，使得年度产能从 10 万辆飙升至 20 万辆。1986 年 6 月，斯巴鲁的旗舰车款 Alcyone 于日本全面推出，其车身的曲线设计使得整车风阻系数达到了 0.29，位于世界前列。

　　1989 年 1 月 2 日至 21 日，以卧式水平对置发动机和左右对称四轮驱动动力系统开创市场先河的第一代斯巴鲁力狮（Legacy），在美国亚利桑那州凤凰城郊外的亚利桑那测试中心创造了 10 万 km 连续行驶的世界速度纪录，用时 447h44min9.887s，平均时速 223.345km，这一纪录保持了 16 年之久。这一以优异性能来赢得用户的车型开创了斯巴鲁以及汽车行业的新时代，力狮 2.0 GT（图3－386）、力狮 2.0 RS 等车型是这一代斯巴鲁力狮的代表车型。2004年，第四代力狮进入中国市场，这一与众不同、性能优异的车型很快赢得了中国消费者的广泛喜爱，取得了良好的销售成绩。

图 3－385　斯巴鲁 Leone

图 3－386　斯巴鲁力狮 2.0 GT

从 1958 年发布第一款车型以来，在 50 余年的发展历程中，斯巴鲁始终追求技术创新和设计理念创新。在 1966 年和 1972 年，斯巴鲁分别研发出水平对置发动机 SUBARU BOXER 和左右对称全时四轮驱动系统 Symmetrical AWD，凭借这两项独特汽车技术的完美组合，斯巴鲁汽车在行驶性能、操控性能、动力性能、主动安全性方面都有着超乎驾乘者期望的优异表现。

3.7.7 现代－起亚汽车集团

现代汽车公司成立于 1967 年，是韩国最大的汽车生产企业，也是世界 20 家最大汽车公司之一，创始人是原现代集团会长郑周永，公司总部在韩国首尔。起亚汽车公司始建于 1944 年，是韩国最早的汽车制造商。2000 年，现代－起亚汽车集团成立。经过 50 多年的发展，特别是起亚汽车公司的加盟，现代－起亚汽车集团已进入世界著名汽车大公司行列，并成为世界第五大汽车生产商。

现代汽车公司的标志（图 3－387）是椭圆内有斜字母"H"。椭圆表示地球，意味着现代汽车以全世界作为舞台，进行企业的全球化经营管理。斜字母"H"是现代汽车公司英文"HYUNDAI"的首个字母，同时又是两个人握手的形象化艺术表现，代表现代汽车公司与客户之间互相信任与支持。椭圆既代表汽车转向盘，又可看作地球，两者结合寓意了现代汽车遍布世界。"起亚"的名字源自汉语，"起"代表起来，"亚"代表在亚洲，意思就是"起于东方"或"起于亚洲"。源自汉语的名字、代表亚洲崛起的含义，反映了起亚的胸襟——崛起亚洲、走向世界。起亚汽车的标识由亮红色的椭圆、白色的背景和红色的"KIA"字样构成，商标中的英文"KIA"形似一只雄鹰，象征公司如腾飞之鹰，如图 3－388 所示。

图 3－387　现代车标　　　　图 3－388　起亚车标

与全球其他领先的汽车公司相比，现代汽车和起亚汽车的历史虽短，却浓缩了韩国汽车产业的发展史。

1967 年，借助战后建设浪潮的推动，郑周永怀着"将汽车产业发展成为引领韩国经济的出口战略型产业"的远大理想成立了现代汽车公司。当年年底，现代汽车和美国福特汽车公司合作，引进福特技术生产轿车，并进行消化吸收，至 1975 年轿车国产化率达到了 100%。

1974 年 6 月，在日本三菱汽车公司的帮助下，现代汽车首款量产自主车型——福尼轿车（图 3－389）问世，这款微型汽车在国内市场迅速获得了巨大成功，并于同年 7 月首次出口到厄瓜多尔。福尼轿车是世界上第 16 个、亚洲继日本之后的第二个自主研发的车型，标志着韩国进入了世界汽车工业强国的行列。

在 20 世纪 80 年代初期，现代汽车做出了进军国

图 3－389　福尼轿车

际汽车市场的决定。1985 年，为回应北美地区需求而研发的卓越（Excel）（图 3 - 390），当年就以 8.5 万辆的空前销售量创下加拿大进口车的冠军纪录，同年在美国的销售量则达到了 17 万辆，成为世界车坛令人赞叹的一匹黑马。同年 11 月，索纳塔（Sonata）（图 3 - 391）以 "只为 VIP" 的口号高调上市，三年中共销售了 58 万多辆，成绩喜人。至 1990 年，现代汽车对美国的累计出口量已逾 100 万辆之多，这个里程碑标志着现代汽车终于在美国的竞争版图上有了一席之地。随着出口量的不断扩大，现代汽车渐渐迎来了属于自己的辉煌。

图 3 - 390　卓越（Excel）

图 3 - 391　索纳塔（Sonata）

起亚汽车前身是成立于 1944 年 12 月的京城精密工业，开始是一家手工制作自行车零部件的小厂，位于首尔永登浦区，后来迁移到釜山。1952 年 3 月制造出韩国第一辆自行车，名为 "三千里号"，公司更名为起亚工业公司。

1961 年 10 月，起亚工业公司制造出 C - 100 摩托车，韩国的摩托车工业从此诞生。1962 年，一辆小型的厢式三轮货车 K360 面世。从此，起亚走上了汽车制造的道路。

1971 年，起亚工业公司推出了四轮厢式货车 Titan，销量急速攀升，Titan 牌四轮车在韩国无处不见，几乎成了货车的通用名。1973 年，起亚生产出韩国第一辆汽油发动机。1974 年 10 月生产出韩国第一辆采用汽油发动机的布里萨轿车（图 3 - 392），并且出口到中东地区，成为韩国首次出口的汽车。从此，起亚开始与世界接轨，介入竞争激烈的轿车市场之中。1976 年，起亚合并了亚细亚车厂。1978 年，起亚生产出韩国的第一辆柴油发动机汽车。

图 3 - 392　布里萨轿车

1979 年，起亚汽车仿制了法国标致的 604 轿车，并且组装了意大利菲亚特的 132 型轿车。为了公司的长远发展，1984 年，起亚研发中心正式建立，肩负起起亚汽车的技术研究和新产品开发设计的任务，为日后起亚公司丰富完善的车型体系和先进的科技含量打下坚实基础，同时也坚定了起亚 "走自己路" 的决心。

1990 年 3 月，起亚工业公司正式改名为起亚汽车公司。1998 年，韩国政府指令现代汽车收购因亚洲金融危机而濒临破产的起亚汽车公司，2000 年成立现代 - 起亚汽车集团，集团包括现代汽车、起亚汽车和现代零件供应商，以及 19 个与集团产业有关的核心公司。在市场上，起亚和现代以两个公司的方式独立运作。

2002 年 8 月，由东风集团、江苏悦达投资股份有限公司、起亚汽车公司共同投资的东风悦达起亚汽车有限公司正式成立。2002 年 10 月 18 日，由北京汽车投资有限公司和现代汽车公司共同出资设立的北京现代汽车有限公司挂牌成立，成为中国加入 WTO 后被批准的第一个汽车生产领域的中外合资项目。

目前，现代－起亚汽车集团旗下主要有现代汽车、起亚汽车两大品牌，品牌形象有一定差异，起亚定位为运动时尚，现代则走高端内敛的路线。现代汽车现今行销世界 128 个国家和地区的车款有伊兰特、卓越、索纳塔以及酷派跑车四种车型。伊兰特曾勇夺 1992 年、1993年澳大利亚越野大赛量产车组的冠军，并得到英国汽车专业杂志《What Car》"最值得购买的中型房车"荣衔，卓越则入选 1994 年美国汽车年鉴《Car Book》最佳安全小型房车。起亚汽车基本上已经覆盖了从轿车到 SUV、MPV 的各种车型，主要有 K 系列、福瑞迪、狮跑、智跑、锐欧等，其中很多车型多次获得各项殊荣，如 1997 年狮跑紧凑型 SUV 被美国汽车杂志评为"美国年度最佳价值车型"和"最畅销四轮驱动车型"。

2008 年 9 月的北京，渐入秋高气爽的佳境。"创造后豪华轿车新纪元，劳恩斯上市仪式"在北京举行，中国豪车市场也迎来了一款世界级的豪华运动车型。劳恩斯的英文名称"Rohens"是"Royal and Enhanced"（尊贵和超越）的合成词，劳恩斯的标志（图 3－393）由五角形的盾牌和翅膀组成，中间五角形的盾牌印有车名，左右银色的翅膀形象地体现了劳恩斯拥有动感设计和优越性能，并彰显了劳恩斯力争上

图 3－393　劳恩斯车标

游的气势。四十年的积累，六亿美元的海量投资和四年时间的研发，表明了现代汽车进军豪车市场的决心。劳恩斯（Rohens）将豪华与运动的精髓进行完美的演绎，竞争对手锁定雷克萨斯 GS。

经过数十年的发展，以现代汽车为代表的韩系汽车从初出茅庐到广泛销往北美洲、欧洲、非洲等地，证明了自己的优势以及实力。2017 年，现代－起亚集团的全年汽车销量为 725 万辆，依然稳坐全球第五大汽车集团之席。

复习题

一、简答题

丰田汽车对世界汽车工业的发展有怎样的贡献？

二、测试题

请扫码进行测试练习。

测试 9

3.8　中国著名汽车品牌

目前，我国汽车市场初步形成了以"四大"（一汽集团、上汽集团、东风集团、长安集团）为第一梯队、"十小"（广汽集团、北汽集团、奇瑞汽车、比亚迪、华晨集团、江淮集团、吉利汽车、中国重汽、福汽集团、陕汽集团）为第二梯队的产业格局。目前，国产汽车品牌在整体设计、制造水平等方面与德国、美国、日本等世界汽车工业强国还存在一定差距，突出表现在车身、底盘、发动机这三大系统设计能力的不足上，缺乏拥有自主知识产权的优秀产品。但是，在国产汽车的阵营里也不乏后起之秀，吉利、奇瑞、比亚迪、华晨、一汽红旗等为民族自主品牌汽车的发展做出了不可磨灭的贡献。

3.8.1　第一汽车集团公司

第一汽车集团公司（原第一汽车制造厂）简称"中国一汽"或"一汽"，总部位于长春市，前身是 1953 年创立的第一汽车制造厂，毛泽东主席题写厂名。作为"共和国长子"，经过六十多年的发展，一汽已经成为国内最大的汽车企业集团之一，拥有全资子公司 28 个、控股子公司 18 个，其中上市公司 4 个，拥有员工 13.2 万人，资产总额 1725 亿元。一汽生产企业（全资子公司和控股子公司）和科研院、所，自东北腹地延伸，沿渤海湾、胶东湾、长江三角洲、海南岛和广西、广东、云南、四川，形成东北、华北、西南、华南和华东五大生产基地，生产中、重、轻、轿、客、微多品种宽系列的整车、总成和零部件。在 2018 年《财富》世界 500 强排行榜中名列第 125 位，与 2017 年相同。

一汽的英文品牌标志为"FAW"，"FAW"是第一汽车制造厂的英文缩写。一汽视觉识别系统（图 3 - 394）的核心要素以"1"字为视觉中心，由"汽"字构成展翅的鹰形，构成雄鹰在蔚蓝天空的视觉景象，寓意中国一汽鹰击长空，展翅翱翔。

图 3 - 394　一汽视觉识别系统

一汽是中国汽车工业的摇篮，1953 年奠基兴建，1956 年制造出新中国第一辆解放牌载货汽车，1958 年制造出新中国第一辆东风牌小轿车和第一辆红旗牌高级轿车。一汽的建成，开创了中国汽车工业新的历史。

一汽的自主品牌有"解放"和"红旗"。

1. 解放牌载货汽车

新中国的汽车工业是从载货汽车开始的，"解放"是毛泽东主席亲自命名的我国第一个

图 3 - 395　解放 CA10 型载货汽车

汽车品牌。1956 年 7 月 13 日，第一辆解放 CA10 型载货汽车（图 3 - 395）驶下总装配生产线，结束了中国不能制造汽车的历史。解放 CA10 型载货汽车是以苏联莫斯科斯大林汽车厂出产的吉斯 150 型载货汽车为蓝本制造的，载重量为 4t，最大车速 65km/h。

第一辆解放牌汽车的诞生，凝聚着全体建设者的辛勤汗水，也是党中央直接领导和高度重视的结果，"解放"这个车名就是毛主席亲自圈定的，"解放"两字充分表达了中国人民的心声，寓意深刻。尔后，一汽就用毛主席为《解放日报》题字的"解放"二字的手写体，由苏联莫斯科斯大林汽车厂放大后，刻写到汽车车头第一套模子上，如图 3 - 396 所示。由党和国家最高领导为一种产品命名，这是绝无仅有的。这是一汽人的骄傲，也是一汽人特有的殊荣。

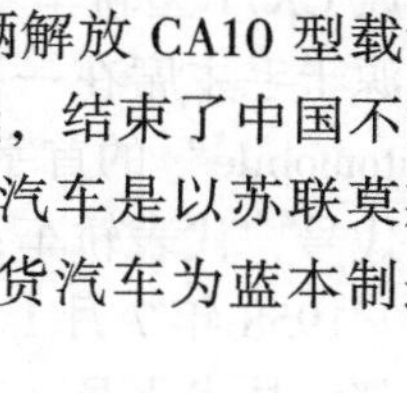

1986 年 9 月 29 日，最后一辆"老解放"开下了总装配线，生产了 32 年的"老解放"宣告停产。从 CA10 系列到 CA15 系列，"老解放"总

图 3 - 396　解放车标

计生产了 1281502 辆，由单一品种发展到 3 个系列、4 个基本车型、30 多个品种，产品技术改进一千多项，生产能力由原设计的年产 3 万辆提高到 1985 年的 8.5 万辆。1987 年 1 月 1 日，经过六年的艰苦奋斗，由一汽自主研发的第二代解放载货汽车——CA141 正式投产，实

现了第二次创业。20 世纪 90 年代，一汽自主研发生产了第三代、第四代产品，实现了载货汽车生产柴油化和平头化的转变。

2007 年，解放打造了中国重卡顶尖水平的自主扛鼎之作——解放 J6（图 3 - 397），其比肩国际的创新科技和世界级卓越品质，在 2010 年荣膺"国家科技进步一等奖"这一至高无上的殊荣，实现了中国汽车工业的历史性跨越。

图 3 - 397　解放 J6 重卡

如今，一汽解放拥有牵引、载货、自卸、专用四大产品系列，覆盖重中轻三大领域。在重卡领域，有 J6P、JH6、J6M、天 V、悍 V、安捷六大产品平台；在中卡领域，有 J6L、龙 V 两大产品平台；在轻卡领域，有 J6F、虎 V 两大产品平台。凭借"安全、可靠、节能、舒适、高效"的技术性能和卓越品质，解放载货汽车赢得了广大用户的信赖，被誉为"挣钱机器"。

2. 红旗牌高级轿车

在中国汽车工业的发展历程中，红旗轿车的地位举足轻重，它是中国第一代汽车人用自己的双手创建的第一辆自主品牌的高端轿车，是中国自主品牌轿车第一品牌，也是中国轿车工业的开端。红旗，对于中国人而言，不仅仅是一个著名的汽车品牌，而是一种深深的情怀和神圣的记忆。红旗见证了中国汽车工业从无到有、由弱至强的发展历程，包含着一种自主、自强的民族精神，是中国民族汽车工业发展的标杆，也是中国汽车行业的第一旗帜。

1957 年初，国务院第一机械工业部给一汽下达了生产轿车的任务。接到任务之后，一汽的技术人员以一辆法国西姆卡·维迪娣轿车为蓝本，经过一年多的研发，1958 年 5 月 12 日，东风 CA71 型轿车（图 3 - 398）诞生了，这是中国第一辆自主生产的轿车。"东风"的名字来源于毛主席在一次有关世界形势的讲话时"东风压倒西风"的论断，"CA"为"China Automobile"的首字母缩写，那时候就一汽一个汽车厂，所以就直接代表一汽了；7 为车辆类别代号，代表轿车；1 表示第一代车型。

1958 年 7 月 1 日，高级轿车项目正式上马，计划一个月内完成。全厂上下总动员，组成干部、技术人员、工人"三结合"的攻关突击队，日夜奋战。1958 年 8 月 1 日，第一辆编号为 CA72-1E 的高级轿车终于完成，时任吉林省委第一书记吴德将其命名为"红旗"。由于还在试制过程中，编号后面的 1E 表示它是第一次试验样车。

1959 年 8 月 31 日，经过了 5 次试装改进后的红旗轿车终于诞生，并正式命名为"红旗"，车型编号为 CA72（图 3 - 399）。动力上，红旗 CA72 使用了当时具有先进水平的水冷式 V8 汽油发动机，最高车速为 185 km/h，匹配自动变速器。在外观设计上红旗 CA72 极富中国的民族特色，民族气息十分浓郁。

图 3 - 398　东风 CA71 型轿车

图 3 - 399　红旗 CA72 高级轿车

1959 年 9 月 24 日，一汽按照计划如期将首批质量过关的 30 辆红旗 CA72 高级轿车和 2 辆 CA72J 红旗检阅车送往北京。1959 年 10 月 1 日，2 辆红旗检阅车 CA72J 载着阅兵总指挥和国防部长检阅了海、陆、空三军，同时 6 辆红旗 CA72 轿车列队进入游行队伍中，接受毛主席检阅。由此，乘坐苏联赠送的吉斯汽车进行国庆阅兵的历史得以改写。

1960 年 3 月 16 日，红旗 CA72 高级轿车送至莱比锡国际博览会参展。意大利的汽车权威人士评价说：红旗轿车是"中国的劳斯莱斯"。从此，《世界汽车年鉴》有了中华人民共和国的专栏，红旗轿车成为世界名车。

1964 年 9 月中旬，一汽将经过改进的 40 辆红旗 CA72 轿车开到了北京。经过半个多月的对比试验，被中央确定为国家礼宾用车，参加建国 15 周年的国庆节迎宾活动。从此，红旗 CA72 轿车光荣地成为国家重大庆典及国家领导人的专用车型，频频用于接待外宾等活动中，可谓"中南海里寻常见，天安门前屡度闻"，流传着外国元首访华"三大愿望"，即"见毛主席、住钓鱼台、坐红旗车"的佳话。随后，红旗 CA72 还配置给中央领导和有关部委，不少国家领导人坐上了一汽生产的红旗 CA72 轿车。

1965 年，一汽对红旗 CA72 进行了一次换代，升级后的编号为红旗 CA770（图 3 - 400）。红旗 CA770 采用了参照凯迪拉克高级轿车自行设计的 V8 发动机，排量 5.65L，最高车速 165 km/h，百公里油耗为 20L。红旗 CA770 轿车整体外观更加精致、协调，更加符合中国人的审美。与红旗 CA72 相比，红旗 CA770 采用了三排座设计，并且前排和中排座椅之间还设有可升降间隔玻璃，中间座椅为折叠式，供随行人员乘坐，

图 3 - 400 红旗 CA770

内饰的实用性也更强，华贵舒适，装备先进。当年年底，红旗 CA770 三排座高级轿车获得国家正式定型，车身造型和内饰也通过了国家专业部门的验收，成为我国第一辆正向开发的量产轿车车型。

1966 年 4 月 22 日，中央订购的首批 20 辆红旗 CA770 运抵北京永定门火车站。同年 9 月底，第二批 32 辆红旗 CA770 轿车运往北京，分配给副总理、副委员长级领导正式乘用。至此，红旗 CA770 开始全面取代苏联轿车，成为中央领导、外国元首及贵宾用车。在 20 世纪六七十年代，红旗车队经常出现在首都天安门广场上，迎送国际政要和贵宾，成为一道非常壮观、亮丽的风景。

在红旗 CA770 的众多衍生车型中，最引人注目的就是红旗 CA772 高级防弹保险车，这是我国第一辆安全系数较高的高级轿车。早在 1965 年 10 月，在研发红旗 CA770 的同时，中央还给一汽下达了生产高级防弹保险车的任务，为此，中央还专门成立了领导小组。1969 年 4 月 10 日，第一辆红旗 CA772 高级防弹保险车研制成功。红旗 CA772 整体造型与 CA770 相同，整车重 4930kg，一汽自主开发了 8L 大功率发动机以驱动沉重的车体，并且整个传动系统和底盘都自行设计制造。该车具有良好的防弹和保险功能，车身防弹装甲厚度 4~6 mm，防弹玻璃厚度 65 mm，轮胎被子弹击中后可继续行使 100km，最高车速为 130km/h。1972 年 9 月 13 日，7 号红旗 CA772 高级防弹保险车送到北京，由毛主席乘坐。

改革开放以后，中国人看到了世界汽车工业发展的步伐与节奏，有人认为手工作坊式生产的红旗轿车产量低、成本高、油耗高。1981 年 5 月 14 日，人民日报刊登了红旗轿车停产

令：红旗牌高级小轿车因耗油较高，从今年 6 月起停止生产。

1983 年 12 月 2 日，一汽接到了制造全新红旗检阅车的任务，用于 1984 年新中国成立 35 周年庆典。1984 年 8 月 20 日，红旗检阅车 CA770TJ 试制成功，8 月 25 日运到北京。全新红旗检阅车 CA770TJ 仍旧基于红旗 CA770 打造，动力系统没有变化，主要对 CA770 的内饰和车顶进行更改，车顶中部可以打开，国家领导人可以站在车内中间，且车内饰地板还可以升高 90～100mm。1984 年 10 月 1 日，在国庆 35 周年阅兵式上，中央军委主席邓小平和阅兵总指挥秦基伟分别乘坐 CA770TJ 全新红旗检阅车检阅了中国人民解放军受阅部队。

1999 年 10 月 1 日，在国庆 50 周年大典时，江泽民主席乘坐 CA772TJ 检阅车检阅了中国人民解放军受阅部队。此次亮相的检阅车与 1984 年国庆 35 周年阅兵式中邓小平乘坐的检阅车在外形上基本相似，最大的变化是顶部活动天窗由原来的整块竖起滑下，变为局部平行向后缩进。

1999 年 12 月，红旗轿车首次进入"中国最有价值品牌"评估，品牌价值 35.01 亿元，成为我国轿车制造业的第一大品牌。其实，人们怀念的还是 20 世纪 80 年代之前具有中国特色并且记载着新中国历史的"红旗"，人们的认知长期定格在红旗 CA770 车型上。

2004 年，一汽开始了红旗新旗舰的研发工作，为国庆 60 周年献礼。2009 年 10 月 1 日，首都各界庆祝中华人民共和国成立 60 周年大会在北京天安门广场隆重举行，胡锦涛主席乘坐红旗 CA7600J 检阅车检阅受阅部队。CA7600J 的车身全长达到 6.5m，采用 6.0L V12 自然吸气发动机。与一般防弹车在民用车型上加装装甲不同，CA7600J 在设计之初就把防弹考虑在内：高强度钢板、源自航天飞机舱窗技术的玻璃、车门陶瓷复合装甲，这些共同构成了 CA7600J 的"钢筋铁骨"。由于这些新材料、新技术的应用，使得这辆检阅车的整备质量得以控制在 4500kg。

2010 年 8 月 26 日，红旗 H 平台轿车项目立项。2012 年 4 月 20 日，一汽专程在北京钓鱼台国宾馆举行红旗品牌战略媒体发布会，强调要拥有核心技术和完全自主知识产权。为此，一汽投入了集团最优质的资源，项目团队 1600 人。自项目启动以来，累计投入研发费用 52 亿元，开发 L、H 两大系列红旗整车产品，形成了可覆盖 C、D、E 级高级轿车的发展基础。

2013 年 5 月 30 日，在国家体育馆隆重举行了以"让理想飞扬"为主题的红旗 H7（图 3－401）上市发布会，备受瞩目的全新红旗终于成功上市。红旗 H7 是一汽整合优质资源，重金打造的、具有完全自主知识产权的全新豪华轿车，也是目前量产的中国本土自主品牌汽车中最高档的一款 C 级车，多项制造技术达到世界先进水平。

红旗 L5（图 3－402）是一汽正式启动红旗 L 平台产品开发及生产准备后打造的一款百分之百自主知识产权的 E 级轿车。作为首款进入私人市场的自主 E 级轿车，红旗 L5 外观和内饰大量采用中国传统文化符号，在增添民族风格的同时，更蕴含了中国人自古崇尚的君子人格与新中国成立后的积极与自信。

图 3－401　红旗 H7

图 3－402　红旗 L5

2013 年 4 月 25 日，法国总统奥朗德抵达北京开始上任后首次访华行程，在首都国际机场迎接奥朗德的专车就是我国自主生产的红旗 L5 型轿车，这是此款新型红旗国宾车首次迎接外国元首。2013 年 6 月 28 日，时任韩国总统朴槿惠访华期间的专用座驾——全新的红旗 L5，不仅凭借出众的品质完美服务于国家高规格礼宾活动，更以独特的东方魅力赢得了各国政要的赞赏，无愧于民族汽车传世经典的荣耀。2014 年 10 月 24 日，红旗轿车当仁不让成为 2014 年亚太经合组织领导人会议周的官方指定用车，红旗 L5、红旗 H7 在此期间为 21 个国家首脑及与会领导人提供礼宾接待服务。

2015 年 9 月 3 日，纪念中国人民抗日战争暨世界反法西斯战争胜利 70 周年大会在北京隆重举行，习近平主席乘坐红旗检阅车 CA7600J 检阅受阅部队。此款红旗 CA7600J 的造型汲取了 2009 年国庆检阅车 CA7600J 以及 1965 年红旗 CA770 的设计元素，其前进气格栅采用竖条幅设计，搭配左右两侧经典炮筒式前照灯组，视觉效果极具古典气息。此外发动机盖上经典的红旗立标，也体现出了非常具有中国特色的设计元素，优雅中透着霸气。此款红旗 CA7600J 搭载一汽自主研发的 V12 发动机，排量 6.0L，车长 6.4m，空载车高 1.72m、车宽 2.08m，车重 4.5t，检阅车采用固定检阅台，根据首长身高确定检阅扶手的高度，并在 80mm 范围内可调节。其实，红旗检阅车在当年 7 月 3 日的白俄罗斯独立日阅兵式上就已经亮相，当时白俄罗斯国防部长乘坐的就是一辆 4 月选购的红旗 L5 敞篷检阅车。

2018 年 1 月 8 日晚，中国一汽红旗品牌战略发布会在北京人民大会堂盛大举行。第一汽车集团有限公司董事长徐留平表示："新红旗的品牌理念是'中国式新高尚精致主义'，品牌目标是成为'中国第一、世界著名'的'新高尚品牌'，满足消费者对新时代'美好生活、美妙出行'的追求，成功地肩负起历史赋予的强大中国汽车产业的重任。为达成这一使命，新红旗将奋力向 2020 年销量 10 万辆级，2025 年 30 万辆级，2035 年 50 万辆级的宏伟目标迈进。"这意味着，新红旗将把中国传统优秀文化和世界先进文化、现代时尚设计、前沿科学技术、精细情感体验深度融合，打造体现"品味高尚、大气典雅""理想飞扬、激情奔放""精益求精、细心极致"和"随心合意，完美体验"的卓越产品和服务。

回首中国汽车工业史，没有哪一个品牌能像红旗那样蕴含着如此丰富的文化与内涵。它折射出中华五千年文化的积淀，是民族精神的图腾，代表着国人矢志不渝的理想追求。作为国人情思所系的国车第一品牌，红旗经历过辉煌，也曾经历挫折。如今，新红旗已掀开了振兴的新篇章，未来，作为中国第一、世界著名的新高尚品牌，红旗将成为民族复兴、国家强盛的有力代表。

3.8.2 东风汽车集团有限公司

东风汽车集团有限公司的前身是 1969 年始建于湖北十堰的第二汽车制造厂，与第一汽车集团公司、上海汽车工业（集团）总公司、中国长安汽车集团股份有限公司一起被视为中国综合实力最强的四大汽车企业集团之一。2003 年 9 月，公司的总部由湖北十堰搬迁至武汉。公司主要业务涵盖全系列乘用车与商用车、新能源汽车、关键总成、汽车零部件、汽车装备及汽车水平事业等。事业基地分布在武汉、十堰、襄阳、广州等全国 20 多个城市，同时形成全球性的事业布局，是法国标致–雪铁龙集团三个并列最大股东之一，在瑞典建有海外研发基地，在俄罗斯建有海外销售公司，在伊朗、南非等建有海外工厂。经过近 50 年的发展，现有总资产 2921 亿元，职工 16.6 万人，产销规模超过 420 万辆，位居国内汽车行业第二位，在 2018 年《财富》世界 500 强排行榜中名列第 65 位，比 2017 年上升 3 位。东风汽车集团有限公司视觉识别系统如图 3-403 所示，其核心要素是一对旋转的春燕，用夸张的手法表现出"双燕舞东风"的意境，使人自然联想到东风送暖、春光明媚、生机盎然，以示企业欣欣向荣；看上去又像两个"人"字，蕴含着企业以人为本的管理思想；戏闹翻飞的春燕，象征着东风汽车的车轮飞转，奔驰在神州大地，奔向全球。

图 3-403　东风公司标识

东风汽车集团有限公司下辖的东风汽车集团股份有限公司拥有多家附属公司、共同控制实体及其他拥有直接股本权益的公司，包括与日本日产汽车公司合资的东风汽车有限公司、与法国标致-雪铁龙集团合资的神龙汽车有限公司（包括东风雪铁龙、东风标致双品牌）、与日本本田合资的东风本田汽车有限公司等。其中，成立于 2003 年 6 月 9 日的东风汽车有限公司（DFL）是东风汽车集团股份有限公司与日产汽车公司战略合作携手组建的大型汽车合资企业，是日产公司在海外唯一的一个全系列合作项目，也是中国首家拥有全系列乘用车及轻型商用车产品的汽车合资企业，旗下有东风日产乘用车公司、东风启辰汽车公司、东风英菲尼迪汽车有限公司、东风汽车股份有限公司、郑州日产汽车有限公司、东风汽车零部件（集团）有限公司、东风汽车有限公司装备公司七大事业部。

1969 年 9 月 28 日，中国最大规模的第二汽车制造厂在湖北十堰的山沟里正式破土动工。1975 年 7 月 1 日，EQ240 型 2.5t 越野汽车（图 3-404）生产基地建成并投产。1975 年 11 月 18 日，经报国务院批准，二汽生产的汽车被正式命名为"东风"。1978 年 7 月 15 日，民用型东风 EQ140 型 5t 载货汽车（图 3-405）生产基地建成并开始投入批量生产。

图 3-404　EQ240 越野汽车

图 3-405　EQ140 载货汽车

1990 年 12 月 19 日，二汽与法国雪铁龙汽车公司在法国签订了二汽-雪铁龙合资轿车项目合同。1992 年 9 月 1 日，二汽正式公告更名为东风汽车公司，东风汽车工业联营公司更名为东风汽车集团。1996 年 4 月 9 日，国家工商局向东风公司颁发驰名商标证书，"东风"商标成为当时汽车行业唯一的驰名商标。2017 年 11 月 30 日，东风汽车公司对外发布公告称，公司已经更名为东风汽车集团有限公司。

2007 年 7 月，东风汽车公司成立乘用车事业部（2008 年 8 月改称东风乘用车公司），开始发展自主品牌乘用车。2009 年 3 月 26 日，东风乘用车公司正式发布自主研发、生产的乘用车品牌——东风风神。"东风风神"的中文命名，融汇中国古典文学和希腊神话元素，充分展示了东风自主开放、海纳百川的胸襟和融贯中西、跻身国际的雄心。"风神"是东风精神的高度凝练和集中体现，意即秉承东风精神，兼备中西神韵。"风神"之"风"，揭示"风神"源自东风，是华人书写在车轮上的骄傲；"风神"之"神"，即精髓、精神，它是精粹的凝练，象征东风的卓越技术和精益品质，同时也将几代东风人自强不息、进取不止的精神一脉传承，并不断发扬光大。东风风神的品牌标识（图3-406）是正圆形的双飞燕，两只环绕椭圆、展翅高飞的春燕，既是春风送暖的象征，又是寄托着东风人全部情与思的吉祥物，一个代表传承，一个代表创新，既表明东风风神对东风精神的血脉传承和对东风新事业的激情拓展，又喻示着中西汽车文明的和谐交融。东风风神品牌标识的主色调是代表着经典、吉祥、进取的"中国红"和凸显安全、可靠、从容、睿智、品质的"金属银"。

图3-406　东风风神车标

　　作为东风自主乘用车事业的奠基之作和东风风神的开篇之作，东风风神S30（图3-407）是东风乘用车公司秉承"人性、自然、科技"的造车理念，坚持市场导向、自主开放、集成创新的研发指针，汇聚东风40年造车经验和近20年轿车领域合资合作的积累，经1000余名工程师历时4年开发的全新车型。自2009年4月上海车展全球首发以来，东风风神S30荣获40多项大奖。2009年6月30日，东风风神S30在武汉工厂下线，7月22日在北京上市。

　　2012年3月28日，全新中高级旗舰车型——东风风神A60（图3-408）在北京正式上市。2015年3月，与标致－雪铁龙集团联合开发的风神L60（图3-409）开启了风神品牌新的产品序列。2016年2月28日，东风首款自主高端乘用车——东风A9（图3-410）在武汉儒雅驾临。

图3-407　东风风神S30

图3-408　东风风神A60

图3-409　东风风神L60

图3-410　东风A9

　　为了发展自主品牌，东风乘用车公司制定了"5510工程"的发展战略，确立了三步走的发展目标：第一步用五年的时间打造中国自主品牌中最好的品牌；第二步再用五年的时间打造中国一流汽车品牌；第三步是再用十年时间打造国际主流品牌，致力使"华系车"立于世界强势品牌之林。

3.8.3 上海汽车工业 （集团） 总公司

上海汽车工业（集团）总公司简称"上汽集团"或"SAIC"（集团标志如图 3 - 411 所示），是中国汽车工业具有代表性的特大型企业集团之一，主要从事乘用车、商用车和汽车零部件的生产、销售、开发、投资及相关的汽车服务贸易和金融业务。

2004 年 11 月 29 日，上海汽车工业（集团）总公司将其与汽车产业链相关的资产和业务剥离，发起成立了上海汽车集团股份有限公司（简称"上海汽车"），总公司持有上海汽车集团股份有限公司 78.94% 的股份，同时持有独立供应汽车零部件业务上市公司——华域汽车系统股份有限公司（简称"华域汽车"）60.10% 的股份。

图 3 - 411　上汽集团标志

上海汽车集团股份有限公司是国内 A 股市场最大的汽车上市公司，主要业务包括整车（含乘用车、商用车）和零部件的研发、生产和销售，物流、汽车电商、出行服务、节能和充电服务等汽车服务贸易业务以及汽车相关金融、保险和投资业务。整车板块主要包括上汽集团乘用车公司、上汽大通汽车有限公司、上汽大众汽车有限公司、上汽通用汽车有限公司、上汽通用五菱汽车股份有限公司、南京汽车集团有限公司、南京依维柯汽车有限公司、上汽依维柯红岩商用车有限公司和上海申沃客车有限公司等整车企业。2017 年，上海汽车集团股份有限公司整车销量达到 693 万辆，同比增长 6.8%，继续保持国内汽车市场领先优势，并以 2016 年度 1138.6 亿美元的合并销售收入，第 13 次入选《财富》世界 500 强，排名第 41 位，比上一年上升了 5 位。在 2018 年《财富》世界 500 强排行榜中名列第 36 位。

1955 年 11 月，上海市内燃机配件制造公司成立，主管业务包括上海汽车零配件行业，上汽开始起步。1956 年至 1963 年，上海汽车零配件行业进行了四次结构调整，基本形成专业协作生产体系。20 世纪 50 年代，上汽相继研制成功汽车、摩托车和拖拉机，实现从修配业向整车制造业转折的历史性突破。1958 年 9 月 28 日，第一辆凤凰牌轿车（图 3 - 412）在上海汽车装配厂试制成功，实现了上海汽车工业轿车制造零的突破，形成中国轿车工业北有"红旗"，南有"凤凰"（后为"上海"）的格局。20世纪 60 年代以后，整车分别形成批量生产能力，其中轿车建成中国批量最大生产基地，为上汽腾飞创造了有利条件。1964 年，凤凰牌轿车改名为上海牌轿车，至 1975 年形成 5 000 辆年生产能力。

图 3 - 412　凤凰牌轿车

1978 年以来，上汽抓住改革开放机遇，坚定不移率先走上利用外资、引进技术、加快发展的道路。

1978 年 6 月，国务院批准在上海引进一条轿车装配线。历时 6 年谈判，1984 年 9 月，国务院批准上海轿车合资经营项目，上汽最终选择德国大众汽车公司作为合资经营伙伴。1983 年 4 月 11 日，第一辆上海桑塔纳轿车组装成功。1984 年 10 月 12 日，上海大众汽车有限公司举行奠基仪式。1985 年 3 月 21 日，上海大众汽车有限公司成立，并于同年 9 月正式开业。

1995 年 4 月，国务院原则同意上汽建设中高级轿车项目，上汽开始向更高水平的对外开放进军。经过选择，确定美国通用为中高级轿车项目合作伙伴。1997 年 3 月 25 日，上汽和通用签署上海通用汽车有限公司、泛亚汽车技术中心有限公司合营合同。1997 年 6 月 12 日，投入 15.2 亿美元、当时中美最大的合资项目——上海通用汽车有限公司正式成立。

2005 年 4 月，上海汽车以"世界为我所用"的旷世气魄和"创新传塑经典"的百年宏愿，凭着多年与世界名牌良好的合作经验，大手笔收购罗孚 75 全部知识产权及技术平台。2006 年 10 月 12 日，全新演绎英伦品质基因，全面汇融欧洲豪华车技术，基于罗孚 75 技术核心并进行重新命名的中国汽车工业第一个国际化品牌——荣威（ROEWE）辉煌诞生。荣威（ROEWE）的命名取意于"创新殊荣，威仪四海"，品牌命名中西融汇，开放而不失于内敛，雍容而不失于自信。"荣威"的中文命名融入了中国的传统元素，体现了自强不息的精神和深厚的中国文化积淀，同时也传递出一种经典、尊贵的气度。其中，"荣"，有荣誉、殊荣之意，"威"，含威望、威仪及尊贵地位之意。荣威合一，体现了创新殊荣、威仪四海的价值观。外文命名"ROEWE"源自西班牙语"Loewe"，蕴含"雄狮"之寓意，以"R"为首意在传达创新与皇家尊贵之意。ROEWE 按照英语习惯发音同"荣威"的中文发音相似，如按照西班牙语习惯发音则带有中国"如意"的韵味。而"WE"暗含"我们"之意，体现众志成城的精神与信念。

荣威汽车的标识（图 3 - 413）图案以两只站立的东方雄狮构成，图案的中间是双狮护卫着的华表。狮子是百兽之王，在中国文化中代表着吉祥、威严、庄重，同时在西方文化中狮子也是王者与勇敢精神的象征，其昂然站立的姿态传递出一种崛起与爆发的力量感。华表是中华文化中的经典图腾符号，不仅蕴含了民族的威仪，同时具有高瞻远瞩，祈福社稷繁荣、和谐发展的寓意。

图 3 - 413　荣威车标

图案下方用现代手法绘成的符号是字母"R、W"的融合，是品牌名称的缩写，同时"RW"在古埃及语中亦代表狮子。在色彩感观上，以红、黑、金三个主要色调构成，这是中国最经典、最具内蕴的三个色系，红色代表中国传统的热烈与喜庆，金色代表中国的富贵，黑色则象征威仪和庄重。此外，图案的底部为对称分割的四个红黑色块，暗含着阴阳变化的玄机，代表了求新求变、不断创新与超越的企业意志。稳固而坚定的盾形结构则暗寓其产品可信赖的尊崇品质及自主创新、国际化发展的坚强决心与意志。整体形象中西合璧，包蕴自信内涵，充分阐释了上海汽车以自主掌控、自主创新的信念，传承世界先进技术，全新塑造中国国际品牌的决心和信心。双狮图案以直观的艺术化手法，展现出尊贵、威仪、睿智的强者气度。

自 2006 年首推荣威 750（罗孚 75 的中国版，图 3 - 414）以来，荣威品牌发展迅速，上汽集团又陆续推出了荣威 550（图 3 - 415）、荣威 350、荣威 950 等车型，其产品已经覆盖中级车与中高级车市场，科技化已经成为荣威汽车的品牌标签。2010 年 12 月，荣威 550 荣获中国汽车工业科学技术奖特等奖。

图 3 - 414　荣威 750

图 3 - 415　荣威 550

2007 年 4 月，上汽集团全面收购了南京汽车集团有限公司，由南京汽车集团有限公司收购英国 MG 罗孚汽车公司及其发动机生产分部合并而来的南京名爵汽车有限公司归于上汽集团麾下，因此，上汽集团也成为英国 MG 品牌的新主人。2011 年 3 月 26 日，MG3（图 3 - 416）正式上市。目前，MG 汽车陆续投产 MG7 系、MG6 系、MG3 系、MG TF 跑车等系列车型，产品在中国国内和国际市场同时销售。

2010 年 11 月 22 日，上汽通用五菱首款自主品牌轿车宝骏 630 下线，标志着这个中国微车领头羊开始正式进军方兴未艾的轿车市场。"骏"的本义是良驹，"宝骏"即人们最心爱的良驹。上汽通用五菱新乘用车品牌以"宝骏"命名，于企业，是上汽通用五菱"诚实守信、踏实进取"精神的传承；于产品，是"神骏良驹"之美好寓意；于人，

图 3 - 416　MG3

则暗含与消费者形成"伙伴"一样的信赖关系，同时它也是一种价值观的体现。宝骏品牌的商标（图 3 - 417）

图 3 - 417　宝骏车标

图案设计与品牌名称"宝骏"声形一致，以"马首"作为品牌标识的主元素，以形表意，突出体现了中国传统元素与现代构图形式相融合的创意思路，充分体现了"乐观进取、稳健可靠、精明自信"的品牌精神。整体结构采用了国际品牌常见的稳固而坚定的盾形，暗寓其产品的可靠品质，以及上汽通用五菱全面进入主流乘用车阵营的决心与意志。以银色金属线条为主色，以绿色为辅助色，用色简洁大气。银色金属线条具有鲜明的汽车行业商标属性，绿色则表达了上汽通用五菱"低碳、环保"的理念。

作为上汽通用五菱首款自主品牌轿车，宝骏 630（图 3 - 418）自上市以来，以其亲民的价格、丰富的配置获得了广大用户的认可和信赖。2012 年 12 月，宝骏 630 汽车荣获"消费者最喜爱的经济型轿车"称号。2012 年 1 月，宝骏 630 荣获"2011 CCTV 中国年度经济型乘用车"大奖。

图 3 - 418　宝骏 630

3.8.4　长安汽车集团股份有限公司

长安汽车集团股份有限公司（简称"长安集团"）其前身是成立于 2005 年 12 月 26 日的中国南方工业汽车股份有限公司，是中国兵器装备集团公司和中国航空工业集团公司强强联手对旗下汽车产业进行战略重组而成立的一家特大型企业集团，2009 年 7 月 1 日更为现名，是中国四大汽车集团之一，位列中国汽车企业的第一阵营，总部设在北京。

图 3 - 419　长安集团标志

长安集团标志（图 3 - 419）以中国长安英文"China Changan Automobile Group"的缩写"CCAG"演变而来，吻合企业名称，造型厚重、立体、动感、流畅，符合现代审美要求和国际化视觉潮流。

长安集团坚持自主创新与合资合作"两条腿"走路，统筹发展整车和动力总成、零部件、服务业三大业务板块，形成了比较完善的产业链；旗下拥有 20 家二级企业，在全国拥有 10 大生产基地和 31 个整车及发动机工厂，年产能超过 300 万辆，形

成了以轿车、微型车、客车、轻卡、专用车等为主的完善的产品谱系，拥有强大的整车制造和零部件供应能力。整车领域，拥有"长安""哈飞""东安"三大自主品牌，"长安""哈飞""松花江"均为中国驰名商标。其中，2014 年"长安"品牌价值突破人民币 401 亿元。此外，公司还拥有东安汽发、建安车桥、江滨活塞、青山变速器、南方天合、东安动力等众多汽车零部件产品自主品牌。

长安集团的核心企业是 1996 年 9 月成立的重庆长安汽车股份有限公司（简称"长安汽车"）。长安汽车的前身是于 1862 年由清朝大臣李鸿章创办的上海洋炮局，距今已有 150 多年的历史，是中国近代史上第一家工业企业，也是中国最早的兵工厂，开创了中国近代工业的先河。伴随着中国改革开放的大潮，1983 年长安正式进入汽车行业。1986 年 9 月，长安机器制造厂成功推出长安牌微型客车。1996 年，长安汽车在深圳证券交易所上市。

长安汽车主要产品有全系列乘用车、小型商用车、轻型货车、微型面包车和大中型客车，全系列发动机等。长安汽车拥有 150 多年的历史底蕴和 30 多年的造车积累，拥有全球 16 个生产基地、35 个整车及发动机工厂、10 个重点海外市场。2014 年长安品牌汽车产销累计突破 1000 万辆，2016 年长安汽车年销量突破 300 万辆，获得 2016 中国年度汽车企业。2017 年长安汽车成为中国汽车品牌行业领跑者之一。

长安汽车积极寻求与国际知名汽车生产商的合资合作，先后成立了长安福特汽车有限公司、重庆长安铃木汽车有限公司、长安马自达汽车有限公司、长安标致雪铁龙汽车有限公司、江铃控股有限公司、长安福特马自达发动机有限公司等合资企业，并向外资企业输入中国品牌产品，建立中国车企合资合作新模式。

2010 年 10 月 31 日，长安汽车发布新品牌战略。根据新的品牌战略，长安汽车品牌家族体系由企业品牌、主流乘用车品牌、商用车品牌以及公益品牌四大品牌组成。其中，乘用车品牌标识为全新打造、呈胜利状的"V"字形，寓意为"victory"和"value"，而"草帽"标今后则仅供商务车使用。长安首款搭载乘用车新标的产品 CX20 于 2010 年 11 月 3 日上市，原有轿车产品使用的盾形标识在 2011 年 6 月后被新标彻底取代。这意味着，长安旗下乘用车和商务车的品牌形象已经独立开来。图 3-420 所示为长安汽车品牌标识。

长安汽车以"引领汽车文明 造福人类生活"为使命，努力为客户提供高品质的产品和服务，推出了睿骋、CS 系列、逸动系列、悦翔系列、欧诺、欧尚、CX70 等一系列经典产品。同时，长安汽车坚持"节能环保、科技智能"的理念，大力发展新能源汽车和智能汽车。2016 年 4 月，睿骋无人驾驶汽车完成从重庆到北京的 2000km 无人驾驶测试，实现中国首个长距离汽车无人驾驶。

图 3-420　长安车标

3.8.5　浙江吉利控股集团

浙江吉利控股集团（GEELY）始建于 1986 年，是一家集整车、动力总成和关键零部件设计、研发、生产、销售和服务于一体的全球汽车集团，是中国国内汽车行业十强中唯——家民营轿车生产经营企业。经过三十多年的建设与发展，在汽车、摩托车、汽车发动机、变速器、汽车电子电气及汽车零部件方面取得辉煌业绩。特别是 1997 年进入轿车领域以来，凭借灵活的经营机制和持续的自主创新，取得了快速的发展，现资产总值超过 2000 亿元，被评为"中国汽车工业 50 年发展速度最快、成长最好"的企业，跻身于国内汽车行业十强，从 2004

年开始连续 14 年进入中国企业 500 强,是国家"创新型企业"和"国家汽车整车出口基地企业"。2012 年,吉利控股集团以营业收入 233.557 亿美元(含沃尔沃 2011 年营收)首次入围《财富》世界 500 强企业,是上榜的五家中国民企之一,车企排名第 31 位,且总排名从2011 年的第 688 位跃升至第 475 位。在 2017 年度《财富》杂志世界 500 强排行榜中,吉利控股集团以 314.298 亿美元的营收位列第 343 位,强势攀升 67 位,这也是其自 2012 年首次进入榜单以来连续 6 年上榜。在 2018 年《财富》世界 500 强排行榜中名列第 267 位。

吉利控股集团总部设在杭州,旗下拥有沃尔沃汽车、吉利汽车、领克汽车、Polestar、宝腾汽车、路特斯汽车、伦敦电动汽车、远程新能源商用车等汽车品牌,在中国上海、杭州、宁波,瑞典哥德堡,英国考文垂、西班牙巴塞罗那、美国加州建有设计、研发中心,在中国、美国、英国、瑞典、比利时、白俄罗斯、马来西亚建有世界一流的现代化整车工厂,产品销售及服务网络遍布世界各地。

吉利控股集团旗下子公司吉利汽车集团主要业务为制造及分销汽车及汽车零部件,在浙江台州/宁波、湖南湘潭、四川成都、陕西宝鸡、山西晋中等地建有汽车整车和动力总成制造基地。2005 年 11 月 1 日,"吉利"商标荣获中国驰名商标的称号。2006 年 10 月 16 日,吉利汽车英文商标 GEELY 及图案被列入国家工商总局商标局认定的第七批全国驰名商标。

2010 年 8 月 2 日,吉利控股集团正式完成对福特汽车公司旗下沃尔沃轿车公司的全部股权收购。至此,沃尔沃轿车正式落入中国自主品牌汽车企业旗下。2018 年 2 月 24 日,吉利以约 90 亿美元通过旗下海外企业主体收购戴姆勒股份公司 9.69% 具有表决权的股份。此次收购完成后,吉利集团将成为戴姆勒最大的股东,并承诺长期持有其股权。

1986 年 11 月 6 日,集团创始人李书福以冰箱配件为起点开始了吉利创业历程。1994 年 4 月进入摩托车行业。1996 年 5 月,成立吉利集团有限公司,走上了规模化发展的道路。1998 年 8 月 8 日,第一辆吉利汽车在浙江临海下线。2001 年 11 月 9 日和 12 月 26 日,JL6360、HQ6360、MR6370、MR7130 四款车登上国家经贸委发布的中国汽车生产企业产品公告,使集团成为中国首家获得轿车生产资格的民营企业。2003 年 1 月 28 日,规划年产 30 万辆轿车的台州吉利轿车工业城总装厂竣工,被第二届中国工业设计论坛评为"中国工业设计创新特别奖"的吉利 – 美人豹跑车在此下线。2003 年 3 月 24 日,主营吉利集团汽车产业发展的浙江吉利控股集团有限公司成立。2007 年 3 月 13 日,集团董事长李书福当选"2006 中国汽车十大风云人物"。

2014 年 4 月 18 日,在北京国际车展开幕前夕的吉利品牌发布会上,吉利宣布取消代表不同品牌诉求的吉利帝豪、吉利英伦和吉利全球鹰三个子品牌,将这三个品牌汇聚为统一的吉利品牌(图 3 – 421)。过渡期内,现有子品牌及其所属产品仍在吉利母品牌下进行推广,全新产品则以吉利品牌系列面市,并悬挂统一的新标识,以统一形象和产品组合为消费者提供优质服务。如图 3 – 422 所示,吉利新标识继承了吉利帝豪原标识的基本外观,融入了原有吉利标识的蓝色,保留了吉利品牌在多年打造和传播中既已形成的记忆点,寓意着吉利品牌集聚既往精华,在演进中获得新生。这款标识最初源于六块腹肌的创意灵感,腹肌感的创意代表了年轻、力量、阳刚和健康。寓意吉利是年轻与积极向上的品牌,产品动力充沛、性能优良。标识为勋章/盾牌形状,给人安全感和信赖感,蕴含着吉利自创始至今所承载的"安全呵护与稳健发展"的品牌特征。吉利标识由六块宝石组成,蓝色宝石代表了蔚蓝的天空,黑色宝石寓意广阔的大地,双色宝石的组合象征吉利汽车驰骋天地之间,走遍世界的每个角落。图形上，蓝色和黑色相间形成6个区域格局，均匀分布又保证了弧线的变化与流畅，中正严谨、清晰醒目，强化了作为品牌形象的视觉冲击力，增强记忆。色彩的传达上，采用了蓝色、黑色及金色间隔线，增强科技感、品质感、现代感，进而将这种感受传递到品牌及产品层面，相得益彰，完美共融。

图3-421 统一的吉利品牌

图3-422 吉利新车标

自1998年第一辆吉利汽车下线以来，吉利先后拥有了经济型轿车"美日""豪情"，中级轿车"自由舰""华普""金刚"，以及跑车"美人豹"。2005年面世的吉利"自由舰"，先后登陆法兰克福车展和美国底特律国际车展，并夺得2006年美国底特律国际车展银钻奖，两次车展让吉利吸引了海量的眼球，获得了足够的传播回报。此外，"自由舰"还顺利通过了美国顶部碰撞试验，这也是国内汽车首次在国际上完成顶部碰撞试验，吉利又通过了欧洲ECE标准碰撞试验。吉利"金刚"是吉利集团继自由舰后推出的又一款全新车型，金刚依据"6S"造车理念，融合了更多的市场元素和国际流行的造型元素，是吉利跻身中级轿车行列的重要筹码。2002年12月14日，吉利自行开发设计的吉利"美人豹"跑车（图3-423），以其出众优雅的造型设计和先进的车身平台获得国内外专家的一致肯定，荣膺"中国工业设计创新特别奖"。2003年9月，首辆吉利"美人豹"都市跑车被中国国家博物馆永久收藏。2003年

图3-423 吉利"美人豹"跑车

12月，吉利"美人豹"跑车被评为"中国最佳风云跑车""中国风云车最佳跑车"。

目前，吉利集团有博瑞、博越、帝豪、远景、金刚等10多款整车产品，以及1.0～3.5L全系列发动机及相匹配的手动/自动变速器。图3-424、图3-425所示为吉利帝豪GS和吉利远景X3。

图3-424 吉利帝豪GS

图3-425 吉利远景X3

3.8.6　奇瑞汽车股份有限公司

奇瑞汽车股份有限公司成立于 1997 年 1 月 8 日，是国内较大的集汽车整车、动力总成和关键零部件的研发、试制、生产和销售为一体的自主品牌汽车制造企业，以及中国较大的乘用车出口企业，总部位于安徽省芜湖市。奇瑞汽车在中国芜湖、大连、鄂尔多斯、常熟，以及巴西、伊朗、委内瑞拉、俄罗斯等国共建有 14 个生产基地，建立了 A00、A0、A、B、SUV五大乘用车产品平台，产品覆盖乘用车、商用车、微型车等 11 大系列共 21 款车型。截至目前，公司累计销量已超过 600 万辆，成为第一个乘用车销量突破 600 万辆的中国乘用车品牌汽车企业。其中，累计出口超过 125 万辆，连续 14 年保持中国乘用车出口第 1 位。连续 9 年蝉联中国自主品牌销量冠军，成为中国自主品牌中的代表。2006 年 10 月，"奇瑞"被认定为中国驰名商标，并入选"中国最有价值商标 500 强"第 62 位。

奇瑞汽车股份有限公司名称中的"奇"有"特别地"的意思，"瑞"有"吉祥、如意"的意思，"奇瑞"二字合起来就是"特别地吉祥如意"。"CHERY"是由英文单词"CHEERY"（中文意思为欢呼地、兴高采烈地）减去一个"E"而来，表达了企业努力追求、永不满足现状的理念。

如图 3 - 426 所示，奇瑞汽车标志的整体是英文字母"CAC"的一种艺术化变形；"CAC"即英文"Chery Automobile Corporation"的缩写，中文意思是奇瑞汽车股份有限公司；标志中间"A"为变体的"人"字，预示着公司以人为本的经营理念；徽标两边的"C"字向上环绕，如同

图 3 - 426　奇瑞车标

人的两个臂膀，象征着团结和力量，环绕成地球形的椭圆状；中间的"A"在椭圆上方的断开处向上延伸，寓意奇瑞公司发展无穷，潜力无限，追求无限。整个标志又是"W"和"H"两个字母的交叉变形设计，为"芜湖"一词的汉语拼音的声母，表示公司的生产制造地在芜湖市。2013 年 4 月 16 日，奇瑞发布了全新标志以及全新品牌战略。奇瑞全新标志并没有经过全新的设计，而是在现有标志的基础上进行了改进，这也是为了能够让国内消费者重新认识奇瑞品牌而做的努力。奇瑞新标志以一个循环椭圆为主题，仍由三个字母"CAC"组成。中间镶有钻石状立体三角形，主色调银色代表着质感、科技和未来。中间的钻石形构图，代表了奇瑞汽车对品质的苛求，并以打造钻石般的品质为企业坚持的目标。蓬勃向上的"人"字形支撑，则代表了奇瑞汽车执着创新、积极乐观、乐于分享的向上能量，支撑起品质、技术、国际化的奇瑞汽车不断前行，同时"人"字形代表字母"A"，喻示奇瑞汽车追求卓越和领先的决心和激情。

从 1999 年 12 月 18 日第一辆奇瑞轿车下线开始，奇瑞以打造国际品牌为战略目标，始终坚持自主创新，逐步建立起完整的技术和产品研发体系，产品出口海外 80 余个国家和地区，打造了艾瑞泽、瑞虎、QQ 和风云等知名产品品牌。其中，定位于"年轻人的第一辆车"的奇瑞 QQ（图 3 - 427）定价不超过 5 万元，自上市以来一直深受消费者欢迎，7 年时间内缔造了 80 万辆销量神话，并远销全球五大洲、近百个国家和地区，连续 7 年获得微轿冠军，可谓战绩辉煌，是名副其实的小车王。2008 年，荣获中国质量协会认证的"质量可靠车型"大奖。2009 年，QQ 以整车的杰出表现，经过重重审核，得到了权威机构 J. D. Power 亚太公司的新车质量冠军的认证，成为小车市场唯一获此殊荣的自主品牌。

自 2016 年起，奇瑞进入战略转型 2.0 阶段，焕然一新的奇瑞"2.0 产品家族"陆续上市。推出了艾瑞泽 5（图 3-428）、瑞虎 7（图 3-429）、瑞虎 3x（图 3-430）三款新车，多角度、全方位展现了奇瑞战略 2.0 时代的产品力和品牌力，带动了市场销量的快速攀升。

图 3-427　奇瑞 QQ

图 3-428　艾瑞泽 5

图 3-429　瑞虎 7

图 3-430　瑞虎 3x

2012 年 11 月，奇瑞汽车股份有限公司和英国捷豹路虎汽车以 50:50 的股比共同出资组建了奇瑞捷豹路虎汽车有限公司，这是国内首家中英合资的高端汽车企业。打造领先豪华车企，传递高端客户体验，奇瑞捷豹路虎不仅拥有世界一流水平的整车制造基地，以及完善的自主整车开发能力，更将发挥其完善的运营管理体系优势，践行不断向中国市场提供全球一流品质的产品和服务的承诺。

3.8.7　比亚迪股份有限公司

比亚迪股份有限公司创立于 1995 年 2 月，是一家拥有 IT、汽车及新能源三大产业群的高新技术民营企业，主要从事以充电电池业务和手机、计算机零部件及组装业务为主的 IT 产业，以及包含传统燃油汽车及新能源汽车在内的汽车产业，并利用自身技术优势积极发展包括太阳能电站、储能电站、LED 及电动叉车在内的其他新能源产品。公司总部位于广东深圳，经过 23 年的高速发展，已由成立之初的 20 人壮大到今天的 22 万人，并在全球设立 30 多个工业园，实现全球六大洲的战略布局，现已发展成为中国第一、全球第二的充电电池制造商。自 2003 年进军汽车行业以来，比亚迪坚持技术创新，已快速成长为中国最具创新力的汽车品牌。

比亚迪的英文名称 BYD，比亚迪公司用其企业文化"build your dreams"来诠释，意为"成就梦想"。2007 年，比亚迪汽车标识由蓝天白云的老车标更换成只用三个字母和一个椭圆组成的新车标（图3-431）。新标识不再沿用原有

旧　　　　新

图 3-431　比亚迪车标

的蓝白相间色，图案改为椭圆形状，并加入了光影元素。字体的排列、图形的颜色都发生了巨大变化，突出了比亚迪汽车的创新、科技和企业文化精髓，令比亚迪品牌注入了新的内涵和活力。比亚迪高层人士透露，比亚迪新标识更加简洁直观，并具有国际化元素。通过这次换标，比亚迪汽车将围绕打造国际品牌这个目标，全面促进企业产、科、研、销各个层面国际品牌意识的提高，不断提高企业的市场洞察力，最终达到比亚迪品牌的优质和高含金量。

"中国想成为科技大国，如果没有自己的民族汽车工业，是名不副实的。作为中国民族汽车制造业的一员，如果不能在这个领域内改变目前落后的民族汽车工业现状，我们将羞愧难当。"比亚迪公司创始人、董事局主席兼总裁、中国优秀民营企业家王传福如是说。

2003 年 1 月 22 日，比亚迪公司收购西安秦川汽车有限责任公司（现比亚迪汽车有限公司），由此进军汽车行业，开始了民族自主品牌汽车的发展征程。比亚迪汽车遵循自主研发、自主生产、自主品牌的发展路线，以打造民族的世界级汽车品牌为产业目标，立志振兴民族汽车产业。发展至今，比亚迪已建成西安、北京、深圳、上海、长沙、天津六大汽车产业基地，在整车制造、模具研发、车型开发、新能源等方面掌握了大量核心技术，达到了国际领先水平，产品的设计既汲取国际潮流的先进理念，又符合中国文化的审美观念，产业格局日渐完善并已迅速成长为中国最具创新的新锐品牌。汽车产品包括各种高、中、低端系列燃油轿车，以及汽车模具、汽车零部件、双模电动汽车及纯电动汽车等，汽车业务占据了公司营业收入和营业利润的半壁江山。代表车型包括 F3、F3R、F6、F0、G3、G3R、L3/G6、速锐等传统高品质燃油汽车，S8 运动型硬顶敞篷跑车、高端 SUV 车型 S6 和 MPV 车型 M6，以及领先全球的 F3DM、F6DM 双模电动汽车和纯电动汽车 E6 等。

比亚迪认为，环境和石油资源已经无法支撑传统汽车的高速发展，汽车工业的未来必然是以电动汽车为代表的新能源汽车。比亚迪是中国汽车企业中，或者也可以说是世界汽车企业中，坚持新能源汽车发展战略最坚定的公司之一。中国在新能源汽车战略上起起伏伏，新能源汽车的战略发展方向也有不同的探讨。但是，比亚迪却一直咬定青山不放松，新能源汽车战略始终作为比亚迪的战略方向。作为电动汽车领域的领跑者和全球充电电池产业的领先者，比亚迪迅速掌握了关系电动汽车成败的关键一环——动力蓄电池核心技术，并已经拥有实现大规模商业化的技术和条件，能够开发更为节能、环保的电动汽车产品，实现性能的提升和普及应用。比亚迪目前是世界上唯一同时掌握电池、电机、电控等电动汽车核心技术以及拥有成熟市场推广经验的企业。

2008 年 10 月 6 日，比亚迪以近 2 亿元收购了半导体制造企业宁波中纬，整合了电动汽车上游产业链，加速了比亚迪电动汽车商业化步伐。通过这笔收购，比亚迪拥有了电动汽车驱动电机的研发能力和生产能力。2008 年 12 月 15 日，全球第一款不依赖专业充电站的双模电动汽车（在纯电动和混合动力两种模式间进行切换）——比亚迪 F3DM 在深圳正式上市（图 3 - 432）。后续又推出"秦""唐"双模电动汽车和 E6 纯电动汽车、K9 纯电动大巴，以及与戴姆勒公司合作研发的豪华电动汽车"腾势"等新能源汽车产品，并且率先提出"公交电动化"战略——用电动汽车替代传统燃油车，同时有针对性地在金融模式方面进行了大胆创新。图

图 3 - 432　比亚迪 F3DM 在深圳上市

3-433所示为比亚迪新能源汽车产品系列，从图中可以看到用"秦""唐""宋""元"这些中国朝代名字命名、前脸中央采用汉字的比亚迪新能源系列车型。

图 3-433 比亚迪新能源汽车产品系列

2012 年，比亚迪携手国家开发银行推出"零元购车·零成本·零风险·零排放"的解决方案，加速了交通电动化的进程。目前，比亚迪的 K9、E6、秦等电动汽车足迹已遍及全球。截至 2014 年 12 月，比亚迪率先投入市场运营的纯电动大巴 K9 的单车最高里程超过 22 万 km，纯电动汽车 E6 单车最高里程超过 60 万 km，已超过普通私家车 19 年的行驶里程。

除了在公共交通及私家车不断推出满足市场需要的新能源产品外，比亚迪还将在不久的将来推出服务于物流运输、公共事业领域各个系列的新能源汽车，实现在新能源领域全产品链、全市场覆盖，向为人类创造美好环保的城市生活迈出坚实一步，对发展低碳经济、构建环境友好型社会意义重大。

中国乃至世界新能源汽车市场发展的结果已经证明，比亚迪是新能源汽车领域的佼佼者。比亚迪以拔得头筹的先机，开创了中国力量领跑世界的壮举。

复习题

一、简答题

红旗 CA72 外观造型民族气息十分浓郁，具体表现有哪些？如何评价它的历史地位？

二、测试题

请扫码进行测试练习。

测试
10

测试 11　看图识车标

序号	商标	品牌	国别	序号	商标	品牌	国别
1	Mercedes-Benz			2	PORSCHE STUTTGART		

（续）

序号	商标	品牌	国别	序号	商标	品牌	国别
3	PEUGEOT			4	CITROËN		
5	DS			6	BUGATTI		
7	BENTLEY			8	LAND ROVER		
9	LOTUS			10	ASTON MARTIN		
11	Ferrari			12	LAMBORGHINI		
13	MASERATI			14	ALFA ROMEO		
15	ŠKODA			16	VOLVO		
17	LINCOLN AMERICAN LUXURY			18	MUSTANG		

（续）

序号	商标	品牌	国别	序号	商标	品牌	国别
19	Cadillac			20	HUMMER LIKE NOTHING ELSE.		
21	SCION			22	LEXUS		
23	ACURA			24	INFINITI. 英菲尼迪		
25	SUBARU			26	ROHENS		
27	红旗			28			
29	长安汽车			30			

Unit Four

单元四　汽车造型与色彩

　　汽车不仅是现代化的交通工具，而且是一件流动的艺术品，是流动的风景线，它以优美的造型和靓丽的色彩给人类带来无穷的享受，使世界变得多姿多彩。汽车造型的发展和色彩运用充分体现了汽车功能与外表美的和谐统一，是科学技术与艺术完美结合的典范。汽车造型与色彩给汽车文化增添了浪漫的情调和遐想的空间，成为汽车文化的延展。

4.1　汽车造型

　　人们认识、了解汽车往往从汽车造型开始。在视觉上感受汽车发展的主要特征是汽车造型的演变。汽车自诞生以来，其外形随着人们审美观的发展和时代的进步不断在改变。在100多年发展史中，汽车造型的变化翻天覆地，最富特色。外形的演变不仅仅是美感的需要，更重要的是功能和实用的需求，也是汽车制造商为赢得市场、获取较大利润而常采用的措施。

4.1.1　汽车造型的确定因素

　　确定汽车造型有三个基本要素，即机械工程学、人机工程学和空气动力学。前两个要素在决定汽车构造的基本骨架上具有重要意义，特别是在设计初期，受这两个要素的制约更大。汽车造型的确定就是三个基本要素相互协调的结果。

　　作为现代交通工具之一，汽车最主要的功能是能够载运人员或货物。因此，首先必须考虑到机械工程学要素。要使汽车具有行驶功能，必须安装发动机、变速器、车轮、制动器、散热器等装置，而且要考虑把这些装置安装在车体的哪个部位才能使汽车更好地行驶。这些设计决定之后，可根据发动机、变速器的大小和驱动形式确定大致的车身骨架。如果是大量生产，则要强调降低成本，需要考虑车身钣金件冲压加工的简易化，同时兼顾到维修的简便性，即使发生撞车事故后，车身也易于修复。其次是人机工程学要素。因为汽车是由人驾驶的，所以必须保证安全性和舒适性。首先应确保乘员的空间，保证乘坐舒适，驾驶方便，并尽量扩大驾驶人的视野。此外，还要考虑上下车方便并减少振动。这些都是设计车身外形时与人机工程学有关的内容。

　　以上两个要素决定了汽车的基本骨架，也可以说是来自汽车内部对车身设计的制约。在确定汽车造型的时候，来自外部的制约条件即空气动力学要素则显得尤为重要，必须在车身外形上下功夫，尽量减少空气阻力。特别是近年来，由于发动机功率增大、道路条件改善、汽车的速度显著提高之后。除空气阻力外，还有升力问题和横风不稳定问题。这些都是与汽车造型密切相关的空气动力学问题。

当然，汽车并不仅仅是根据上述三要素制造的，还要考虑其他因素。例如，商品学要素对汽车的设计就有一定的影响。从制造厂商的角度出发，使汽车的外形能强烈刺激顾客的购买欲是最为有利的。但是无视或轻视前面所述的三个基本要素，单纯取媚于顾客的汽车造型是不长久的，终究要被淘汰。此外，一个国家、一个厂家，乃至一个外形设计者都有各自的特色，这对汽车造型也有不小的影响。比较日本和意大利的汽车造型，就能感受到东西方两国风土人情和传统方面的差异。同一国家的不同厂家，也各具自己的风格。但这些都不是决定汽车造型的根本因素，只不过是表现方法上的微妙不同。

良好的汽车造型设计是空气动力学和美学的完美结合，它不仅能够提高汽车的空气动力学特性，提高燃油经济性和动力性能，而且能够适应消费者的审美意愿，刺激消费。因此，在参与市场竞争中，汽车造型设计发挥着重要作用，较高的汽车销量往往与优秀的产品外形设计相关联。

4.1.2　汽车造型的演变

自汽车问世以来，人们就一直在追求满足功能要求的理想造型。汽车造型经历了从粗糙的马车形汽车到像倒扣着的大箱子的箱形汽车，再到卡通般的"甲壳虫"形汽车，还有船形、鱼形、楔形和子弹头形汽车，汽车的身材越来越好看，线条也越来越靓丽。

1. 马车形汽车

汽车诞生之前，马车是较好的交通工具，其造型发展得相当完美。汽车诞生时，人们的主要精力集中在汽车的动力性能的开发与研究上。最初的汽车都是将发动机装在马车上，而当时欧洲的马车制造技术已相当成熟，因此，当时的汽车造型基本上沿用了马车的造型，如图4-1、图4-2所示。这种外形的汽车其实就是不用马拉的车，驾驶人是不用马鞭的车夫，早期英国生产的一种汽车在车的前右侧专门设计了一个相当于马车上挂马鞭的钩子。因此，人们称这时的汽车为无马的"马车"。

图4-1　1892年的标致汽车

图4-2　1901年的美国奥兹莫比尔汽车

卡尔·本茨的第一辆三轮汽车和戈特利布·戴姆勒的第一辆四轮汽车不但是马车形，还是无篷车。开始的汽车没有车篷也是有其原因的。首先，人们感到能有一辆不用马拉的车已经很不错了。其次，早期的发动机功率很小，一般只能乘坐两三人，如果再给它装上一个车篷和车门，会影响动力性能。正是由于这些原因，汽车无篷阶段持续了很长的时间。

作为一种交通工具，人们总是希望汽车越跑越快，人们的这种普遍愿望激励着汽车工程师们想出种种办法来提高车速。车速提高以后，所带来的直接问题就是马车形汽车采用的敞篷式或活动布篷难以抵挡风雨侵袭。于是，改善驾乘人员环境条件的问题提了出来。

1900 年，德国著名汽车设计师费迪南德·波尔舍设计了带球面挡风板的汽车，如图 4-3 所示，这是流线形汽车的萌芽造型。

1903 年，美国福特 A 型汽车将车头部分做成倾斜形状，从而减弱了吹在驾乘人员面部的风力。1905 年生产的美国福特 C 型汽车开始采用风窗玻璃，如图 4-4 所示。

1908 年，福特汽车公司生产了著名的 T 型车，带布篷，可乘坐 4 人，这是马车形汽车的典型代表，如图 4-5 所示。

图 4-3 带球面挡风板的汽车

图 4-4 最早采用风窗玻璃的福特 C 型汽车

马车形汽车时代，其实并没有形成汽车自己造型的风格，所以也可以说是汽车造型的史前时代。

2. 箱形汽车

马车形汽车很难抵挡风雨的侵袭，考虑到乘坐的舒适性，19 世纪末开放式车身向封闭式车身过渡。1915 年，福特汽车公司生产出一种新型 T 型车，这种汽车的乘员舱很像一个倒扣着的大箱子，且装有车门和车窗，所以人们将这种汽车以及后来生产的类似汽车称为箱形汽车，如图 4-6 所示。福特 T 型车以其结构紧凑、坚固耐用、容易驾驶、价格低廉而受到欢迎，年产量达到 30 万辆，在世界车坛上风靡一时，当时汽车都采用这种造型，人们将这种 T 型车作为箱形汽车的代表。

图 4-5 马车形的福特 T 型汽车

图 4-6 1915 年的福特箱形 T 型汽车

箱形汽车重视人体工程学，内部空间大，乘坐舒适，有活动房屋的美称。毫无疑问，人们坐在带有车箱的汽车里，要比坐在敞篷车里舒服得多，避免了风吹、日晒、雨淋。因此这种汽车一问世，就受到了公众的喜爱。但是，箱形汽车也存在着问题，那就是它的速度达不到人们希望的那么快。工程师们想尽办法来提高车速，如改进轮胎结构，以便减小车轮与地面之间的滚动阻力，降低车身高度以减少迎风面积等。虽然这些措施都取得了一定的效果，但却仍然不能令人满意。

箱形汽车的速度不尽如人意，这是因为在造型中没有引进空气动力学原理，高速行驶时前窗玻璃、车顶，特别是汽车后部都会产生很强的空气涡流，空气阻力很大，大大阻碍了汽车前进速度的提高，可以说是技术尚未成熟时代的产物。箱形汽车可以说是真正意义上汽车造型的初期阶段。

我国古代早有"轿车"一词，是指用骡马拉的轿子。当西方汽车大量进入中国时，正是封闭式方形汽车往西方流行之时。那时汽车的形状与我国古代的"轿车"相似，人们就将当时的汽车称为轿车。这种对汽车的称呼一直延续至今。

3. 甲壳虫形汽车

箱形汽车时代的后期，人们逐步认识到空气阻力的重要性，开始注意车身的造型。最初，人们只是直观地通过减小汽车迎风面积来降低空气阻力，也就是减小汽车横断面的几何尺寸，即宽度和高度。其中，由于受到乘坐空间的限制，车身的宽度没有多少可以减少的空间，于是降低车身高度成了减小空气阻力的主攻方向。1900 年，汽车车身的普遍高度与马车相仿，为 2.7m，1910 年降低到了 2.4m，1920 年降低到 1.9m，而当代轿车的车身高度一般为 1.1～1.3m。

当一辆汽车从身边经过时，地上的尘土、纸片、树叶等较轻的东西紧跟在车后旋转、飞扬，这就是汽车前进时所造成空气涡流的一个典型实例，如图 4-7 所示。由于涡流具有一定的能量，汽车前进时所产生的空气涡流会造成汽车能量的消耗，即空气涡流会影响汽车的前进。为了减少汽车空气阻力，许多汽车厂家在探讨新的汽车造型。在汽车横断面不能再减小的情况下，改变汽车纵剖面的形状成为降低汽车空气阻力的关键。

研究证明，当汽车以不变的速度在平坦的路面上行驶时，所受到的阻力有轮胎与地面的滚动阻力和空气阻力两种。其中，滚动阻力数值不是很大，而且随着车速的变化其变化值也不大。但是，空气阻力却随着车速的提高明显加大，与车速的平方成正比。

图 4-7 箱形汽车后部产生的空气涡流

1920 年，德国科学家保尔·亚莱用风洞对飞艇进行空气阻力的流体力学研究发现，物体受到的空气阻力的大小与物体的形状、迎风面积和前进速度有关。汽车的空气阻力除与迎风面积和车速有关外，还与汽车的纵剖面形状有很大的关系，越呈流线形汽车的正面阻力和后面涡流越小，前圆后扁的物体空气阻力最小（图 4-8），从而找到解决空气阻力的途径。1934 年，美国密歇根大学雷依教授用汽车模型进行风洞试验，测量出各种空气阻力。

随着对空气动力学原理研究的不断深入，以及人们对车型美观多样化的追求，从 20 世纪

30 年代起，人们经过大量的试验研究，提出了光滑、封闭、流线形等设计思想，汽车造型向流线形方向发展，流线形车身应运而生。

流线形是指空气流过物体不产生旋涡的理想形状，其最高境界是飞机的机翼。但是，作为汽车，绝对的流线形是不现实的，目前的汽车造型均是流线形的变化型。

1934 年，美国的克莱斯勒公司生产的气流牌轿车，首先采用了流线形的车身外形。车头变宽，将轮胎包入，前照灯陷入车头，挂在车尾的独立式行李舱也与车尾融为一体，奠定了现代轿车的雏形，完全摆脱了马车的影子，如图 4-9 所示。它采用了更轻的承载式车身，操控性能大大

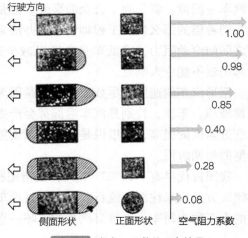

行驶方向

1.00
0.98
0.85
0.40
0.28
0.08

侧面形状　　正面形状　　空气阻力系数

图 4-8　保尔·亚莱的研究结果

提高。但是，该车在最初展出时却遇到了麻烦，由于设计周期长而使"设计有问题"的传言四起，再加上该型汽车的造型超越了当时的审美观，汽车造型很难被人们所接受，对新车型的抵触使得气流牌轿车在销售时遇冷。然而，气流牌轿车的诞生宣告了流线形汽车时代的开始。

1936 年，福特汽车公司在气流牌轿车的基础上加以精炼，并采用了迎合顾客口味的商业化设计，成功地研制出了林肯·和风牌流线形轿车，如图 4-10 所示。该型车注意了车身造型的协调美，俯视整个车身呈纺锤形，散热器罩精美而具有动感，很有特色。

图 4-9　克莱斯勒气流牌轿车

图 4-10　林肯·和风牌轿车

流线形在 20 世纪 30 年代几乎就是时尚的代名词。流线形汽车的大量生产是从德国的大众汽车公司开始的。经过长期的观察，大众汽车公司的费迪南德·波尔舍发现经自然界淘汰而生存下来的甲壳虫，既可以在地上爬、也能在空中飞，它的外形具有完美的空气动力性能。1937 年，波尔舍将这种形状运用于汽车造型中，设计了一种甲壳虫形汽车，最大限度地发挥了甲壳虫外形阻力小的长处，使其成为同类车中之王。甲壳虫形汽车的典型代表是大众 1200 轿车，如图 4-11 所示。

波尔舍将甲壳虫外形成功地运用到汽车造型上，开创了运用仿生学设计车身外形的先河，也奠定了流线形汽车造型在人们心目中的地位，克莱斯勒气流牌轿车开创的流线形时代也被称之为"甲壳虫"时代。从克莱斯勒气流牌的失败到大众甲壳虫的成功，进一步说明了这

图 4-11　大众 1200 甲壳虫汽车

样一个真理，即只要是合理的，就会有生命
力，即使不被当时的人们所接受，但却能经
得起时间的考验。

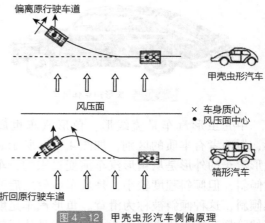

图 4 - 12　甲壳虫形汽车侧偏原理

但是，甲壳虫形汽车也有缺点：一是乘
员活动空间明显变得狭小，特别是后排乘员，
头顶几乎再没有空间，产生一种被压迫感；
二是对侧风的不稳定性，如图 4 - 12 所示。
甲壳虫形汽车尾部的侧向面积与箱形汽车相
比，其侧向风压中心移到汽车质心的前面，
侧向风力相对于质心所产生的力矩，加剧了
汽车侧偏的倾向。而箱形汽车由于侧向风压
中心在质心之后，所以侧风对汽车质心所产
生的力矩，可以使将发生侧偏的汽车回位，进而使汽车不易侧偏。

4. 船形汽车

第二次世界大战结束后，福特汽车公司经过几年的努力，于 1949 年推出具有历史意义的
新型福特 V8 型汽车，如图 4 - 13 所示。这种车型改变了以往汽车造型的模式，使前冀子板和
发动机罩、后冀子板和行李舱融于一体，前照灯和散热
器罩也形成一个平滑的面，乘员舱位于车的中部，整个
造型很像一只小船，所以人们把这类车称为船形汽车。

图 4 - 13　福特 V8 型汽车

福特 V8 型汽车的成功，不仅由于它在外形上有所
突破，还在于它首先把人体工程学应用在汽车的设计
上，强调以人为主体来设计便于操纵、乘坐舒服的汽
车。而无论是甲壳虫形汽车还是箱形汽车，都出现了人
体工程学与空气动力学的对立。而船形汽车较好地发挥
了两种汽车的长处，克服了其缺点，使人体工程学与空气动力学基本统一在一种汽车造型设
计上。特别是解决了甲壳虫形汽车遇侧风不稳定的问题，这是因为船形车发动机前置，汽车
重心相对前移，而且加大了行李舱，使风压中心位于汽车重心之后的缘故，所以遇到侧风就
不会摇头摆尾。

从 20 世纪 50 年代开始一直到现在，福特公司的这种具有行李舱的 4 门 4 窗轿车的基本
造型，已被全世界确认为轿车的标准形式，因此，福特 V8 船形汽车的诞生具有划时代的历
史意义。

5. 鱼形汽车

船形汽车存在的问题是由于车的尾部过分地伸长，形成了阶梯状，致使高速行驶时会
产生较强的空气涡流，因此影响了车速的提高。为了克服船形汽车的缺陷，人们把船形汽
车的后窗玻璃逐渐倾斜，倾斜的极限即成为斜背式。因为斜背式汽车的背部很像鱼的脊
背，所以这类车称为鱼形汽车。最早的鱼形汽车是美国于 1952 年生产的别克牌轿车，如图
4 - 14 所示。1964 年美国的克莱斯勒·顺风牌和 1965 年的福特·野马牌都采用了鱼形造
型，如图 4 - 15 所示。

图 4 - 14   鱼形别克牌轿车

图 4 - 15   福特野马牌轿车

　　甲壳虫形汽车是流线形，鱼形汽车也属流线形，但两者有本质的区别，如图 4 - 16 所示。甲壳虫形汽车的外形是从箱形汽车演变过来的，车背虽然倾斜，但倾斜程度较小，是从车后轮之后开始突然倾斜，这种倾斜被称为滑背。鱼形汽车是船形汽车的阶梯背式进化来的斜背式，车背是从后轮前部就开始倾斜，并逐渐与后行李舱相连，其倾斜较为缓慢，且斜坡很长。由于背部和地面的角度较小，尾部较长也比较平顺，因此其空气阻力小于甲壳虫形汽车。另外，甲壳虫形汽车车身高而窄，前后翼子板、车灯、发动机罩都是独立的。而鱼形汽车车身仍保持着船形汽车整体式车身的长处，乘员舱宽大、视野开阔，舒适性也好，并增大了行车舱的容积。所以鱼形汽车无论是实用性、空气动力性，都远远优于甲壳虫形汽车。

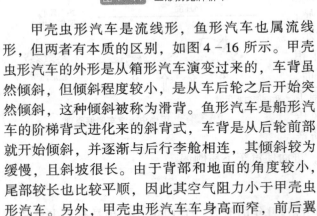

图 4 - 16   斜背式的鱼形汽车演变过程

　　鱼形汽车并非完美无缺，其缺点有两个：一是鱼形汽车后窗玻璃倾斜角度太大，要想保持其视野，玻璃的面积与船形汽车相比要扩大两倍，这样既降低了车身的强度，又由于采光面积增加，使车内温度过高；二是鱼形汽车从车顶到车尾所形成的曲面与飞机机翼上表面极其相似，高速行驶时易产生很大的升力，使汽车车轮与地面的附着力减小，从而降低汽车的行驶稳定性和操纵稳定性。

　　鱼形汽车高速行驶时产生升力的原因首先从飞机机翼的升力说起，如图 4 - 17 所示。飞机机翼的断面形状是其上表面隆起，下表面平滑。这样当空气流流经机翼表面时，上表面空气流动快，则压力小；下表面空气流动慢，则压力大。因此，机翼的上下表面的压力差就形成了对机翼向上的推力，即升力。同理，鱼形汽车从车顶到车尾所形成的曲面与机翼上表面极其相似。故鱼形汽车在高速行驶时也容易产生较大的升力。

　　鱼形汽车带来的升力问题，使人们开始致力于既减小空气阻力又减小升力的空气动力性研究，想了许多方法克服鱼形车的这一缺点。如在鱼形汽车设计上将车尾截去一部分，成为鱼形短尾式；还有的是将鱼形汽车的尾部安上一只微翘的"鸭尾"，以克服一部分升力，这便是"鱼形鸭尾"式车型，如图 4 - 18 所示。但是，这些做法减少升力的效果都不明显。

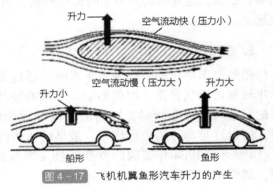

图 4 - 17   飞机机翼鱼形汽车升力的产生

6. 楔形汽车

为了从根本上解决鱼形汽车的升力问题，人们又开始了艰难的探索，最后终于找到楔形造型，也就是车身前部向下方倾斜，车身尾部如刀削般平直，使其车尾更短、车顶较平，整体形状如楔子，即所谓的楔形汽车。这种造型有效地克服了高速行驶时所产生的升力问题，成为理想的高速汽车造型。

图 4-18　"鱼形鸭尾"式车型

图 4-19　阿本提楔形轿车

最早采用楔形车身的是 1963 年美国庞蒂亚克公司的阿本提轿车，如图 4-19 所示。因为该车的造型超越了当时的审美观，所以当时销路不好，公司随后就倒闭了。但该种汽车的外形却得到汽车设计专家的高度评价，并预示着楔形时代的到来，随后在许多著名的车型身上都有着阿本提的影子。

20 世纪 70 年代，兰博基尼推出楔形设计的跑车——米拉，在法兰克福车展上引起了轰动，短尾设计的楔形车身的运动汽车开始普及，楔形造型得以在赛车上广泛应用。中置发动机跑车兰博基尼、法拉利、玛莎拉蒂，以及福特野马、道奇蝰蛇等都采用了长车头（放置排量巨大的前置发动机），短而宽阔的车尾（容纳巨大的车轮）这种设计，逐渐成为当今跑车外形设计的主流。楔形造型对于目前的高速汽车来说，无论是从其造型的简练、动感方面，还是从其对空气动力学的体现方面，都比较符合现代人们的主观要求，给人以美的享受和速度的快感，楔形设计对高速汽车来说已接近理想造型。

楔形汽车对一般轿车也只是一种准楔形，绝对的楔形汽车造型是会影响车身实用性的（乘坐空间小）。所以，现在除了像法拉利（图 4-20）、莲花（图 4-21）、兰博基尼（图 4-22）等跑车采用楔形车身外，绝大多数实用型轿车都是采用船形和楔形相结合的方案，其中奥迪公司于 1982 年推出的第三代奥迪 100 轿车（图 4-23）开创了这一造型的先河，这种奥迪轿车是世界上第一种空气阻力系数不大于 0.3 的大批量生产车型，其造型风格具有代表性。

图 4-20　法拉利 Testarossa

图 4-21　莲花 Esprite

图 4 - 22　兰博基尼 Countach

图 4 - 23　第三代奥迪 100

自 20 世纪 80 年代以来，由于风洞试验技术的应用，船形和鱼形轿车的车身得到了进一步完善，船形车身由于具有人体工程学方面的优越性，成为世界轿车车身的基本造型。以船形汽车为基础的楔形汽车是轿车较为理想的造型，它较好地协调了乘坐空间、空气阻力和升力的关系，使实用性与空气动力性较好地结合起来。

7. 子弹头形汽车

汽车造型发展到楔形以后，升力问题基本上得到了圆满的解决。但人类追求至善至美的心态是永不满足的，当轿车的升力问题基本解决以后，人们又从改变轿车的基本概念上做起了文章，于是，一种新型的轿车——多用途轿车（Multi Purpose Vehicle，MPV）问世了。由于这种车的造型酷似子

图 4 - 24　子弹头形汽车

弹头，在我国，人们将其俗称为子弹头形汽车，如图 4 - 24 所示。

自 20 世纪 80 年代以来，克莱斯勒汽车公司先后推出了商队（Caravan）和航海家（Voyager）两种新型汽车。尽管这两种汽车仍以轿车外形为原型，但其车身造型却一改轿车传统的两厢或三厢式结构概念，在小型客车的基础上进一步延伸发展，使之成为既有轿车的造型风格、操纵性能和乘坐感觉等特性，又具小客车的多乘客和大空间的优点，成为集商务、家用和旅游休闲等功能为一体的多用途汽车，开创了 MPV 车型时代。

多用途轿车（MPV）不仅在外形设计上集流线形与楔形的优点于一身，而且在制造加工上引进了当今航空航天的先进技术。两种不同风格的交叉结合，表现出了流线形从以往的短曲线发展成为长弧曲线的进程。这种造型表现出了未来主义的艺术倾向，线条流畅，色调温和，动感性强，具有鲜明的时代气息和时尚风格。MPV 的前风窗玻璃倾斜度很大，外形圆滑，融入了流线形赛车的风格，因此风阻系数很小（小于 0.3），非常有利于车速的提高。

汽车造型演变的每个时期都在不断开拓着汽车新的造型，从马车的直线形演变为汽车的流线形、楔形，都在尽力满足机械工程学和人体工程学的前提下，最大限度地减小空气阻力和升力的影响，从而使汽车的性能得以提高，并伴随着美感的增强。但人类是永远不会满足现状的，汽车造型的演变将会随着时代的进步，随着人们对科学技术的研究以及审美观的变化，永无止境地演绎下去。相信汽车外形的演变会推动汽车文明和汽车产业的发展，不断以崭新的面貌展现在世人面前。

4.2　汽车色彩

从人类文明开始，色彩就成为人类沟通的一种语言。人们用色彩表达情感、宣泄情绪、

尽情沟通。色彩能美化产品和环境,满足人们的审美要求。

汽车不仅是现代化的交通工具,而且是一件流动的艺术品,它以优美的造型和靓丽的色彩构成统一完美的艺术形象,给人类带来无穷的享受。汽车色彩对城市和道路的美化,对人们的精神感染已成为不可忽视的问题。

人们在观察汽车时,人的视觉神经对色彩的感知是最快的,映入眼帘的首先是汽车的色彩,其次是形态,最后是质感。一个成功的汽车车型的设计,除了造型的设计之外,汽车外表的色彩设计也非常重要。恰当的色彩和造型设计浑然一体,能将设计师的设计风格表现得淋漓尽致,优美的色彩设计能够提高产品的外观质量和增强产品的市场竞争力。

4.2.1 色彩的情趣和意境

色彩是一种视觉现象。光线照射在物体上时,经过物体表面色彩对光线的吸收和反射,再作用于人的视觉器官,从而形成了色彩的感觉。人们看到色彩时,往往把它与其他事物联想起来,即色彩的联想和象征。由于国别、民族、年龄、性别、职业、生活环境的不同,这种联想也具有很大的差别。

白色使人联想到白云、白玉、白雪,象征明亮、清净、纯洁。在西方,特别是欧美大多数国家,白色表示爱情的纯洁和坚贞,是新娘结婚礼服的专用色。白色给人以纯洁、清新、平和的感觉,是国内女性购车者最偏爱的颜色。

银色是最能反映汽车本质、最具动感的颜色。从生理上分析,它对眼睛的刺激适中,既不刺眼,也不暗淡,属于视觉上最不容易感到疲劳的颜色。银色是飞行器常用的色彩,象征光明、富有和高贵,具有强烈的现代感。近几年,银色在汽车色彩中始终处于榜首位置:在豪华级、高级轿车中排第一位,占31.5%;在中级轿车中排第一位,占35.5%;在紧凑级和小型轿车中排第一位,占30.3%;在小型客车和货车中排第二位,占18.6%。

橙色是暖色系中最温暖的颜色,是一种富足、快乐的颜色。这个颜色不像红色那么抢眼,但跟红色一样热情奔放、大方活泼。喜欢橙色汽车的人有朝气,喜欢标新立异,给人的感觉是喜爱嬉笑、健谈、浮躁和新潮。

黄色的光感最强,给人以光明、灿烂、辉煌、希望的感觉。黄色还使人联想到硕果累累的金秋,闪闪发光的黄金,常给人留下光亮纯净、高贵豪华的印象。

红色光在可见光谱中波长最长,它容易引起人们的注意,给人以兴奋、激动、紧张的感觉,人们常用红色来作为欢乐喜庆、兴奋热烈、积极向上的象征。如果要在汽车世界中寻找一种颜色代表一个品牌,那么非红色的法拉利莫属!纵观法拉利近一个世纪的传奇赛车史,红色一直是其主色调,并且早已融入了法拉利和汽车文化的精髓。作为胜利、幸运和激情的代名词,法拉利赛车好似一道道红色的闪电,驰骋在F1赛道上,记录着车队的辉煌,成为车迷顶礼膜拜的精神图腾。

绿色是植物的生命色,也是大自然的主宰色。绿色是最能表现活力和希望的色彩,它象征着春天、生命、青春、成长,也象征安全、和平、希望。绿色在人的视觉分辨力中是最强的,人眼对绿光的反应最为平和。绿色是关系到环境保护时尚的冷色调,正在越来越多地用于轿车,有从特性色转为基本色的倾向。

蓝色是安静的色调,令人感觉非常收敛,个性不张扬,如同地球的深邃和大海的包容。蓝色使人联想到天空、海洋、远山,象征含蓄、沉思、冷静、内向和理智,使人感到深远、纯洁无瑕等。有较强自我意识的购车者可能会偏爱浅蓝色,会给人留下沉着、冷静、可靠的印象。而深蓝色，既有黑色的庄重，又饱含激情、新潮及性感，却又很收敛，很适合一些低调、不事张扬的成功人士，所以很多高档车除了黑色，就是深蓝色。

黑色代表了保守、庄重、高贵、神秘，象征权力和威严，国外的神甫、牧师、法官都穿黑袍。西方黑色的礼服、燕尾服则有高雅、庄重的含义。黑色一直是公务车中最受青睐的颜色，高档车选用黑色显得气派十足，各国元首用车一般为黑色。

4.2.2　汽车色彩的主要影响因素

汽车色彩的确定，一般要经过色彩研究、想象设计、色彩构成、用户评议、信息反馈、色彩初步确定、环境试验、最终确定等一系列程序，主要考虑的因素有以下几个方面。

1. 汽车的使用功能

汽车在使用过程中，已形成惯用色彩。消防车采用红色的，除红色亮度高、醒目、容易发觉外，红色为火的颜色，从而使人们知道有火灾发生，赶紧避让。救护车采用白色的，象征着纯洁、神圣。邮政车采用绿色的，给人以和平、安全的感觉。军用车一般都为深绿色，使车辆与草木、地面的颜色相近，达到隐蔽安全的目的。工程车辆多为黄色，是运用黄色亮度高、醒目的特点，以引起行人和其他车辆的注意。

另外，有的汽车还在底色上采用有功能标志的图案。如白色救护车上的红十字标志，冷藏车上的雪花、企鹅等图案，在底色衬托下更加鲜明。专用汽车的色彩应符合人们的传统习惯，贴近人们的思想感情。例如，殡仪汽车的色彩应具有肃穆、庄重的气氛，白色、黑色是最优选择。

2. 汽车的使用环境

由于不同地区的自然环境存在着差异，日光照射强度有差别，造成了人们对不同色彩的偏爱。在美国，以纽约市为中心，大西洋沿岸的人们喜欢淡色，而在旧金山太平洋沿岸地区的人们则喜欢鲜明色。北欧的阳光接近发蓝的黄色，因此北欧人喜欢青绿色。意大利人喜欢黄色和红色，法拉利跑车全是红色的。在伊朗、科威特、沙特阿拉伯、伊拉克等国家禁忌黄色，但是却推崇绿色，认为绿色是生命之源，绿洲是生活在这黄色沙漠中的人们的宝地。

汽车行驶在城市中，对城市色彩有装饰作用。但汽车色彩与环境色彩发生碰撞现象，会使原本喧闹的环境更加嘈杂混乱，使视觉感观极易疲劳。因此，汽车色彩应与使用环境色彩相协调。

3. 汽车的使用对象

由于各国、各民族、各地区的社会政治、经济、文化教育以及生活习惯的不同，表现出人们的色彩观念也不同。在我国，红色具有赤诚之意，同时又是幸福和喜庆的象征。但是，在美国人们却认为红色是不吉祥的象征，常把红色视为巫术、死亡、流血和赤字。拉丁美洲国家大多偏爱暖色调，喜欢在客车上涂饰艳丽夺目的各式图案，或是临摹圣婴像，或是涂绘田园风景、花鸟等。南亚的一些国家不喜欢黑色。非洲大多数国家也忌讳黑色，而喜欢鲜艳的色彩。据日本丰田汽车公司的调查统计，该公司的汽车在本国销售，以白色最受欢迎，其次是红色、灰色等，而销往美国、加拿大的汽车色彩以淡茶色、浅蓝色最受欢迎，其次是白色、杏黄色。

就是在同一个国家，不同年龄、不同职业、不同民俗的人，对汽车颜色的喜好也不尽相同。就车主个性而言，人们在年龄、性别、性格以及文化程度和社会地位等方面的差异，都是影响他们对汽车色彩选择的因素。比如男性消费者所倾向的颜色多集中在体现沉稳的黑、灰、银色等，女性消费者所倾向的颜色多集中在体现时尚的红、黄、蓝色等。一个人对某种汽车色彩的喜爱，在一定程度上可以反映出他的性格。

4. 汽车的价格定位

由于经济车型的目标消费群体数量庞大，需求也相对多样，生产厂商一般都为其制订了尽可能丰富的颜色。鲜艳、明朗、轻快、时尚的色彩是这个消费群体购车时的首选，也更能体现出车主的个性。

中档车型已逐渐融入了商务用途，颜色过于鲜艳自然与场合不相匹配。在这个价位段黑色比较受欢迎，深绿、墨绿色的受欢迎程度在中档车型中有所提高，但是鲜艳、夸张的颜色明显减少。

高档车型一般集家用、商用于一身，所以颜色比较沉稳厚重，以黑、白、银三色为主。黑色往往与庄重、沉稳、高贵、典雅等感觉联系在一起，体现着气派、身份和品位，定位于公务、商务用途的中型和中大型轿车更加偏重黑色。

4.2.3　汽车色彩与安全

有研究表明，汽车行驶的安全性不仅受到车辆的技术状况、道路情况、驾驶操作等因素的影响，而且与车身颜色的能见度有关。心理学家认为，可视认性好的颜色能见度佳，因此这类颜色用于汽车车身可以有效提高行车的安全性。根据人类的心理和视觉判断，色彩有冷暖之分，还有进退性、胀缩性、明暗性。颜色的可视认性主要取决于这些因素。

1. 色彩的进退性

色彩具有进退性，由此产生了所谓的前进色和后退色，例如红色、黄色、蓝色、绿色4种色彩的轿车与观察者保持相同的距离，但是在观察者看来，似乎红色轿车和黄色轿车要近一些，而蓝色和绿色轿车看上去要远一些。这说明红色和黄色是前进色，而蓝色和绿色就是后退色。一般来讲，前进色的视认性较好。

2. 色彩的胀缩性

将相同车身涂上不同的色彩，会产生体积大小不同的感觉。如黄色感觉大一些，有膨胀性，称膨胀色；而同样体积的蓝色和绿色感觉小一些，有收缩性，称收缩色。膨胀色与收缩色视认效果不一样。据日本和美国车辆事故调查，在发生事故的轿车中，蓝色和绿色的最多，黄色的最少。由此可见，膨胀色的视认性较好。

3. 色彩的明暗性

色彩在人们视觉中的亮度是不同的，可分为明色和暗色。红色和黄色为明色，可视认性较好。暗色的车型看起来觉得小一些、远一些和模糊一些。从安全角度考虑，轿车以可视认性好的色彩为佳。有些可视认性不太好的色彩，如果进行合理搭配，也可提高其可视认性，如蓝色和白色相配，效果会大为改善。

清华大学汽车碰撞试验室与大陆汽车俱乐部曾经对黑、蓝、绿、银灰、白5种不同颜色轿车的可视认性和安全性做过试验研究。他们在天气晴朗的条件下，分别在清晨、白天、傍晚及夜间的不同时段内以一定的时间间隔进行 24h 不间断可视性图像捕捉。其中，夜间和白天每 1h 摄像一次、每 0.5h 照相一次，傍晚和黄昏日光变化最快的时候每 1～2min 摄像一次，分为有车灯远光照射、近光照射和无灯光照射三种情况。从视觉辨识的主观角度，对比试验所拍摄的照片，只有白色及银灰色车辆容易被肉眼所识别，黑色车辆在清晨以及傍晚时段光线不好的情况下最难被肉眼所识别。最终他们得出结论，白色和银灰色车辆具有更高的色彩安全性，黑色车辆的颜色安全性最差，而蓝色及绿色车辆的颜色安全性居中。

在美国，有人曾调查了 2408 辆出事故的汽车，结果显示蓝色和绿色居首（分别为 25% 和 20%），黄色最低，仅为 2%。据此，美国的中型汽车就减少了蓝色和绿色。20 世纪 50 年代，日本的汽车多为深蓝色或深绿色，傍晚和下雨天难以被对面汽车发现，常发生撞车事故，但在汽车色彩改为黄色的地区，交通事故明显地减少了。由此可知，从安全的角度考虑，汽车的色彩最好选择黄色或红色，白色也是安全色较佳的选择。

汽车内饰的颜色选择也同样影响着行车安全，因为不同的内饰颜色对驾驶人的情绪具有一定的影响。红色内饰容易引起视觉疲劳，浅绿色内饰可放松视觉神经。内饰采用明快的配色，能给人以宽敞、舒适的感觉。夏天最好采用冷色，冬天最好采用暖色，可以调节冷暖感觉。恰当地使用色彩装饰可以减轻疲劳，减少交通事故的发生。

一般情况下，人们对汽车颜色的选择多是从个人喜好角度出发。有关部门针对 200 名车主和准车主做了问卷调查，其中 89% 都是凭个人喜好来选择汽车颜色，仅有 3% 考虑到安全因素。当问及汽车色彩与安全之间的关系时，有 55% 的人表示不清楚。颜色是车主个性的体现，能反映车主的情感和身份，但在购车时也要将颜色与安全性的关联因素考虑进去。

4.2.4 汽车色彩与营销

在营销学上有一种"七秒钟色彩"理论，也叫"七秒钟定律"，即面对琳琅满目的商品，人们只要 7s 就可以确定对哪些商品有兴趣，对哪些商品没兴趣。在这 7s 决定好恶的时间里，色彩的作用达到了 67%，成为决定人们购买商品的重要因素。在个性化需求营销主导市场的时代，色彩在品牌营销竞争中有着不可低估的市场拉动作用。

色彩也是商品最重要的外部特征，决定着产品在消费者脑海中去留的命运，而色彩为产品所创造的低成本高附加值的竞争力更为惊人。色彩堪称世界性语言，在市场日趋成熟，竞争品牌林立的现代市场，要使你的品牌具有明显区别于其他品牌的视觉特征，更富有诱惑消费者的魅力，刺激和指导消费者，以及增加消费者对品牌形象的记忆，色彩语言的运用极为重要。

色彩的定位会突出商品的美感，能使消费者从产品的外观和色彩上看出商品的特点，从色彩中产生相应的联想和感受，从而接受产品。现代社会宛如信息的海洋，能让消费者在瞬间接受信息并做出反应的，第一是色彩，第二是图形，第三才是文字。而对购车者来说，什么车身颜色才适合自己？各种色彩在视觉效果上有何差异？这些问题不仅与个人的喜好，不同的文化风俗、地理环境和气候有关，也会对安全产生影响。

在时装界黑色被称为永恒的流行色，而黑、白、银色代表传统大方、清爽明朗的风格，也是目前购车者最为偏爱的 3 种颜色。这类色彩流行趋势正在向更加中性的色彩靠拢，以带有灰色调为中心的、从亮到暗的颜色，具有沉稳宁静的质感，给人以高雅的印象。今天，嫩绿、亮黄、大红等活泼鲜艳的颜色，被越来越多地运用到主打年轻消费群的小型车上，这些靓丽的颜色使人感觉到汽车本身所具有的快感和强劲动力，给人活泼、运动的印象。

　　国际上一些大汽车公司的品牌都有丰富的文化内涵，具有自己的独特风格，因此大大提高了品牌的含金量。通过汽车外观色彩，就能看到德国车的严谨，法国车的浪漫，英国车的高贵，日本车的精明。不同车系的色彩所具有的特殊文化气质，已经在消费者心中形成鲜明的差异化形象和产品定位。

　　在全球汽车市场上，更加个性化的色彩正在逐渐增长，购车者对于色彩的选择也越来越挑剔。一些原有的设计理念已经被打破，汽车个性化时代已经到来。

4.2.5　汽车的流行色彩

　　流行色彩是指在一定的时期内被人们广泛认可的颜色。汽车流行色彩有其自身的发展规律，具有时间性、区域性和层次性。新鲜感是流行色彩的原动力，如果总是感受同样的色彩，人们就需要新的刺激。大量的资料表明，汽车的流行色彩也呈现周期性的变化，其新鲜感周期大约为 1.5 年，交替周期大约是 3.5 年。以日本汽车色彩的变迁为例，1965 年以前，明亮的灰色汽车备受青睐；1965 年盛行蓝色、灰色和银色汽车；1968 年黄色汽车迅速增多；至 1970 年黄色汽车又急剧减少，而橄榄色和褐色汽车逐渐增多；1977 年褐色汽车最受欢迎；1982 年白色汽车占到总数的 50%，1985 年至 1986 年白色汽车数量达到最高峰，每四辆汽车中就有三辆是白色。据一项调查表明，在世界范围内，1989 年最畅销的汽车色彩是白色和红色。进入 20 世纪 90 年代，黑色销售量增加。

　　与民族个性和车主个性相比，由于时尚和潮流具有强烈的社会规范化倾向，社会流行色彩往往更能影响消费者对汽车色彩的选择。日本涂料公司与美国化学工业公司通过对日、美、英、法四国七个色彩学会调查资料的分析发现，最受欢迎的汽车色彩为带有光泽的白色。在日本，白色轿车的普及率比第二名的黑色高出 40%。在美国，白色轿车普及率为 22%，比第二名的红色高出 6%。在欧洲，白色轿车的普及率为 28%，比第二名的红色高出 2%。显然，白色、红色和黑色是最受消费者欢迎的色彩。汽车的流行色彩不但会因时而异、因地而异，而且会因车而异、因人而异。同时，由于越来越多的金属和化学物质被用于汽车涂料中，每年大约有 600 种新的汽车颜料被开发出来。展望未来，汽车色彩将向更加丰富多彩和更加赏心悦目的方向发展。

复习题

一、简答题

1. 箱形汽车有何特点？
2. 甲壳虫形汽车有何特点？
3. 船形汽车有何特点？
4. 鱼形汽车有何特点？
5. 汽车行驶的安全性与车身颜色有怎样的关系？

二、测试题

请扫码进行测试练习。

测试 12

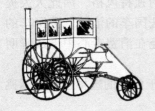

单元五　汽车时尚

　　汽车运动是世界范围内一项影响较大的体育活动，它不断推动着各国汽车工业的技术革命，而汽车工业日新月异的变革又推动了汽车运动水平的不断提高。多姿多彩的汽车运动激烈、惊险、浪漫、刺激，使成千上万的观众为之痴迷。因此，汽车运动构成了汽车文化的重要内容。

　　世界各大汽车制造商每年都在一些大都市举办规模盛大的汽车展览会，在车展上推出自己的最新车型，展示自己在汽车领域内取得的最新成就。汽车展览会的风格和文化氛围也各不相同，具有浓厚的文化色彩，每次都能吸引大量的民众参观。

　　汽车俱乐部是由汽车车主及汽车爱好者组成的，旨在传播汽车文化并为其成员提供各种服务的组织。汽车俱乐部不生产具体的产品，它所提供的是一种服务。汽车俱乐部是汽车文化的重要形式，它促使汽车文化愈加繁荣丰富。

5.1 汽车运动

　　汽车运动，又叫汽车竞赛，是指汽车在封闭场地内、道路上或野外，比赛速度、驾驶技术和车辆性能的一种运动，是世界范围内一项影响较大的体育运动。汽车运动是集人、车为一体的综合较量，不仅是车手个人技艺、意志和胆量的竞争，也是汽车设计、产品质量的角逐，体现人与科技最完美的结合，以及人类对自然的征服能力。汽车运动竞争激烈、惊险刺激，充满趣味，吸引了众多的汽车爱好者，不仅使成千上万的观众为之痴迷，还使汽车技术的发展日新月异。

5.1.1 汽车运动的起源

　　汽车发明之后，人们自然想到用汽车进行车速和耐久性的竞赛，看谁的汽车跑得快、跑得远。汽车运动是速度与技术的比赛，回顾汽车发展的历史，汽车速度纪录的每一次改写，都成了汽车技术发展的里程碑。

　　有文字记载的世界上最早的车赛是 1887 年 4 月 20 日由法国《汽车》杂志社筹办的，由于当时使用汽油的汽车刚发明一年多，还很不成熟，只有乔尔基·布顿一人驾驶一辆带脚蹬的四轮、四座蒸汽汽车参赛，他驾车跑完了从巴黎的桑贾姆沿塞纳河到努伊伊的整个赛程。1888 年，《汽车》杂志社再次举办了车赛，路程为努伊伊到贝尔塞，全长 20km，当时只有 2

人参赛。结果，驾驶迪温牌三轮蒸汽汽车的乔尔基·布顿获得冠军，第二名也就是最后一名为驾驶塞尔波罗蒸汽汽车的车手。

1894 年，汽车技术已有了很大发展，法国举办了世界首次"世界自行车、汽车博览会"。同年 6 月，法国汽车俱乐部发布将举办从巴黎到里昂的世界首次汽车大赛的消息后，有 102 辆汽车报名参赛，经检查后，合格的只有 8 辆蒸汽汽车、13 辆汽油汽车。这次比赛的目的不是看汽车行驶的速度，而是以"车辆没有危险，容易操纵，维护费用低廉"作为优胜条件，以汽车的可靠性和实用性取胜。正式比赛于 1894 年 7 月 22 日开始，参赛汽车在巴黎美洛港集齐出发后，竟变成了速度竞赛，结果险象环生。比赛刚开始，就有一辆蒸汽汽车冲上人行道，撞坏了几把公园里的椅子；比赛中途，有 4 辆汽车损坏。最先跑完 127km 赛程的一辆大型蒸汽汽车由于维护费用高而被取消了名次。最终，一等奖 5000 法郎奖给了取得第二名的标致汽车和取得第三名的另外一辆汽车——它们都采用了戴姆勒发动机，这使当天乘火车前来观看比赛的戈特利布·戴姆勒十分激动。

世界上最早使用汽油机汽车进行的长距离汽车公路车赛，是在 1895 年 6 月 11 日由法国汽车俱乐部和《鲁·普奇·杰鲁瓦尔》报社联合举办的，路程为从巴黎到波尔多的往返，全程达 1178 公里。由埃末尔·鲁瓦索尔驾驶的一辆双座、双缸、4 马力的汽油机汽车，以平均 24.4km/h 的速度，用 48h15min 跑完了全程，获得此次比赛第一名。由于比赛规定车上只许乘坐一人，但他的车上却乘坐了两人而被取消了获奖资格，结果落后很远的凯弗林获得了冠军。这次车赛总共有 22 辆车参加，其中 12 辆汽油机汽车，跑完全程的有 8 辆汽油机汽车和 1 辆蒸汽机汽车，前七名都是汽油机汽车，这充分显示出汽油机汽车的优越性。同时，这次车赛后来演变成了欧洲一年一度的汽车公路大赛：1896 年大赛的折返点为马赛，1897 年的折返点为土鲁斯，1898 年的折返点是荷兰阿姆斯特丹；从 1901 年起不再返回出发地，终点为德国首都柏林，1902 年终点是奥地利首都维也纳，1903 年终点为西班牙首都马德里，后来又改为法国波尔多。

1896 年 9 月 20 日，有 8 人参加的从巴黎到南特、往返 152km 的摩托车赛与巴黎至马赛间往返的汽车比赛同时举行。同年 11 月 14 日，为庆祝《道路交通法》（即"红旗法"）被废除，英国举行了从伦敦到布莱顿的"解放车赛"，参赛车辆几次中途停下来等待后面的车，最后编队一起开进布莱顿。这是车赛史上很有名的一次车赛。迄今，每年仍由与这一事件同时代的老爷车来重现这样的纪念活动。

在以后的汽车竞赛中，为避免在野外比赛时扬起漫天尘土而影响后面车手的视线，造成伤亡事件，汽车竞赛逐渐改为在封闭的道路赛场和跑道上进行，这就是汽车场地赛的雏形。1896 年，在美国罗得岛首府普罗维登斯举办了世界最早的汽车跑道赛。赛场选在赛马场，跑道长 1.6km，宽 22m。看台上挤满了观众。为了使汽车比赛更富刺激和挑战性，吸引更多的人参加，法国的勒芒市在 1905 年举行了第一次真正意义上的场地汽车大奖赛。从此，汽车大奖赛成为世界体育舞台上一项非常重要的赛事，小城市勒芒也因此闻名于世。

世界最早的汽车拉力赛是由汽车企业家兼设计师和赛车手戴狄安策划、法国《晨报》组织举办的赛程从北京至巴黎的车赛。1907 年 6 月 2 日，法国冯·提尔皮兹海军上将号军舰在天津港卸下了参赛的五辆汽车。10 日 8 时 30 分，比赛车队从法国第 18 殖民部队驻北京的瓦隆兵营出发，途中，一辆车的两位车手在蒙古迷路，退出比赛返回欧洲；其他车辆经过戈壁沙漠、贝加尔湖和伊尔库茨克，越过乌拉尔山脉，经莫斯科到圣彼得堡时，只剩下意大利皇太子波奥尼·波基斯亲王驾驶的赛车了。有着丰富驾车经验的皇太子取道波兰，借道柏林，跋涉 1.6 万 km 后，于 8 月 10 日 18 时先于其他车手 20 天到达巴黎。

早期的赛车运动对参赛车辆没有任何限制，直到 1904 年国际汽车运动联合会成立后，出于公平性与安全性，开始尝试对参赛车辆进行分类和限制。早期的分类从各种角度进行过尝试，先后包括最大车重、耗油率、气缸半径等，但效果都不理想，直到引入了气缸容量的概念才有了满意的效果。

汽车竞赛有很多种，汽车运动惊险刺激，富于挑战性，而且比赛用车五花八门。汽车厂商也在汽车运动中受到启发，把赛车上的新技术应用到普通汽车上，从而促进了汽车工业的发展和汽车产品的改进，这是其他竞赛所不及的，也是汽车运动的永恒魅力所在。

5.1.2　汽车运动的类型

汽车运动的类型很多，究竟有多少类别的汽车竞赛，也没有明确的统计数字。可以说，有什么样的车、什么样的路，就有什么样的汽车竞赛。不过，目前国际上正规的汽车竞赛，按照比赛路线划分，主要类别有长距离比赛、环形场地赛和无道路比赛。

1. 长距离比赛

汽车长距离比赛即从甲地到乙地的长距离比赛，包括汽车拉力赛和汽车越野赛。

汽车拉力赛的"拉力"来自英语"Rally"，意思是"集合"，表示参赛车辆必须严格按照比赛规定的行驶路线，在规定的时间内，到达分站点目标并在规定时间内完成车辆的维修检测。拉力锦标赛通常是在世界各地确定若干站，最后一站比赛结束后，根据车手和车队各站比赛的总积分，排定年度的世界冠军车手和冠军车。迄今为止最有名的拉力赛莫过于达喀尔拉力赛和世界汽车拉力锦标赛了，这两大赛事赛制不同，各有特色。

汽车越野赛是在人工修建道路的条件下进行的比赛。其中，比赛距离超过 10000km 的又称马拉松汽车越野赛。越野赛的比赛形式与拉力赛大致相同，不同的是，越野赛是在荒山野岭、沙漠戈壁等条件艰苦的地域展开，增加了比赛的难度。越野赛虽规定了比赛路线，但参赛选手需根据确定的方向自己择路而行。

2. 环形场地赛

顾名思义，环形场地赛是指赛车在规定的封闭场地中进行比赛，起点和终点都在同一地点，主要是公路赛。公路赛分为运动原型车赛、方程式汽车赛等。

（1）运动原型车赛　运动原型车赛使用的汽车与通常的汽车外观相似。它是在规定的时间内看谁完成的路程长或看哪辆车行驶的圈数多来决定名次。运动原型车赛中最著名的是勒芒 24h 世界汽车耐力锦标赛。

（2）方程式汽车赛　"方程式"（Formula）是"规则与限制"的意思，方程式汽车赛是指参加该类比赛所使用的赛车必须依照国际汽车联合会制定颁发的车辆技术规则规定进行制造，包括赛车的车体结构、长度、宽度、最低重量、气缸数量、发动机排量、发动机的功率、油箱容量、电子设备、是否用增压器以及轮胎的尺寸等技术参数。以共同的方程式（规则与限制）所制造出来的赛车就是方程式赛车，所进行的比赛即为方程式汽车赛。

各级方程式赛车的制造程式不同，按赛车发动机排量和功率的不同，可将方程式汽车赛分为 3 个级别。最高级别是一级方程式（Formula 1，简称 F1），其次是方程式 3000（Formula 3000，简称 F3000），再其次是三级方程式（Formula 3，简称 F3）。这三个级别都没有指定的制造商或发动机，只要依"方程式"建造便能加入比赛。

世界各地还有不少统一规格的方程式赛车，其建造"方程式"由制造商自行制订，因为每辆赛车都是一样的，这类方程式赛车大多参加入门级的赛事。例如汽车制造商雷诺旗下的赛车部"雷诺运动"设计了"雷诺方程式"，其他还有"宝马方程式""福特方程式"等。

5.1.3　汽车运动的组织机构

1. 国际汽车联合会

国际汽车联合会（简称国际汽联，法文缩写 FIA，图 5-1）于 1904 年 6 月 10 日成立，

由法国、英国、德国等欧洲国家发起，总部原设在法国巴黎，2009 年移至瑞士苏黎世，1922 年成立了下属机构——"国际汽车运动联合会"（法文缩写 FISA）。现有 118 个国家的 157 个俱乐部、协会、联盟和其他赛车机构成为协会会员。中国汽车运动协会于 1983 年加入国际汽车运动联合会。

国际汽车联合会以推动汽车工业发展为宗旨，属于国际奥委会临时承认的国际单项体育联合会，负责与汽车比赛有关的

图 5-1　国际汽车联合会标识

一切事宜，如道路安全、环境、弯道、机动性及车辆使用人员的保护等。联合会也是负责全世界赛车运动的组织，管理所有用 4 轮或 4 轮以上的陆地车辆进行体育运动。国际汽车运动联合会的主要任务是制定有关参赛车辆、车手、路线及比赛方法等相应规则，对比赛记录进行认可，并在各地进行比赛时做必要的调整或协调。

国际汽车联合会的最高权力机构是世界汽车旅游理事会和世界汽车运动理事会。两个理事会的主席均由国际汽联主席担任，分别另设一名执行主席。两个理事会的成员各由会员代表大会选举产生的来自不同国家的 21 名委员组成。世界汽车旅游理事会主要负责为汽车使用者解决问题，而世界汽车运动理事会主要负责统筹世界各国汽车运动组织，为所有不同种类的赛车运动制订规则，协调安排世界范围内的各项汽车比赛。两理事会分别设立若干个特别委员会在各自负责的范围内进行工作。其中，较有影响的委员会有赛道及安全委员会、一级方程式赛车委员会、拉力赛委员会、卡丁车委员会、汽车旅游委员会、制造厂商委员会等。

当然，吸引众多车迷的还是国际汽联举办的赛事。一级方程式世界锦标赛（F1）、世界汽车拉力锦标赛（WRC）、超级跑车世界锦标赛（FIA-GT）、世界房车锦标赛（WTCC）组成了国际汽联的四大赛事。其他一些较为出名的国际汽车联合会赛事还有达喀尔越野拉力锦标赛和勒芒 24h 耐力赛等。

2. 中国汽车运动联合会

中国汽车运动联合会（简称中国汽联，英文缩写 FASC，图 5-2）为全国性体育社团，是中华全国体育总会团体会员。其前身为中国摩托运动协会，1975 年成立于北京。1983 年加入国际汽车联合会。1993 年 5 月，汽车运动项目从中国摩托运动协会分离，单独组成"中国汽车运动联合会"。

图 5-2　中国汽车运动联合会标识

中国汽车运动联合会（FASC）是在国家体育总局的领导下，管理中国汽车运动、监督国际汽车联合会规章在中国实施的唯一合法组织，是非营利性的全国性体育社会团体，是国际汽联团体会员。中国汽联的职能是依据国家体育总局的有关规定和国际汽联的规章，统一组织、指导和协调中国汽车运动的开展，组织国内外重大比赛和开展国际交流，推动群众性普及活动和提高竞技水平，服务于中国的汽车产业，同时为发展中国的体育事业做出积极的贡献。中国汽车运动联合会的主要职责是负责全国汽车运动的业务管理，组办国内外汽车比赛和体育探险活动，指导群众性活动，培训运动员、教练员和裁判员，参加国际交往和技术交流。

中国汽车运动联合会的最高权力机构是全国理事会，实行会员选举制，设主席、副主席、秘书长、副秘书长若干人。日常工作在秘书长领导下，由下设的办公室、外事联络部、运动竞赛部和教练员委员会、裁判员委员会等办事机构进行。

在中国汽联正式注册的汽车运动俱乐部有 60 个，每年有 1000 多名车手获得中国汽联的赛车执照。中国汽联主办的主要比赛项目有全国汽车拉力锦标赛、全国汽车场地锦标赛、全国汽车短道拉力锦标赛、全国汽车场地越野锦标赛和全国卡丁车锦标赛等国内重大赛事；承办和主办的各种国际大型汽车比赛有一级方程式世界锦标赛中国大奖赛、世界拉力锦标赛中国拉力赛、亚太拉力锦标赛中国拉力赛、长距离越野拉力赛、国际汽车街道赛等。

5.1.4　达喀尔拉力赛

1979 年，法国赛车手泽利·萨宾倡导举办了达喀尔拉力赛，达喀尔拉力赛的标志和徽章如图 5 - 3、图 5 - 4 所示。起初比赛是由法国巴黎出发，乘船过地中海在利比亚登陆，在非洲干旱的沙漠、潮湿的热带雨林和各种崎岖路段比赛，全程 10000km 左右，途经 10 个国家，最后回到塞内加尔的达喀尔。历经 30 年的更迭，除了比赛精神不变，很多规则和举办方式都随时空的推移而有所更改。1992 年，巴黎－达喀尔拉力赛首度改变了起点，车队从巴黎出发，终点设在非洲南端的开普敦；1993 年再度回到传统路线，但此后的比赛有三次从西班牙的巴格达出发，1997 年的比赛起点和终点均设在达喀尔，2000 年则从达喀尔出发，到埃及开罗结束，比赛路线越来越多样化。由于不再限于从巴黎出发，比赛的名称也慢慢改为"达喀尔拉力赛"。2009 年，由于非洲大陆受到了恐怖主义的威胁，出于安全考虑，赛事组委会决定把比赛转移到南美洲进行。图 5 - 5、图 5 - 6 所示分别为 2010 年、2011 年达喀尔拉力赛路线图。

图 5 - 3　达喀尔拉力赛标志

图 5 - 4　达喀尔拉力赛徽章

图5-5 2010年达喀尔拉力赛路线图

图5-6 2011年达喀尔拉力赛路线图

达喀尔拉力赛是世界上行程最长的汽车拉力赛，是以非洲沙漠为舞台，以严酷的大自然为对手，驱使人类自身的全部智力、体力和毅力进行挑战的"世界上最艰巨的充满冒险精神的汽车赛程"，比赛场景如图5-7所示。虽然名称为拉力赛，但比赛路段分布在宽阔甚至漫无边际的撒哈拉沙漠、毛里塔尼亚沙漠以及热带草原，事实上这是一个远离公路的耐力赛。与世界汽车拉力锦

图5-7 达喀尔拉力赛场景

标赛（WRC）相比，基本上没有现成的道路，需要穿过沙丘、泥浆、草丛、岩石和沙漠，经过的地形比普通拉力赛要复杂且艰难得多，每天的行进路程中也都包含一般路段和特殊路段，每天行进的路程由几公里到几百公里不等。基于安全因素，主办单位于1992年首度引进GPS导航系统。近些年来，为了保留传统拉力赛的定位挑战精神，在比赛中会指定几个路段限制GPS的使用，以考验副驾驶的导航能力。至今赛程的全程跑完率只有38%，故"跑完全赛程者均为胜利者"。

达喀尔拉力赛的参赛车辆分为摩托车组、小型汽车组和货车组，都为真正的越野车，而非普通拉力赛中的改装轿车，每天采用移动式前进、定点补给、维修的比赛方式。由于主要赛段地形险峻，加之当地气候恶劣，车手只身无法跑完全程，必须有一支训练有素的补给和维修车队跟随其后，帮助其处理如车胎爆裂等意外情况。由于维修车队不可能像WRC那样可以通过一般的公路提前到达指定的区域等待赛车前来检修和补给，因此，每个车队都会包租专机携带所有的配件、给养和维修技师，在赛车之前飞抵指定区域（多为简易机场）。几十架分别画满了各自车队LOGO的飞机停在一起，其场景蔚为壮观。当贴满同样LOGO的赛车来到维修区，便会集中到机翼下进行维修和补给。这时候，又如同小鸟在大鸟的羽翼下休息一样，特别有趣。所以除了比赛极具观赏性以外，达喀尔拉力赛的维修区也是非常值得一

看的，会在某个赛段出现摩托车、小型车辆和大货车并驾齐驱的宏大场面。

达喀尔拉力赛的特征是无论专业选手还是业余赛车爱好者都可自由参赛，共同竞技（80%左右的参赛者都为业余选手）。达喀尔拉力赛的过程异常艰苦，赛手白天要经受40℃的高温，晚上又要在零下的低温中度过。每个车手每天只能"享用"赛事组委会规定的几个三明治和几瓶矿泉水，即使想"偷吃"恐怕也不可能，因为车手都在拼命抢时间以多跑几程。此外，除了通常的赛车故障，一旦迷失方向，就要面临断油、断粮甚至放弃赛车、退出比赛的局面。因此，这是一场人与自然真正较量的比赛。也正是因为这样，虽然拉力赛每场产生摩托车组、小型汽车组和货车组的冠军各一名，冠军的奖金只有4500美元，但还会吸引那些不畏艰险的赛手前来参加。正如达喀尔拉力赛创始人泽利·萨宾所说："对于参加的人来说，这是一项挑战；对于没参加的人来说，这是一个梦想。"1986年在第8届车赛中，泽利·萨宾乘直升机巡视时，不幸遭遇沙暴殉难。有人认为，或许他是希望借此能够永远守护着比赛。

5.1.5　勒芒24h耐力赛

勒芒（LeMans）位于法国巴黎西南约200km处，是一个人口约20万的商业城市。这个小城市之所以能够闻名于世界，主要是因为每年6月举行的勒芒24h耐力赛（法文为24 HeuresduMans）。自从首届比赛于1923年举行以来，除了第二次世界大战前后的几年以外（1936年，1940~1948年未举行），勒芒耐力赛从未间断过。

汽车耐力赛对汽车的性能和车手的耐力都是极大的考验，而勒芒赛事被公认为世界上最艰苦的汽车比赛，而且比赛的危险性也很高，因为一般耐力赛只有500~1000km，而勒芒耐力赛是5000km。勒芒耐力赛的赛道是将当地沥青或水泥路面的高速公路和街区公路封闭成一个环行路线，单圈长为13.5km，包括一段长约6km的直道。比赛一般从第一天的下午四点开始，一直持续到次日的下午四点，历时24h，换人不换车，所有的加油、换胎和维修时间都包括在24h以内。每部赛车由3名赛车手轮流驾驶（1980年以前为2名赛车手），每人连续驾驶时间不超过4h，主车手总驾驶时间不超过14h。最后，行驶里程最多的赛车将获得冠军。一般一昼夜下来，成绩最好的赛车行驶大约5000km。

比赛期间，赛车在6km的直道上的车速可高达390km/h。在24h的比赛中，车手们要在这段直道上高速行驶6h，紧张得令人感到窒息，哪怕是稍有疏忽，后果都不堪设想。当然这段路对车辆也同样是最严酷的考验，发动机在拼命地嘶叫，仿佛要从底盘上挣脱开来，要从机器罩下窜出似的，而轮胎也好像是被火炉烤得要爆炸一样。在汽车制造技术、赛事保障水平以及车手职业技能都比较低的早期，每年的勒芒赛场都事故频发，死伤不计其数。其中，最严重的事故是1955年6月的勒芒大赛，一辆奔驰300SLR赛车发生意外冲向了观众席，造成驾驶人当场丧生，83名观众死亡，120人受伤。

有人说，如果你把F1赛季看作是一部顶级赛车连续剧，那么勒芒24h耐力赛就是一部超能赛车大电影。尽管勒芒汽车大赛危险重重，但是由于它是世界上最重要的汽车赛事之一，而且该项赛事给车手们的分数相当于其他世界锦标赛的3倍，勒芒总是吸引着越来越多的顶尖赛车高手。

在勒芒大赛创办初期，参加比赛的都是非常普通的赛车。但随着赛事的推进，参赛者越来越意识到，不仅是动力性和可靠性，赛车的空气动力学设计、轻量化和燃油经济性也对比赛的结果产生影响。因此，他们逐步对赛车进行针对性的设计。赛车也会根据车型不同分为

4个小组比赛，LMP1和LMP2组是专门为比赛打造的，GTE Pro（原GT1）和GTE Am（原GT2）组则是由量产车改装而来，其中LMP1组别最高。可以说，勒芒24h耐力赛历来就是汽车技术的一个实验场，现在一些常见的汽车技术，从涡轮增压器、ABS到双离合器变速器，都与勒芒大赛有着密切的联系。

勒芒24h耐力赛比的就是速度与耐力，从纯粹的技术角度来看，勒芒大赛甚至比F1更加刺激。由于不像F1那样对汽车技术进行严格限制，参赛厂商们不惜血本，将发动机、悬架、材料等各个方面最先进的技术应用于赛车之上。勒芒赛道上的最高速度已经达到390km/h，甚至比世界上速度最快的客机——协和飞机的起飞时速还要快30km/h。为了检验赛车在长距离比赛中的可靠性，勒芒24h耐力赛除了赛程超长外，还有一些与其他汽车赛事不同的地方。比如赛车在进站加油时必须先熄火，待燃料补充完毕后方可重新起动，这意味着一辆赛车在整场比赛中要经历多次重新发动，这对于发动机来说也是一项严酷的考验。此外，勒芒的赛道有着超长的Mulsanne大直道，长时间的高转速运转考验着发动机本身的制造工艺，以及润滑、散热系统的可靠性。

由于勒芒耐力赛是全球各种耐力赛时间最长的比赛，而且选手驾车在同一环行赛道上要不停地转上360多圈，不论车手、维修人员还是观众，在下半夜的时候都会感到疲惫。大多数观众是带着宿营车或帐篷前来观战的，赛场旁的30个大型停车场每次比赛都停满了10万部汽车。赛场周围还有设施齐备的餐饮、娱乐和休闲场所，以及销售仿制的各大车队服装、帽子的铺位，让车迷们在这里如同过节一样。观众可以在餐厅里一边吃着可口的食物，一边观看窗外赛车飞驰而过，这也是堪称赛车界里独一无二的情景。

2017年6月18日，第85届勒芒24h耐力赛在法国萨尔特赛道落下帷幕（图5-8）。来自四个组别的60台赛车展开激烈竞逐，为赛场内外的车迷朋友奉献了一场扣人心弦而又充满戏剧化的比赛，也使普通观众对这项狂热的赛事更加好奇。中国和日本两支亚洲车队第二次同时进入、并肩作战，结果被认为是夺冠热门的日本丰田车队再次与冠军失之交臂，而来自中国的耀莱成龙DC车队却创造了历史。耀莱成龙DC车队的38号赛车获得全场亚军和LMP2

图5-8 第85届勒芒24h耐力赛场景

组冠军，37号赛车拿下LMP2组季军，中国车队创造了历史最好成绩，也首次登上了勒芒24h耐力赛领奖台。第85届勒芒24h耐力赛各组冠军情况见表5-1。

表5-1 第85届勒芒24h耐力赛各组冠军情况

组别	车队	车型	车手	成绩
LMP1	保时捷	919Hybride	Bernhard，Bamber，Hartley	367圈
LMP2	耀莱成龙DC	Oreca07-Gibson	OrecaTung，Laurent，Jarvis	366圈
GTEPro	阿斯顿马丁	马丁VantageGTE	Turner，Adam，Serra	340圈+9.308s
GTEAm	JMWMotorsport	法拉利488GTE	Smith，Stevens，Vanthoor	333圈

5.1.6 一级方程式世界锦标赛

一级方程式世界锦标赛（FIA Formula1 World Championship，又称为一级方程式大奖赛，Formula1 Grand Prix），习惯上称为 F1 汽车赛，简称 F1，是由国际汽车联合会（FIA）举办的汽车场地赛项目中最高级别的比赛，是当今世界最高水平的年度系列场地赛车比赛，也是世界上最为引人注目的汽车运动项目之一。60 多年来吸引了数百万观众到场观战，年电视收视率高达 600 亿人次。全世界的车手几乎都以拼杀 F1 赛场为终极目标。因此，F1 汽车赛与奥运会、世界杯足球赛并称为"世界三大体育盛事"。图 5 - 9 为一级方程式世界锦标赛标识。

图 5 - 9　一级方程式世界锦标赛标识

1950 年 5 月 13 日，在英国的银石赛车场举行了第一次世界一级方程式汽车赛。从那以后，汽车比赛逐步成为一项全球范围内的规范性体育运动。首次 F1 汽车赛只有 7 场比赛，后来场次逐渐增加，现在一般为 16 场，2006 年改为 18 场。所有比赛均由国际汽车联合会（FIA）安排，赛场遍布全球。

一级方程式赛车的车队由三部分组成：一是由著名汽车制造厂家研制的赛车，一般每个车队有一至两辆参赛车辆；二是拥有 FIA 颁发的"超级驾驶执照"的车手，全世界拥有这种执照的每年不到 100 人；三是一流的汽车维修人员，负责赛车的维修保养。

1. F1 赛车——高科技的结晶

根据 FIA 规则，F1 赛车被定义为一种至少有四个不在一条线上的轮子的车辆，其中至少有两个车轮用于转向，至少有两个车轮用于驱动（图 5 - 10）。方程式赛车不注重汽车的舒适、经济、外观或费用，注重的只是性能。

要生产方程式赛车的厂家，首先要通过 FIA 的认可，在确信有足够的技术生产实力后才能够生产方程式赛车。F1 赛车主要出自德国保时捷公司和宝马公司、意大利法拉利公司、美国福特公司和日本丰田公司等几家大公司。

F1 汽车大赛，不仅是赛车手勇气、驾驶技术和智慧的竞争，在其背后还进行着各大汽车公司之间科学技术的竞争。福特汽车公司就形象地把汽车大赛比作高科技奥运会。在汽车大赛中推出的新型赛车，从设计到制造都凝聚着众多研制者的心血，并代表着一家公司乃至一个国家的科技水平。汽车大赛还是各国科技人才素质的较量。据悉，德国有 2000 多名专业人才直接从事赛车的设

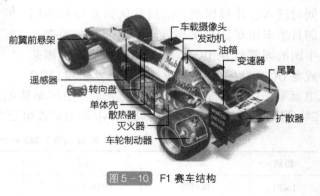

图 5 - 10　F1 赛车结构

计、制造和研究工作，美国约有 1 万人，而日本则最多，有 2 万人左右。

（1）车身外形　F1 赛车由车速为零原地起步加速至 100km/h 的加速时间为 2.3s，由静止加速到 200km/h 再减速到停车所需的时间也只有 12s。如此，要求赛车车身应该具有特殊的形状。F1 赛车车身酷似火箭倒放于 4 个轮子之上，发动机位于中后部。这样的外形是综合

考虑减小车身迎风面积和增加与地面附着力，以及赛车运动规则而成形的。赛车疾驶时，迎面会遇到极大的空气阻力，为了减小空气阻力，赛车外形要尽可能呈细长的流线形，以获得较小的迎风面积。通过减小迎风面积并采用扰流装置，借以减小空气阻力，提高速度。另外，当赛车高速前进时会产生向上的升力，使车轮与地面之间的附着力减小，导致赛车"发飘"，影响加速和制动。为解决这一问题，通常都在车身前端和后端装一块和飞机机翼截面一样的翼板，但鼓起的一面朝下方，使空气在赛车运动时对它产生一个向下的压力，以加大轮胎对地面的作用力并防止车身"发飘"（图5-11）。赛车前后翼的设置不是每次比赛都一样的，前后翼的角度和赛道有直接的关系，因为空气阻力和空气对车身向下的压力成反比。如果车翼调得平，那么赛车的空气阻力就小，最高速度就大，油耗小，但是赛车缺乏稳定性。相反，如果车翼调得高，那么赛车在弯道的稳定性就强，但是赛车的空气阻力就大，最高速度受影响，油耗大。所以根据赛道的不同，前后翼设置的角度也不同。从2005年开始，要求在赛车空气动力设计方面，尾翼向前，前鼻翼抬高，以降低赛车下压力20%。F1赛车车速在120km/h的时候，车翼产生的下压力达到300kg，车速为240km/h时下压力达到1200kg。理论上说，车身自重700kg的F1赛车完全可以在天花板上倒着开。

为了保障F1赛车车手的安全，赛车车身是用碳素纤维夹层板和一种叫诺梅克斯（nomex）的材料制造的。碳素纤维夹层板由两块碳素纤维板组成，中间夹一铝质蜂窝状结构层，它的重量只是普通铝板的一半，而强度是它的两倍。赛车前后部装有防翻滚装置，车手头戴特制头盔、身穿用特殊材料做成的连体防护服，坐在为他量身定制的一体化驾驶舱中，后面是发动机舱。驾驶舱位于车身中部（图5-12），驾驶舱内配备了无线电通信系统插头、饮料、特制灭火器及油箱。座椅是按照车手的身体轮廓用碳素纤维板制成，没有坐垫，其主要的作用是把车手牢牢抱住，避免在比赛过程中滑动。座椅的后上方有一粗大的防翻滚杆，用以保护车手在发生翻车事故时不被压伤。此外，车身两侧各有一个可调节的通风口，以控制发动机的温度。

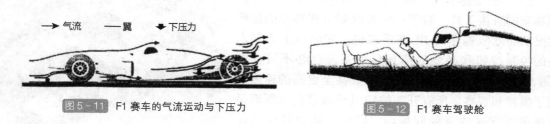

图5-11　F1赛车的气流运动与下压力　　　　图5-12　F1赛车驾驶舱

（2）发动机　发动机是汽车的心脏，F1赛车的发动机是F1汽车大赛取胜的最关键因素。F1赛车走过了几十年的历程，变化最大的也是发动机的技术。20世纪30年代，为了规范汽车比赛并使比赛的胜负不再由发动机的功率来决定，而是决定于车手的技术，人们开始规定发动机的类型和气缸容量。20世纪70年代，福特公司生产的自然吸气式发动机称霸一时，采用此款发动机的F1赛车共获得了55次世界冠军。1977年至1979年，在F1赛车上流行废气涡轮增压发动机，其输出功率接近同排量自然吸气式发动机的两倍，最高输出功率可达1196.5马力，赛车在直道上的速度可达350km/h以上，弯道速度可达280km/h。出于安全的考虑，从1989年起，FIA规定禁止使用废气涡轮增压器或机械增压，一律使用排量不大于3.5L（1995年又限定为3.0L）、气缸数不超过12个的自然吸气式发动机，禁止使用转子发动机，每缸气门数以 5 气门为限，并且限制进排气门的尺寸。曲轴、凸轮轴必须以钢或铸铁为基本材质，活塞、气缸盖、气缸体禁止用碳纤维或强化纤维为材料，机油和冷却液的冷却均靠行驶时产生的气流进行空冷。在发车区及维修区，可用临时的辅助设备起动发动机。目前，雷诺 V10、法拉利 V12、奔驰 V10、标致 V10、雅马哈 V10、福特 V8、本田 V10 等都是著名的赛车发动机。

（3）变速器　FIA 规定，F1 赛车的变速器应有不超过 7 个前进档和 1 个倒档。早期的赛车都采用手动机械式变速器，因为手动变速器传动效率高，转速不会损失，但操作费时，对赛车不很适合。由于自动变速器的传动效率不高，功率损耗大，对赛车的速度有影响，F1 赛车不采用自动变速器。

1989 年，约翰·巴纳德设计了一种半自动变速器并应用在 F1 赛车上。赛车手只需要简单地按一下在转向盘上的按钮就可以改变变速器档位。装备这种半自动变速器的赛车在 1989 年的巴西大奖赛中一举夺魁。从此，半自动变速器名声大振，很快就被各车队采用，成为现今赛车必不可少的装置。

（4）制动器　F1 赛车采用盘式制动器，制动盘用含石墨的材料制成，并有可调节的冷风通道控制冷却效果。F1 赛车可以在 1.7s 的时间和 26m 的距离内从 100km/h 减速到完全停止，而普通轿车则需要 3s 的时间和 42m 的距离才能达到同样的效果。

所有赛车只能安装一个双回路制动系统，一个回路作用于两前轮上，另一个回路作用于两后轮上。禁止使用任何可能使制动系统的部件改变形状或影响性能的动力装置。制动系统必须由车手直接控制，而不能预设。禁止使用 ABS 和增压助力装置。禁止制动时使用液体冷却，制动冷却风道应符合规则的要求。

（5）转向盘　对一般汽车而言，转向盘的作用就是将车手肢体动作的指令信息，传送到汽车的驾驶盘上。但是 F1 赛车的转向盘就不是这么简单了。不管你相信与否，在 F1 赛车上其中一个最富高科技含量和最复杂的装置就是赛车的转向盘。

F1 车手是赛车唯一的主人，而转向盘则是车手控制赛车的直接工具。对于一个要时刻掌握赛车的运转状况从而驾驭赛车的 F1 车手来说，转向盘上五颜六色的控制按钮和必要的信息显示系统是必不可少的（图 5－13）。为了在高达 300km/h 甚至更高的速度下便于操控和观察，所有开关按钮以及信息显示器都是直接布置在转向盘的圆周内。同时，随着技术的发展，F1 赛车正在与人机工程学结合得越来越紧密。可以说转向盘就是 F1 赛车上一个高科技的多功能控制中心。

图 5－13　法拉利 F1 赛车转向盘

一个典型的 F1 赛车转向盘比一般的汽车转向盘多了很多控制按钮，这些按钮分别要完成以下功能：控制离合器，控制发动机熄火，控制换档，无线电对讲，进入修理站的车速限制，发动机转速限制，制动力平衡的调节，空气、燃油混合比的调节，赛车综合信息的显示控制（包括发动机数据、燃油消耗以及每圈时间、当前档位指示等），还有一些预先编好的控制程序和各种闪烁着的警告灯光。另外，有的转向盘上还装有供车手喝水用的控制按钮。

F1 的转向盘所用的基本材料是碳纤维，这是为了保证它有足够的强度并且不要太重。虽然碳纤维是一种不便宜的材料，但真正使转向盘造价昂贵的是大量的电子控制按钮装置以及各种信息显示装置，还有就是控制所有以上功能的可编程序的电子控制模块。

在 F1 赛车转向盘上所应用的一些技术也被广泛用于一般的公路汽车。例如保时捷公司和法拉利公司就都把它们的转向盘换档的机械装置用在了各自的产品上面。而奔驰公司也把控制仪表显示器的综合电子信息控制系统装在了奔驰的高档轿车上。

（6）轮胎　轮胎性能、空气动力学和发动机功率是决定 F1 赛车速度的三大要素，但轮胎通常比其他所有因素加在一起的作用更大。轮胎作为汽车唯一与地面接触的部件，其质量和性能都非常重要，F1 赛车的轮胎也不例外，而且质量和性能也都达到了极致。

根据 FIA 设置的比赛规则，F1 赛车的轮胎分为干地轮胎和湿地轮胎两种类型（图 5 - 14），根据天气的不同，赛车选用不同的轮胎。在无雨时选用干地轮胎，这种轮胎表面光滑，无任何花纹，以利于与地面良好贴合。在湿滑条件下则要选用湿地轮胎，这种轮胎具有明显的花纹，以利于排出轮胎与地面之间的积水，保持必要附着力。为了使发动机的动力能可靠地传递到路面，F1 赛车的轮胎制作得相当宽大，使轮胎表面更有效地接触地面，增加与地面的接触面积。FIA 规定，前轮胎宽度限制在 305 ~ 355mm，后轮胎宽度是 365 ~ 380mm。当 FIA 试图让 F1 赛车的速度慢下来时，总是先拿轮胎开刀。1998 年，老式的宽大后轮胎被禁止了，并且规定所有干地轮胎的表面都必须开沟槽，这样可以减少轮胎与地面的接触面积，减弱抓地能力。比赛中，轮胎获得最佳抓地能力的理想温度为 80 ~ 100℃，如果轮胎温度超过了正常使用的温度，轮胎表面会出现起泡现象，严重影响轮胎的性能。比赛前，地面工作人员还要用特制的轮胎毯套对其进行加热或保温（图 5 - 15），使橡胶具有黏性和韧性，以获得较大的附着力，避免起动或转弯时打滑。另外一个影响轮胎表现的主要因素是胎压。胎压是根据赛道的特点调整的，一般来说，在摩纳哥那样的低速赛道上，胎压要比银石、巴塞罗那那样的高速赛道上低。

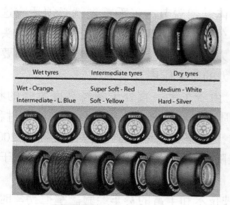

图 5 - 14　F1 赛车的轮胎

图 5 - 15　用特制的轮胎毯套对其进行加热或保温

比赛中的高速行驶及频繁的强力转向和紧急制动使轮胎磨损极快，经常需要在中途更换轮胎。车赛就是时间的比赛，因此，赛车轮胎只有一个紧固螺栓，便于迅速拆装。2005 年开始，在比赛中不允许换轮胎，必须采用更硬的化合物确保轮胎的耐磨性，所以抓地能力大大降低，减慢了赛车速度。

（7）油箱　F1 赛车的油箱在车手的后面并兼用作靠背，用一个六点式安全带与车手捆在一起。为避免翻车时燃料漏出引起火灾，油箱由一种称为凯夫拉（kevlar）的特种橡胶制成，能够承受挤压变形，不易破裂。油箱和所有燃油管破裂后都会自动封口，防止燃油漏出。燃油管路不可经过驾驶舱。参赛者必须保证在赛事的任何时候均可能提供1L赛车所用燃油的样品进行检测。油箱容积不得少于200L，但允许比赛途中加油。燃油消耗量由计算机控制。油量和油压在仪表板上都显示出来，并可通过遥测装置把信息传给车队，以便决定赛车何时进站加油。

正是因为F1赛车具有如此先进的结构和装备，才使它具有了普通汽车所难以达到的良好性能，每辆赛车的装备都是机械、电子、材料等现代高科技的结晶。另一方面，"F1"里面的这个"1"不仅代表比赛所用的赛车是世界顶级的生产厂家创造力、想象力、技术水平和经济实力的结晶，也不仅代表参赛的车手和技术都是世界赛车界的精英，而在另一个角度讲这个"1"则是代表F1是世界顶级金钱大赛，因为一辆F1赛车的价值不亚于一架小型飞机。F1赛车的发动机大约由6000个零件组成，造价为12万~30万美元，而且每一场比赛用过之后就必须更换。一条固特异轮胎约600美元，一套转向盘约7000美元，资格赛用的汽油每升240美元。如此高额的投入，同样提升着广告的价位。世界音响巨头健伍在著名车手的车身上印刷四个10mm×12cm的商标就要掏400万美元。

2. F1赛车手

根据国际汽车联合会（FIA）的规定，参加F1比赛的选手，必须持有"超级驾驶执照"。而每年，全世界有资格驾驶F1赛车的车手不能超过100名。因此，为了跻身F1赛场，每名车手必须过五关斩六将，先是小型车赛，然后是三级方程式，接着是二级方程式，这一切都通过了，才能获得"超级驾驶执照"，成为F1车手。

F1车赛不仅是车速的比试，同时也是车手体能和意志的较量，所以F1车手必须集身体素质、车技、经验和斗志于一身。比赛中，高速行驶的赛车在转弯时产生巨大的离心力，这种离心力使人感到非常恶心，感觉五脏六腑都与身体骨架脱节。车手首先就必须适应这种难受的反应。为了减少离心力对颈部造成的高血压，车手们在比赛时都戴着护脖套以防头部前冲撞在转向盘上。车手们的肌肉应该是细腻而有耐力，特别是上体颈部和肩部的肌肉要格外强壮，才能承受高速比赛时所产生的离心力和惯性力的巨大作用。

F1大赛在某种意义上说是对车手身体的摧残。由于车手一直处于神经高度紧张的状态，且赛车内温度极高，所以车手的水分、盐分和矿物质消耗得都极快。据统计，在比赛过程中，车手的脉搏达140~160次/min，并且持续5h左右，在比赛高潮中，脉搏甚至高达200次/min。虽然F1大赛非常消耗体力，但车手们却不能随意补充营养、增加体重，原因在于过多的肌肉会消耗体内的能量，比赛时易感到疲劳。

在F1大赛中要取得好成绩必须具有娴熟的驾驶技术和丰富的赛车经验。掌握拐弯时的各种战术可以说是车手取胜的法宝。在赛车拐弯前，各车手都会做好超前的准备，比较常用的方法是掌握赛车的制动以超过对方。由于F1赛车的车速极高，拐弯时最容易出现危险。著名车手埃尔顿·赛纳就是在弯道处转向器转向不足，赛车以极高速度撞上水泥防护墙而车毁人亡的。

F1赛事已走过了半个世纪的历程，涌现出了众多的著名车手，其中以巴西车手埃尔顿·赛纳和德国车手迈克尔·舒马赫尤为出色。

（1）埃尔顿·赛纳　埃尔顿·赛纳（Aryton Senna，图5-16），巴西一级方程式赛车车

图 5-16 埃尔顿·赛纳

手，曾经于 1988 年、1990 年、1991 年三度夺取 F1 世界冠军。1960 年 3 月 21 日，埃尔顿·赛纳出生于巴西的圣保罗市。1973 年，年满 13 岁的赛纳首次参加在家乡举行的小型赛车比赛，初战告捷，从此节节胜利，17 岁时便夺得了南美冠军。20 世纪 80 年代末至 90 年代初是赛纳赛车生涯的辉煌时期，他每站比赛排位总是最前，最先冲刺的也几乎总是他；他三次夺得了世界一级方程式车赛年度总冠军，成为年薪最高的车手，赛纳一时间几乎成了 F1 赛事的代名词。

1994 年 5 月 1 日，在意大利的 F1 圣马力诺大奖赛伊莫拉赛道开始了第三站的比赛，赛纳还是排位第一。14 点 18 分，当赛车行至第 7 圈时悲剧发生了，在坦布雷罗弯道上，赛纳驾驶的 2 号赛车以约 300km/h 的高速撞上了水泥防护墙。18 点 40 分，赛纳踏上了魂归天国的最后一程。事后，意大利议会决议组成专门委员会对事故进行调查。按照官方的定论，致命事故的原因是转向盘柱断裂。赛纳之死震撼了全世界，许多国家的新闻媒体都进行了大量报道。

埃尔顿·赛纳以其勇敢、智慧，奔驰在赛场上 10 年，创造出了不平凡的成绩，成为当时世界上最优秀的赛车手，被誉为"赛车王子"。在巴西，赛纳不仅仅是一名超级车手，他还是国家的象征，民族的骄傲。

（2）迈克尔·舒马赫 迈克尔·舒马赫（Michael Schumacher，图 5-17），德国一级方程式赛车车手，现代最伟大的 F1 车手之一。1969 年 1 月 3 日迈克尔·舒马赫出生于德国北莱茵-威斯特法伦州，父亲是一名砖匠，也是一个卡丁车场的负责人，这种条件使他自幼便有机会从事卡丁车运动，他 4 岁就开始参加卡丁车比赛，1984 年、1985 年连续两年获得德国青少年卡丁车总冠军，1987 年获得了欧洲卡丁车总冠军。

图 5-17 迈克尔·舒马赫

1991 年，在比利时斯帕赛道舒马赫代表乔丹车队首次参加了 F1 大奖赛，1992 年他在比利时获得了第一个分站冠军，并在那个赛季获得了总成绩第三名。1994 年，他第一次夺得世界冠军，并于次年卫冕成功。1996 年，他加盟法拉利车队，虽然赛车问题不断，但他还是获得了第三名。2000 年，舒马赫为法拉利车队夺得车队与车手双料冠军，成为三届世界一级方程式冠军车手，也是法拉利车队 21 年来的首个冠军车手。2001 年，舒马赫再次为法拉利车队夺得车队与车手双料冠军。

截至 2006 赛季巴西分站，舒马赫 F1 大奖赛参赛次数多达 250 次，91 次获得 F1 大奖赛分站冠军，76 次创 F1 大奖赛最快圈速，F1 大奖赛累计积分 1369 分（F1 历史上唯一一位积分超过 1000 分的车手），13 次单赛季分站最高冠军（2004 赛季开局 5 连胜和 7 连胜以及铃鹿大奖赛冠军），并创纪录地获得七次年度车手冠军（1994 年、1995 年、2000 年、2001 年、2002 年、2003 年、2004 年）。

2006 年，舒马赫在意大利蒙扎赛道夺冠后，宣布 2006 赛季结束后退役，此时的舒马赫几乎打破了 F1 所有的纪录。此后，舒马赫也曾有过几次复出，但表现略显暗淡。2012 年 10 月 4 日，迈克尔·舒马赫正式宣布再次退役。

2013 年 12 月 29 日，舒马赫在法国阿尔卑斯山区滑雪时发生事故，头部撞到岩石，由于严重受创而陷入昏迷。2014 年 6 月 16 日，舒马赫已经脱离昏迷状态，并离开法国格勒诺布尔大学医疗中心，继续"漫长的恢复过程"。

3. F1 车队

一支 F1 车队拥有近 500 名员工，分别效力于不同部门。在最顶端的是车队主管（有些车队主管就是车队持有者），他的任务是带领团队上演一出精彩 F1 大戏。大多数 F1 车队都有一位技术总监（有些车队拥有两位技术总监），他负责监督赛车的设计和研发。比赛团队是一个独立的部门，由比赛团队经理负责，比赛团队经理的职责包括许多实际操作，例如将团队和设备送达赛道、和国际汽联联络、了解圈速等。除此之外，比赛团队经理还需要负责进站演练，确保车队一切正常运营。首席工程师在比赛周末密切关注两辆赛车。每辆车有一位比赛工程师、一位数据工程师、一位控制系统工程师和一位发动机工程师，当然还有机械工作人员。比赛工程师、数据工程师和他们的车手之间的关系非常重要。两辆车的团队之间会共享数据，但是一旦比赛开始，每个团队都有自己的程序，每个团队必须做到最好。比赛团队还要负责管理轮胎。F1 车队还有财务部和商业活动部为车队带来经费，为车队的各个赞助商服务，而联络部则负责车队的公关活动。

传统的 F1 三大车队是指意大利的法拉利车队、英国的迈凯伦车队、法国的雷诺车队。

法拉利车队（Ferrari）成立于 1929 年，是 F1 历史上最具历史传奇色彩的车队，红色是法拉利车队的标志色（图 5-18）。迈凯伦（McLaren）车队于 1966 年首次参赛，是 F1 车坛的老牌强队。埃尔顿·赛纳是曾经在迈凯伦车队效力的最著名的车手，他在迈凯伦夺得了三个世界冠军。图 5-19 为迈凯伦车队赛车。雷诺（Renault）车队的前身是贝纳通车队，于 1986 年正式成立，在成立之年的墨西哥大奖赛上首次赢得冠军。2000 年，雷诺重返 F1，买下了经营状况不佳的贝纳通，2002 年赛季正式打出雷诺车队的旗帜。2015 年 12 月 3 日，雷诺成功签署收购路特斯车队的合同，并正式宣布雷诺车队重返世界 F1 赛场。图 5-20 为雷诺车队赛车。

图 5-18　法拉利车队赛车　　　图 5-19　迈凯伦车队赛车　　　图 5-20　雷诺车队赛车

4. F1 大赛规则简介

（1）F1 赛道　F1 大赛的准备工作由 FIA 安排。近年来，随着赛车运动的风靡，申请主办 F1 大赛的国家越来越多。FIA 规定，F1 专用赛道均为环形，每圈长度为 3～8km，每场比赛距离为 300～320km。为安全起见，赛道两旁一般铺设宽阔的草地或沙地，以便将赛道与观众隔开，同时也可作为赛车出道之后的缓冲区。FIA 规定，赛场不允许有过多过长的直道，目的在于限制高速，以免发生危险。

这些赛场地理环境迥然相异，有的建在高原上，那里空气稀薄，用以考验车手的身体素质；有的则是街道串成的赛场，路面相对狭窄曲折；有的赛场显得路面宽阔，但有上下坡考验车手的技术；还有的赛场建在树木葱郁的树林中，那里跑道起伏大，车手很难控制赛车。FIA 要求各赛场的救护人员必须分布在全场的每个角落，争取在出事后尽快跑进现场，进行抢救。英国银石赛道如图 5-21 所示。

赛道中文名：银石赛道　英文名：Silverstone
分站赛名称：英国大奖赛　所在国家：英国
单圈长度：5.141km　总长度/圈数：308.355km/60 圈　最快圈速：1′18″739——迈克尔·舒马赫

图 5-21　F1 著名赛道——英国银石赛道

（2）F1 赛程　F1 的比赛赛程分为三天，一般第一天是自由练习（不计成绩），第二天是自由练习（不计成绩）和测时排位赛，第三天是正式比赛。

第三天的正式比赛当然是最刺激的部分。比赛之前，在现场仍有其他的活动，像开幕仪式、车手绕场，还有一些附属赛事，但那部分是电视机前的观众看不到的。

正式比赛前有一圈的暖胎，然后在起跑前有 30s 的倒数，由 5 个一组的灯号所控制，5 个红灯同时熄灭时，比赛开始。正式比赛距离约为 300km，差不多需要 1.5h，如有状况必须延误，也不得超过 2h。比赛结束后随即进行颁奖。在正式比赛过程中，选手必须视轮胎的磨耗及油耗的状态进入维修站（Pit）换胎及加油，这称为 PitStop。F1 赛车使用的是特殊设计的加油系统，平均每场比赛大约加油两次，每次约加油 60L。通常花 6～12s 来为赛车加油及换胎。

想要在正式比赛当天的起跑线上占有一席之地，必须经过测时排位赛的考验，在为时 1h 的测时赛内，每位车手以其中最快的一圈成绩来与其他车手比较作为决定决赛的出发排位顺序。单圈成绩最快的车手可排头位，又称为"杆位"。在一些路面较狭窄、超车困难的跑道，排位顺序对于比赛的结果将有直接的影响。

（3）F1 比赛规则　自从 1950 年开展这项运动以来，国际汽车联合会曾对规则进行过反复多次的修改。F1 比赛规则是由国际汽车联合会技术委员会制定的。国际汽车联合会技术委员会的 14 名委员是由国际汽车联合会的最高权力机构世界理事会（WORLD COUNCIL）选出的。由这些资深技术人员、工程师中的一位起草规则，然后提交世界理事会批准。

F1 比赛规则一直在不断变化。20 世纪 50 年代：装备前置发动机，大梁式车架，"雪茄"状流线形车身、窄轮子、车手坐得笔直；20 世纪 60 年代：车手开始戴头盔和穿防火套装，坐姿向后倾斜，发动机移至后部并采用承载式车身。为安全起见，最小重量第一次被提高到 450kg，然后又到 500kg；20 世纪 70 年代：前部的散热器被移到后两边；20 世纪 80 年代：限制利用地面效应，而且为使赛车底部产生低压区的裙状结构也在 20 世纪 80 年代初期被禁用。为提高赛车的速度，车队转而采取其他措施，主要是采用功率高达 1200 马力的增压式发动机。

1994 年在 F1 赛场所发生的几起恶性事故，促使国际汽车联合会开始重新审议 F1 安全规则，并于 1994 年下半年实施改良措施，主要改动有如下十项：赛车进出维修站时车速应小于 80km/h；除了为赛车在比赛中更换轮胎及加油的必要工作人员外，其他人员不得进入维修站；车身底部定风翼全部除去；后定风翼的底部需要缩小；改造前轮及其附属结构以防止前轮因意外而撞到车手头部；全车总重（包括车手在内）升至 515kg；采用普通燃料；把因发动机及变速系统而产生的撞击力效果消除；一般早上练习赛，在进入维修站时车速也不能超过 80km/h；发动机最大功率降至 600 马力。

1995 年，国际汽车联合会规定只准使用自然吸气式 3L 发动机。从 2005 年开始，F1 的规则又有了很大改动：必须使用 1 台发动机参加 2 站赛事；整个排位赛、决赛只允许使用一套（4 条）轮胎；在第 2 次排位赛开始后，直到决赛开始为止不得加油，因此各队在排位赛前的加油战略显得尤为重要。2006 年，国际汽车联合会规定使用 8 缸发动机。

2009 赛季的新规则变化包括空气动力学、光头胎、赛车发动机、安全车规则和私人车辆测试及风洞使用等，其中备受关注的是赛车发动机使用规定。与旧规则相比，新规则限制了全年赛车发动机的总数。同时，新规则中明确了自主研发设计赛车的车队，预算开支的上限最高不能超过 3000 万英镑（约合 3300 万欧元/4200 万美元）。

5.2　汽车展览会

世界各大汽车制造商每年都在一些大都市举办规模盛大的汽车展览会，在车展上推出自己的最新车型，来展示自己在汽车领域内取得的最新成就，让人们感受到世界汽车工业跳动的脉搏。汽车展览会可以带来各种不同的概念车型和新车型，除了技术性外，汽车展览会的风格和文化氛围也各不相同，具有浓厚的文化色彩，每次都能吸引大量的民众参观。

汽车展览会是汽车制造商展示新产品的舞台，在流光溢彩的展车背后，是汽车制造商们为在汽车市场上争夺市场份额而进行的殊死较量。衡量某一车展是否为国际一流的主要依据是参展商的规模和级别、汽车展品的档次、首次亮相的新车多少、概念车的多少、展出面积、配套设施的先进性和完备性、主办方的服务质量、国内外媒体宣传报道量、观众数量和专业水准等。

德国法兰克福车展、北美（美国底特律）车展、瑞士日内瓦车展、法国巴黎车展和日本东京车展被誉为当今五大国际车展。它们之所以成为国际一流车展，有以下五个因素，一是参展商的规模和级别一流，二是展品档次和首次亮相的新车、概念车一流，三是场馆面积和配套设施一流，四是主办方服务质量一流，五是国内外记者范围、观众数量和专业水平一流。

人们都说巴黎时装展是世界一流的时装展，是因为它代表了世界时装业发展的潮流，五大国际车展之所以世界知名，也是因为它们代表了世界汽车工业发展的潮流。

这五大车展当中，历史最短的东京车展也有五十多年了。撇开带给汽车爱好者和观众们的激情与快乐，这些车展都对世界汽车工业与汽车市场的发展起到了极大的推动作用，在世界汽车历史长河中有着不可磨灭的功绩。彰显自己鲜明的个性是这些著名车展的共同特点。比如法兰克福车展作为汽车工业的发源地之一，尤其重视传播汽车的文化性；日内瓦车展所在的瑞士虽然没有自己的汽车工业，但是可以为各大汽车厂商提供公平竞争的舞台；北美车展则充满美国人的娱乐精神，吃喝玩乐无处不在，一应俱全；东京车展上众多匪夷所思的概念车和最新科技的展示也是吸引观众眼球的卖点。

展会经济是一种"眼球经济"。每一次大型车展，除了吸引大量潜在汽车消费者参观之外，所有的媒体都会用大量篇幅进行免费报道，使车展成为传播汽车品牌的最佳场所。正因为如此，越来越多的厂家把新车发布会都放在重要的汽车展会上。和其他推广手段相比，车展最大的优势就是能在短期内迅速聚集大量高素质的潜在汽车消费者，并可以吸引大量媒体参与报道，提高品牌传播的有效性。因此，世界各大汽车厂家无不把参加国际车展当作一件大事来抓，从而造就了国际五大车展的辉煌。

5.2.1　德国法兰克福车展

法兰克福车展是世界上最早的国际车展，前身为柏林车展，创办于 1897 年，1951 年改在法兰克福举办，每年 9 月中旬开展，为期两周左右。1989 年，由于车展的参观人数达到了 120 万人，加上交易广场再也无法容纳如此众多的参展车辆，法兰克福车展不得不分家。1991 年之后，单数年轿车展照常在法兰克福举办，双数年商用车展则在汉诺威开展，我们今天提起的法兰克福车展，一般都是指单数年的轿车展。

1897 年，德国柏林布里斯托尔酒店大厅举办了一个小规模车展，尽管当时只有八辆汽车参展，但其依然被喻为法兰克福车展的前身。在 1911 年之前，类似的车展每年都会举办一次，并渐渐演变成德国汽车界的一大盛事，同时也开始为世界汽车厂商所关注。然而，在第一次世界大战爆发之后，车展不得不停止举办，直到 1921 年才再度于柏林举办，共有 67 家汽车企业参展，展出 100 多辆样车，以当时的规模来说，已是空前绝后。1939 年，第 29 届车展在第二次世界大战开战前最后一次举办，展览吸引了 825000 参观人次。同时，大众汽车也在这一次展览中首度亮相，那就是在世界车坛占有重要地位的甲壳虫轿车。1951 年 4 月，法兰克福首度举办车展，展览会场总共吸引了 570000 人前来观赏。相较之后同年 9 月在柏林举办的第 35 届车展，只吸引了 290000 人。因为这样，一直在柏林举办车展的传统被放弃，转移阵地至法兰克福。从此以后，德国法兰克福车展便成为一年一度的车坛盛事。

法兰克福车展是五大车展中技术性最强的，也是世界上规模最大的车展，有世界汽车工业"奥运会"之称。展示的产品除了轿车、赛车、商用车外，特种车、改装车、运输车、汽车零部件、汽车维护用品以及百货等都在展示之列。由于德国是现代汽车的重要诞生地，而且是世界上汽车工业最发达的国家之一，这一车展很有权威性。图 5 - 22 所示为 2011 年法兰克福车展海报。

作为世界五大车展之一，法兰克福车展的参展商家也包揽天下，但主要来自欧洲、美国和日本，尤其以欧洲汽车商居多，其地域色彩很强。或许因为德国是汽车的发明地，德国的几大汽车巨头如奔驰、宝马等占尽天时地利，法兰克福车展正是他们一展身手的好机会。图 5-23 所示为 2015 年法兰克福车展奥迪展区。

图 5-22 2011 年法兰克福车展海报

图 5-23 2015 年法兰克福车展奥迪展区

法兰克福位于莱茵河畔，它不仅是欧洲最大的交通枢纽，拥有欧洲最大的航空站，而且也是德国金融业、高科技和现代化的象征，是欧洲最主要的经济金融中心。法兰克福以其著名的股票交易所和众多的摩天大楼而被称为德国的"曼哈顿"。法兰克福车展的服务细致而周到，符合德国人一贯滴水不漏的办事作风，人们不仅可以看到百年"老爷车"和光彩夺目的新车，还可以观看新车表演和国际赛事实况转播，并可获得汽车发展史、技术性能、安全行车、环保节能等多方面知识。参观者挑选车型重视的是科技的发展、汽配零部件质量，甚至是 DIY 维修问题、售后市场产品，理性实用的成分居多。由于法兰克福靠近各大车商总部，吸引欧洲各国的公民拖家带口，全家出动观看车展。这也是欧洲公民汽车知识全面、汽车消费心理成熟的重要原因之一。

5.2.2 瑞士日内瓦车展

瑞士日内瓦车展起源于 1905 年的"国家汽车和自行车"展（图 5-24 所示为车展海报），到 1924 年正式创办时，已发展成有 200 个展品的国际性汽车展览。从 1931 年起，展览会每年 3 月在日内瓦面积达 7 万 m² 的巴莱斯堡国际展览中心举行。展览会以展示豪华车及高性能改装车为主，是欧洲唯一的每年度举办的大型车展，除了在第二次世界大战期间暂停 7 年外，其他年份每年都举行。

瑞士虽然没有自己的汽车制造公司，但由于很富裕，是一个庞大的汽车消费市场。在瑞士的大街小巷，你常常可以看到宾利、保时捷等名车，名车就跟名表一样，成了某种标志。这

图 5-24 1905 年日内瓦车展海报

样的"天时"和"地利"，自然唤来了"人和"：日内瓦车展上的展品不仅是各汽车厂家最新、最前沿的产品，而且参展的车型也极为奢华。由于各大汽车公司纷纷选择日内瓦车展作为自己最新车型首次推出的场所和最主要的展出平台，这就为日内瓦车展博得了"国际汽车潮流风向标"的美誉。日内瓦车展历来推崇技术革新和偏重概念车，豪华车和概念车是日内瓦车展上最耀眼的明星。

日内瓦车展不仅档次高、水准高，更重要的是车展很公平，没有任何歧视。一般的国际

车展虽然名为"国际"，但在展馆的面积、配套设施的水准上都会向东道国倾斜，东道国的汽车厂商往往会占去 1～2 个展馆。但唯独在日内瓦车展上，人们看不到这种特别的"眷顾"。车展主办方最引以为豪的是日内瓦公平的展览氛围："底特律车展上通用、福特趾高气扬；法兰克福汽车展简直就是德国车商的表演舞台；巴黎汽车展的主要大厅则被法国的车商所占据，而日内瓦车展一视同仁，地方保护主义的色彩最淡。"也许是因为瑞士这个中立国，也许是因为各大国际组织的总部都云集在日内瓦，总之，无论是汽车巨头还是小制造商，都可以在日内瓦车展上找到一席之地，就连各类车展的资料，也被"一视同仁"地印成了英语、法语、德语等几种版本，因而日内瓦车展以其"中立"身份赢得最为"公平"的形象。图 5-25 所示为 2015 年第 85 届日内瓦国际车展场景。

日内瓦位于西欧最大的湖泊——美丽的日内瓦湖之畔，法拉山和阿尔卑斯山近在眼前。作为瑞士境内国际化程度最高的城市，日内瓦始终让人刮目相看。市区公园星罗棋布，湖畔鲜花遍地，美不胜收。作为历史悠久的国际大都市，日内瓦以其深厚的人道主义传统、多彩多姿的文化活动、重大的会议和展览会、令人垂涎的美食、清新的市郊风景及众多的游览项目和体育设施而著称于世。每年一度的日内瓦车展，以其迷人的景致、处处公平的氛围和细致入微的参展规则，受到世界汽车巨头们的好评，更为众多观光者所青睐。车展期间，由于人数众多，日内瓦大小饭店均告客满，许多人不得不住到洛桑、苏黎世、伯尔尼等城市甚至邻近的法国。虽然没有底特律、法兰克福车展的规模，在世界五大车展中属于"小家碧玉"型，但其特有的中立地位，使得众多的参展商非常看好日内瓦车展，许多汽车制造商也乐于在日内瓦车展上推出新车。时至今日，随着汽车工业的高速发展，日内瓦车展所扮演的角色举足轻重，稳居世界五大车展之列。

如今，日内瓦车展经过百年的积淀后，已涉及包括 30 余个国家，250 多个参展商，近千个品牌参展，其实际参展面积约 72000m²。虽然日内瓦车展在不断与时俱进，但并没有因此而失去其公平、中立的特点。从日内瓦车展大厅望去，每个展台不允许有过大的公司标牌和展位阻挡视线，所有展位都尽在眼底。而这种固有的特质，恰恰也是日内瓦车展与其他国际车展的不同之处。

5.2.3　法国巴黎车展

巴黎车展起源于 1898 年的国际汽车沙龙，自 1898 年至 1976 年，每年一届，此后每两年一届。举办时间为双数年 9 月底至 10 月初。作为国际五大汽车展览之一，巴黎车展一直在汽车业界具有很大的影响力，对推动汽车业界的发展起到十分积极的作用。

早在 1890 年，标致汽车公司就生产出了法国的第一辆汽车。1898 年，在法国汽车俱乐部的倡议下，国际汽车沙龙在巴黎杜乐丽花园举行，约有 14 万名游客前来参观，232 辆汽车往返于巴黎与凡尔赛之间，汽车成了公众瞩目的焦点。当时有一项非常有意思的规定，那就是但凡想要参展的车辆，必须首先能够仅依靠自身的动力完成从巴黎到凡尔赛的往返，以证明这些车辆是真正可以行驶的汽车，而非摆在那里供人观赏的空壳。最终有超过 220 个参展商挤在 6000m² 的场地上，每个展商不到 30m²，基本上两辆车就把位置塞满了。

1901 年，这一展会将大本营搬迁到了更加宽敞的巴黎大宫，这里也是之后的六十年当中伴随巴黎车展成长的根据地之一。1962 年，整个展会移师凡尔赛门展览中心，也就是今天巴黎车展的展会所在地。从 1976 年起，巴黎车展的周期延长为每两年一届，举办时间为 9～10 月，与德国的法兰克福车展交替举办，以适应大部分汽车制造商的要求，并且有私人用车和工程车辆参展，而自行车和摩托车展则改在单数年举行。

1998 年 10 月，巴黎车展恰逢一百周年，欧洲车迷期待很久的巴黎"百年世纪车展"以"世纪名车大游行"的方式，让众多观众在巴黎大街上一睹香车美女的芳容。2000 年巴黎汽车展，共有来自全世界 30 多个国家的汽车厂商，展示 667 个品牌的产品，并且首次将展期由过去的 12 天延长至 17 天，还增加了低票价的 18 时至 22 时的晚场参观时段，总参观人数约 130 万人次。2008 年，巴黎车展迎来了近 150 万名游客、来自 100 个国家的 13000 名记者，还有 80 多个国家的领导人出席。

作为浪漫之都的巴黎，既是世界时尚中心，也是浪漫迷人的大都会，素有"世界花都"之称。巴黎车展如同巴黎时装，总能给人新车云集、争奇斗艳的感觉，充满时尚是历史悠久的巴黎车展的突出特点。法国的汽车设计一向以新颖独特著称于世，富于浪漫气息和充满想象力的法国人，总是在追求最别具一格的车型、风一般的速度和最舒适的车内享受，这些法国人的嗜好，都在巴黎车展中显露无遗，使得巴黎车展始终围绕着"新"字做文章。与此同时，世界各大巨头总喜欢把最先进的技术产品放在巴黎露面，巴黎车展也是概念车云集的海洋，各款新奇古怪的概念车常常使观众眼前一亮。图 5-26 所示为 2016 年巴黎车展首次展出的法拉利 LaFerrariAperta 敞篷版。

图 5-26　法拉利 LaFerrari Aperta 敞篷版

巴黎车展是开放的车展，只要是欧洲接受的车型，无论制造厂商规模大小如何，巴黎车展都会欢迎。巴黎车展对所有参展商一视同仁，提供相同的服务。

巴黎车展的内容囊括了整个汽车产业链，展示了从汽车设计到维修的全部技术和设备，为参展商和参观者提供了极好的商业活动场所，使与会者感兴趣的有关技术、工艺、商业及远景方面的各种问题均能在此找到满意的答案，是名副其实的汽车工业技术及服务的国际性盛会。巴黎车展设有包括商用车及专用车展厅（展出面积约占总面积 10%）、汽车电子产品及其他配件专区、运动和竞技汽车区、新能源和服务商（汽车金融、保险、租赁等）专区、二手车展区、汽车发展史专区及免费活动专区，每个专区的内容都很精彩。像二手车展示是巴黎车展的传统项目，车展上的私家车是不能够直接购买的，但是在二手车专区，观众可以随意挑选自己喜欢的汽车，并且当场开回家。

5.2.4　日本东京车展

历史最短的东京车展创办于 1954 年，最初展会名称为全日本车展（图 5-27 为车展海报），自 1964 年起更名为东京车展。从 1999 年开始，乘用车与摩托车展和商用车展每年交替举办，单数年为轿车展，双数年为商用车展，每年 10 月底举行。环保和节能始终是东京车展的亮点，日本本土生产的各种千姿百态、造型小巧精美、内饰高档的小型汽车总能成为车展的主角，几乎什么稀奇古怪的车型都有，但又不是概念车。比如，为了让残疾人也享受到汽车文明带来的好处和便利，在日本有很多专为残疾人设计的汽车，这类汽车在打开车门后，驾驶座会自动转 90°，以方便乘坐。不仅如此，日本的汽车生产商还会以性别、年龄层次等来设计不同的车型。车型种类的繁多，恰恰体现了日本人的细腻所在。由于市场竞争的激烈，精明的日本商人早就把市场细分成了无数个小块，而且改型后的车辆之间的差别往往都很小，多数时候只是某项技术或者设计的更改。这也难怪东京车展上那些纷繁复杂的车型会让业内人士都看得头晕眼花了。而且有趣的是，东京车展中的很多车在日本以外的市场都不卖，很大一个原因是它定位得太细，在国外找不到对应的成规模的市场。这也是与其他国际著名车展相比，东京车展最鲜明的特征。

作为日本第一大都会，东京是日本政治、经济、文化中心和世界著名旅游城市之一，也是服装、时尚流行的前沿。第 1 届至第 4 届展览都在室外会场日比谷公园举行，场地面积 4389 m²。第 5 届车展，因为日比谷公园的地铁与地下停车场工程，使得展会转移到与后乐园棒球场紧邻的后乐园自行车竞赛场举行。之后的第 6 届至第 26 届，改换在晴海的东京国际见本市会场举办。比起之前日比谷公园的场所，会场扩大三倍，展示间隔的面积也扩大两倍。1989 年 10 月 9 日，由日本著名建筑师槙文彦设计，世界上最先进、设施也最完备的展馆——幕张展览馆正式启用。从第 27 届至今，东京车展皆在幕张展览馆举行。幕张位于千叶县东京湾沿岸，是一个邻近东京都的商业区。幕张展览馆展场面积为 40839 m²，跟最早期相比，扩大约 10 倍之多。

2015 年第 44 届东京车展的日期回到了 2009 年东京车展在十月底举行的传统，于 2015 年10 月 28 日开幕，这是为了避免与美国洛杉矶车展和中国广州车展时间上的重合。2017 年 10月 25 日至 11 月 5 日，为期 10 天的第 45 届东京车展在东京国际展览中心举行（图5－28），本次展会共有来自 153 家公司和机构参与，其中包括日本 14 家汽车制造商的 15 个品牌和 13个国外制造商的 19 个品牌，展出了 380 辆汽车，其中一些更是首次亮相。汽车零部件、机械和工具的参展商也展示了最新的技术和服务。

图 5－27　第一届东京车展海报

图 5－28　第 45 届东京车展场景

随着日本汽车工业的发展和强大，东京车展规模也越来越大，日本人对技术的推崇使这一展会成为最新汽车科技的集中展示地。与其他西方大型车展相比，日本东京车展更具有东方神韵，被誉为"亚洲汽车风向标"，对于世界汽车市场有较深的影响，对于亚洲汽车市场更有着重要的意义。

5.2.5　北美国际车展

北美国际车展的历史始于 1900 年 11 月纽约汽车俱乐部召开的第一届世界汽车博览会，1907 年转迁至汽车城底特律，接下来除了 1943 年至 1952 年停办，其余时间每年都会举办一次。1957 年，欧洲车厂终于远渡重洋而来，首次出现了沃尔沃、奔驰、保时捷的身影，获得了美国民众的高度重视，底特律车展的"王旗"正式树起。从 1989 年开始，底特律车展正式更名为北美国际汽车展（习惯上一般仍以底特律车展称之），每年 1 月举行，是世界上历史最长、规模最大的汽车展之一。因为在每年年初举行，所以底特律车展被誉为"全球汽车风向标"，也成为当今世界最负盛名的车展之一，甚至有人将它与法兰克福车展、东京车展并称为世界三大车展。

底特律是美国密歇根州最大的城市，是美国的汽车城，也是世界上最大的汽车城，是美国三大汽车公司（通用、福特、克莱斯勒）的总部所在地。因此，北美国际车展对底特律乃至整个美国的汽车工业来说是非常重要的。在由机场通往市区的公路旁，每个进入底特律的人，都会看到一座巨大无比的汽车轮胎雕塑，这是这座城市的标志。另外还有一个巨大的计数器，不停地按分、按时、按天地显示出美国造出来的汽车数目。到了这里，你会感到这里只有汽车没有别的，这是一座名副其实的汽车城。底特律是世界上与汽车联系最紧密的城市，从造车起步，靠汽车工业蜚声天下，它孕育了美国的汽车工业，美国最大的三家汽车公司的发源与兴旺都是在底特律，底特律是美国这个"车轮上的国度"的发动机。北美车展每年总能出现四五十辆新车。众多人被吸引到车展的原因，除了对汽车的兴趣外，还因为车展办得像个大的假日集会，吃喝玩乐，热闹非凡。而密歇根州每次车展都能进账 5000 万美元以上。

图 5-29　北美车展上的传祺 GA4

2018 年北美国际车展于 1 月 15 日在美国汽车城底特律拉开帷幕，这个每年最早举行的国际性车展，吸引了全球的目光，展出新车达 35 款，多款重磅轿车和 SUV 集中发布，包括宝马量产 X2、奔驰全新 G 级、丰田全新 AVELON、大众全新 JETTA 等。中国品牌是本届北美车展真正的亮点，第四次参加北美车展的广汽传祺推出的新车传祺 GA4（图 5-29）十分抢眼，全面展示了广汽传祺在研发、设计、制造等领域的创新成果，用实力彰显中国汽车领导品牌的风采。

5.2.6　上海国际车展

上海国际车展（Automobile Shanghai）又称上海国际汽车工业展览会，创办于 1985 年，是中国最早的专业国际汽车展览会，每两年举办一届，逢单数年举办。2004 年 6 月，上海国际车展通过国际博览联盟（UFI）的认证，成为中国第一个经 UFI 认可的汽车展。从 2003 年起，除上海贸促会外，车展主办单位增加了权威性行业组织和拥有举办国家级大型汽车展经验的中国汽车工业协会和中国国际贸促会汽车行业分会，三家主办单位精诚合作，为上海国际车展从区域性车展发展成为全国性乃至国际汽车大展奠定了坚实的基础，确立了上海国际车展的地位和权威性。伴随着中国及国际汽车工业的发展，经过三十多年积累，上海国际汽车展已成为中国最权威、国际上最具影响力的汽车大展之一。

2015 年 4 月 22 日至 29 日，第十六届上海国际车展在上海国家会展中心举行（图 5-30）。2015 上海国际车展正逢 30 周年，车展吸引了 18 个国家和地区的 2000 家中外汽车展商参展，展出总面积超过 35 万 m^2，展出整车 1343 辆，其中全球首发车 109 辆、亚洲首发车 44 辆、新能源车 103 辆、概念车 47 辆，吸引参观者 92.8 万人次，来自 44 个国家和地区的 2150 家中外媒体的 1 万余

图 5-30 2015 年上海国际车展一汽大众展台

名记者竞相报道了车展盛况。规模之大，人数之最，上海国际车展已跻身世界顶级车展之列，成为上海城市的一张名片。从 1985 年第一届上海国际车展的展馆面积 1.5 万 m^2，到 2015 年展出面积超过 35 万 m^2，走过三十年的上海国际车展折射了一个时代的变迁，也见证了中国汽车工业的欣欣向荣和中国汽车市场的迅猛发展。

上海国际车展能够完美延续至今与其自身亮点颇多不无关系。上海国际汽车展始终关注全球汽车行业的最新变革与发展，聚焦新技术、新趋势、新产品给人类生活带来的无限可能。车展注入了大量国际化的元素、理念和模式。车展中众多知名汽车厂商大力投入，各大汽车品牌展示自身最新高科技的车辆，其中不乏初露庐山真面目的首发车。同时，全方位的媒体报道、高质量的现场配套服务进一步提升了上海国际车展在全国乃至全球的影响力和知名度。历史文化名城上海，不仅是中国时尚元素的前沿地带，还有"购物天堂""东方巴黎"之美称。每年上海国际车展都能吸引众多热心观众前往，观光者除了可以领略大都市的风光外，还能充分享受购物的乐趣。参观人数之多，使之成为与北京国际车展和广州国际车展并列的国内三大国际 A 级车展。

跨过而立之年的上海国际车展，在跻身世界顶级车展的同时，也是上海加快向科技创新中心进军的缩影。面对中国汽车业迈入新常态的历史转折点，上海国际车展将在关注市场和前沿技术的同时，以更精准的定位、更精致的展品、更雅致的环境、更精彩的演绎，憧憬未来汽车生活、提升汽车文化内涵，成为世界汽车产业格局中不可或缺的交流沟通平台。可以预见，今后的上海国际汽车展将奉献给世人更多的惊喜。

5.2.7 北京国际车展

北京国际车展（Auto China）又称北京国际汽车展览会，创办于 1990 年，每两年一届，逢双数年在北京举办。走过二十多年发展历程的北京国际汽车展览会，至今已连续成功举办了十四届，是全球汽车业界在中国每两年一次的重要展示活动。

作为中国的首都，又是中国最大的汽车市场之一，地缘区域特有的政治、文化影响和人文色彩，结合极具特质的汽车文化氛围，造就了北京国际车展的独特魅力，得到了世界

知名汽车及零部件制造商的高度重视和国内各大汽车集团的积极参与，历届展会都汇集了国际汽车工业的高新科技产品，以及国内企业开发研制的领先技术及新产品，受到中外汽车界、新闻界和社会各界的高度关注和积极参与，成为中外汽车业界在中国的重要展出平台，是中国最具权威性、最有影响力的国际汽车展览会，为我国汽车工业的发展，汽车民族品牌的创立发挥了重要的作用，并为促进中外汽车业界的交流与合作做出了积极的贡献。

自创办以来，依托中国巨大的汽车消费市场和快速发展的中国汽车工业，北京国际汽车展览会迅速地发展壮大起来，在展览规模、国际化水准、展品质量以及在全球的影响力逐届提高，展会规模不断扩大、参展厂商逐年增加、参展展品不断更新、影响日益扩大。展会功能也由过去单纯的产品展示，发展到今天成为企业发展战略发布、全方位形象展示的窗口，全球最前沿技术创新信息交流的平台，最高效的品牌推广宣传舞台。众多国际知名汽车公司将北京国际汽车展览会列为全球最重要的国际级车展，中国本土汽车企业也将北京国际汽车展览会作为展示自主知识品牌、推出最新科技成果的首选平台。北京国际车展已超越了一个展会的意义，成为中国汽车行业具有国际影响力的象征符号。

2016 年 4 月 25 日至 5 月 4 日，2016 年第十四届北京国际汽车展览会在中国国际展览中心隆重举行（图 5-31）。本届展会面积达到创纪录的 23 万 m²，共有来自美国、德国、意大利、日本、英国、马来西亚、瑞典、韩国、法国、澳大利亚、新加坡、中国以及中国香港特别行政区、中国台湾地区等 14 个国家和地区的 2000 余家厂商参展。展会共展示车辆 1125 台，其中全球首发车 120 台，跨国公司全球首发车 36 台，跨国公司亚洲首发车 35 台，概念车 74 台，新能源车 88 台。展会共接

图 5-31　2016 年第十四届北京国际车展场景

待 12600 名中外记者，包括海外 499 家媒体的 1050 名记者。展会期间共有 82 万人次的各界观众到场参观。

二十多年来，北京国际车展持续在国内车展中保持较大规模，在展会规模、展品品质、展车数量、全球首发车、概念车数量、观众人数、媒体记者人数、媒体报道的深度和广度、社会各界的关注度等方面位于国内专业展览会的前列。近几年来，由于展品品质逐届提高，影响日趋广泛，国外著名汽车制造商也越来越看好中国市场，众多跨国汽车企业已经将北京国际车展定位于全球 A 级车展，与在全球享有著名声誉的法兰克福、日内瓦、巴黎、东京、底特律等车展达到同一级别，使北京国际车展的影响力、国际化水平、展品品质、展台装饰等方面都迈上了一个新台阶。

汽车工业是全球最大的产业之一，也是最早实现全球化的一个样板。汽车工业从资产、品牌、产地、市场、产品开发、零部件供应方面都实现了全球化。几乎所有汽车大公司都是名副其实的跨国公司，旗下拥有众多著名品牌。汽车展览会则是汽车行业对外的窗口，对促进本国汽车业与国际同行业间多种形式的贸易往来、技术交流和经济合作，推动本国汽车工业的发展，繁荣汽车市场，扩大对外贸易等方面都起到了十分积极的作用。

5.3　汽车俱乐部

汽车俱乐部（Automobile Club）是由汽车车主及汽车爱好者组成的，旨在传播汽车文化并为其成员提供各种服务的组织。汽车俱乐部不生产具体的产品，它所提供的是一种服务。汽车俱乐部是汽车文化的重要形式，它促使汽车文化愈加繁荣丰富。

人们对汽车的需求与企盼不仅推动了汽车生产，同时推动了汽车后市场的发展，为了满足车主不断膨胀的服务需求，汽车俱乐部扮演了重要的角色，但这样的角色是演变而来的。汽车作为一个新事物的出现，免不了出现一批忠实的、热心的"粉丝"——车迷，他们聚合在一起，切磋驾驶技术、交流爱车心得、结伴驾车出行、讨论修理技术、寻觅配品备件、互相救助救援。这种实践的凝聚力催生了汽车俱乐部，这样的结果决定了汽车俱乐部的本质就是在特定的人群中互助合作办事情，会员制是其必然的结果。汽车俱乐部以会员制的形式，将社会上高度分散的车主和汽车爱好者组织到一起，发挥规模效应和服务网络的优势，为俱乐部会员提供一些服务，而俱乐部本身也从会费中取得一定的收益。

5.3.1　汽车俱乐部的产生与发展

汽车俱乐部已有百年以上的发展历史。1895 年 10 月中旬，美国《芝加哥时报》在"车坛风云"专栏上发表了赛车运动员查尔斯·布雷迪·金格建议成立汽车俱乐部的一封信，成为车迷和驾驶人议论的热门话题。1895 年 11 月 1 日，由《先驱者时报》主办的汽车大赛在芝加哥开幕，全国各地很多驾驶人都赶来参加比赛。其中，有 60 名驾驶人在一家酒店聚会，他们赞成金格的倡议而发起成立了美国汽车联盟，这是世界上最早的汽车俱乐部。同年 11 月 29 日，美国汽车联盟召开第二次会议，选举产生委员会并通过了世界上最早的汽车俱乐部活动宪章，旨在利用举办报告会等形式，向会员传授汽车工程最新技术，通报汽车大赛动态，并为他们提供紧急救援和法律咨询服务，以保障机动车会员的各种合法权益。

1895 年 11 月 12 日，法国汽车驾驶人则以巴黎普拉斯·德罗佩拉大街 4 号作为活动总部，成立了法国汽车俱乐部。随后，其他欧美各国乃至全球各地都相继成立了为车主和驾驶人服务的汽车俱乐部。由于当时俱乐部成员多属于上层社会，具有一定的政治影响和活动能力，从而使得汽车俱乐部在推动汽车的发展和普及、改善道路条件、建设汽车服务设施等方面，起到了显著的作用。随着汽车工业的不断发展和汽车普及率的提高，汽车技术的复杂化和有车族范围的扩大，对车主的能力要求越来越高，如汽车使用过程中的维护修理、故障诊断、事故处理、年检年审、转籍过户等。为了解决车主的这些烦恼，使得有车的生活真正变得轻松，各种形形色色服务于广大车主的汽车俱乐部不断涌现，并不断扩大经营规模和业务范围，开始向金融、保险、租赁等各方面发展。同时，各类主题汽车俱乐部应运而生，产生了主要从事汽车比赛、越野活动、汽车收藏等各类汽车俱乐部。

经过一个多世纪的发展，全球各国汽车俱乐部的会员总数超过 2 亿，其中规模最大的当数美国，已有 4800 万人成为会员。俱乐部这个组织形式不仅创造了大量就业岗位，而且每年的营业额也很可观，如澳大利亚悉尼俱乐部有会员 200 万人，每年营业额达 40 亿美元。

5.3.2 汽车俱乐部的主要分类

当前，汽车俱乐部的服务专业化程度越来越高，形成了四类汽车俱乐部：①汽车爱好者俱乐部。主要由具有相同爱好的车主组织起来的俱乐部，如老爷车俱乐部、越野车俱乐部、改装车俱乐部等。②汽车品牌俱乐部。主要由拥有同一品牌汽车的车主组织起来的汽车俱乐部，如克莱斯勒俱乐部、路虎俱乐部等。③汽车救援俱乐部。这种俱乐部主要为车主提供各种及时救援服务，著名的有国际汽车旅游联盟（AIT）、美国汽车协会（AAA）等。④其他汽车俱乐部。

按照服务的内容，汽车俱乐部服务又可以分为生产型和生活型。生产型服务是指俱乐部为会员提供各种对车辆和车主本人的有关车辆的服务，它的目的是为广大会员解决在使用车辆的过程中所产生的实际困难；而生活型服务则是以会员为主体的各种休闲、娱乐和交友服务。汽车俱乐部常常还提供免费刊物，举办展览、车赛，组织驾车旅游等服务，在汽车的发展和使用服务方面起着越来越重要的作用。

5.3.3 世界主要汽车俱乐部

1. 美国汽车协会

1902 年 3 月，来自美国各地的 9 个汽车俱乐部在芝加哥召开会议，宣布成立美国汽车协会（American Automobile Association，简称"AAA"），成立协会的目的是改善汽车的可靠性，争取建设更好的公路，并敦促国会通过统一的交通法。目前，美国汽车协会是世界上最大的汽车俱乐部，是仅次于罗马天主教会的世界第二大会员制非营利组织。

美国汽车协会成立后，随着各个分支机构的逐步健全，其服务范围和种类也涉及旅游服务行业。1905 年首次出版《全美公路交通图》；1917 年出版《全美旅馆指南》；1920 年创办了首个安全驾驶学校；1947 年起着重于对汽车安全及道路交通安全等问题的研究。随着国人生活质量的日益提高，它又开始为会员提供购车贷款、保险和租车等方面的优惠。

随着服务范围和种类不断扩大，美国汽车协会获得了北美地区消费者的高度认同，成为北美地区道路紧急救援服务的领跑者、汽车专家；世界最大的旅行信息发布及出版商；世界最大的休闲旅游代理商；美国旅馆和饭店的权威评审机构；美国发展最快的金融产品和服务机构、最好的保险执行者等。这充分说明了美国 AAA 通过为广大消费者提供多元化的优质服务取得了消费者的一致认同与信任。尽管服务范围广，但美国汽车协会最主要而且最著名的服务项目还是在于其汽车紧急救援。据 2003 年底的统计数字，美国和加拿大两国的 AAA 全年接到的救助电话达到 3110 万个，涉及汽车事故的方方面面。其中，爆胎 12.9%、更换电池及充电服务占 18%、加油 1.5%、拖车 44.9%、熄火 15.4%。

美国汽车协会采用等级会费制，以推进会员的安全与流动性为宗旨，会员缴纳一定的年费取得年度等级会员资格（如初级、中级和高级），享有保险、租买车辆、出行旅游等相应的会员服务与优惠。美国汽车协会会员确实"物有所值"，首先会员不管是买新车或用旧车，或是搭朋友的便车，不管是谁的车，都可以享受会员的权利，也就是说，AAA "认人不认车"，这一规定对很多人具有吸引力。加入 AAA 很容易，你既可以通过网站注册，也可以电话报名，费用由信用卡支出，根本不需要本人露面。注册后将得到临时会员号（正式会员卡几周内将邮寄给本人），这意味着你可以马上享受 AAA 的服务了，包括 3mile 范围内的拖车、蓄电池充电、换胎、紧急送油、小故障排除、租车优惠、饭店及旅馆优惠、停车费优惠、免费国内地图、设计旅游线路等。高级会员的服务也将是"高级"的，如 200mile 免费拖车服务、一次免费租车、24h 旅行和医疗援助，如遇交通事故打官司时，还可得到几百美元的律师费补偿等。

一百多年来，随着美国公路网络的不断完善和汽车产业的高速发展，美国汽车协会迅速发展壮大，并逐渐向汽车后市场综合性服务机构转变。目前，AAA 现有遍布美国及加拿大的会员超过 4800 万人，下属 139 个分支机构，各自独立地经营各地区的汽车协会，全国有 10 万个授权网点，并在加拿大有 1000 个以上的办事处，每年仅汽车保险一项就收入 2.4 亿美元。

2. 德国汽车俱乐部

1903 年 5 月 24 日，德国摩托车驾驶者联盟（德语简称"DMV"）在斯图加特诗尔铂酒店成立，当时只有 25 名会员。之后，其他车种车友也纷纷成为会员，DMV 于 1911 年改为全德汽车俱乐部，简称"德国汽车俱乐部"（德语缩写"ADAC"），图 5 - 32 为德国汽车俱乐部 2011 年 12 月启用的新总部大楼。

德国汽车俱乐部是一家企业化运作、非营利性、混合性的组织，拥有众多分支机构。直属于 ADAC 的四大分支机构是 ADAC 投资和商务服务有限公司、ADAC 空中救援有限公司、ADAC 黄色天使基金会以及 ADAC 体育基金会。其中，ADAC 投资和商务服务有限公司为控股公司，负责其下各附属公司业务流程方面的协调、监测和监督。ADAC 有着发达的地区服务网络，同其会员保持着直接联系。在德国范围内，其产品和服务的散布和流通渠道包括 18 个地区协会、15 个

图 5 - 32　ADAC 新总部大楼

电话服务中心、178 个 ADAC 地方办事处、171 个 ADAC 代理机构。此外，ADAC 慕尼黑总部的四名董事负责欧洲和美国的 15 个急救站的事务。目前，会员数量超过 1500 万，仅次于拥有 4800 万会员的美国汽车俱乐部。其经典项目包括路边援助、空中救护、紧急医疗救助、国外援助、机动车车辆检测、保险、旅游和交通信息提供等。

德国汽车俱乐部也是国际汽车旅游联盟（AIT）与国际汽车协会（FIA）的双重会员，在海外（包括美国、加拿大、欧洲各国）拥有 16 个海外会员救援呼叫中心，配备德语为母语的工作人员，为会员提供各种（包括医疗在内）救助。德国汽车俱乐部追求高质量的救援网络建设，除不断完善自有的网络拓扑外，发展了 4100 个合作伙伴，与他们签订特约服务合同，建立通信联系、疏通指挥渠道，巩固、发展合作伙伴关系，实现更加有效、及时地向公众提供服务的目的。

德国汽车俱乐部最基本的汽车救援等服务是以会员制的方式收取少量的年费，服务时不收费或少收费。对于大学生或是有驾照的残疾人，会费还可减半。一旦你成了德国汽车俱乐部的成员，那么，你行驶在德国任何地方甚至在欧盟其他国家，你都不用为车坏了怎么办而发愁。按照规定，在你的车外出抛锚后你只需打一个电话，德国汽车俱乐部很快即派人帮你排除故障。如果你的车无法就地修复，德国汽车俱乐部可帮你把车拖回家。所有会员每月可得到一期德国汽车俱乐部主办的杂志——《ADAC - 汽车世界》，杂志中的大部分内容是介绍如何保养修理汽车，发行量达 1300 万份，是德国发行量最大的刊物。

3. 中国汽车俱乐部

中国汽车俱乐部的出现始于 1995 年成立的北京大陆汽车救援中心，即现在的北京大陆汽车俱乐部（简称 "CAA"）。自 1995 年创办至今，大陆汽车俱乐部已从单一的北京道路救援服务机构发展成为以道路救援为核心业务，汽车保险理赔、车务、物流、质保、会员服务、二手车增值服务等为一体的汽车后市场综合服务管理平台。2003 年，北京大陆汽车俱乐部成为澳大利亚保险集团（IAG）的全资子公司，依托投资发起人澳大利亚保险集团强大的经济支持及先进的国际管理经验，CAA 成为中国成立最早、规模最大的汽车救援专业机构。2006 年，CAA 全国道路救援网络覆盖全国 23 个省、4 个直辖市、561 个城市。现在已经发展全国网络合作伙伴 1880 家，全国道路服务网络覆盖全国 95% 以上的城市。在中国地区，为客户提供了几百万次完善的服务，如今已成为国内汽车救援服务与汽车俱乐部行业的领航者。

北京大陆汽车俱乐部除了开展救援服务这一核心业务之外，更加深入地发展汽车后市场，为会员及合作伙伴提供更多的选择便利和多元化的服务。现在 CAA 已有的服务包括救援服务、保险服务、车检代缴费用服务、技术咨询及俱乐部自驾、趣味讲座等活动。2012 年在上海设立分公司，在成都、广州设立了区域办事处，2013 年在天津设立了进口车事务部。近年来，在巩固原有落地业务的同时，CAA 与时俱进，陆续开发了一键通救援、自主车险购买、手机自助定损、微信服务平台 APP 等，运用移动互联网技术，通过信息系统解决汽车行业内的问题，提高效率，降低成本。CAA 还与 TSP 企业积极合作，参与 TSP 平台落地服务建设，不断开发与升级各项服务系统，提高服务效率与品质，优化用户体验。

当前，中国已进入一个汽车拥有率迅速上升的时期，汽车销量的大幅增长，意味着方兴未艾的汽车俱乐部业将是一个蕴藏无限商机的新兴产业。由于处于发展初期，而且各自的经营理念和发展方向不同，中国目前的汽车俱乐部形式多样，主要可以划分为以下类型：一是为车主提供具体服务为主的，以救援为龙头，并带动相关售后服务等，如北京大陆、福建迅速等；二是专门做售后服务的，如武汉绿岛；三是与文化、沙龙以及公益活动相结合，带有一定的协会性质，如全国唯一一家在民政部门注册成功的北京爱车俱乐部；四是以旅游、越野、赛车等兴趣或职业特征为主的，如风鸟、摄影家等；五是以企业、品牌等来设立的俱乐部，如法拉利汽车俱乐部、大众俱乐部等。当然，也有集上述特色于一体的综合性俱乐部，不少大型俱乐部在尝试这种模式。

复习题

一、简答题

1. 什么是汽车运动？有什么意义？
2. FIA 对参加 F1 赛车的发动机有怎样的规定？
3. 什么是方程式汽车赛？它是如何分级的？
4. 汽车展览会有什么意义？
5. 衡量某一车展是否为国际一流的主要依据是什么？
6. 当今有哪五大国际车展？各有什么特点？
7. 汽车俱乐部是一个什么样的组织？有什么作用？

二、测试题

请扫码进行测试练习。

测试 13

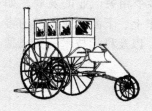

单元六　汽车社会

汽车是"改变世界的机器"，一方面，汽车诞生一百多年以来，为人类生活和生产活动做出了重要的贡献，极大地推动了经济和社会的发展。在很多发达国家及发展中国家，汽车工业已成为非常重要的支柱产业。另一方面，汽车在给人们带来便利和快捷的同时，也使人类付出了资源和环境的代价，危害着人类的生存。由于汽车保有量的增加而带来的能源枯竭、全球变暖、雾霾天气、城市噪声和交通事故等问题时时困扰着人们，减轻对石油资源的过分依赖、监控与防治汽车排放污染物和噪声等汽车公害，已处于刻不容缓的地步。

6.1　汽车与经济

作为现代交通工具之一，汽车已成为人类现代文明生活和生产不可或缺的重要组成部分。同时，汽车产业的发展又为国民经济的发展提供了强大的推动力，汽车产业已经成为国民经济的支柱。

6.1.1　汽车对社会经济的影响

汽车是世界上唯一兼有零件数以万件计、年产量以千万辆计、保有量以亿辆计、售价以万元计的综合性、高精度、大批量生产的工业产品，产品市场广阔，汽车产业在国民经济中的辐射面广、关联度大、牵动力强，地位极为重要。在很多发达国家及发展中国家，汽车工业已成为一个非常重要的支柱产业，对世界经济的发展和社会进步产生了巨大的推动作用。

1. 汽车工业对相关产业具有强大的联动效应，牵动力强

汽车工业具有很强的产业关联性，影响范围广且影响效果大，具有高投入、高产出、集群式发展的特点。汽车工业自身的生产、研发、零部件供应，前序的原材料、技术装备、物流，后序的销售、维修服务、汽车美容、油料、报废回收、保险，直至信贷、咨询、广告、租赁、驾驶培训、汽车救援、基础设施建设等，构成了一个无与伦比的长链条、大规模的产业体系。

汽车产业链长、辐射面广、关联度高、就业面广、消费拉动大，与其相关的上游产业包括钢铁、有色金属、橡胶、玻璃、机械、化工、电子、石油等，其下游产业包括销售、维修、公路建设、交通物流、保险理赔、汽车美容和旅游等。据统计，汽车工业的发展能直接和间接带动钢铁、机械、电子、橡胶、玻璃、石化、建筑、服务等150多个相关产业的发展，如图6-1所示。汽车工业产业链存在于汽车商品生产的所有领域，汽车上、下游产业链的内容和关系如图6-2所示。随着生产的社会化、规模化和专业化的发展，以及科学技术的突飞猛进，汽车工业产业链的范围和深度也将不断扩展。

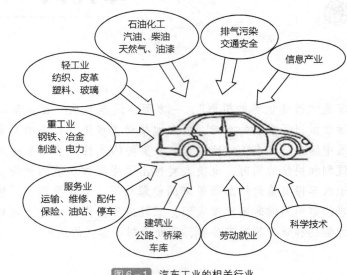

图6-1　汽车工业的相关行业

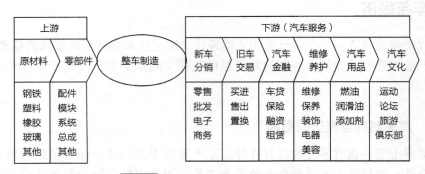

图6-2　汽车上、下游产业链的内容和关系

汽车消费的拉动作用范围大、层次多，是典型的波及效应大的产业，波及效应是数倍于汽车工业本身的效益。在欧美一些发达国家，汽车制造业与上、下游产业的关联比例约为1:1:2.6，也就是说，汽车工业每增值1元，则会给上游产业带来1元的增值，给下游产业带来2.6元的增值，汽车工业的波及效应达到本身产值的3~5倍。以美国为例，汽车工业消费了美国25%的钢材、60%的橡胶、33%的锌、17%的铝和40%的石油；在商业领域，汽车经销商的收入占美国批发商的17%和零售商的24%。在我国，汽车工业产值与相关产业的直接关联度是1:2，间接关联度则达到1:5，即汽车工业给相关产业所带来的直接和间接增加值已分别是汽车工业自身增加值的2倍和5倍。经测算，我国私人汽车每增加1万辆，会拉动GDP增长88.82亿元，钢产量将增加141万t，生铁产量增加123万t，原油产量增加203万t，玻璃产量将增加16.7万重量箱，合成橡胶产量增加0.1万t，轮胎外胎产量增加13.4万条，公路里程增加428.8km。我国20世纪90年代中期关于工业产业园投入产出的一项研

究表明，汽车工业所需机床约占全国机床销售额的15%，交通运输的汽油消耗量占全国的80%~90%，柴油约为20%，国内钢材的3%、橡胶的30%、轮胎的40%、钢化玻璃的45%、工程塑料的11%、油漆的10%均被用于汽车产业。可见，汽车工业的发展不但可以带动相关制造行业发展，还可强力拉动服务业，对经济的拉动作用巨大。

许多发达国家著名的汽车企业其实力足以左右国民经济的动向，举足轻重。这些国家汽车工业的产值约占国民经济总产值的7%~8%，占机械工业总产值的30%，在世界500强企业的排行榜中均名列前茅。因此，世界各个发达国家几乎无一例外地把汽车工业作为国民经济的支柱产业。

2. 汽车工业科技创新和科技成果吸收能力强，有利于促进产业结构升级

汽车是一种零件以万件计，产量以千万辆计，保有量以亿辆计的高科技产品，其巨大的市场潜力、不断进步的科技动力，使汽车成为当代众多高新技术争相应用的强大载体，各种现代高新技术成果在汽车上获得越来越广泛的应用。汽车诞生100多年来，汽车的技术进步使得汽车的面貌日新月异，汽车工业变得日益强大和成熟。20世纪70年代以后，汽车在安全、节能和环保方面又有了新的突破和进展。特别是电子技术与汽车技术的结合，使得汽车技术又有一个新的、质的飞跃，汽车正在走向电子化、网络化、智能化、轻量化、能源多样化。同时，汽车的能耗、噪声和污染等公害日益减少，安全性、经济性、舒适性、使用方便性日益提高。汽车科技是国家整体提高科技水平的领头羊，是国家创新工程的重要阵地。

汽车工业的发展，不断地对相关产业提出新的要求，促进相关产业的技术进步。例如，高性能燃料和润滑油、特种钢材和有色金属、子午线轮胎、工程塑料、夹层玻璃和钢化玻璃、汽车电子设备等，就大大推动了石油工业、冶金工业、橡胶工业、化学工业、玻璃工业、电子工业的技术进步。现代汽车科技涉及空气动力学、人机工程学、结构力学、机械工程学、热力学、流体力学、材料学、工业设计学等多个学科，它们紧密相连，相互依附、相互促进。汽车工业是消化吸收科技成果（尤其是高科技成果）最强的工业部门之一，如世界上70%的机器人被应用于汽车工业，CAD/CAM技术正被广泛用于汽车设计和生产，以电子产品为代表的一大批高科技产品的装车率日益提高。机械、电子、化学、材料、光学等众多学科技术领域取得的成就都在汽车上得到了体现和应用。

汽车工业的发展，直接促进国家产业结构的升级。由于汽车工业的水平几乎代表着一个国家的制造业水平、工业化水平和科技水平，汽车科技及其相关科技对其他产业的辐射，直接促进有关产业的进步，特别是技术含量相对较高产业的发展，从而使得国家的产业结构不断走向高级化。产业结构的升级，提高了产业的国际竞争能力，必将导致国家出口产品结构的优化，形成以深加工、高附加值为主的出口结构。第二次世界大战后，汽车"国际贸易第一大商品"的地位从未被撼动。

3. 汽车产业能够提供大量的就业机会

汽车工业能够提供数量庞大、范围广泛的就业机会，发展汽车工业是提供就业机会的有效途径。汽车工业本身既是资本和技术密集型产业，同时也是一种劳动密集型产业，而且它的生产和使用对其他相关产业具有强大的联动效应，可以创造大量的就业机会，尤其是相关产业。汽车及其相关产业的各个生产和管理环节所要求的工作技能都不一样，所以就可以容纳不同层次的劳动者。而且，随着汽车产量的增加、使用的普及化和汽车产品的高科技化，

汽车及相关产业所能够提供的就业机会的数量将越来越多，范围将越来越广，技术含量也越来越高。有统计数字表明，汽车工业每提供 1 个就业岗位，上下游产业的就业人数就增加 10 ~ 15 个。据有关资料统计，在几个主要汽车生产国和消费国中，汽车产业及相关产业提供的就业机会约占全国总就业机会的 10% ~ 20%，尤其是汽车服务业的就业人数大幅度增长，就业比例明显提高。西欧的主要发达国家，全国平均每 6 ~ 7 个就业人员中就有一个是与汽车产业相关的。也就是说，汽车工业与相关产业的就业人口的比例高达 11% ~ 14%。美国每 9 个工人中就有 1 个与汽车制造、驾驶或修理服务业有关。在日本，汽车制造、销售、营运等行业的职工人数占全国就业人数的 1/10，德国为 1/6。我国与日本、德国相比，汽车总就业人数相对较多。2005 年，我国汽车产业就业人数已达 4215 万人，占全国就业人数的 10%。有专家预测，到 2030 年将达 1 亿人以上。

《财富》杂志于 1955 年创立"美国 500 强"，1957 年发布"美国之外 100 家最大的工业企业国际排行榜"，经过多次扩充企业数量和行业，在 1995 年形成延续至今的"财富全球 500"——世界上最大的公司，我国翻译为"财富世界 500 强"排行榜。由于历史较悠久，又有较大影响，"财富世界 500 强"成为衡量全球大型公司的著名榜单和权威榜单，甚至称之为"终极榜单"。从近些年来的世界 500 强企业排行榜中，能看出汽车工业在国民经济中的突出地位。

按照《财富》杂志划分的企业所属行业类别，2017 年世界 500 强中车辆与零部件业有 34 家企业，其中有 23 家整车企业上榜，在 58 个行业分类中仅次于商业储蓄银行业的 51 家。丰田和大众跻身前十，丰田汽车在全球排名第五名，而在汽车行业则以 2546.94 亿美元的营业收入位居第一。排名前五位的分别为丰田汽车公司（总榜单排名第 5 位）、德国大众公司（总榜单排名第 6 位）、戴姆勒股份公司（总榜单排名第 17 位）、通用汽车公司（总榜单排名第 18 位）、福特汽车公司（总榜单排名第 21 位）。

按照《财富》杂志划分的企业所属行业类别，2018 年世界 500 强中车辆与零部件业有 34 家企业，其中有 23 家整车企业上榜，在 58 个行业分类中仅次于商业储蓄银行业的 51 家。丰田和大众跻身前十，丰田汽车在全球排名第六名，而在汽车行业则以 2651.72 亿美元的营业收入位居第一。排名前五位的分别为丰田汽车公司（总榜单排名第 6 位）、德国大众公司（总榜单排名第 7 位）、戴姆勒股份公司（总榜单排名第 16 位）、通用汽车公司（总榜单排名第 21 位）、福特汽车公司（总榜单排名第 22 位）。

6.1.2　我国的汽车工业

1953 年 7 月 15 日，第一汽车制造厂在长春破土动工，我国的汽车工业从这里起步。在 60 多年的发展历程中，经历了由计划经济向市场经济的转型。自 2001 年底加入 WTO 以来，我国汽车工业蓬勃发展，已经成为我国国民经济的重要支柱产业，在促进经济发展、增加就业、拉动内需等方面发挥着越来越重要的作用。同时，我国宏观经济持续、快速的增长也推动汽车需求量迅速增加，市场需求的变化使我国汽车工业迎来了突飞猛进的发展。

1. 汽车工业在我国国民经济中的地位与作用

我国幅员辽阔、人口众多，物质生产和经济运转需要现代交通体系的强力支持。我国的现代化，必然要求交通方式和交通工具的现代化。我国正在致力于建设以快速列车、高速公路、立交桥、地铁、轻轨、空运、海运为组成内容，各种交通运输方式彼此协作、相互协调发展的现代化综合交通体系。由于汽车具有使用上的灵活性、快捷性、方便性、适应性和广泛性，现代公路交通是现代交通体系最重要的组成部分。随着百姓生活水准的提高，方便、快捷、舒适的公路交通也是满足人们出行的客观需要。在这样的国情和发展背景下，汽车在我国已经呈现出市场广阔、需求量大的特点，并且在未来较长时期内，这种需求趋势仍将维持下去，加入 WTO 后我国汽车市场的快速增长便是最好的例证。同时，由于我国存在着大量剩余劳动力，就业矛盾突出，汽车产业对于多方面扩大就业途径，带动间接就业特别是服务业就业的增长，具有比其他国家更大的作用。这种作用，无论是其经济意义，还是其政治意义，都是不可低估的。

从我国经济增长的实际情况看，进入 21 世纪以来，我国汽车产量年均增长 20% 以上，对世界汽车增长每年的贡献率达到近 50%。过去十年汽车工业总产值占 GDP 的比重从 3.4% 稳步提升至 4%～4.5%，占 GDP 中工业总产值的比重也在稳步提升，对经济平稳运行有较强的带动作用。在经济规模方面，据《中国汽车工业年鉴》统计，2012 年汽车制造业实现工业增加值 7940.4 亿元，占 GDP 的 1.40%。2013 年汽车制造业利润总额 3166.6 亿元，与 2001 年相比增长 15 倍。在产业地位方面，通过对 2005 年我国 62 个部门的投入产出流量表的分析可以看出，国内汽车制造业每增值 1 元，可以有效带动上下游关联产业 2.64 元的增值。据此计算，2013 年我国汽车产业对国民经济的拉动作用远远超过 10%，影响到 156 个行业，汽车工业在国民经济中的地位也日益突出。2015 年我国汽车产值为 2.8 万亿元，同比增长 4.9%，汽车产值占 GDP 的比重为 4.1%，占 GDP 中工业总产值的比重超过 12%。2005～2015 年我国汽车工业总产值占 GDP 比重情况如图 6-3 所示。

图 6-3　2005～2015 年我国汽车工业总产值占 GDP 比重

2016 年，我国汽车行业拥有规模以上企业 14110 余家，约占经济总量 2%。汽车行业工业增加值同比增长 15.5%，分别高于国内生产总值和规模以上工业增速 8.8 个百分点、9.5 个百分点，推动经济增长 0.3 个百分点，对经济增长的贡献率高达 4.5%。实现主营业务收入 80185.8 亿元，同比增长 14.1%，增幅比规模以上工业高出 9.2 个百分点。实现利润总额 6677.4 亿元，同比增长 10.8%，增幅比规模以上工业高出 2.3 个百分点。完成固定资产投资 12037 亿元，同比增长 4.5%，增幅比规模以上工业高出 0.9 个百分点。

党的十八大以来，我国汽车工业产业规模不断扩大。汽车工业总产值、上缴利税不断扩大，对于 GDP 的贡献显著增强，并成为稳定就业的重要力量。汽车消费零售总额从 2012 年的 2.4 万亿元，增长至 2021 年的 4.4 万亿元，比 2012 年增长 83.3%，年均增长 7.0%，占全社会消费品零售总额的比重保持在 10% 以上；2021 年，汽车制造业完成营业收入超过 8 万亿元，达到 8.7 万亿，实现利润保持在 5000 亿元以上，达到 5306 亿元。2022 年，我国规模以上汽车制造企业超过 1.7 万家，直接相关产业的从业人员超过 4000 万人，占全国城镇就业人数的 12% 以上。汽车产业实现工业总产值 4.34 万亿元，占国民经济总产值的 6.13%。汽车行业税收 9500 亿元，占全国税收的 13%。汽车制造业规模以上工业增加值同比增长 6.3%，高于制造业 3.3 个百分点。汽车制造业固定资产投资同比增长 12.6%，高于制造业 3.5 个百分点。2022 年，汽车类消费品零售总额达 4.58 万亿元，占社会消费品零售总额的 10.41%。

2022 年 10 月 16 日，中国共产党第二十次全国代表大会在北京人民大会堂隆重开幕。二十大报告指出，"从现在起，中国共产党的中心任务就是团结带领全国各族人民全面建成社会主义现代化强国、实现第二个百年奋斗目标，以中国式现代化全面推进中华民族伟大复兴"。中国式现代化的本质要求之一就是实现高质量发展，这也是全面建设社会主义现代化国家的首要任务。而建设社会主义现代化国家，离不开汽车工业的现代化，中国式现代化需要强大的汽车产业。同时，二十大报告还指出，"建设现代化产业体系，坚持把发展经济的着力点放在实体经济上，推进新型工业化，加快建设制造强国、质量强国、航天强国、交通强国、网络强国、数字中国"。汽车工业被视为现代工业皇冠上的"明珠"，是一个国家制造力强弱的重要标志，汽车也是交通领域的核心组成，决定着人们的出行体验和城市运行效率。于我国而言，汽车作为国民经济支柱产业，其产业关联度之高、涉及范围之广、产业链条之长、相关就业之多，鲜有其他产业可比拟。要建设制造强国，就绕不开汽车强国的建设。过去 10 年间，我国汽车产业的快速发展成为中国式现代化的重要支撑。同样的，中国式现代化也将持续为巨变中的中国汽车产业注入崭新活力。

2. 我国汽车市场的基本特点

我国自 20 世纪 50 年代中期开始生产汽车，至 1992 年汽车产销量首次突破百万辆大关，经历了 36 年的时间。从 100 万辆发展至 2000 年产销量超过 200 万辆，其间经历了 8 年的时间，而到 2002 年突破 300 万辆仅仅用了两年多时间。2009 年，我国汽车产销量分别达到 1379.10 万辆和 1364.48 万辆，以 300 多万辆的优势首次超越美国，成为世界汽车产销第一大国。2011 年至 2015 年，"十二五"期间我国汽车市场继续保持平稳增长态势，至 2015 年汽车产销量连续七年蝉联全球第一。

2016 年是"十三五"开局之年，中国汽车产销量分别完成 2811.88 万辆和 2802.82 万辆，产销总量再创历史新高，连续八年蝉联全球第一。产销量比上年同期分别增长 14.46% 和 13.65%。2017 年，我国汽车产销量分别完成 2901.5 万辆和 2887.9 万辆，比上年同期分别增长 3.2% 和 3%，连续九年蝉联全球第一。

2021 年，我国汽车产业在"十四五"开局之年呈现稳中有增的良好发展态势，汽车产销 2608.2 万辆和 2627.5 万辆，同比分别增长 3.4% 和 3.8%，汽车产销总量连续 13 年位居全球第一。新能源汽车产业表现"亮眼"，产销双双突破 350 万辆，连续 7 年位居全球第一。汽车出口首超 200 万辆，表现出色。

2012 ~ 2021 年我国汽车产销量变化情况如图 6 - 4 所示。

2022 年，我国汽车产销分别完成 2702.1 万辆和 2686.4 万辆，同比增长 3.4% 和 2.1%，产销量连续 14 年稳居全球第一。其中，新能源汽车全年产销迈入 700 万辆规模，分别达到 705.8 万辆和 688.7 万辆，同比分别增长 96.9% 和 93.4%，连续八年保持全球第一，市场占有率为 25.6%。

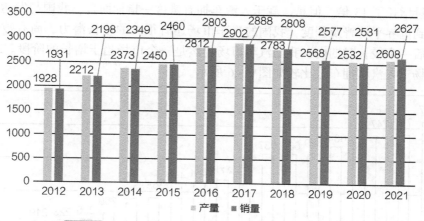

图 6-4　2012~2021 年我国汽车产销量变化情况（单位：万辆）

在汽车产销量快速增长的同时，我国汽车保有量也随之不断增长。2006 年我国汽车保有量为 4985 万辆，2016 年达到 19440 万辆，11 年时间增长了 289.97%。据公安部交管局统计，截至 2017 年 3 月底，全国汽车保有量首次突破 2 亿辆，达 200192782 辆，占机动车总量的 66.67%。截至 2023 年 3 月底，全国机动车保有量达 4.2 亿辆，其中汽车保有量突破 3 亿辆，达到 3.2 亿辆，每年新登记机动车 3400 多万辆，总量和增量均居世界首位（美国 2.83 亿辆）。2016~2021 年我国汽车保有量及历年增速变化情况如图 6-5 所示。

图 6-5　2016~2021 年我国汽车保有量及历年增速

为了衡量一个国家和地区汽车使用的广泛性和普及程度，学术界引入了"汽车密度"的概念，主要使用"千人汽车拥有量"指标，指一个国家或地区每千人拥有的汽车数量（辆/千人）。这里，汽车拥有量又被称为汽车保有量，指全社会拥有的可以上路行驶的各类汽车的总辆数。以 2007 年为例，截至该年底，我国的汽车保有量大约为 6000 万辆，千人汽车拥有量为 44 辆左右，但是美国达到 780 辆、欧盟 340 辆、日本 380 辆，世界平均水平为 110 辆。截至 2010 年末，我国汽车保有量为 7802 万辆，每千人汽车保有量仅为 58 辆，不及世界平均水平的一半。2011 年，我国平均千人汽车拥有量为 69 辆，接近世界平均水平（140 辆/千人）的一半。2022 年，我国汽车保有量达到 3.2 亿辆，千人汽车拥有量为 226 辆，而这一时期美国为 837 辆、意大利 747 辆、法国 731 辆、日本 639 辆。由此可见，尽管相比 2002 年 2053 万辆的汽车保有量、17 辆的千人汽车拥车量，20 年来我国汽车保有量增长了 16 倍，千人汽车拥车量增长了 13 倍，但是，就千人汽车拥有量这一指标而言，我国与发达国家相去甚远。即使达到世界平均普及程度，我国的汽车市场还有很大的增长潜力，尚有数亿辆的净增空间。在今后一个较长时期内，我国汽车市场仍然是一个市场趋于增长的阶段。2022 年全球主要汽车市场千人汽车拥车量比较如图 6－6 所示。

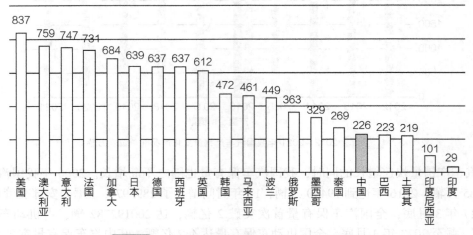

图 6－6　2022 年全球主要汽车市场千人汽车拥有量比较

　　二十大报告提出的中国式现代化宏伟的发展思路，其核心主旨就是要不断满足人民对美好生活的向往，对汽车市场的发展有着巨大的促进作用。中国式现代化是人口规模巨大的现代化，是全体人民共同富裕的现代化，巨大的人口规模带来了汽车社会发展的基础条件。中国式现代化宏伟的发展思路也指明了我们新能源车行业发展的方向和动力，夯实了新能源汽车的战略性新兴产业领军地位，推动新能源汽车行业产业链、供应链的稳定发展，推动中国汽车消费普及迈上新台阶。因此，未来汽车市场的发展必然是中国现代化的重要组成部分。毫无疑问，中国又是公认的世界上最大的潜在汽车消费市场。

6.2　汽车与能源

　　汽车的发展主要以地球上有限的矿物燃料资源为基本前提。在目前及今后相当长的一段时间里，大部分汽车仍然以内燃机为动力源，汽油机和柴油机需要消耗大量的汽油和柴油。另外，汽车上所使用的其他液体，如发动机润滑油、齿轮油、自动变速器油、润滑脂等的基础油，也都是来源于石油。因此，从长远看，逐渐增加的汽车能源消耗加剧了石油资源的供需矛盾。能源安全关系到社会的可持续发展和国家的安全，节约能源和合理利用能源对国家的长远发展具有深远和重要的意义。

6.2.1　汽车能源消耗的现状

我国从 2000 年开始进入汽车产销快速发展期，新车年销售量从 2000 年的 209 万辆增加到 2017 年的 2888 万辆，18 年间增长了将近 14 倍。自 2009 年以来，我国已连续 9 年成为全球第一大新车生产国和消费国。随着我国汽车保有量的快速增长，大大加速了石油消耗总量的上升及石油对外依存度的上升。

据不完全统计，目前全球每天消耗石油量已达 7100 万桶，我国每天消耗 750 万桶，其中汽车的石油消耗比例占石油总消耗量的 40%（美国占到 67%）。我国原油年消费量从 2000 年的 2.3 亿 t 增长到 2017 年的 5.9 亿 t，已成为世界能源消费第一大国，是全球第二大石油消耗国，也是全球第二大原油进口国。

近年来，中国的石油年新增探明储量明显下降，以致出现新增可采储量小于当年产量的情况，年产量也连续 5 年降至 2 亿 t 以下。由于我国原油的储量很低，产油量跟不上需求的步伐，导致需求量的大部分需要依赖进口来弥补，每年进口量在 3 亿 t 以上，近年来的对外依存度维持在 60% 左右。持续增长的石油消费所带来的石油进口将严重威胁我国的能源安全，并可能阻碍我国经济的持续发展。同时，大量的能源消耗还带来了严重的环境污染，汽车排放污染已成为我国大中城市中心地带空气污染的主要来源。

石油是一种不可再生资源，终有耗尽的一天。按照已经开发的油田数量估计，到 2050 年全世界的石油就将遭遇枯竭危机，距离现在不过 20 多年。即使把已勘探到还没有开发的油田数量一并计算在内，到 2100 年地球石油资源也将被消耗殆尽，如图 6-7 所示。汽车在为我们带来方便的同时，也的确造成了巨大的能源压力。

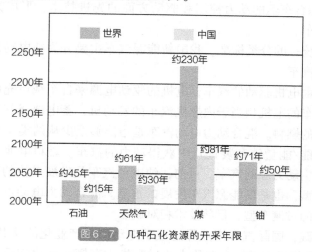

图 6-7　几种石化资源的开采年限

6.2.2　汽车能源问题的解决办法

巨大的能源压力使全世界都面临着汽车节能减排的严峻挑战，迫切需要产业技术升级。

1. 加大节能汽车技术研发力度

节能汽车是指以内燃机为主要动力系统，综合工况燃料消耗量优于下一阶段目标值的汽车。从以内燃机为主要动力系统的汽车本身来讲，以大幅提高汽车燃料经济性水平为目标，未来汽车节能技术包括以下几个方面：提高现有内燃机效率，如柴油机高压共轨、汽油机缸内直喷、均质燃烧以及涡轮增压等高效内燃机技术；改进动力系统和传动系统，如混合动力专用发动机和机电耦合装置、六档及以上机械变速器、双离合器式自动变速器、商用车自动控制机械变速器等；提高小排量发动机的技术水平（低阻零部件、轻量化材料与激光拼焊成型技术）等，推广小排量汽车。此外，开发替代燃料（天然气、液化石油气、氢燃料、醇类、生化柴油等），发展替代燃料汽车，也能减少汽车的能源消耗，是减少车用燃油消耗的必要补充。

近年来，我国汽车节能技术推广应用取得了积极进展，通过实施乘用车燃料消耗量限值标准和鼓励购买小排量汽车的财税政策等措施，先进内燃机、高效变速器、轻量化材料、整车优化设计以及混合动力等节能技术和产品得到了大力推广，汽车平均燃料消耗量明显降低；天然气等替代燃料汽车技术基本成熟并初步实现产业化，形成了一定的市场规模。到2020年，当年生产的乘用车平均燃料消耗量将降至5.0L/100km，节能型乘用车燃料消耗量将降至4.5L/100km以下；商用车新车燃料消耗量接近国际先进水平；使用替代燃料以及先进动力系统的新车会在所有新注册的汽车中占60%的份额。

2. 大力发展新能源汽车

能源消费量的日益增加与能源储量日益减少的矛盾迫使我们不得不寻找新的替代能源。发展新能源汽车也就成为解决日益严重的能源危机和环保压力的唯一途径，也是人类社会可持续发展的唯一道路。

新能源汽车是指采用非常规的车用燃料作为动力来源（或使用常规的车用燃料、采用新型车载动力装置），综合车辆的动力控制和驱动方面的先进技术，形成技术原理先进，具有新技术、新结构的汽车。

新能源汽车没有统一的分类标准。我国新能源汽车主要分为纯电动汽车、混合动力电动汽车和燃料电池电动汽车。

纯电动汽车是指由电机驱动的汽车，电机的驱动电源来自车载可充电蓄电池或其他能量储存装置。纯电动汽车的电机相当于内燃机汽车的发动机，蓄电池或其他能量储存装置相当于内燃机汽车油箱中的燃料。混合动力电动汽车是指能够至少从两类车载储存的能量（可消耗的燃料、可再充电能/能量储存装置）中获得动力的汽车。燃料电池电动汽车是以燃料电池系统作为动力源或主动力源的汽车。目前，纯电动汽车是发展最快的新能源汽车，是新能源汽车中最重要的车型，也是新能源汽车发展的重点。混合动力电动汽车是内燃机汽车向纯电动汽车发展过程中的过渡车型，目前技术相对成熟。

经多年的探索实践，国际汽车产业界达成了电动汽车产业化战略共识：在技术路线上，2010年到2015年，在依靠内燃机汽车技术改进和推进车辆小型化实现降低油耗和排放的同时，尽快推进混合动力技术的应用，并发展小型纯电动汽车和插电式混合动力汽车；2015年到2020年，在混合动力技术得到广泛应用的基础上，提高汽车动力系统电气化程度，加大小型纯电动汽车和插电式混合动力汽车推广力度；2020年以后，各种纯电驱动技术将逐步占据主导地位，通过进一步发展纯电动汽车和燃料电池汽车，实现大幅度降低石油消耗和CO_2排放。

如图 6-8 所示，从整体来看，全球新能源汽车保有量分为两个发展阶段。第一阶段为 2005～2009 年，全球新能源汽车市场保有量增长缓慢，总保有量不足 6000 辆；第二个阶段为 2010～2015 年，属于快速增长阶段，总保有量从 2010 年的 1.2 万辆快速增至 2015 年的 125.69 万辆，年均复合增长率高达 151.55%。因此，从 2010 年开始，全球新能源汽车市场进入了快速发展阶段。

图 6-8　全球新能源汽车保有量增长趋势图（单位：千辆）

由于历史原因，我国在传统燃油车时代起步晚、发展慢，核心技术突破难。自 2012 年党的十八大以来，我国深入推进实施新能源汽车国家战略，强化顶层设计和创新驱动，选准技术路线，把握住电动化、智能化、网联化方向，取得了前所未有的成功，新能源汽车站到了引领世界汽车发展方向的位置上，成为引领全球汽车产业转型升级的重要力量。十年间，我国新能源汽车销量从 2012 年的 12791 辆，跃升到 2021 年的 352.1 万辆，全球占比超过 50%，连续七年蝉联全球新能源汽车销量榜首。2014～2021 年我国新能源汽车产销量情况如图 6-9 所示。2022 年，我国新能源汽车全年产销迈入 700 万辆规模，分别达到 705.8 万辆和 688.7 万辆，同比分别增长 96.9% 和 93.4%，连续八年保持全球第一，市场占有率为 25.6%。2022 年，我国新能源汽车保有量达 1310 万辆，同比增长 67.13%。其中，纯电动汽车保有量 1045 万辆，占新能源汽车总量的 79.78%。新注册登记新能源汽车数量从 2018 年的 107 万辆到 2022 年的 535 万辆，呈高速增长态势。2022 年，我国出口新能源汽车 67.9 万辆，同比增长 120%。如今，我国已成为世界上最大的新能源汽车生产国、消费国，也是世界上规模最大、出口量最大的汽车出口国。

2022 年 10 月 16 日，中国共产党第二十次全国代表大会在北京人民大会堂隆重开幕。二十大报告指出，积极稳妥推进碳达峰碳中和。立足我国能源资源禀赋，坚持先立后破，有计划分步骤实施碳达峰行动。深入推进能源革命，加强煤炭清洁高效利用，加快规划建设新型能源体系。积极参与应对气候变化全球治理。

新能源汽车产业是战略性新兴产业，是我国制造业低碳转型的重要领域。发展新能源汽车，一方面可以在一定程度上减少石油的消耗量，降低对进口石油的依赖，确保我国的能源安全，另一方面，可以进一步助力达成我国"双碳"目标，具有十分重要的战略意义。发展新能源汽车是我国从汽车大国迈向汽车强国的必由之路。中国新能源汽车十年来的发展证明这是一条正确之路，中国汽车工业将继续沿着这条道路奋勇前进。

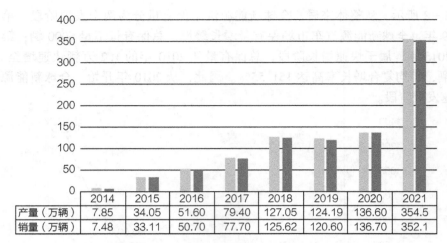

	2014	2015	2016	2017	2018	2019	2020	2021
产量（万辆）	7.85	34.05	51.60	79.40	127.05	124.19	136.60	354.5
销量（万辆）	7.48	33.11	50.70	77.70	125.62	120.60	136.70	352.1

图6-9　2014～2021年我国新能源汽车产销量情况

6.3　汽车与环境

随着汽车保有量的增加，带来了大量的环境污染问题，其中尤以汽车尾气、汽车噪声的危害最为严重，逐步成为城市环境质量恶化的主要污染源，如图6-10所示。大气环境是人类赖以生存的宝贵资源，因此，减少温室气体排放、防止全球气候变暖是世界各国共同关注的问题。

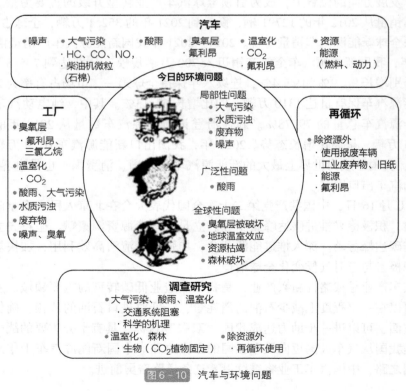

图6-10　汽车与环境问题

6.3.1 汽车尾气

1. 汽车尾气的主要成分与危害

根据有关分析，汽车排放的尾气中各种气体成分约有 1000 多种，其中对人体健康危害最大、对环境有破坏作用的有一氧化碳（CO）、碳氢化合物（HC）、氮氧化物（NO_x）、二氧化碳（CO_2）和微粒物（PM）等。据测算，大气中所含的 CO 的 75%、HC 和 NO_x 的 50% 都来自汽车排放的尾气。

（1）一氧化碳（CO） 一氧化碳（CO）是内燃机工作时燃料不完全燃烧所产生的，是氧气不足而生成的中间产物。氧气量充足时，理论上，燃料燃烧后不会存在 CO；但当氧气量不足时，就会有部分燃料不能完全燃烧而生成 CO。

CO 是一种无色、无味窒息性的有毒气体。由于 CO 和血液中有输氧能力的血红蛋白（Hb）的亲和力比氧气和 Hb 的亲和力大 200~300 倍，因而 CO 能很快和 Hb 结合形成碳氧血红蛋白（CO-Hb），使血液的输氧能力大大降低，导致心脏、大脑等重要器官严重缺氧，引起头晕、头痛、恶心等症状。轻度时会使中枢神经系统受损，慢性中毒，严重时会使心血管工作困难，直至死亡。不同浓度 CO 对人体健康的影响见表 6-1。为保护人类不受 CO 的毒害，将 24h 内吸收 CO 的体积分数限制在 5×10^{-6} 以内。CO 和 Hb 结合是可逆的，如果吸入低浓度 CO 后置于新鲜空气中或进入高压氧舱，已经与 Hb 结合的 CO 会被分离出来，通过呼吸系统排出体外。

表 6-1 不同体积分数 CO 对人体健康的影响

CO 体积分数（10^{-6}）	对人体健康的影响
5~10	对呼吸道患者有影响
30	人滞留 8h，视力及神经机能出现故障
40	人滞留 8h，出现气喘
120	1h 接触，中毒，血液中 CO-Hb>10%
250	2h 接触，头痛，血液中 CO-Hb=40%
500	2h 接触，剧烈心痛、眼花、虚脱
3000	30min 即死亡

（2）碳氢化合物（HC） 汽车尾气中的碳氢化合物（HC）包括未燃烧和未完全燃烧的燃油、润滑油及其裂解产物和部分氧化物，如苯、醛、酮、烯、多环芳香族碳氢化合物等 200 多种复杂成分。碳氢化合物（HC）包含了烷烃、烯烃、炔烃、环烃及芳烃，是许多其他有机化合物的基体。饱和烃危害不大，但不饱和烃危害性很大。当甲醛、丙烯醛等醛类气体的体积分数超过 1×10^{-6} 时，就会对眼、呼吸道和皮肤有强刺激作用；超过 25×10^{-6} 时，会引起头晕、呕吐、红血球减少、贫血；超过 $1\,000 \times 10^{-6}$ 会急性中毒。苯是无色气体，但有特殊气味。应当引起特别注意的是带更多环的多环芳香烃，如苯并芘及硝基烯，是强致癌物。烃类成分还是引起光化学烟雾的重要物质。

（3）氮氧化物（NO_x） 氮氧化物（NO_x）是燃料高温燃烧过程中剩余的氧与氮化合形成的产物，如 NO、NO_2、N_2O_3、N_2O_5 等，统称为 NO_x。车用发动机排气中的氮氧化物主要是

NO（约占95％），其次为NO$_2$（占5％）。根据伦敦20世纪90年代的检测报告，大气中74％的氮氧化物来自汽车尾气排放。

NO是一种无色无味的气体，溶于水，有轻度的刺激性，但是毒性不大，高浓度时会造成中枢神经轻度障碍，NO可被氧化成NO$_2$。NO$_2$是一种棕红色强刺激性的有毒气体，其体积分数为0.1×10^{-6}时即可嗅到，达到1×10^{-6}～4×10^{-6}时，人就感到恶臭，它对人体健康的影响见表6-2。NO$_2$可以引起急性呼吸道疾病，会使儿童的支气管炎发病率增加，长时间处在NO$_2$环境下可能会因肺内气肿而死亡。NO$_x$进入肺泡后能形成亚硝酸和硝酸，对肺组织产生剧烈的刺激作用。亚硝酸盐则能与人体血液中的血红蛋白（Hb）结合，形成变性血红蛋白，使血液输氧能力下降，可在一定程度下导致组织缺氧，对心脏、肝、肾都会有影响。NO$_2$会使植物枯黄，但NO$_2$较易扩散，遇水易溶解。

表6-2　不同浓度NO$_2$对人体健康的影响

NO$_2$体积分数（10^{-6}）	对人体健康的影响
1	闻到臭味
5	闻到强臭味
10～15	10min眼、鼻、呼吸道受到刺激
50	1min内人呼吸困难
80	3min感到胸痛、恶心
100～150	在30～60min内因肺水肿而死亡
250	很快死亡

大气中的氮氧化合物与碳氢化合物受阳光中紫外线照射后会发生一系列复杂的化学反应，生成臭氧和过氧乙酰基硝酸酯等光化学过氧化物以及各种游离基、醛硫酸烟雾等，形成有毒的光化学烟雾（图6-11）。光化学烟雾的表现特征是烟雾弥漫，烟雾呈蓝色，大气能见度降低（图6-12）。光化学烟雾中的光化学氧化剂超过一定浓度时，具有明显的刺激性，它能刺激眼结膜，引起流泪并导致红眼症，同时对鼻、咽、喉等呼吸道黏膜也有刺激作用，能引起急性喘息症，可以使人呼吸困难、眼红喉痛、头脑晕沉，造成中毒。另外，光化学烟雾也会伤害植物叶子，加速橡胶老化，使染料褪色，并损害涂料、纺织纤维和塑料制品等。氮氧化合物与空气中的水反应生成的硝酸和亚硝酸，是酸雨的成分。

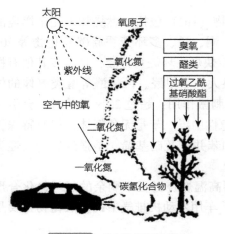

图6-11　光化学烟雾的成因

图6-12　光化学烟雾

（4）颗粒物（PM）　颗粒物也称微粒物，由汽车发动机排放出的颗粒物有三个来源，其一是不可燃物质，其二是可燃的但未燃烧的物质，其三是燃烧生成物。燃烧过程排出的颗粒物中大部分是固态碳，火焰中形成的固体碳粒子称为炭黑，炭黑可以在燃烧纯气体燃料时形成，但更多的则是在燃烧液体燃料时形成，颗粒物质的组成中除炭黑外还有碳氢化合物、硫化物和含金属成分的灰分等。含金属成分的颗粒物主要来自燃料中的抗爆剂、润滑油添加剂以及运动产生的磨屑等。

颗粒物对人体健康的危害和颗粒的大小及其组成有关。颗粒越小，悬浮在空气中的时间越长，进入人体肺部后停滞在肺部及支气管中的比例越大，危害越大。小于 $0.1\mu m$ 的颗粒能在空气中做随机运动，进入肺部并附在肺细胞的组织中，有些还会被血液吸收。$0.1\sim0.5\mu m$ 颗粒能深入肺部并黏附在肺叶表面的黏液中，随后会被绒毛所清除。大于 $5\mu m$ 的颗粒常在鼻处受阻，不能深入呼吸道。大于 $10\mu m$ 的颗粒可排出体外。颗粒除对人体呼吸系统有害外，由于颗粒存在孔隙而能黏附 SO_2，未燃烧的 HC、NO_2 等有毒物质或苯丙芘等致癌物，因而对人体健康造成更大危害。由于柴油机的微粒直径多小于 $0.3\mu m$，而且数量比汽油机高出 $30\sim60$ 倍，成分更为复杂，因而柴油机排出的微粒危害更大。

（5）二氧化碳（CO_2）　在汽车排放的尾气中，除以上成分外，还含有大量的二氧化碳（CO_2）。CO_2 为无色无毒气体，对人体无直接危害，但大气中的 CO_2 大幅度增加，因其对红外热辐射的吸收而形成的温室效应（图 6-13），会使全球气温上升，南北极冰层融化，海平面上升，大陆腹地沙漠化趋势加剧，人类和动植物赖以生存的生态环境遭到破坏。地球上接连出现的"厄尔尼诺"和"拉尼娜"现象都与温室效应加剧有关。

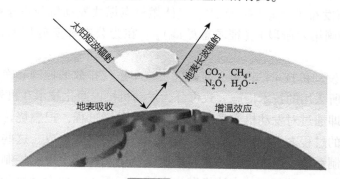

图 6-13　温室效应

地球温室效应是由于人类在长期生产和生活中，不断向大气层大量排放各种各样的有害气体而造成的。引起温室效应的有害气体，称为温室效应气体。温室效应气体中最主要的是二氧化碳，此外，还有氢氟碳化物（HFCs）、甲烷（CH_4）、氧化亚氮（N_2O）、全氟碳化物（PFCs）及六氟化硫（SF_6）等 40 多种微量气体。二氧化碳等有害气体不能吸收太阳短波辐射，而让太阳辐射热顺利通过大气层到达地面；而且它们能够吸收大部分地面长波辐射，而使地面辐射热无法散发到外层空间去，只好在像温室一样的、被有害气体污染的大气层里不断储存和积累起来，从而导致地面和低层大气温度逐渐升高，这就是所谓的地球温室效应。人类活动排放的温室效应气体，对全球变暖的贡献率为 90% ~ 95%。据统计，大气中 CO_2 的增加，有大约 30% 来自汽车尾气排放。因此，近年来对 CO_2 的控制也已上升为汽车排放研究的重要课题，提高汽车的经济性和使用小排量汽车是减少 CO_2 排放的重要措施。

汽车排放造成的大气污染还会破坏臭氧层，而臭氧损耗与气候变化通过某些机制相互联系。一些专家认为，臭氧层的破坏造成太阳辐射过强，也会导致高温天气。

2. 减少汽车尾气排放的措施

2015 年 12 月 12 日在巴黎气候变化大会上通过、2016 年 4 月 22 日在纽约签署的《巴黎协定》，是继 1992 年《联合国气候变化框架公约》、1997 年《京都议定书》之后，人类历史上应对气候变化的第三个里程碑式的国际法律文本，形成 2020 年后的全球气候治理格局，170 多个国家承诺将全球气温升高幅度控制在 2℃ 的范围之内。中国在"国家自主贡献"中提出将于 2030 年左右使二氧化碳排放达到峰值并争取尽早实现，2030 年单位国内生产总值二氧化碳排放比 2005 年下降 60% ~ 65%，美国承诺到 2025 年在 2005 年的基础上减排温室气体 26% 至 28%。

针对能源及环境的压力，各国纷纷制定了更加严格的汽车排放法规，促进了低碳技术的发展。目前，我国是世界二氧化碳排放总量第一大国，人均排放也超过了欧盟。鉴于汽车排放污染日益严重，根据国情，我国制定和完善汽车排放法规时广泛参考和借鉴了联合国欧洲经济委员会（ECE）的排放标准。环保总局在 2007 年 4 月 27 日公布了相当于欧Ⅲ和欧Ⅳ的国Ⅲ、国Ⅳ汽车排放标准，并于 2007 年 7 月 1 日起在全国开始实施。2012 年 12 月 3 日，环境保护部公布了国Ⅴ汽车排放标准，自 2013 年 1 月 1 日起实施。2016 年 10 月 11 日，环境保护部发布了《车用压燃式、气体燃料点燃式发动机与汽车排气污染物排放限值及测量方法（中国第六阶段）（征求意见稿）》，在为公布和实施国Ⅵ汽车排放标准做积极的准备。

（1）加强汽车发动机技术的改进　对内燃机汽车尾气排放的控制和净化，各国都进行了大量的研究工作，所采用的技术措施大致可分为发动机机内净化技术和机外净化技术。

机内净化技术即通过对发动机本身的改进，改善燃烧过程，把燃烧污染物消灭在燃料化学能转化为机械能的过程之中，防止或减少有害污染物在机内生成。这些技术中比较典型的有汽油蒸气排放控制系统、废气再循环控制系统、氧传感器及空燃比控制系统、二次空气喷射控制系统等。目前，一种新型的汽油机燃烧方式应运而生，即发动机稀薄燃烧技术，而实现稀薄燃烧的理想方式是汽油机缸内直接喷射。无论从提高汽油机动力性能的角度，还是从节省燃油和减少废气排放的角度来看，缸内直喷式汽油机在进气管喷射技术的基础上，又将汽油机技术向前推进了一大步，从而成为汽油机发展历史上又一个重要的里程碑。为此，世界各国的各大汽车制造企业纷纷推出各自的缸内直喷发动机，如三菱公司的 GDI（汽油缸内直喷）、大众公司的 FSI（燃油分层喷射）、通用公司的 SIDI（点燃式缸内直喷）、丰田公司的 D－4S、宝马公司的 HPI（高压直喷）、保时捷公司的 DFI（直接燃油喷射）等，这些缸内直喷发动机技术先进，且各有特点。

由于发动机本身的改进较难满足日益严格的排放法规和降低成本等要求，因此，产生了在排放过程中减少有害物质的机外净化。现代汽车增加了多种排放净化装置，汽油车使用最多的是三元催化转化器（TWC），柴油车使用最多的是颗粒捕捉器（DPF）等。

（2）推广使用新能源汽车　从汽车工业节能减排趋势看，仅仅依靠燃油车的技术进步难以满足更为严格的节能减排法规目标要求，必须依靠汽车动力电气化技术变革，发展电动汽车是汽车技术进步与产业升级的必然选择。

2012年6月，我国发布了《节能与新能源汽车产业发展规划（2012—2020）》，指出要加快培育和发展新能源汽车产业，推动汽车动力系统电动化转型。确定了产业化取得重大进展的工作目标：到2015年，纯电动汽车和插电式混合动力汽车累计产销量力争达到50万辆；到2020年，纯电动汽车和插电式混合动力汽车生产能力达200万辆，累计产销量超过500万辆，燃料电池汽车、车用氢能源产业与国际同步发展。

2014年7月，国务院发布了《关于加快新能源汽车推广应用的指导意见》，确定了"贯彻落实发展新能源汽车的国家战略，以纯电驱动为新能源汽车发展的主要战略取向，重点发展纯电动汽车、插电式（含增程式）混合动力汽车和燃料电池汽车"的新能源汽车发展指导思想。

2015年5月，国务院正式印发《中国制造2025》，正式提出制造强国战略，并将节能与新能源汽车列为重点发展的十大领域之一，总体上指明了节能汽车、新能源汽车和智能网联汽车技术的发展方向和路径。明确提出纯电动汽车、插电式混合动力汽车、燃料电池电动汽车是我国未来重点发展的方向；继续支持电动汽车、燃料电池电动汽车发展，提升动力蓄电池、驱动电机等核心技术，推动新能源汽车同国际先进水平接轨。我国将以新能源汽车和智能网联汽车为主要突破口，以能源动力系统优化升级为重点，以智能化水平提升为主线，以先进制造和轻量化等共性技术为支撑，全面推进汽车产业的低碳化、信息化、智能化和高品质。新能源汽车逐渐成为主流产品，汽车产业初步实现电动化转型。

2016年10月26日，受国家制造强国建设战略咨询委员会、工业和信息化部委托，中国汽车工程学会组织逾500位行业专家历时一年研究编制的《节能与新能源汽车技术路线图》发布会在沪正式召开。据介绍，技术路线图描绘了我国汽车产业技术未来15年发展蓝图，其主要内容是"1+7"，即总体技术路线图、节能汽车技术路线图、纯电动和插电式混合动力汽车技术路线图、氢燃料电池汽车技术路线图、智能网联汽车技术路线图、汽车制造技术路线图、汽车动力蓄电池技术路线图、汽车轻量化技术路线图。总体目标是：至2030年，汽车产业碳排放总量先于国家提出的"2030年达峰"的承诺和汽车产业规模达峰之前，在2028年提前达到峰值，新能源汽车逐渐成为主流产品，汽车产业初步实现电动化转型，智能网联汽车技术产生一系列原创性科技成果，并有效普及应用，技术创新体系基本成熟，持续创新能力和零部件产业具备国际竞争力。路线图显示，2020年汽车产销规模将达到3000万辆，2025年达到3500万辆，2035年达到3800万辆。主要里程碑是：至2020年，乘用车新车平均油耗5.0L/100km，商用车新车油耗接近国际先进水平，新能源汽车销量占汽车总体销量的比例达到7%以上，驾驶辅助/部分自动驾驶车辆市场占有率达到50%。至2025年，乘用车新车平均油耗4.0L/100km，商用车新车油耗达到国际先进水平，新能源汽车销量占汽车总体销量的比例达到15%以上，高度自动驾驶车辆市场占有率达到约15%。至2030年，乘用车新车油耗3.2L/100km，商用车油耗同步国际先进水平，新能源汽车销量占汽车总体销量的比例达到40%以上，完全自动驾驶车辆市场占有率接近10%，如图6-14所示。

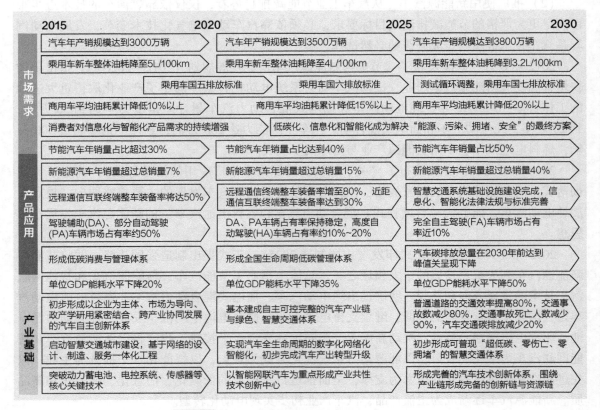

图 6-14   《节能与新能源汽车技术路线图》内容要点

6.3.2   汽车噪声

在日常生活中，有的声音是我们所需要的，而另一些声音则是我们不需要的，甚至是厌恶的。从生理学和心理学的观点，把这些不需要的声音，不论是什么样的声音，统称为噪声。

1. 汽车噪声的来源

汽车的噪声源有多种，例如发动机、传动系统、进气系统、排气系统、制动系统、轮胎等都会产生噪声。其中，发动机和轮胎是噪声的两个主要来源。另外，还包括汽车行驶时的空气动力学噪声。

在发动机各种噪声中，发动机表面辐射噪声是最主要的。发动机表面辐射噪声由燃烧噪声和机械噪声两大类构成。燃烧噪声是指可燃混合气在气缸内部燃烧时产生的燃烧压力通过活塞、连杆、曲轴、缸体等向外辐射产生的噪声。机械噪声是指活塞、齿轮、配气机构等运动件之间撞击产生的振动噪声。一般情况下，低转速时燃烧噪声占主导地位，高转速时机械噪声占主导地位，两者是密切相关，相互影响的。

轮胎噪声主要是指轮胎花纹沟槽的气泵效应和胎壁振动等引起的噪声，轮胎在路面滚动产生的噪声也是很大的。有关研究表明，在干燥路面上，当汽车车速达到 $100km/h$，轮胎噪声成为整车噪声的重要噪声源。而在湿路面上，即使车速低，轮胎噪声也会盖过其他噪声成为最主要的噪声源。轮胎噪声来自泵气效应和轮胎振动。所谓泵气效应（图6-15）是指轮胎高速滚动时引起轮胎变形，使得轮胎花纹与路面之间的空气受压挤，随着轮胎滚动，空气又在轮胎离开接触面时被释放，这样连续的压挤、释放，空气就迸发出噪声，而且车速越快噪声越大，车辆越重噪声越大。轮胎振动与轮胎的刚度和阻尼有关，刚度增大（例如轮胎帘布层数增加），阻尼减少，轮胎的振动就会增大，噪声也就大了。

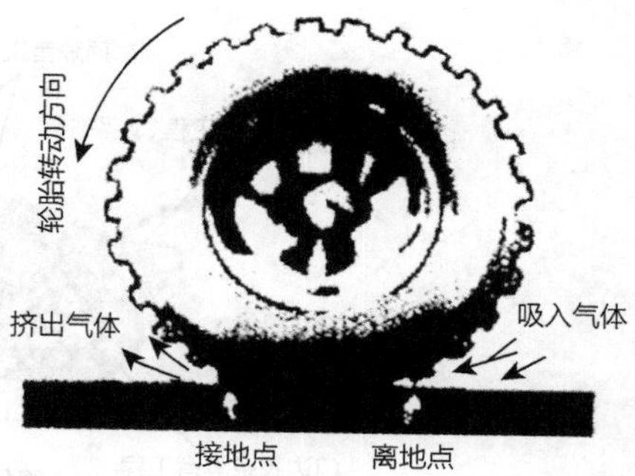

图6-15　轮胎花纹压挤空气产生泵气效应

传动系统噪声主要是轴承滚动噪声和齿轮啮合噪声，同时包括由于旋转部分的振动激励，使壳体产生振动而辐射的噪声，其发生部位主要为离合器、变速器、传动轴、差速器齿轮等。

进气系统噪声主要是各气门关闭产生的脉冲声和进气口空气湍流产生的噪声。

排气系统噪声可分为排气口生成的排气噪声和排气管壁振动产生的表面辐射噪声。

制动系统噪声主要有制动器的鸣叫声、轮胎与地面摩擦声及车身板件的振颤声等。

空气动力学噪声包括空气通过车身缝隙或孔道产生的冲击噪声、气流流过车身外面凸起物产生的涡流噪声，以及空气与车身表面的摩擦声。

2. 汽车噪声的危害

汽车噪声是汽车的第二公害，它随着汽车发动机功率、汽车速度及汽车流量的增加而增大，约占城市噪声的75%。噪声污染与大气污染、水源污染不同，噪声污染是局部的、多发性的，其特点是从声源到受害者的距离很近。从汽车噪声污染来看，以城市街道和公路干线两侧最为严重。

早在17世纪，人们就开始研究噪声，经过长期的研究表明，噪声确实会危害人的健康，噪声级越高，危害性越大。噪声干扰人们的休息和睡眠、影响工作效率，损伤听觉、视觉器官。噪声是一种恶性刺激物，会使人血液中的肾上腺素增加，因而引起心率改变和血压升高，同时还刺激脑下垂体和副肾质产生内分泌失调。此外，长时间处于噪声环境的人，还会导致胃病和神经官能症。在20世纪50年代后，噪声被公认为是一种严重的公害污染。

噪声用dB（分贝）来表示，人耳刚刚能听到的声音是0~10dB。一般认为40dB是正常的环境声音，超过40dB就是有害的噪声，即便噪声级较低，如小于80dB的噪声，虽然不至于造成明显的永久性听力损伤，仅使人的听力产生暂时性下降，但同样会影响和干扰人们的正常活动。当噪声超过85dB时，会有10%的人可能产生耳聋，无法专心地工作，导致工作效率降低。当噪声达到90dB时，会对耳蜗造成损害，人的视觉细胞敏感性下降，识别弱光反应时间延长，同时噪声还会使色觉、视野发生异常。

3. 汽车噪声的控制

（1）改进汽车技术，降低汽车噪声　在汽车技术方面，首先是对发动机、轮胎和排气消声器等部件进行技术改进，使其能达到降低汽车噪声的目的。其次，对现有的汽车进行专业的吸音、隔音处理，如图6-16所示，在车门、行李舱、底盘、发动机罩和车顶等容易产生噪声的地方粘贴一种高级吸音泡沫材料来降低汽车噪声。

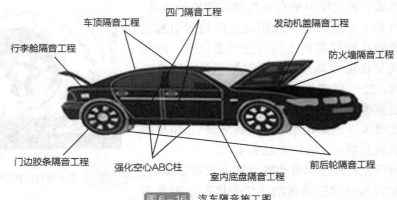

车顶隔音工程 四门隔音工程 发动机盖隔音工程
行李舱隔音工程 防火墙隔音工程
门边胶条隔音工程 强化空心ABC柱 室内底盘隔音工程 前后轮隔音工程

图6-16 汽车隔音施工图

实际上，汽车噪声的大小能够反映出整车的质量和技术性能的高低。汽车噪声的大小是衡量汽车质量水平的重要指标，因此，降低汽车噪声也是世界汽车工业的一个重要课题。

（2）科学的道路规划和建设 主要通过声屏障技术、降噪路面和种植降噪绿化林带等方法控制汽车噪声。采用构筑声屏障的方式来降低公路交通噪声是目前应用比较广泛的降噪方式。声屏障降噪主要是通过声屏障材料对声波进行吸收、反射等一系列物理反应来降低噪声，在屏障的后面形成一个声影区，从而使噪声降低。据测试，采用声屏障降噪效果可达10dB以上。树木及绿化植物形成的绿带，能有效降低噪声。选择合适树种、植株的密度、植被的宽度，可以达到吸纳声波、降低噪声的作用。当绿化林带宽度大于10m时，可降低交通噪声4～5dB。降噪路面也称多空隙沥青路面，又称为透水（或排水）沥青路面，它是在普通的沥青路面或水泥混凝土路面结构层上铺筑一层具有很高空隙率的沥青混合料，其空隙率通常为15%～25%，此种路面可降低交通噪声3～8dB。

6.4 汽车与交通

随着汽车保有量的增加和公路运输网的快速发展，道路交通领域内各种矛盾日益突出，随之而来的交通安全、交通拥堵等问题日益严重，已成为社会发展的短板，也是世界性的难题。

6.4.1 汽车与道路交通安全

汽车是一种高速行驶的交通工具，本身具有较大的质量，在行驶中如果控制不当，很容易发生交通事故。

1889年，在美国纽约，一位先生在帮助一妇女下电车时，不幸被一辆路过的汽车撞死，这是历史上有记录的第一起汽车交通事故。一百多年过去了，道路交通事故有增无减。现在，全世界每天有3000多人死于道路交通伤害，地球上平均每30s就有1人死于道路交通事故，每2s就有1人因交通事故受伤。自第一辆汽车问世至今，全世界已经有4000多万人惨死在飞转的车轮之下，远远超出第一次世界大战2000万人、第二次世界大战3600万人的死亡数字。据相关统计，欧洲每年因交通事故造成的经济损失达 500 亿美元之多。

截至 2016 年年底，我国汽车保有量达到 1.94 亿辆，2016 年新注册登记的汽车达 2752 万辆，远超美国汽车社会快速增长时期每年 300 万至 500 万辆的增长水平。2016 年，我国机动车驾驶人达到 3.6 亿人，其中汽车驾驶人 3.1 亿人，相当于美国人口的总量。我国人多路少，混合交通严重，很多道路上人车混杂。道路等级低，结构不合理，规划有问题。伴随汽车保有量的快速增长，我国已是世界上道路交通事故死亡人数最多的国家之一，每年依然大约有 6 万人死于交通事故，20 多万人在事故中受伤（图 6-17）。

交通事故对人民生命与财产的吞噬，影响到人民群众正常的生产和生活秩序，对社会资源造成浪费，给社会带来不稳定因素，阻碍了社会的和谐发展，道路交通事故已成为和平时期严重威胁人类生命财产安全的社会问题，是现代社会的"第一公害"。

图 6-17　交通事故现场

1. 交通事故的种类及形式

道路交通事故是指车辆在道路上因过错或者意外造成的人身伤亡或者财产损失的事件。其中，车辆包括机动车和非机动车。道路是指公路、城市道路和虽然在单位管辖范围但允许社会汽车通行的地方，包括广场、公共停车场等用于公众通行的场所。

交通事故基本上可分为碰撞、碾压、刮擦、翻车、坠车和失火六种，均属于交通事故参与者间的冲突或自身失控，所表现的具体行为见表 6-3。根据统计，在各类交通事故中，无论是事故次数、人员伤亡数，还是经济损失，碰撞交通事故（包括正面碰撞、侧面碰撞和追尾碰撞）占到相应总数的 2/3 以上。

表 6-3　道路交通事故的种类及表现方式

种类	交通事故参与者	表现方式	相对强者	相对弱者
碰撞	机动车、非机动车、行人、其他物体	正面、侧面、追尾、碰撞（机动车与非机动车相互间；机动车与非机动车和行人；车辆与其他物体之间）	车辆（机动车与非机动车）	行人
碾压	机动车、骑车人、行人	推碾、轧过	机动车	骑车人、行人
刮擦	机动车、非机动车、行人等	车刮车、车刮人、车刮物、被玻璃击伤或甩出车外	车辆（机动车与非机动车）	行人等
翻车	机动车、非机动车	侧翻、滚翻		
坠车		车辆跌落到与路面有一定高度差的路外，如坠落桥下、坠入山涧等		
失火		车辆在行驶过程中由于乘员使用明火或违章直流供油、发动机回火、电路故障而引起的火灾		

2. 交通事故原因分析

交通事故的发生大多是因为驾驶人驾驶车辆时的身心以及交通状态异常而引起的，还有相当部分的交通事故是因为车辆故障，具体有以下一些原因。

(1) 驾驶人身心状态异常 违章驾驶是引起交通事故的核心因素，据统计，在交通事故中驾驶人违章驾驶占 86.33%。违章驾驶的种类多种多样，超速、超载、不按规定让行等都是发生交通事故的起因。驾驶人注意力分散，疏忽大意、思想麻痹，这也是引起交通事故的另外一个重要原因。驾驶人酒后驾驶、疲劳驾驶、身体状况欠佳等潜在的心理、生理性原因，造成反应迟缓、措施不当而酿成的交通事故时有发生。

(2) 道路、环境因素异常 道路是交通运输的基础设施，是影响道路交通安全的重要因素之一。在我国，尤其是城市道路交通构成不合理，交通流中车型复杂、人车混行、机动车和非机动车混行问题严重；部分地方公共交通不发达，服务水平低，安全性差，道路等级低，所有这些必然会导致交通事故层出不穷。同时，在雨雪道路、环境恶劣的路面或者能见度差的环境中，车辆难以操纵，容易引起交通事故。

(3) 车辆故障 车辆是现代道路交通中的主要元素，影响汽车安全行驶的主要因素是转向系统、制动系统、行驶系统和电气系统等。在长期使用过程中，由于机件失灵或零部件损坏导致操纵不灵活、制动失灵等，最终成为造成道路交通事故的直接因素。

另外，行人不遵守交通法规也是引起交通事故的主要原因之一。如不走人行横道、地下通道、过街天桥；翻越护栏、横穿和斜穿路口；任意横穿汽车道、穿越中间隔离带等。

3. 减少交通事故的措施

从交通事故的起因分析，为避免交通事故的发生，安全工作的重点应以预防为主。应采取有效的预防措施，把交通事故率降到最低。

(1) 提高交通参与者的安全意识 在道路交通事故中，驾驶人的因素占 70% 以上，驾驶人违章驾驶是交通事故发生的主要因素，超载、无证、酒后、疲劳、超速是我国的五大交通杀手。由此可见，加强驾驶人的安全意识，提高驾驶人自身素质，正是交通事故预防工作的重中之重。通过强化法律法规的宣传贯彻、经常性的培训教育，来提高汽车驾驶人的驾驶技能和个人修养，以降低交通事故的发生率。

从 2011 年 5 月 1 日起，我国对酒后驾车的违法行为，处暂扣六个月汽车驾驶证，并处一千元以上两千元以下罚款，同时记 12 分。因饮酒后驾驶汽车被处罚，再次饮酒后驾驶汽车的，处十日以下拘留，并处一千元以上两千元以下罚款，吊销汽车驾驶证。凡是在道路上醉酒驾驶汽车的，一旦被查获，将面临最高半年拘役的处罚。其性质也由过去的行政违法行为变为刑事犯罪行为。

为降低交通事故的发生率，还需加强对行人的安全素质教育，加大道路交通安全法的全民教育力度。如开展交通安全宣传活动，使广大交通参与者了解道路交通及交通安全方面的基本知识；组织交通法规知识讲座，使交通法规能深入人心，做到家喻户晓、人人皆知。只有提高全民素质，人人遵守交通规则，才能够真正预防交通事故。

(2) 提高汽车的安全性能 在交通事故的引起因素中，汽车本身的安全性能是不可忽视的因素。较高的汽车安全性能，往往可以避免汽车交通事故的发生或者减少伤亡的程度。因此，提高汽车的安全性是减少交通事故的重要措施之一。在汽车的设计和生产中，要保证汽车有良好的视野性、足够的强度、可靠的制动和转向系统等。当前，各汽车厂家在提高燃油经济性、降低汽车排放的同时，越来越多地注重提高汽车的安全性能，许多先进技术将被引入汽车的安全设计。

汽车安全主要分为主动安全和被动安全两大方面。主动安全就是尽量自如地操纵控制汽车，被动安全是指汽车在发生事故以后对车内乘员的保护，如今这一保护的概念已经延伸到车内外所有的人甚至物体。主动安全技术主要包括制动防抱死与牵引力控制系统、电子制动力分配系统、车身稳定系统、紧急制动辅助系统、车道偏离预警系统等。被动安全技术主要包括安全带、安全气囊、安全车身、头颈保护、儿童安全保护及行人安全保护等。

（3）强化道路交通工作的科学管理　提高交通管理水平，也是减少交通事故的重要手段之一。目前效果比较显著的措施有合理设置信号灯，完善交通标志与标线，完善法规和加强执法力度等。

迄今为止，在公路、铁路、航空和船运四种主要的旅行方式中，公路旅行对人们造成的伤害最大。近期的研究发现，乘两轮摩托车者每千米旅程死亡危险是乘小轿车者的 20 倍，步行者每千米旅程死亡危险是乘小轿车者的 9 倍。而乘小轿车者死亡的可能性是乘公共汽车或长途汽车者的 10 倍，是乘火车者的 20 倍。如果能提供便利和价格适中的公共交通工具（如轨道交通或公共汽车），就能减少采用高危出行方式的路程。使用公共汽车时，通常需要辅之以步行或骑自行车。虽然步行或骑自行车也有相对较高的危险，但与汽车使用者相比，行人和骑自行车者对其他道路使用者构成的危险相对较小。目前，许多国家都鼓励人们使用公共交通工具，从而改善了人行和自行车路线的安全。

随着我国道路管理的严格、道路建设里程的增多、对人的安全教育的加强等各种安全措施的实施，道路交通事故的发生一直呈下降趋势。随着驾驶人和行人行为的改善，公路和车辆设计优化以及交通法规的完善，这种趋势还将持续保持下去。

6.4.2　汽车与交通拥堵

随着汽车保有量的急剧增加，已有的道路远远满足不了需要，交通状况日益恶化。道路交通阻塞问题在人们的社会生活中，已经成为一种"文明病"，国内外一些大中城市和主干道路，特别是一些发展中国家的大中城市和主干道路，都无法回避这个现实问题。

1. 交通拥堵的危害

交通阻塞是由于交通设施能力不足或非正常情况所引起的一定数量的交通车辆在公路上的滞留（图 6 - 18），主要表现为车辆不能在道路上正常行驶，分为交叉路口车辆转向引起的交通堵塞、线路超负荷引起的交通堵塞、交通高峰期引起的交通堵塞、交通事故引起的交通堵塞和特殊原因引起的交通堵塞等。

交通拥堵不仅会导致经济社会诸项功能的衰退，而且还将引发城市生存环境的持续恶化，成为阻碍发展的"城市顽疾"。首先，交通拥挤对社会

图 6 - 18　交通拥堵

生活最直接的影响是增加了居民的出行时间和成本。出行成本的增加不仅影响了工作效率，而且也会抑制人们的日常活动，城市活力大打折扣。由于交通阻塞影响人们的心情，人们的生活质量也随之下降。其次，交通拥挤也导致了事故的增多，事故增多又加剧了拥挤，因为交通阻塞实际上还降低了一条道路原本能供应的车辆通行能力。在美国，每年由于道路交通拥堵造成的经济损失大约为1000亿美元。在广州，广州人因交通拥堵每年耗费1.5亿h，减少生产总值117亿元人民币，相当于整个生产总值的7%。在全国范围内保守估计，交通拥堵造成的经济损失每年至少有1000亿元人民币。第三，交通拥挤加剧了汽车对城市环境的破坏。交通拥挤导致车辆频繁地停车和起动，只能在低速状态行驶，不仅增加了汽车的油耗，也增加了尾气排放量和噪声污染。

2. 解决交通拥堵的措施

目前，造成我国城市道路拥挤、堵塞的原因主要有：交通参与者的交通观念和安全意识不强，导致交通违法现象频繁出现；城市布局和基础建设不完善，如违章建筑杂乱无章、街道摆摊设点和建筑设址错误等。另外，交通模式和管理手段以及交通结构发展失衡也对道路交通产生了不利的影响。为了有效地解决交通拥堵问题，世界各国都在不断地探索新的方法，进行了大量的研究工作。

（1）进行道路的可持续性、长远性建设　在规划城市总体布局时，应考虑到交通流的合理分布，把更多的地面交通引入空间，由平面单体交通布局发展为空间立体化交通布局，加大高架桥、立交桥（图6-19）的建设。

（2）控制交通总量，改善交通结构　对城市交通中汽车总量适时、适度地控制，是解决交通堵塞的方法之一。同时在城市交通中，按比例、结构优先支持发展公共交通，提高运行效率，以减少私人交通对非社会化客、货运输道路容量的占有。

（3）建立健全道路交通社会化管理机制　加强城市道路交通管理立法的建设，提高现有交通法规的法律地位，实行具有力度和较强针对性的处罚原则。做好交通法制宣传工作、提倡文明行车。同时还应落实城市交通管理责任，实行交通管理一级抓一级，行车各尽其职的交通安全管理格局。

（4）科学调整交通需求　如错时上下班，根据汽车牌号采取单双日通行制度（图6-20）等来缓解交通流量。分散部分城市功能、减少入境交通、增加科技含量、提高管理效能等也是缓解交通堵塞的有效措施。

图6-19　城市立交桥

图6-20　单双日通行

（5）加大对运输系统的科技投入　目前，计算机技术、信息技术、通信技术和电子控制技术飞速发展，人们意识到利用这些新技术把车辆、道路和使用者紧密地结合起来，将会更有效地解决交通拥堵问题，而且对交通事故的应急处理、环境保护和节约能源等都有显著效果。

解决交通拥堵的一种发展趋势是在汽车上安装自动导航系统，由车载全球卫星定位系统（GPS）接收机监测车辆当前位置，并将数据与用户自定义的目的地比较，参照电子地图计算行驶路线，并实时将信息提供给驾车者。一般来说，导航系统会将定义目的地时车辆的当前位置默认为出发点，当目的地确定后，导航系统根据电子地图上存储的地图信息，自动计算出一条最佳的推荐路线。推荐的路线将以醒目的方式显示在屏幕地图中，同时屏幕上即时显示出车辆的当前位置，以作为参照。如果行驶过程中车辆偏离了推荐的路线，系统会自动更改原有路线，并以车辆当前所在地为出发点重新计算最佳路线，并将修正后的路线作为新的推荐路线。

复习题

一、简答题

1. 汽车对社会经济有怎样的影响？
2. 解决汽车能源问题的办法有哪些？
3. 什么是新能源汽车？包括哪些类型？有什么特点？
4. 减少汽车尾气排放的措施有哪些？
5. 减少交通事故的措施有哪些？
6. 解决交通拥堵的措施有哪些？

二、测试题

请扫码进行测试练习。

测试 14

参 考 文 献

[1] 帅石金. 汽车文化 [M]. 北京：清华大学出版社, 2006.

[2] 包丕利, 邢艳云, 温立志. 汽车文化 [M]. 北京：清华大学出版社, 2014.

[3] 刘涛. 汽车文化 [M]. 北京：北京理工大学出版社, 2012.

[4] 邹玉清, 刘凯. 汽车文化 [M]. 北京：北京理工大学出版社, 2016.

[5] 田春霞, 高元伟, 魏彤光. 汽车文化 [M]. 北京：北京理工大学出版社, 2014.

[6] 董继明. 汽车文化 [M]. 北京：北京理工大学出版社, 2015.

[7] 朱艳丽, 苏晓楠, 马天博. 汽车文化 [M]. 北京：北京理工大学出版社, 2017.

[8] 宋景芬. 汽车文化 [M]. 北京：人民交通出版社, 2007.

[9] 孙凤英, 智景安. 汽车文化 [M]. 北京：人民交通出版社, 2014.

[10] 陆忠东. 汽车文化 [M]. 上海：上海科学技术出版社, 2016.

[11] 巴兴强, 马振江, 田淑梅. 汽车文化 [M]. 哈尔滨：东北林业大学出版社, 2016.

[12] 朗全栋, 曹晓光. 汽车文化 [M]. 北京：高等教育出版社, 2008.

[13] 刘怀连. 汽车文化 [M]. 北京：冶金工业出版社, 2009.